黄土丘陵沟壑区退耕还林生态效应及其评价

韩新辉 等 著

科 学 出 版 社

北 京

内 容 简 介

本书基于长期野外实地调查、固定样地监测资料与数据，论述了陕北黄土丘陵沟壑区自然与社会概况，分析了该区域农林景观布局现状，退耕还林植被类型、群落特征、分布与地形地貌、立地条件的关系；并以典型退耕还林流域为研究实例，论述了陕北黄土丘陵沟壑区不同退耕植被类型的恢复演变特征和抗水蚀能力，对干旱环境的适应性，以及土壤固碳、养分循环与平衡、生物学特性变化的生态过程与服务功能。在此基础上进行了退耕还林(草)工程效应综合评价体系与模型构建，提出退耕流域农林景观配置模式整体优化方案及农林复合系统构成要素综合服务功能提升途径，为该区域退耕还林(草)工程健康有序发展提供配套集成技术。

本书可供从事林业生态工程研究、水土保持、林业、农业、环境科学等部门的科技工作者、管理人员及高等院校土壤学、生态学、林学等相关专业师生阅读和参考。同时，可为黄土高原土地资源合理利用及生态环境建设提供重要科学与实践依据。

图书在版编目(CIP)数据

黄土丘陵沟壑区退耕还林生态效应及其评价 / 韩新辉等著. —北京：科学出版社，2018. 6

ISBN 978-7-03-056529-7

Ⅰ. ①黄… Ⅱ. ①韩… Ⅲ. ①黄土高原–丘陵地–沟壑–退耕还林–生态效应–评价 Ⅳ. ①S718. 56

中国版本图书馆CIP数据核字(2018)第025914号

责任编辑：李秀伟　白　雪 / 责任校对：郑金红
责任印制：张　伟 / 封面设计：刘新新

科学出版社 出版
北京东黄城根北街 16 号
邮政编码: 100717
http://www.sciencep.com
北京虎彩文化传播有限公司 印刷
科学出版社发行　各地新华书店经销
*
2018 年 6 月第　一　版　开本：720 × 1000　1/16
2018 年 6 月第一次印刷　印张：20 1/2
字数：413 000

定价：158.00 元

(如有印装质量问题，我社负责调换)

本研究受国家林业公益性行业科研专项“陕北退耕还林区农林景观配置技术研究”(201304312)和国家自然科学基金“黄土丘陵沟壑区脆弱生境土壤-植被协同恢复效应与机理”(41571501)的共同资助。杨改河教授为项目主持人，设计了本书的总体框架和写作思路。

前　言

陕北黄土高原总土地面积约为 9.3 万 km^2，约占陕西全省面积的 40%，占黄土高原总面积的 14.6%。该区内沟壑纵横、丘陵起伏，是我国生态环境最为脆弱的地区之一，也是国家退耕还林(草)工程的重点区域。作为我国退耕还林(草)工程的预先实施区，陕西省退耕还林建设规模居全国第一，十多年来累计完成退耕还林面积 253 万 hm^2，森林覆盖率由退耕前的 30.9%增长到 41.4%，北部沙区每年沙尘暴天数减少，由过去的 66 天下降为 24 天，使“三秦大地”生态状况由退耕前的“整体恶化、局部好转”向“总体好转、局部良性循环”转变，基本实现了水土保持与防风固沙的生态服务功能。但退耕还林面积持续增大带来的人地矛盾、植被恢复所需水土资源不足等，也使潜在的生态风险、社会矛盾与日俱增。例如，植被生长大量消耗土壤水分，致使陕北黄土高原地区出现土壤干层；林分配置结构不合理，人工恢复植被自然演替和更新困难，部分造林树种出现“小老树”或植被退化现象；人工植被面积扩张导致耕地面积下降与粮食需求矛盾加大；等等。因此，如何维持退耕还林植被的可持续与健康恢复，实现退耕林生态服务功能的巩固与提升，达到退耕还林(草)工程与区域社会经济发展的共赢，不仅是解决以上问题的关键，也是修复脆弱生态环境，提升区域经济水平、社会效益的迫切需求。

随着社会经济的发展及人们对友好环境需求的不断提升，退耕还林生态服务功能不再局限于水土保持，更需要稳定持续恢复的人工植被发挥生态固碳、涵养水源、净化环境、美化景观等生态功能和培植绿色产业，发展生态经济，促进农村产业结构调整，提高农民收入的社会经济功能。因此，只有认识不同生态脆弱性区域退耕还林植被的恢复过程与生态效应，明确不同退耕植被类型群落演替动态及调控机制，掌握退耕还林(草)工程生态服务功能与效益的综合评价体系与方法，才能有的放矢地进行退耕林草合理的配置、布局、管理，才能促进退耕还林(草)工程的稳定、健康、有序发展，实现退耕还林功能与效应的多样化和最大化。

基于此，西北农林科技大学生态恢复研究团队，长期围绕退化与脆弱生态环境恢复与重建这一重大国家需求，重点针对黄土高原区域，从人工林植被恢复土壤固碳、碳氮磷养分平衡、水分特征、微生物群落演化、凋落物分解等方面开展了土壤质量变化、功能效应及其机制研究；从植被群落的恢复演替特征、多样性变化、自我恢复维持机制、植被种类分布与立地条件关系等方面开展了植被恢复过程与效应研究，揭示了人工林植被-土壤系统耦合、协同恢复关系中的关键科学问题。同时，兼顾人工林工程的生态、经济、社会功能与效应，研究构建了针对退耕流域不同人工林配置结构及农林草复合景观模式的功能与效益综合评价、系统可持续性和稳定性判断的指标体系与技术方法，为黄土高原小流域人工林分结构配置、景观布局及优化提供了科学支撑和实践技术。杨改河教授课题组经过20多年的不懈工作，建立起扎实的研究基础、积累了丰富的研究资料与科研成果。先后出版了《中国西北地区退耕还林还草研究》《西北地区农村产业结构升级及调整战略研究》等论著，建立了西北地区农业、资源、生态环境数据库系统，发表百余篇科研论文，逐渐形成了一支系统研究脆弱生境人工林生态系统恢复效应与综合评价的高素质研究队伍。

本书是团队全体成员近十年共同劳动的结晶，成书过程历经反复讨论，凝聚了集体的智慧，也容纳了不一致的观点与看法，求同存异，供读者参考。由于陕北黄土高原地貌特征复杂，植被类型多样，且退耕还林(草)工程主要实施区位于陕北黄土丘陵沟壑区，因此本书各部分内容是以该区典型退耕流域为代表进行相关研究阐述的。本书第一章，绪论，由李昌珍、邓健、韩新辉、郭书娟、任成杰等执笔；第二章，陕北黄土高原立地条件及流域农林景观，由康迪、邓健、赵路红、韩新辉等执笔，第三章，陕北黄土丘陵沟壑区植被类型及群落特征，由郝文芳、康迪、张伟、黄婷、孙娇、段媛媛、牛素旗、何俊皓等执笔；第四章，陕北黄土丘陵沟壑区恢复植被防水蚀功能，由邓健、赵发珠、孙平生、任成杰等执笔；第五章，不同植被对干旱侵蚀环境的适应性，由郝文芳、郭书娟、黄婷等执笔；第六章，陕北黄土丘陵沟壑区不同植被恢复模式土壤的生态效应，由韩新辉、赵发珠、任成杰、佟小刚、李昌珍、赵路红、孙平生等执笔；第七章，退耕还林(草)工程社会经济效应，由邓健、刘勉、马小洁等执笔；第八章，陕北黄土丘陵沟壑区退耕还林(草)工程效应评价，由邓健、刘勉、马小洁、马宇丹等执笔；第九章，典型退耕流域农林景观配置模式综合效益评价，由邓健、康迪等执笔；第十章，陕北黄土丘陵沟壑区农林景观配置模式优化，由邓健、康迪等执笔；全书由韩新辉统稿。

本书的出版得到了国家林业公益性行业科研专项“陕北退耕还林区农林景观配置技术研究”(201304312)和国家自然科学基金“黄土丘陵沟壑区脆弱生境土壤-植被协同恢复效应与机理”(41571501)的资助，西北农林科技大学的杨改河教授为本书顾问。西北农林科技大学王得祥教授、冯永忠教授、任广鑫副教授、佟小刚副教授、王晓娇副教授等，延安市退耕还林工程管理办公室仝小林主任，延安市气象局生态与农业气象中心刘志超主任等对我们的研究工作给予了大力支持，在此致以诚挚的谢意。限于编写时间仓促、作者水平有限，书中纰漏和不妥之处在所难免，恳请读者批评指正。

最后向为顺利完成本书付出辛勤工作的团队成员，给予本书编写宝贵建议的专家及参考文献的作者致以衷心的感谢！

韩新辉

2017年9月5日于杨凌

目　录

第一章　绪　　论

第一节　陕北黄土高原概况

陕北黄土高原位于黄土高原腹地，是黄土高原的主体构成部分，其北部以长城风沙沿线为界，西连宁夏、甘肃，东部以黄河为界与山西省相望，南部以子午岭、黄龙山为界，位于34°83′N～39°35′N、107°28′E～111°15′E。总土地面积约为9.3万km^2，约占陕西全省面积的40%，占黄土高原面积的14.6%。该区域是典型的水土流失生态脆弱区，成为我国退耕还林工程实施的主战场。

一、陕北黄土高原自然资源概况

陕北黄土高原区域内自然环境复杂，气候变化显著，地理地貌特征明显，植被类型多样，十分具有代表性。由于地形破碎、沟壑纵横的地貌和干旱少雨、风沙严重、天然植被资源稀少及强烈的水土流失等问题造成了该区域内极端脆弱的生态环境。同时，该区域内具有丰富的矿产资源，尤其是煤炭资源和油气资源，这些资源为当地农、工业产业发展提供了优势。因此，认清该区域自然资源和生态环境状况对于合理开发当地资源、综合开展流域和区域生态环境治理和景观配置模式的优化具有重要的意义。

(一)地貌特征和水土流失

陕北黄土高原是我国最为典型的黄土覆盖区，除南部部分土石山区以外，这一区域主要为黄土连续分布，厚度在50～200m，地貌类型主要由黄土梁、峁和黄土残塬构成(刘国彬，2010)。地质类型为中生代和古生代的沉积岩上覆盖以马兰黄土、离石黄土和午城黄土为主的风成黄土(刘东生等，1978)。主要土壤类型为在黄土母质上发育形成的黄绵土、黑垆土、红土、淤土等。其中，黄绵土是该区域最主要的土壤，广泛分布于坡面和梁峁顶部及沟底，物理性状较好，但不易积蓄养分，极易侵蚀造成水土流失，往往土壤侵蚀速度大于成土速度，导致该区域农业耕作土壤基础肥力低下，影响生产；黑垆土主要分布于残塬地区，综合性状良好，有利于耕作；红土通常黏性较大，厚重紧实，透水透气性能不好，不利于耕作；淤土主要分布在沟谷、坝地和冲积地带，具有良好的肥力性能和保水性能，是该区域耕作条件较好的土壤(高照良和张晓萍，2007)。

由于黄土极易侵蚀的特点，受到水、风和重力多种作用力及人为因素的作用，形成了陕北黄土高原当下沟壑纵横的地貌特征，这一地区的地表破碎度平均高达50%左右，沟壑密度在2.0～7.0km/km^2。冲击形成的黄土沟道多呈“U”字形或者“V”字形。冲积沟谷根据顶部宽度、沟深和坡面特征及发育过程等不同，依次分为3种，当地人称之为“渠渠”、“壕壕”和“大壕”，顶部宽度20～100m，切割深度40～100m不等，最深可达300m，这些冲积沟谷构成了陕北黄土丘陵沟壑区沟道的主要景观(朱显漠，1989)。

黄土高原是中国乃至世界上生态环境最为脆弱、水土流失最为严重的地区，陕北黄土高原又是黄土高原地区侵蚀最为严重的区域，土壤侵蚀率高达50～100t/hm^2，部分地区可达200t/hm^2(蒋定生，1997)。由此造成了严重的土壤流失，同时也导致大量的泥沙进入河道。由于该区域位于黄河中游地区，也成为黄河泥沙的主要产沙区。流经陕北丘陵沟壑区的河流主要有延河、无定河、清涧河、洛河、皇甫川等，坡面泥沙通过沟道汇集到主要河流，然后进入黄河。黄河泥沙沿河道而下堆积在下游使得河床上升，严重威胁黄河下游河道安全(高照良和张晓萍，2007)。

(二)气候和水文资源

陕北黄土高原气候属于典型的大陆季风性气候，气候偏干旱，冬季主要受来自西北地区干冷空气的影响，寒冷干旱而且多风沙，昼夜温差大；而夏季又受海洋暖湿气流的影响，容易导致集中降水，形成炎热多暴雨的气候特征。本研究所涉及的5个流域所在地理位置，从北部榆林地区到中部延安市，再到南部宜川县，多年平均温度从7℃递增到12℃，多年降水量从300mm递增到600mm，呈现出显著的水热条件梯度差异。

陕北黄土高原太阳能辐射资源丰富，日照时间长，全年日照时数在2500h左右，每年5月日照时数最长，平均为247.1h；2月最短，平均为172.7h。研究区吴起、米脂、安塞、宝塔和宜川多年平均温度依次为7.8℃、8.5℃、8.8℃、9.9℃、10.3℃；无霜期分别为146天、162天、157天、162天和185天；≥10℃的年积温为3000～5000℃，从北到南逐渐升高，基本能满足冬小麦-谷子、冬小麦-糜子等生长条件。每年最热月集中在6月、7月、8月3个月，最冷月集中于12月和1月，核心城市延安市多年平均最高和最低气温分别为17.4℃和4.3℃。研究区域内大部分地区的温度和光照条件可以保证农作物正常生长，尤其是其光照充足、昼夜温差大的特点，有利于生产具有当地特色的山地苹果、红枣等优质农业产品。

陕北黄土高原多年平均降水量在450.0～570.0mm，位于北部的吴起县降水量最小，宜川县降水量最大。各地降水量总体趋势都呈现年内降水分布不均匀、年际间降水差异大的特点。以位于陕北黄土丘陵区中部的延安市为例，该地区多年平均降水量 507.7mm，超过 0.1mm 的降水日数平均约为 80 天。降水主要集中在 6～9 月，约占全年降水量的 60%，多年平均数据显示最大降水月份为 7 月，且多暴雨。例如，2013 年 7 月，延安宝塔区甘谷驿站月降水量观测值达到 656.0mm，为往年 7 月降水量的 2～3 倍，给当地造成了严重的滑坡和泥石流等灾害(李斌和王莉，2015)。冬季受到蒙古高压控制，导致极地大气气团南下，造成了该地区 12 月～翌年 2 月降水很少，冬季气候干燥寒冷。陕北黄土高原年蒸散量较大，一般为 700～1000mm。由于年蒸散量显著大于降水量，而且降水在年内各个季节分布不均，导致土壤水分的亏损严重，从而严重影响了研究区域内的农业生产和植被恢复(山仑和邓西平，2000)。同时，由此造成的土壤干层问题对植被恢复的影响也受到越来越多研究者的关注(陈宝群等，2009)。

陕北黄土高原位于黄河及其内陆河流域，属黄河中游地区。区域内水资源丰度较低，地表主要河流包括延河、无定河、洛河、清涧河、汾川河等河流，地表河流分布不均匀，径流年际间差异较大，年径流深度在 50～200mm，空间分布与降水量分布相似，从北到南逐渐增加，北部部分地区分布有径流深度不足 10mm 的缺水带。地下水资源相对缺乏，而且空间上分布不均匀，大部分地区不具备开采条件。地下水补充主要依靠地表降水和径流入渗，埋藏深度一般为 50～100m，含水层厚度 30～75m，单井出水量在 50～300m^3/d 不等(高照良和张晓萍，2007)。此外，在严重侵蚀而形成的大量深切沟沟底和河滩地，浅层地下水往往形成泉水而流失，而这些水资源由于沟谷深度较大，引水利用比较困难，但也有部分地区将其拦蓄成为小型水库加以利用。

(三)耕地资源

陕北黄土高原土地面积广，但多为丘陵和山区，耕地面积有限，尤其是 1999 年国家实施退耕还林(草)工程以来，大量的耕地被转换为人工林草等植被恢复地，造成耕地面积显著下降。如图 1-1 所示，以延安市耕地面积为例，受到国家退耕还林政策的影响，耕地面积在 1998～2001 年出现明显下降，下降幅度达 21.1%，到 2004 年还有一定下降但幅度变小，随后保持平稳。到 2011 年以后有少量增加，但是幅度不大。此外，该区域耕地以旱田为主，耕作条件以河滩地、沟谷地和淤坝地水肥条件最好，梯田耕地次之，坡耕地条件最差；大部分坡耕地和梯田依靠自然降水，不具备灌溉条件。近年来在大量工程设施和农田改造工程的影响下，延安市有灌溉条件的耕地面积有所上升，从 1994 年不足 30%上升到 2014 年的 48.6%。

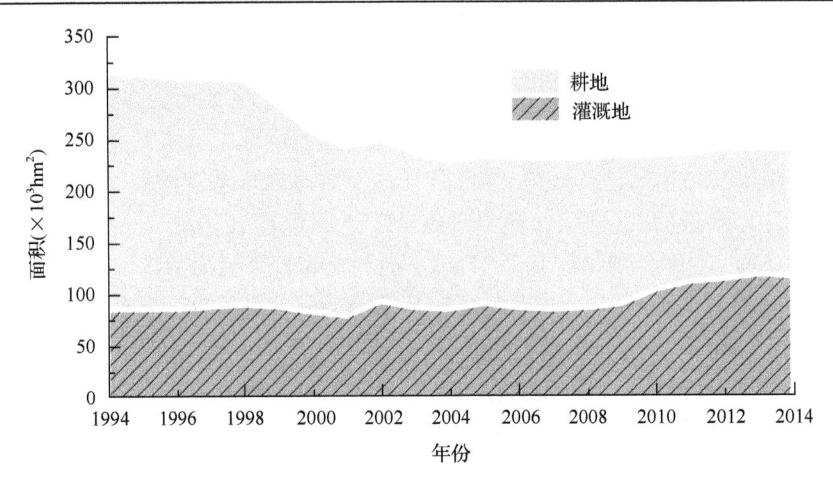

图 1-1 延安市耕地面积变化图(1994～2014 年)

研究区域 5 个县(区)总耕地面积为 12.74 万 hm^2，仅占总土地面积的 8.86%。2014 年年末常用耕地面积以宝塔区最大(3.24 万 hm^2)，米脂县次之(2.79 万 hm^2)，宜川县最小(1.49 万 hm^2)(图 1-2)。综合人均耕地面积为 0.14hm^2，高于 2014 年年末全国人均耕地面积 0.10hm^2(根据 2014 年年末全国人口数量和 2015 年中国国土资源公报计算)，其中以米脂县最高(0.18hm^2)，吴起县次之(0.17hm^2)，宝塔区人均耕地面积最小(0.07hm^2)。米脂县由于无定河流域地势相对平坦，有大量的河滩和相对平坦的耕地可以耕作，土壤条件较好，从古至今是优质小米的主要产区之一，同时多处利用梯田改造形成耕地，使得其耕地面积较大；而吴起县土地面积广阔但相对人口较少，因此耕地资源较其他地方要多；宝塔区境内主要是延安市

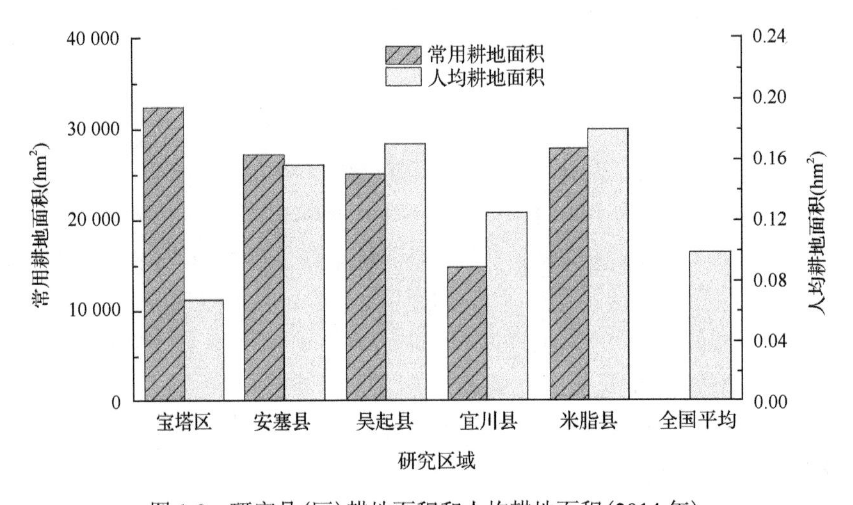

图 1-2 研究县(区)耕地面积和人均耕地面积(2014 年)

城区所在地，人口数量远超其他几个县(区)，因此人均耕地面积最小；安塞县主要耕地位于沿河两岸宽阔的河滩地，具有相对较好的耕作条件，近年来发展大棚蔬菜和果树占用了一部分原来的粮食耕地；宜川县地处黄土区和土石山区交界处，境内可用耕地资源有限，同时近年来当地大力发展高山苹果、核桃等果树栽培，大量耕地被改造成为果园，造成该地区耕地面积迅速下降。

(四)植被资源

植被资源能直观反映一个地区生态条件，同时也对区域的生态环境有重要影响。陕北黄土高原植被在不同历史时期变化较大，在唐朝(公元960年)以前这一区域环境条件较好，有大量的草原和阔叶林，但在唐朝后期由于战争动乱大量农民逃荒到此开始开垦农田，植被受到严重破坏，一直到后来的宋辽金元等朝代均对这一区域实行大肆开垦，造成草原和森林严重减少，森林草原交界带北移；到明清时代为了供应边境军队所需粮食及区内人口急剧增加，陕北地区更是大肆开垦，广种农田，到清朝末期只有很少量稀疏的天然林存留；中华民国(1912～1949年)期间，受到战乱、饥荒等人为因素和自然灾害等影响，这一区域植被依然以破坏为主(史念海，2001)；从新中国成立后到1979年改革开放前，陕北地区植被虽然有部分区域开始试点人工植树，但是总体趋势仍然以退化为主；改革开放以后，国家意识到黄土高原地区严重的水土流失问题，开始实施“三北”防护林等一系列生态恢复工程，局部生态环境得到改善，特别是1999年中国开始在陕北试点开展退耕还林(草)工程，将这一地区作为工程重点区域，使得陕北地区植被覆盖面积大幅度提升。

目前，该区原生植被受到人为干扰等原因已基本消失，现存植被多以人工栽植和封育形成的次生植被为主，刺槐是该区域种植面积最大的外来物种，其他植被恢复主要以本土物种为主，多为旱中生和中旱生物种；撂荒草地和封育草地草本植物以菊科、豆科和禾本科为主，草本物种主要有铁杆蒿、达乌里胡枝子、长芒草、茭蒿、阿尔泰狗娃花、白羊草、糙隐子草、翻白委陵菜等(朱清科等，2012)。这些植被的恢复对区域生态环境改善起到了积极的作用。整个黄土高原地区的植被从西北地区的草原化荒漠带过渡到东南地区的森林带，本书涉及的研究区域主要位于森林草原带，其中米脂县位于森林草原带和典型草原带交界处；宜川县位于森林草原带南部靠近森林带。区域内林草覆盖率在60%～75%，其中以吴起县最高(72.9%)，宜川县虽然位于森林带边缘，但是由于县内果园发展面积较大，林草覆盖率为66.4%。区域内针叶林、阔叶林、针阔混交林、针阔和灌木混交林、灌木林、草地等植被类型均有分布，呈现出从南到北森林减少、草原增加的趋势。其中，宜川县和宝塔区南部地区植被类型以针叶林(主要为油松林)、针阔混交林(油松+辽东栎，油松+白桦等)为主，也有部分针阔和灌木混交林及灌木林；宝塔区北部和安塞县主要植被类型为阔叶林(刺槐、山杏、辽东栎等)、针阔混交林(刺槐+侧柏等)、灌木林(柠条、沙棘、丁香等)，同时这一区域还有大量的撂荒草地；吴起县主要植被类型为针阔混交林(刺槐+油松、刺槐+侧柏等)、阔叶林(刺槐、小叶杨、辽东栎等)、阔灌混交林(刺槐+沙棘、榆树+沙棘、小叶杨+沙棘等)、灌木林(沙棘、柠条等)，区域内还有大量封育草地；米脂县境内植被主要以针叶林(油松、侧柏)、阔叶林(刺槐、小叶杨等)为主，草地有撂荒草地和人工草地(苜蓿)。

二、陕北黄土高原社会经济概况

(一)人口概况

陕北黄土高原位于整个黄土高原地区的腹地，在行政区划上包括榆林的榆阳、神木、府谷、横山、靖边、定边、绥德、米脂、佳县、吴堡、清涧、子洲12县(区)和延安的宝塔、延长、延川、子长、安塞、志丹、吴起、甘泉、富县、洛川、宜川、黄龙、黄陵13县(区)，总土地面积约为9.3万km^2，约占陕西全省面积的40%，主城区面积58.3km^2，占全省主城区面积的8.21%。截至2015年年末，整个陕北地区常住人口563.24万人，人口密度为67人/km^2，人口出生率11.02‰，死亡率6.28‰，人口自然增长率4.73‰，总人口中汉族占绝大多数，共生活着回族、藏族、蒙古族、维吾尔族等30个少数民族。

(二)社会经济条件

陕北黄土高原受到自然资源禀赋、区位条件和历史变迁等多种因素的影响，长期以来属于中国经济欠发达地区。虽然区域内矿产资源丰富，但是近年来由于资源的过度开采加剧了环境的恶化；而贫瘠的土地、破碎的地貌特征和严重的水土流失导致区域内耕地生产力低下，农业生产效率远远低于全国其他地方。同时，受环境制约和国家发展战略影响，区域内的经济发展速度远远落后于中东部地区。长久以来，陕北地区农民经济收入低、生活水平差，加上恶劣的生态环境，使得这一区域受到外界广泛关注。近年来的生态恢复和资源开发的控制政策遏制了当地环境恶化的局面，国家大量的投资和科技水平的提升一定程度上改善了当地的生产和生活水平，经济发展速度有所增加，但是社会经济条件仍然有待改善。

1. 经济发展水平和产业结构

陕北地区经济发展水平相对落后于陕西关中地区和全国中东部地区，但由于其丰富的矿产资源，许多县(区)年生产总值排在陕西省各县(区)前列，由此造成了陕北地区不同县(区)社会经济发展水平差异巨大。研究区内的宝塔区、安塞县、吴起县、宜川县和米脂县2014年生产总值分别为243.39亿元、106.44亿元、211.51亿元、22.72亿元和48.66亿元；分别位列陕西省107个县(区)的第20位、第54位、第23位、第88位和第99位，县(区)间社会经济发展水平差异较大；人均生产总值分别为5.02万元、6.12万元、14.30万元、2.04万元和2.44万元；城镇居民人均可支配收入分别为3.14万元、3.29万元、3.32万元、2.88万元和2.77万元。如图1-3所示，5个县(区)的产业结构中，宝塔区以第二和第三产业为主，占生产总值的94.94%；安塞县和吴起县均以第二产业为主，分别占生产总值的77.21%和88.72%；宜川县以第一和第三产业为主，两个产业分别占生产总值的45.75%和47.07%，第二产业仅占很小的比例；米脂县以第三产业为主，占55.75%，但是第二产业和第一产业所占比例也比较大，分别为28.51%和15.75%。综合来看，研究所选择的5个县(区)中，宜川县社会经济发展对农林牧副渔业生产的依赖程度较高，其他几个县(区)主要的产值分别来自加工业和其他产业，县(区)之间差异较大，能够反映各种产业主导的经济发展方式，具有很强的代表性。

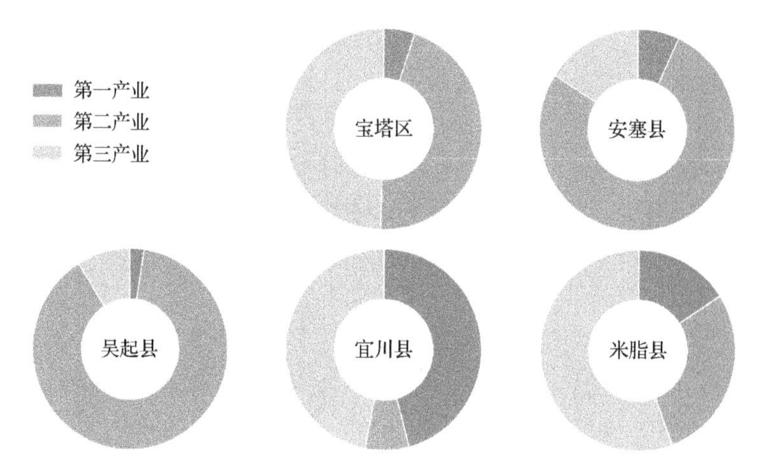

图1-3 研究区产业结构比例(2014年)

虽然农业在研究区内大部分县(区)国内生产总值中所占比例不大，但是作为基础产业，农业生产水平和农业产业结构对于一个地区的发展具有至关重要的作用，尤其是种植业、畜牧业和水产业所生产的产品对于维持区域食物安全、保障食品供应具有重要的意义。从图1-4可以看出，种植业在研究区内农业产业中所占比例最大，占农业产值的60%以上，宜川县最大达到了90.32%。其次是畜牧业，4个县(区)畜牧业占农业产值比例在4.57%～28.42%，宜川县最小，米脂县最大。

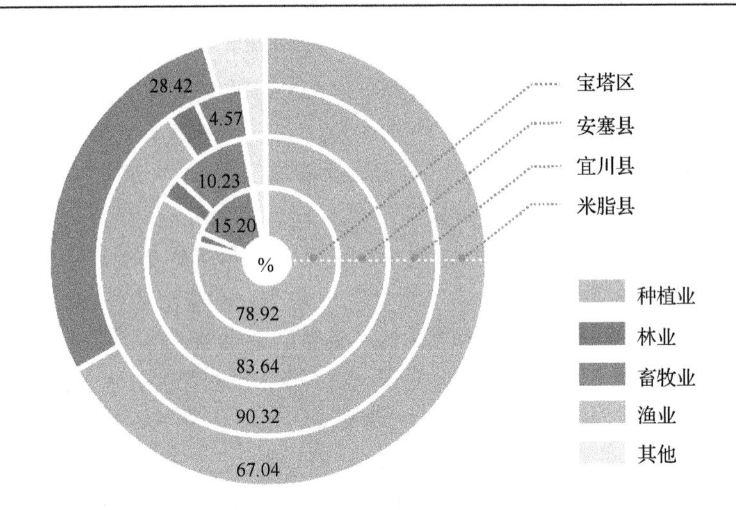

图 1-4　研究区农业产业结构比例(2015 年)

1.种植业产业数据为各县(区)统计公报或统计年鉴中“农业产值”；2.其他是指农林牧渔业生产总值中除去种植业、林业、畜牧业和渔业以外的其他产值，主要包括农业服务业和农副产业产值

2. 人口数量和构成

研究区人口数量近年来呈现增加趋势，截至 2014 年，宝塔区、安塞县、吴起县、宜川县、米脂县常住人口数量分别为 48.15 万人、17.43 万人、14.76 万人、11.92 万人和 15.54 万人。人口密度分别为 136.11 人/km^2、59.06 人/km^2、38.96 人/km^2、40.58 人/km^2 和 133.00 人/km^2；平均人口密度为 74.95 人/km^2，远小于陕西省人口密度(183.43 人/km^2)。人口男女比例为 1.06∶1。总体非农人口占 35.94%，各县(区)农业人口比例均超过 50%，其中安塞县农业人口比例最大为 82.35%，宝塔区农业人口比例最小为 50.76%。人口出生率平均为 11.13‰，米脂县最大为 14.92‰，吴起县最小为 9.13‰；人口自然增长率平均为 6.28‰，米脂县最大为 12.34‰，吴起县最小为 4.04‰。

3. 农业生产状况

农业生产最基本的要素是地区的自然资源，其次是科技发展水平和经济投入情况。陕北黄土高原虽然具有比较充足的光照资源，但是降水量偏少和降水资源不均匀等导致水资源不足成为该区农业生产所面临的最大困难，加之有限的耕地资源，使得农业生产水平低于全国其他地方。

(1)粮食生产

粮食生产是农业生产中最为主要的部分。长期以来陕北黄土高原粮食生产水平不高，粮食产量较低。1998 年研究区内各县(区)平均粮食单产仅 1652.79kg/hm^2，到 2014 年上升到 3287.61kg/hm^2，虽然仍然低于陕西省粮食平均单产 3893.3kg/hm^2，但是已经增长了将近 1 倍。研究区域内 5 个县(区)2014 年粮食播种总面积为 30.65

万 hm^2，略低于其常用耕地面积(37.23 万 hm^2)，粮食总产量 34.87t（图 1-5）。常用耕地中一部分土地用于种植薯类和蔬菜等作物，导致粮食播种面积低于常用耕地面积。5 个县(区)中，安塞县粮食播种面积最大为 2.84 万 hm^2，宜川县粮食播种面积最小仅 0.68 万 hm^2。粮食总产量从大到小依次为宝塔区(8.99 万 t)、米脂县(8.81 万 t)、安塞县(7.15 万 t)、吴起县(6.21 万 t)和宜川县(3.72 万 t)。近年来，受市场需求和各地农业产业发展政策的影响，粮食种植面积有所下降，蔬菜和特色经济作物种植面积上升。

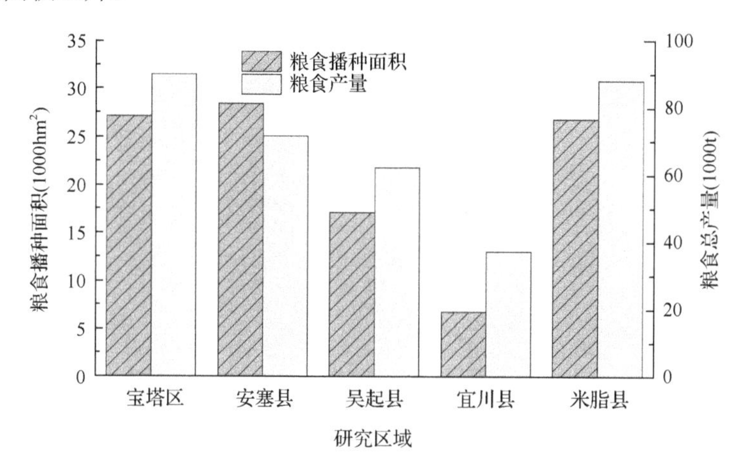

图 1-5　研究区粮食播种面积和粮食产量(2014 年)

研究区域内人均粮食产量 323.63kg，远低于全国人均粮食产量 443.84kg(根据 2014 年年末人口和粮食产量计算)，粮食主要以谷子、糜子、豆类等小宗粮豆作物为主，宝塔区和宜川县有冬小麦和春小麦种植，但主要口粮如小麦、大米等还需要从外地购买，相对来说粮食生产仍然不能满足当地人民的生活需求。宜川县粮食单产水平最高，达到 5488.65kg/hm^2，安塞县最低仅 2516.37kg/hm^2。人均粮食产量米脂县最高，达到 566.80kg，超过全国人均粮食产量的 21.2%；其他县(区)均低于全国水平，其中宝塔区由于人口密集，虽然粮食产量高于其他县(区)，但是人均粮食产量仅 186.74kg，只有全国水平的 42.07%(图 1-6)。

(2)经济作物

陕北地区主要的经济作物包括油料作物、纤维作物、水果、蔬菜等，其中油料作物有油菜、胡麻、小麻子、向日葵、芝麻、花生等。研究区内油料作物生产规模较大的是安塞县(4312t)和米脂县(3919t)，其他 3 个县(区)均不足 1000t。纤维作物以棉花为主，还有少量的大麻种植，近年来种植面积严重下降，棉花仅宜川县还有种植，2014 年产量仅为 13t。水果以苹果为主，产量占县(区)水果产量的 90%以上(宜川县为 59.04%)，其中吴起县苹果产量达 41.79 万 t，占全县水果产量的 98.23%。近年来葡萄、梨等水果面积也在逐渐增加。蔬菜主要是依靠设施栽培技术发展起来的大棚蔬菜，主要销往周边城市，因此宝塔区、安塞县和距离榆林市较近的米脂县蔬菜发展规模远远大于其他两个县，其蔬菜年产量分别为24.02t、7.62t 和 10.53t。综合来看，陕北地区经济作物生产近年来在科学技术支撑和政府政策推动下，朝着提升产品品质、打造精品和地方特色产品的方向发展，尤其是山地苹果和优质红枣近年来推广面积不断增加，对当地农民经济收入增长起到了积极作用。

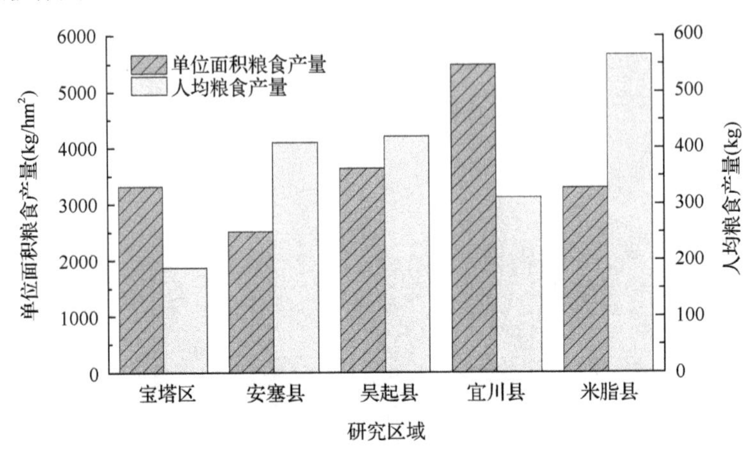

图 1-6　研究区粮食单产和人均粮食产量(2014 年)

(3) 畜牧业

长期以来，黄土高原丘陵沟壑区尤其是北部地区曾经是游牧民族的聚居地，至今当地人的饮食习惯还留存着游牧民族的风格。畜牧业的作用一方面是为人民生活提供肉蛋奶皮毛等生活必需的消费品，另一方面是为农业提供畜力和有机肥料。当地传统的畜牧业以散养放牧为主，主要大牲畜有牛、驴，骡、马也有养殖但是数量很少；小家畜主要是猪和羊；家禽主要是鸡，有少量的鸭、鹅。养羊业是陕北黄土高原最为主要的养殖产业，也是许多农民经济收入的主要来源。但由于缺乏合理的规划和控制，传统的散养对当地生态环境造成了严重的影响，导致许多地方的草地退化。退耕还林(草)工程实施以来，多地开展封山禁牧，禁止在山坡草地放羊，使得羊的存栏量显著下降。宝塔区、安塞县、吴起县和宜川县羊的存栏量从 1998 年的 17.88 万只、17.35 万只、18.34 万只和 9.95 万只下降到 2014 年的 2.39 万只、6.57 万只、13.07 万只和 0.83 万只，整体下降比率达到 64.01%。米脂县通过产业技术调整，将以往的散养改为圈养，鼓励农户通过专业养殖来增加经济收入，养殖规模从 1998 年的 6.80 万只增加到 2014 年的 16.76 万只。牛的养殖主要是用于耕作的畜力，近年来随着生产机械化水平的增加，各地养牛规模均有下降，宝塔区、安塞县、吴起县、宜川县和米脂县 2014 年牛的存栏量分别为 1.83 万头、0.83 万头、0.51 万头、0.57 万头和 0.89 万头，仅分别占 1998 年存栏量的 56.83%、35.47%、16.67%、29.53%和 66.92%，总体下降比例接近 60%。相对牛羊来说，研究区域内猪的存栏量变化幅度较小，5 个县(区)的总存栏量从 1998 年的 13.58 万头增加到 2014 年的 15.92 万头，增长率仅为 17.32%。家禽存栏数量以宝塔区最大为 55.42 万只，米脂县次之为 51.78 万只，宜川县最小仅 14.55 万只。宝塔区、安塞县、宜川县和米脂县 2015 年畜牧业产值分别为 3.6 亿元、1.35 亿元、0.90 亿元和 2.76 亿元，占县(区)生产总值的 1.48%、1.27%、3.98%和 5.67%；占全县农林牧副渔业生产总值的 16.76%、10.29%、4.61%和 27.36%，说明畜牧业在米脂县和宝塔区农业产业结构中占有非常重要的比例，其他县(区)则相对较小。

畜牧业产品中，肉、蛋、奶产量均以宝塔区最高，分别为 7113t、3812t 和 3509t，尤其是奶产品在安塞县、吴起县和宜川县均远远低于宝塔区和米脂县[图 1-7(a)]。研究区内人均肉类、人均禽蛋和人均奶类产量分别为 21.78kg、10.95kg 和 5.83kg，远远低于全国和陕西省水平，其中宝塔区的人均水平均为最低，主要原因是该区内常住人口数量大，主要生产资料需要大量外部供应[图 1-7(b)]。

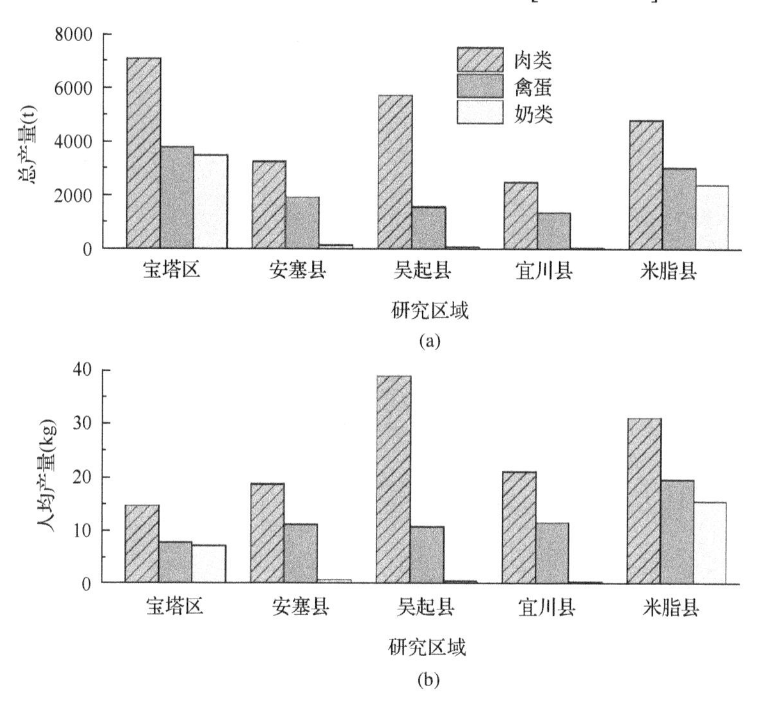

图 1-7 研究区畜牧产品产量(a)和人均产量(b)

4. 农业生产资料投入

陕北地区农业土壤主要是黄绵土，基础肥力较低，加上水分严重不足导致种植业生产效率很低，长期以来当地种植业主要依靠外部施肥来保证作物生长，传统耕作中肥料主要依靠家畜的粪肥。由于当地干旱比较严重，有机物分解困难，家畜粪肥难以腐熟，而未经腐熟的粪肥又不能很好地被作物吸收，造成一定的浪费。近年来，化肥的投入使得当地种植业生产效率有了显著的改善，但是由于过度使用化肥和农药等化学产品导致的生态环境污染问题也越来越严重。陕北黄土高原 5 个县(区)机械动力、塑料薄膜和化肥 3 种主要农业生产资料年投入总量分别为 913 967kW、39 201t 和 1655t，平均单位面积年投入量分别为 7.17kW/hm^2、307.67kg/hm^2 和 12.99kg/hm^2。农业生产资料投入总体表现出地区间用量和使用水平差异较大，农业机械使用水平较低，部分地区过度使用化肥且使用不够合理等特点。机械动力和化肥投入总量最大的均为宜川县(二者分别为 266 973kW 和 17 917t)；塑料薄膜投入量最大的为吴起县(投入总量为 863t)。

单位面积农业生产资料的投入能够反映一个地区农业生产水平和对环境的影响。图 1-8 所示为研究区内 5 个县(区)2014 年 3 种主要农业生产资料单位面积耕地投入量，从图中可以看出，宜川县单位面积农业机械动力和化肥投入量高于其他地区，达到 17.98kW/hm^2 和 1206.45kg/hm^2，说明宜川县农业机械化程度相对高于其他地区，但该县农业生产也大量依靠化肥的投入，对环境造成了严重的影响。单位面积塑料薄膜使用量最大的为吴起县，达到 34.43kg/hm^2。吴起县年平均温度为研究区域内最低，在种植马铃薯等作物时需要大量消耗塑料薄膜来增加温度可能是导致其塑料薄膜用量较大的一个原因。

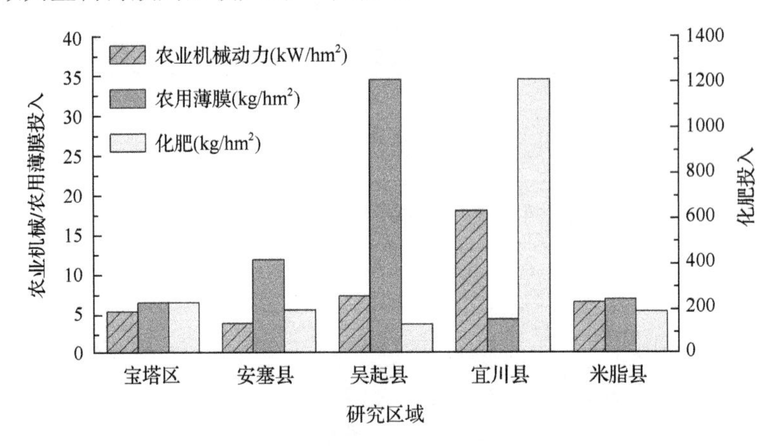

图 1-8 研究区主要农业生产资料单位面积用量

5. 农村经济情况

研究区内主要人口均为农业人口，其主要的经济收入来源于农业生产。而农村居民经济收入远低于该区域城镇居民经济收入，因而作为区域社会经济发展的短板，农村经济发展情况是决定区域经济发展的限制因素。研究区内农村居民年人均纯收入平均为 9758 元，不同县(区)农村居民年人均纯收入存在一定差异，但是均落后于陕西省关中地区和全国中部、东部及其他地区。5 个县(区)中仅安塞县和吴起县农民年人均收入超过 10 000 元，分别达到 10 374 元和 10 358 元；米脂县农民年人均纯收入最低，仅为 8903 元。

为了明确研究区农村经济发展水平近年来的动态变化过程，本研究分析了 2000～2014 年研究区内农村居民人均纯收入的变化情况(图 1-9)。结果发现从 2000～2014 年农村居民年人均纯收入呈现不断增长的趋势，在 2000～2006 年速度较慢，平均收入增长速率为 201.96 元/a；但从 2007 年开始增加速度提升，平均收入增长速率为 1006.69 元/a。分析其原因可能是退耕还林后大量的耕地被转换为植被用地，农民从土地获得的经济收入减少，但是短期内由于各种原因无法寻找到新的经济收入来源，因此经济收入增长水平有限；而随着越来越多土地退耕，农民开始探索新的经济收入途径，进城务工、自主经营等方式等逐渐为当地农民带来大量的经济收入，因而其年人均收入增长速度加快。

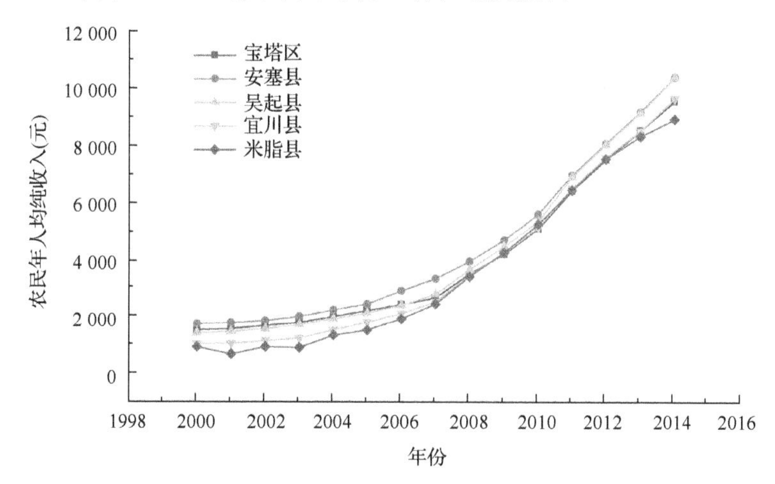

图 1-9　研究区农村居民年人均纯收入动态变化(2000～2014 年)

三、研究区域概况

本研究选取黄土丘陵沟壑区的高西沟、金佛坪、五里湾、庙咀沟和交子沟 5 个典型流域分别位于米脂县、吴起县、安塞县、宝塔区和宜川县境内，在流域选择的时候充分考虑了以下几点原则。

(1)代表性

陕北黄土丘陵沟壑区小流域数量众多，结合研究实际情况要选择能够代表陕北黄土丘陵区典型的流域类型，尤其是开展退耕还林等生态工程治理的典型流域类型；同时流域内的土地利用方式和农林景观配置模式要具有一定的代表性。例如，吴起县是全国退耕还林最初试点的地区，该区域植被恢复效果非常显著并且拥有多个集中连片的人工植被恢复治理示范区；金佛坪流域从 20 世纪 50 年代就开始进行生态治理，是国家退耕还林生态效益固定观测点，流域内植被恢复效果和发展模式能够很好地代表该地区的总体情况；米脂县高西沟流域作为黄土高原小流域生态治理的样板区，从 1950 年以来就开展了大量的人工植被恢复、坡耕地改造梯田、淤地坝修筑等多种措施的小流域综合治理方案，取得了显著的效果，而且流域类型及土地利用方式能够很好地代表米脂、绥德及周边地区的情况，长期以来受到大量学者的关注。

(2) 差异性

选择的流域之间在土地利用模式、农业产业发展过程及农村经济发展水平等方面要具有一定的差异性，才能够符合实际治理过程中典型小流域的不同发展现状和目标，提出更加符合实际的多样化治理模式。例如，研究选取的高西沟、庙咀沟和五里湾 3 个小流域在发展过程中主要的农业产业发展途径分别是粮食和果树兼顾、果树为主和粮食生产为主，因而其发展水平和今后的发展方向也存在差异，这就要求在研究过程中充分考虑各个流域的发展特色和实际情况，制定符合不同发展现状和发展需求的农林景观配置模式。

(3) 可操作性

本研究主要针对流域内的退耕还林(草)工程和农林复合系统，因此研究的流域中要既包括植被恢复治理，也包括农业产业发展。同时，流域属于地貌单元，一个小流域内如果包含多个行政村会给社会经济数据的收集带来很大困难，因此需要选择行政区划相对一致和记录资料相对齐全的流域开展研究，更容易获得真实有效的研究基础资料。例如，研究选择的庙咀沟小流域和高西沟小流域都只包含一个行政村，涉及其他村庄范围很小，而且村内干部和农户对调研等过程比较支持，使得调研过程相对容易；五里湾流域所在的区域是中国科学院水利部水土保持研究所安塞水土保持试验站 40 多年的研究区域，积累了大量研究资料的同时当地农户对生态恢复和水土保持工作比较了解和支持，能提供更加准确和可靠的基础数据。

根据以上原则选取的 5 个流域能够很好地代表陕北黄土丘陵区或者所处区域的地貌特征、农林景观配置模式和社会经济发展水平，为开展生态恢复的综合效益评价和农林景观配置模式优化提供了研究平台。具体 5 个研究小流域的基本情况介绍如下。

(1) 高西沟流域

高西沟流域(37°51′N～37°52′N，110°09′E～110°12′E)，属于无定河支流金鸡河的支沟，位于米脂县城北部，距离县城 21.5km，流域面积 4.69km^2，地貌类型为绥米峁状黄土丘陵沟壑区；行政单位包括米脂县高渠乡高西沟村一个行政村，流域内现有农户 126 户，人口 522 人。高西沟从 1950 年前后开始试点生态治理工程，主要采取修筑梯田、植树造林、人工草地和筑坝造田等措施，造林树种主要是油松、小叶杨和刺槐，人工草地主要是苜蓿。流域整体治理面积达到 80%，显著降低了流域内的水土流失。现有耕地 79hm²，主要是在沟道、坝地和梯田种植的谷子、糜子、玉米等；林地 183.23hm²；果园 52.48hm²，主要为缓坡地苹果园和少量沟道葡萄园；草地 58.73hm²，植被覆盖面积 66%；流域内有水库一座。流域内农民主要收入来源是农业生产和外出务工，近年来村内开始发展乡村旅游成为当地农民经济收入的新增长点。

(2)金佛坪流域

金佛坪流域(36°49′N～36°50′N，108°12′E～108°13′E)，是直接流入洛河的一个小支沟，位于吴起县吴起镇金佛坪村内，当地所称金佛坪流域实际是指洛河流过金佛坪村的一段，涉及面积大约 50km²，为开展研究方便，本研究选取区域内的一个闭合支沟开展研究，也称之为金佛坪流域。该小流域面积 3.48km²，自 20 世纪 70 年代开展生态治理，生态治理面积达到 90%以上，主要开展人工植树造林和封禁草地，造林树种主要为沙棘、榆树、刺槐、油松、小叶杨及沙棘和其他树种的混交林。现在流域内保存的人工林地大约有 1/3 是当时栽植，是国家退耕还林效益固定监测点。流域内现在已经没有连片耕地，仅有的极少量零散分布在沟谷地区，面积不足 1hm²；流域内现有农户 15 户，主要集中在流域沟口位置，农民收入主要依靠外出务工和个体经营，对农业依赖程度较低。

(3)五里湾流域

五里湾流域(36°51′N～36°53′N，109°19′E～109°21′E)位于安塞县城东南部，距离县城仅 3km，是延河的一个支沟，流域面积 5.88km²，属于黄土梁峁状丘陵沟壑区，流域内地貌单元以沟、梁为主，主要为深“U”形沟谷，宽度在 10～800m，深度 5～160m，少塬面。行政单元包括安塞县墩滩镇五里湾村一个行政村，有农户 90 户，人口 274 人。由于靠近县城，五里湾流域是安塞县城城郊绿化治理的一部分，同时也是中国科学院水利部水土保持研究所安塞水土保持试验站开展试验研究的区域，流域治理面积约 70%(Zhao et al.，2014)。流域内现有耕地 44.60hm²，果园面积 4.08hm²，林地和灌丛面积 332.35hm²，撂荒草地面积 184.18hm²。人工林地仅有少量栽植于 1970 年和 1990 年的刺槐和柠条，其他均为 1999 年退耕还林(草)工程开始后栽植的林地，主要树种为刺槐、柠条、山杏和山桃。由于靠近县城，农民主要收入来源于个体经营和外出务工，大量耕地被撂荒弃耕，现有耕地主要种植谷子、糜子、马铃薯、玉米等，果园主要为苹果和少量核桃。

(4)庙咀沟

庙咀沟(36°37′N～36°40′N，109°21′E～109°23′E)位于延安城区西北 15km，是延河主要支流西川河的一条支沟，属于延安市生态治理示范区张田河治理区域的重要部分，面积 7.28km²，属于黄土梁峁状丘陵沟壑区，地形以黄土长梁为主，中间是一条宽 500m 的“U”形主沟，支沟和细沟较少。流域内有庙咀沟村一个行政村，涉及农户 89 户，人口 262 人。流域主要治理从 1999 年退耕还林后开始，主要治理方式是坡耕地改造梯田、人工造林、淤地坝修筑等。其中主要造林树种为沙棘、柠条、刺槐、侧柏等，2014 年耕地面积为 11.03hm^2，果园面积 69.80hm^2，但 2015 年后大量果园由于病害严重被砍伐。农民人均纯收入 5667.98 元，主要收入来源是青壮年劳动力在外打工，农业收入主要来源于苹果种植和少量蔬菜种植销往延安市区。

(5) 交子沟流域

交子沟 (36°08′N～36°11′N，110°15′E～110°18′E) 位于宜川县县城北部的秋林镇，属于交子沟流域综合治理工程 (69.43km^2) 的一部分，涉及小流域面积 13.91km^2，水土流失面积 60%以上，属于黄土塬梁丘陵沟壑区，主要地貌为黄土梁和塬，侵蚀类型中面蚀和沟蚀都比较严重，面蚀主要在坡耕地和坡面，主沟谷宽度大约 200m。该区域水土流失治理工程从 20 世纪 60 年代起步，到 1990 年前后为主要治理时间，现在综合治理程度达到 82.72%，主要治理措施包括人工造林、淤地坝建设和沟头防护等，治理后植被覆盖度达 75.94% (袁媛，2015)。小流域内有农户 90 户，人口 436 人，耕地果园等农业用地 324.69hm^2，耕地主要种植作物为玉米、小麦和谷子，果园主要种植苹果。

第二节　陕北黄土高原退耕还林(草)工程

退耕还林 (草) 工程是继“三北”防护林工程和天然林资源保护工程 (简称“天保”工程) 之后，中国政府实施的一项具有重大历史意义的生态恢复和保护工程。退耕还林 (草) 工程自 1998 年开始在陕西、甘肃和四川试点实施，其中本研究所在区域陕北黄土丘陵沟壑区是退耕还林 (草) 工程最初试点区域之一，吴起县更是被称为“全国退耕还林第一县”。截至 2014 年，陕西省退耕还林 (草) 工程累计造林还草面积达 253 万 hm^2，其中，退耕还林还草面积 109.43 万 hm^2，荒山荒地造林面积 128.12 万 hm^2，封山育林面积 15.90 万 hm^2。退耕还林 (草) 工程所产生的生态效益显著，陕西省森林覆盖面积从退耕还林前的 30.93%增长到 43.06%。

由于地质地貌和气候条件导致的陕北黄土丘陵沟壑区水土流失一直是困扰当地发展和威胁黄河下游安全的严重问题。在陕西省退耕还林 (草) 工程开展过程中，这一地区被作为退耕还林 (草) 工程的试点区域，充分说明了陕北黄土丘陵沟壑区进行生态恢复和保护的紧迫性。以研究流域所在的 5 个县 (区) 退耕还林 (草) 工程开展情况来看，从 1999～2013 年，5 个县 (区) 退耕还林 (草) 工程造林还草累计面积为 33.18 万 hm^2，其中，退耕还林还草面积最大，为 17.28 万 hm^2，荒山荒地造林面积 15.28 万 hm^2，封山育林面积最小，仅 0.62 万 hm^2。主要的造林时间都集中在 1999～2005 年，2005 年以后造林还草面积减少，尤其是退耕还林还草任务 2006 年已经全部完成，主要转向采取封山育林措施，对现有的造林成果加以保护 (图 1-10)。2007 年国家出台《关于完善退耕还林政策的通知》，提出延长退耕还林(草)工程补助时间，退耕还林(草)工程转向成果巩固阶段并提供资金支持，有力地促进了退耕还林(草)工程的实施。

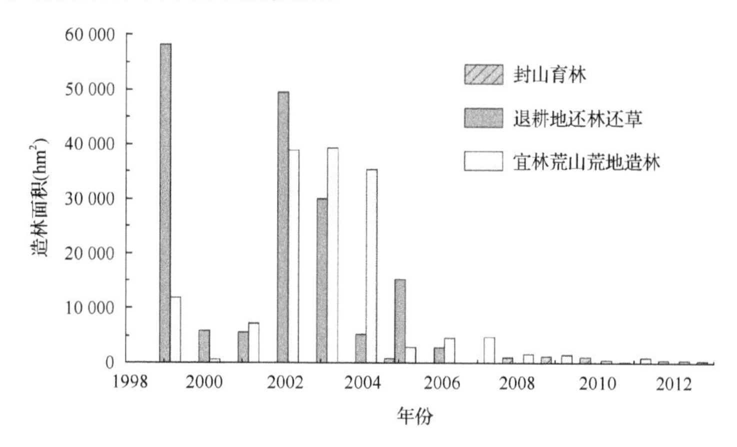

图 1-10　研究区域退耕还林(草)工程造林面积

通过退耕还林(草)工程的实施，陕北黄土高原丘陵沟壑区生态环境得到有效改善，植被覆盖程度显著提高，如吴起县植被覆盖度从工程实施前的 19.20%增加到 72.90%，植被恢复的同时也显著提升了当地生态系统服务功能，增加了动植物物种多样性，有效减少了水土流失，改善了局地小气候。此外，退耕还林(草)工程还带来了显著的社会和经济效益，在工程实施的同时，结合小流域治理和区域产业结构调整，研究区内农民生活水平和生活环境显著改善。农民人均纯收入从 2000 年的 1298.20 元上升到 2014 年的 9758.00 元，增长了 6.5 倍，尤其是 2007 年以后年均增长量超过 1000 元，显著提升了当地农村社会经济发展水平。

随着退耕还林(草)工程的实施，1999～2003 年退耕还林(草)工程面积迅速增加，2003～2006 年退耕还林面积显著下降，2006～2015 年退耕还林进入巩固阶段。退耕还林对当地的生态环境产生了很大的影响，主要表现在涵养水源、保持水土、净化空气、改善野生动物栖息地和生态环境等方面(郑风田等，2011)。通过退耕还林(草)工程的实施，提高了林地生态系统的水源涵养能力，主要表现为来自林冠的降雨截留、枯枝落叶层的涵水力及林地土壤的持水能力等。同时，林地的水土保持能力也得到加强，主要是由于林地被物层和枯枝落叶层的存在，降低了雨水对表土层的溅蚀和地表径流对土壤的冲刷，同时根系又能固结土壤，增强土壤抗蚀力，避免土壤内有效养分的损失，增加了林地固土保肥功能。此外，林木通过光合作用吸收二氧化碳放出氧气的功能对全球生态系统及大气碳平衡具有重要意义。退耕地和荒山地造林后，增加了森林覆盖率，为野生动植物的生长、发育和繁衍提供了栖息地，在一定程度上提高了动植物的多样性，改善了生态环境。

退耕还林亦改变了当地的产业结构，振兴了地方经济，对当地经济产生了一定影响，其中最突出的方面就是影响粮食产量、经济作物产量、国民生产总值、农业产值、林业产值，以及财政收入、农业税收及人均收入等(郑风田等，2011)。退耕还林实施后，农民收入水平和结构发生了变化，对农民收入的影响也有所差异。由于退出的耕地大部分是低产田，对农业生产和农民收入影响不大，且退耕农户从事经济活动的时间和空间范围更大，可寻找新的生产门路增加收入。

第三节　退耕还林(草)工程生态效应评价理论与研究进展

一、生态服务功能及评价

生态服务功能(ecosystem services function)最早可以追溯到 Westman(1977)提出的“自然的服务”(nature’s services)的概念。随后在国际科学联合会环境问题科学委员会(SCOPE)于 1991 年召开的一次专门讨论生物多样性与生态系统服务功能的关系、生态系统服务功能的经济价值评估方法的会议之后，生态系统服务功能这一概念逐渐被学术界认可和应用。Daily 等(1997)将生态系统服务定义为由自然生态系统及其物种所提供的能够满足和维持人类生活需要的条件和过程。在我国，欧阳志云等学者(1999)较早开始研究生态系统服务，并将其概括为生态系统与生态过程所形成及所维持的人类赖以生存的自然环境条件与效用。生态系统服务一般是指生态系统的生命支持功能，而不包括生态系统功能和生态系统提供的产品。然而，这三者之间是紧密联系的，因此将生态系统提供的产品和服务统称为生态系统服务功能(李少宁等，2004)。谢高地等(2001)认为生态系统服务功能是通过生态系统的功能直接或间接得到的产品和服务，其他学者也对生态系统服务功能进行了不同的定义(表 1-1)。

表 1-1　代表性学者对生态系统服务功能的定义和分类

代表人物/机构	定义	功能分类	文献
Daily	由自然生态系统及其物种所提供的能够满足和维持人类生活需要的条件和过程	—	Daily et al.，1997
Costanza	生态系统提供的商品和服务	气体调节、干扰调节、养分循环等 17 类	Costanza et al.，1998
千年生态系统评估报告	人类从生态系统中获得的各种效益	供给服务、调节服务、文化服务和支持服务	傅伯杰和于丹丹，2016
谢高地	通过生态系统的功能直接或间接得到的产品和服务	直接使用部分，间接使用部分，娱乐消闲与美学享受	谢高地等，2001
欧阳志云	生态系统与生态过程所形成及所维持的人类赖以生存的自然环境条件与效用	生态系统产品及支撑与维持人类赖以生存的环境	欧阳志云等，1999

资料来源：肖生美等，2012

生态系统服务功能被认为是人类生存与现代文明的基础，从大类上来分，生态系统服务功能可以分为直接功能和间接功能，其中直接功能包括各类生态系统产品，如生态系统所提供给人类的食物、土地、工业原料等，这一部分功能往往可以商品化；间接功能则主要包括生态系统所支撑与维持的人类赖以生存的环境，如生态系统的水源涵养、气候调节、土壤保育和肥力等，这部分功能一般不能够直接货币化。欧阳志云等(1999)认为生态系统服务的间接功能包括：太阳能的固定、调节气候、涵养水源及稳定水文、保护土壤、储存必需的营养元素，促进元素循环、维持进化过程、对污染物质吸收和分解作用及指示作用、维护地球生命系统的稳定与平衡及提供自然环境的娱乐、美学、社会文化科学、教育、精神和文化的价值等 9 种类型。根据研究对象的不同，生态系统服务功能又可以分为陆地、海洋、森林、草原、城市等生态系统服务功能(傅伯杰等，2009)。大量针对生态系统服务功能的研究证明，生态系统服务的直接功能仅占生态系统服务功能的很小一部分，而生态系统所提供的调节功能及信息功能等则占其所能提供的绝大部分。然而，人类长期以来偏向于重视直接功能，而忽视了间接功能，也因此导致了现在普遍存在的资源和环境等各类问题。同时应该意识到，生态系统服务所提供的各项功能之间是具有紧密联系的，功能与功能之间相互依存、相互制约，因此在研究的时候必须将各项功能综合看待，考虑不同功能之间的相互作用和影响。

生态系统服务功能包括既可直接定价衡量的产品与资源(直接功能)，也包括不能直接定价的非商品性服务(间接功能)。直接产品在市场上具有实际的价值，而非商品性服务则没有具体的价值来进行衡量。因此为了全面评估生态系统服务的总体功能，需要通过一些方法将非商品性服务进行价值化。在经济学概念中，通过“效益”来表达服务和福利使得评估生态系统服务功能成为可能。近年来生态系统服务功能评估越来越受到重视，传统的发展思路由于只看重可以货币化的商品性服务，而忽略了不能直接货币化的非商品性服务，使得自然资源被过度消耗，生态环境载荷不断增加，甚至一些地方的生态系统濒临崩溃。因此通过多种方式全面评估生态系统服务功能，能够为区域生态系统发展及政府制定发展政策提供重要的依据。在之前的研究中，诸多学者通过不同的方法对不同尺度和范围的生态系统服务功能进行了评估，赵金龙等(2013)对评估方法和内容进行了较为系统的综述和对比，分析了不同评估方法的优缺点，具有一定的代表性(表 1-2)。

表 1-2 主要生态系统服务功能价值评估方法的比较

分类	评估方法	优点	缺点
实际市场法	市场价值法	可以直观地评估生态服务功能的某些价值，受到公众普遍认可	只评估了可以通过市场交易的产品和服务项目的效益，忽略了其间接效益，而且容易受市场制度和政策的影响
替代市场法	机会成本法	方法简单实用，公众易接受，适用于某些不能直接估算的社会的纯效益	无法评估非使用价值及某些难以通过市场化衡量的事物的效益
	替代成本法	采用替代方法解决了难以估算支付意愿的生态系统服务功能价值的难题	方法的有效性取决于公众对信息的掌握程度，因此成本的计算会产生误差
	恢复和防护费用法	不需要详细的信息和资料，解决了生态服务功能不具市场性的问题	价值受多种因素的影响，成本只是其中一方面，容易造成低估
	影子工程法	可以将难以直接估算的生态服务功能价值用替代工程的方法计算出来	替代工程非唯一性，替代工程时间、空间性差异较大
	旅行费用法	方法和理论符合传统经济学原理，建立在市场的基础上，受公众认可、可信度提高	此方法没有完全市场化，评估结果受当地经济条件影响
	享乐价格法	建立在市场基础之上，反映了消费者的实际偏好，具有较高的可信度	统计模型复杂，方法不全面，难以覆盖有些领域生态服务功能的评估
	人力资本法和疾病成本法	主要用于各种生态环境变化对人体健康造成的影响，具有针对性	只有明确了健康和污染源影响关系之后才能评估，评估结果往往过高而不可靠
虚拟市场法	条件价值法	具有很大的灵活性，适宜于非实用价值占较大比重的评价；总体上能完成生态服务功能 8 项价值的评估	评估结果容易产生各种偏差，很大程度上依赖于调查方案的设计和被调查者的自身素质，缺乏公众可信度
	意愿选择法	能更好地揭示消费者的偏好，符合经济学的理论要求	能有效地评估生态服务功能市场类产品，保证其可靠性和有效性

资料来源：赵金龙等，2013

其中实际市场法又被称为直接市场评估法，评估是以当前服务效果或实际产品的市场价值作为其经济价值，从而衡量生态系统服务功能价值的方法。这一类方法在评估时可以直接评估生态系统服务功能的价值，但是由于生态系统服务功能繁杂，许多服务指标难以通过市场价值进行估计，应用时还有一定的局限性。同时，这类方法在评价时严重依靠产品和服务的市场价值，对市场的需求依赖性较强，容易受到市场波动的影响。

替代市场法主要针对生态服务功能指标中一些没有实际市场价格的服务和产品进行评估，利用估算或替代的方法，计算其“影子成本”来评估生态服务功能的价值。主要包括机会成本法、替代成本法、恢复和防护费用法、影子工程法、旅行费用法、享乐价格法、人力资本法和疾病成本法等。应用替代市场法的关键是对替代功能特征的精确定义和替代参数的准确选择。

虚拟市场法是通过假设某种生态系统服务或产品可以作为商品在市场流通，通过调研消费者对该商品的支付意愿，综合来评估生态系统服务功能价值的一种方法。由于这类方法涉及的服务往往不是市场的真实商品，而是虚拟的，因此在设计调查问卷的时候要注意问题的合理性和信息的准确描述，这对于被调查者回答问题及最终的评价结果都有很大的影响，评价结果会存在信息偏差、支付方式偏差、起点偏差、假想偏差、部分与整体偏差和策略性偏差等问题。

在实际评估的过程中，不同评估方法各有利弊。例如，直接市场评估法，由于产品有实际价值，因而评估结果最为准确，但是由于许多的服务功能都没有实际价值而无法进行评估，就需要结合替代市场法和虚拟市场法进行评估。因此，单独利用某一类方法对一个生态系统的服务功能进行综合评估还比较困难，需要结合多种方法，从不同角度对多样化的服务功能进行评估。

二、退耕还林(草)工程效益评价

国内对退耕还林(草)工程效益评价的研究主要是在2000年以后，研究的内容主要包括生态效益、经济效益和社会效益，以及综合效益分析。评价的方法主要参考森林生态系统效益评价。

生态效益是退耕还林(草)工程最直接和最根本的效果，主要包括植被恢复、水土保持、净化空气等方面的指标。生态效益是国家实施退耕还林(草)工程最先考虑的因素。因此，生态效益评估对退耕还林效果的评价具有重要的意义。许多学者的研究都表明退耕还林(草)工程对当地的生态效益具有明显的改善(Qiu et al., 2009)。

经济效益是退耕还林(草)工程给当地政府和农户带来的经济收入上的影响。侯军岐等(2002)明确指出退耕还林(草)的经济效益应该是工程对当地经济带来的正面和负面的影响；而杨旭东(2005)对经济效益的评价侧重于工程实施前后农户经济收入的变化、直接和间接经济效益、退耕还林成本-效益分析，其他对经济效益的研究也主要都与侯军岐和杨旭东的观点相似，研究结果均表明退耕还林的实施对当地经济发展具有很大的影响。

社会效益主要是退耕还林实施对当地产业结构调整、劳动力转移、社会影响、粮食安全、人民生活等方面的影响效果。王丹丹等(2010)认为退耕还林政策的目标实现，包括了种植业结构调整和以农业劳动力转移为特点的农村经济结构转型。当前对社会效益的研究中比较主要的两个问题是退耕还林对农村劳动力转移的影响和由于耕地减少带来的工程实施区域粮食安全问题。

在退耕还林生态效益评价中，古丽努尔·沙布尔哈孜等(2004)在早期对塔里木河流域退耕还林的生态效益进行了评价，利用恢复生态学理论和层次分析法(AHP)，选择了包括植被覆盖、生物多样性、水源涵养等在内的11项指标，通过数学模型计算了不同退耕模式的综合效益指数。这一方法在之后的退耕还林效益评价研究中应用非常广泛；杨建波和王利(2003)就坡耕地退耕后的涵养水源、固土保肥等5个方面对生态效益评价的方法进行了探讨；冯迪(2010)通过效益分析评价及其价值核算，采用机会成本法、恢复费用法、影子工程法等方法，对安塞县退耕还林的生态效益和价值进行了估算。国家林业局2014年发布的《2013退耕还林工程生态效益监测国家报告》，主要利用了森林生态系统生态效益评价的方法，对 6 个主要省份的退耕还林（草）工程生态效益进行了评估。

关于退耕还林社会和经济效益的评价往往结合在一起，国家林业局经济发展研究中心从 2002 年开始对退耕还林的社会、经济效益进行了逐年观测，通过跟踪调查的方法获取了比较详细和全面的数据；林颖（2013）重点对陕西省退耕还林的农户收支情况进行了研究，分析了退耕还林（草）工程对研究区域内农户收入和支出的直接和间接影响；刘盈盈（2013）运用因子分析法和数据包络分析模型对退耕还林政策的绩效进行分析和评价；刘东生等（2011）利用全国 100 个退耕还林县 10 年的连续监测结果，建立了一个经济增长和制度创新下退耕还林政策演进的理论框架，并用退耕还林 10 年的监测结果检验了这一演进过程；现在对退耕还林社会和经济效益的研究也集中在关于劳动力转移和粮食安全等方面。

随着生态效益和社会经济效益研究的深入，更多的学者开始关注退耕还林（草）工程的综合效益评价研究。杨旭东（2005）利用国家相关部门长期监测的数据和案例分析的方法，研究了县域和村级区域内的退耕还林综合效益，结果表明村级区域退耕还林效益要大于县域；宋富强（2007）在对黄土高原地区进行生态区划的基础上，构建了退耕还林（草）工程的综合评价体系，并利用层次分析法对各项指标的权重进行了确定；成六三（2011）利用陕北地区 6 个县的定点观测和调查数据，结合现有的统计资料，对陕北地区的退耕还林综合效益进行了较为全面的评价。

国外关于退耕还林效益的研究多集中在相关国家与退耕还林类似的工程研究中。国外实施的相关工程比较多，大多数都是在工业的发展导致严重的环境破坏，而且环境问题已经凸显出来的背景下开始的。其中最典型的是美国的 Conservation Reserve Program（CRP）工程，CRP 是美国联邦政府最大的私有土地休耕项目。最初于 1985 年制定，以帮助控制土壤侵蚀，稳定土地价格，减少农业生产过剩。项目实施以来，项目目标逐步扩展到生态与环境保护。为了更好地评价 CRP 工程的效果，美国于 1999 年联合多个部门共同建立了该工程的综合评价体系，包括环境收益指数（EBI）和权重赋值，这对于我国退耕还林（草）工程的效益评价，尤其是生态效益评价具有重要的借鉴作用（成六三，2011）。众多研究结果表明，CRP 工程对保护物种多样性、涵养水源和改善水质、改善农村景观、促进区域社会和经济发展等都具有重要作用（Seefeldt et al.，2010）。从 20 世纪 90 年代开始，研究者开始侧重于关注生态系统服务付费（Payments for Ecosystem Services，PES）。Wunder（2007）对生态系统服务付费定义是“至少由一个‘买家’和一个‘卖家’建立起来的基于环境服务或者（虚拟的）土地生产服务功能的协议”，PES 项目在全球多个国家的实施使得越来越多的人开始关注这一类工程所带来的效益。Pagiola（2008）研究了哥斯达黎加开展的 PSA（Pago por Servicios Ambientales）项目，对该项目的实施情况和影响进行了评价；Hein 等（2013）研究认为 PES 项目对保护生物多样性具有重要意义，但是单独依靠 PES 项目进行生物多样性保护效果有限；Chen

等(2012)和 Garcia-Amado 等(2011)等分别以中国的退耕还林(草)工程和墨西哥恰帕斯生物圈保护区为例，研究了 PES 项目对社会规范、参与者行为等方面的影响，结果表明工程中补贴支付的情况影响着农户的多种行为，参与者往往将补贴看作是一种奖励而非生态补偿。许多研究者对 PES 项目所带来的生态效益、社会和经济效益都进行了研究，结果表明工程实施后给当地的生态系统、社会经济发展都带来了不同程度的影响(Goldman-Benner et al., 2012; Kronenberg and Hubacek, 2013)。

第四节 陕北黄土高原退耕还林(草)工程需要解决的问题

一、流域尺度农林景观配置与布局

陕北黄土高原南北狭长，自北向南分为风沙过渡区、梁峁丘陵区、低山残塬台塬区等不同地貌类型单元，是中国一个典型的生态环境脆弱区，同时也是退耕还林(草)工程的重点实施区。该地区通过采用自然恢复为主、人工恢复为辅的方式，经过近半个世纪的综合治理，生态环境呈现明显的上升趋势。特别是随着退耕还林(草)工程的实施，陕北黄土高原土地利用/景观格局已发生了显著变化。目前，陕北黄土高原土地利用/景观格局时空变化、驱动力分析、环境影响等方面都取得了诸多进展，这些研究多采用遥感和地理信息系统手段，借助多元统计分析等方法，研究了大中尺度流域的土地利用覆盖及其格局变化，以及生态服务功能及价值的时空分布。但是，缺乏基于小流域尺度的土地利用/景观格局的定量研究，特别缺乏针对退耕还林等生态工程驱动下的小流域的农林景观布局现状的系统研究。退耕还林(草)工程实施已有近 20 年，项目已进入后期巩固阶段，迫切需要开展退耕还林(草)工程的农林景观现状的评价，客观定量地评估退耕还林(草)工程对农林景观布局的影响，以期选择新的农林景观配置模式，为生态建设政策制定、管理和决策提供科学依据。

二、人工植被恢复系统的小气候效应研究

在森林生态系统中，地表植被是影响气候变化的一个重要因子，如植被覆盖度、郁闭度、群落组成等，通过引起陆地生态系统的改变，进而影响气候的变化，尤其是森林的小气候效应。陕北黄土高原大面积的植树造林工程，引起了地表森林覆盖率和植被生产力的显著增加，不仅产生局地和大区域尺度的环境效应，而且通过影响生物化学过程，导致林下微环境气候状况的变化。同时，植被对水分的滞留还可以改变地表径流与地表水文过程，对气候形成反馈作用。众多学者利用水分平衡模型、区域气候模型等方法，客观地评估分析了植被存在对水面蒸发、地面蒸发、地表径流、土壤水、地下水之间的分配和循环的作用，结果表明植被恢复有助于减少径流、增加保水能力，对全球气候变化有减缓作用。因此，研究

生态恢复林下微环境小气候的变化特征，能够有效地分析区域气候变化和植被变化的关系，从而探索生态恢复对气候变化的影响。

三、不同植被模式下的土壤生态效应与机制探索

大面积退耕还林恢复植被显著提升了土壤固碳、累积养分、水土保持、涵养水源等生态功能，但鉴于不同植被恢复模式下植被类型、植物种及其配置结构等差异导致植被与土壤间养分转化与平衡过程亦受到不同影响，从而导致土壤效应与功能在自我维持、可持续发挥上存在明显强弱区别。因此进一步探索明确不同植被恢复模式土壤生态过程、效应及其关键驱动因子，不仅对稳固与提升人工植被恢复的土壤效应与功能有重要的意义，也可为人工植被恢复模式的优化和选择提供科学依据。自 1999 年退耕还林(草)工程实施以来，国内许多学者开展相关研究工作，如植被恢复之后的储水量研究、林下物种群落组成研究、土壤结构的稳定性研究、土壤理化性质研究及土壤管理和区域经济发展研究等。但是对碳组分变化和深层土壤碳、氮、磷储量动态变化特征研究相对较少，尤其是运用化学计量学方法，反映土壤生态效应更是薄弱。因此，借助化学计量特征的方法，深入研究退耕植被恢复之后土壤深层的碳库特征，有助于了解认识我国退耕还林后土壤实际固碳效益和固碳潜力。此外，在实现土壤生态功能的过程中，土壤生物学特性如酶活性和微生物扮演着重要的角色，尤其是关于土壤微生物的研究，通过借助新一代测序方法——高通量测序技术，实现对微生物的群落多样性、组成及结构的研究，从而为分析土壤养分变化和揭示不同植被类型下土壤生态效应的差异性提供技术手段和科学依据。

四、不同植被对干旱侵蚀环境的适应性

在黄土高原地区土壤侵蚀直接或间接地影响着植物生命周期的全过程，即土壤侵蚀带来的泥沙直接对种子或整个植株冲刷输移，或间接地对种子萌发和幼苗生长有关的土壤性质、养分供给产生影响，从而引起植物盖度与物种多样性降低，导致植被逆向演替。但长期处于侵蚀环境中的植物也可通过采用不同的繁殖策略、形态与生理补偿等来克服与适应土壤侵蚀对其所造成的干扰与胁迫。目前，陕北黄土高原植物对侵蚀环境的适应主要集中在群落水平，特别是种群群落演替、植被与土壤理化性质相互关系、地区植被碳循环、植被水土保持作用及机理研究等方面，对重建后不同植被的环境适应策略的研究还比较薄弱。因此，本研究将从人工植被的形态结构、生理特征、生态特征等方面综合研究不同环境条件下植物的适应对策，探讨人工植被的环境适应能力，为该区植被建设合理布局提供科学依据。

五、退耕还林生态工程效益评价

退耕还林(草)工程持续开展对区域生态环境、社会发展和经济水平产生了巨大影响，尤其是结合小流域综合治理措施，有效改善了环境脆弱地区的生态退化问题和社会经济发展问题。虽然国内对退耕还林等生态恢复工程效益评价的研究开始较晚，但经过十多年的发展，在工程评价内容、评价方法和评价的技术手段上均取得了丰硕成果。然而通过对现有研究的综合分析，发现仍然存在着一些不足和问题，需要继续深入研究：①评价的尺度和区域限制问题。从国家层面针对退耕还林(草)工程实施的重点省份、重点区域开展了生态效益综合评价和价值的估算；诸多学者也针对特定省份、地区、市、县甚至乡镇级尺度的退耕还林(草)工程效益开展了效益评价。这些评价具有较强的位置固定性，而且多从行政区划入手，所选择的评价指标内容具有较强的专一性，评价的内容和结果仅能用于说明特定目标区域的退耕还林效益状况，但在用于相同尺度的其他区域评价时可靠性就会下降。针对小流域尺度的评价主要集中在小流域综合治理后流域环境质量、生态可持续性等方面的评价，流域尺度退耕还林(草)工程效益的评价较少。②评价的内容和指标体系问题。从退耕还林(草)工程开展初期就不断有学者提出生态效益或综合效益评价指标体系，并开展了大量研究，当前构建指标体系仍然是大部分评价方法的基础，但是对指标体系的内容目前并没有统一。国家林业局虽然发布了《退耕还林工程生态效益监测与评估规范》(LY/T 2573—2016)，但该规范主要是针对生态效益评价，关于社会和经济效益的评价仍然缺少广泛认可的指标体系。此外，当前研究中构建的许多指标体系较为复杂，少则十余项指标，多则数十项指标，在实际操作中全面严格执行较为困难，需要耗费大量人力物力用于监测和获得所需数据，国家层面长期定位观测尚可，小范围推广应用的可行性不高。③评价方法和手段的问题。目前使用较多的是基于层次分析法确定指标权重的综合指数评价方法和基于价值计算的综合效益评价方法，但前者由于评价指标体系和权重设定的不同导致评价结果差异较大；后者对价值的计算方法不统一，且对许多社会经济指标计算比较困难，主要用于生态效益综合评价。评价手段上传统评价方法多依赖于试验监测获得数据和公式计算，但监测使用的方法、时间、指标各不相同，繁杂的数据计算公式对非专业人员来说理解和运用较为困难，实用性不佳。当前也有一些研究开始将地理信息系统(GIS)、计算机模型和决策系统运用于效益评价，但是仍然处于探索阶段，尚未形成较好的应用型成果。本书也正是在探索兼顾生态、经济、社会三方面退耕还林(草)工程效应与功能的综合评价体系。

参考文献

陈宝群, 赵景波, 李艳花. 2009. 黄土高原土壤干层形成原因分析. 地理与地理信息科学, 25(03): 85-89.

成六三. 2011. 陕北黄土高原退耕还林(草)工程综合效益评价研究. 中国科学院研究生院(教育部水土保持与生态环境研究中心)博士学位论文.

冯迪. 2010. 陕西省安塞县退耕还林工程生态效益监测与评价. 北京林业大学硕士学位论文.

傅伯杰, 于丹丹. 2016. 生态系统服务权衡与集成方法.资源科学, 38(01): 1-9.

傅伯杰, 周国逸, 白永飞, 等. 2009. 中国主要陆地生态系统服务功能与生态安全. 地球科学进展, 24(06): 571-576.

高照良, 张晓萍. 2007. 黄土高原地区淤地坝建设及其规划研究. 北京: 中央文献出版社.

古丽努尔·沙布尔哈孜, 尹林克, 热合木都拉·阿地拉. 2004. 塔里木河中下游退耕还林还草综合生态效益评价研究. 水土保持学报, 18(05):80-83.

侯军岐, 王亚红, 廖玉. 2002. 退耕还林对西部经济发展的影响及对策分析. 干旱地区农业研究, 20(04): 116-119.

蒋定生. 1997. 黄土高原水土流失与治理模式. 北京: 中国水利电力出版社.

李斌, 王莉. 2015. 延安近60年降水量的统计分析. 陕西水利, (01): 126-129.

李少宁, 王兵, 赵广东, 等. 2004. 森林生态系统服务功能研究进展——理论与方法. 世界林业研究, 17(04): 14-18.

林颖. 2013. 陕西省退耕还林工程对农户收入影响机制研究. 西北农林科技大学硕士学位论文.

刘东生, 安芷生, 文启忠, 等. 1978. 中国黄土的地质环境. 科学通报, (01): 1-9.

刘东生, 谢晨, 刘建杰, 等. 2011. 退耕还林的研究进展、理论框架与经济影响——基于全国100个退耕还林县10年的连续监测结果. 北京林业大学学报(社会科学版), 03: 74-81.

刘国彬. 2010. 中国水土流失防治与生态安全. 北京: 科学出版社.

刘盈盈. 2013. 安塞县退耕还林政策绩效评价. 西北农林科技大学硕士学位论文.

欧阳志云, 王效科, 苗鸿. 1999. 中国陆地生态系统服务功能及其生态经济价值的初步研究. 生态学报, 19(05): 19-25.

山仑, 邓西平. 2000. 黄土高原半干旱地区的农业发展与高效用水. 中国农业科技导报, 04: 34-38.

史念海, 曹尔琴, 朱士光. 1985. 黄土高原森林与草原的变迁. 西安: 陕西人民出版社.

史念海. 2001. 黄土高原历史地理研究. 郑州: 黄河水利出版社.

宋富强. 2007. 黄土高原退耕还林(草)综合效益评价指标体系研究. 西北农林科技大学硕士学位论文.

王丹丹, 吴普特, 赵西宁. 2010. 黄土高原退耕还林(草)效益评价研究进展.西北林学院学报, 25(03):223-228.

肖生美, 翁伯琦, 钟珍梅. 2012. 生态系统服务功能的价值评估与研究进展. 福建农业学报, 27(04): 443-451.

谢高地, 鲁春霞, 成升魁. 2001. 全球生态系统服务价值评估研究进展. 资源科学, 23(06): 5-9.

杨建波, 王利. 2003. 退耕还林生态效益评价方法. 中国土地科学, 17(5): 54-58.

杨旭东. 2005. 中国西部地区退耕还林工程效益评价及其影响研究. 北京林业大学.

袁媛. 2015. 宜川县交子沟流域水土流失综合治理工程. 水利科技与经济, (03): 87-89.

赵金龙, 王泺鑫, 韩海荣, 等. 2013. 森林生态系统服务功能价值评估研究进展与趋势. 生态学杂志, 32(08): 2229-2237.

郑风田, 崔海兴, 程郁. 2011. 绿色转身——退耕还林工程项目评估. 武汉: 华中科技大学出版社.

朱清科, 张岩, 赵磊磊, 等. 2012. 陕北黄土高原植被恢复及近自然造林. 北京: 科学出版社.

朱显漠. 1989. 黄土高原土壤与农业. 北京: 农业出版社.

Chen X, Lupi F, Li A, et al. 2012. Agent-based modeling of the effects of social norms on enrollment in payments for ecosystem services. Ecological Modelling, 229(4): 16.

Costanza R, D'Arge R, Groot R D, et al. 1998. The value of the world's ecosystem services and natural capital. Nature, 25(01): 3-15.

Daily G C. 1997. Nature's services: societal dependence on natural ecosystems. Corporate Environmental Strategy, 6(2): 220-221.

García-Amado L R, Pérez M R, Escutia F R, et al. 2011. Efficiency of Payments for Environmental Services: Equity and additionality in a case study from a Biosphere Reserve in Chiapas, Mexico[J]. Ecological Economics, 70(12): 2361-2368.

Goldman-Benner R L, Benitez S, Boucher T, et al. 2012. Water funds and payments for ecosystem services: practice learns from theory and theory can learn from practice. Oryx, 46(01): 55-63.

Hein L, Miller D C, Groot R D. 2013. Payments for ecosystem services and the financing of global biodiversity conservation. Current Opinion in Environmental Sustainability, 5(1): 87-93.

Kronenberg J, Hubacek K. 2013. Could payments for ecosystem services create an "ecosystem service curse"?. Ecology & Society, 18(01): 10.

Pagiola S. 2008. A comparative analysis of payments for environmental services programs in developed and developing countries. Ecological Economics, 65(4): 834-852.

Qiu L P, Zhang X C, Cheng J M, et al. 2009. Effects of 22 years of re-vegetation on soil quality in the semi-arid area of the Loess Plateau. African Journal of Biotechnology, 8(24): 6896-6907.

Seefeldt S S, Conn J S, Zhang M, et al. 2010. Vegetation changes in Conservation Reserve Program lands in interior Alaska. Agriculture, Ecosystems & Environment, 135: 119-126.

Westman W E. 1977. How much are nature's services worth? Science, 197(4307): 960-964.

Wunder S. 2007. The efficiency of payments for environmental services in tropical conservation. Conserv Biol, 21: 48-58.

Zhao F, Yang G, Han X, et al. 2014. Stratification of carbon fractions and carbon management index in deep soil affected by the Grain-to-Green Program in China. PLOS ONE, 9(e996576).

第二章　陕北黄土高原立地条件及流域农林景观

地貌景观是在成因上彼此相关的各种地表形态的组合。我国地貌景观类型多样，主要有河流、冰川、黄土、风积、雅丹、岩溶、流水、风蚀、海岸等。其中源于风积、多种侵蚀长期雕琢而成的黄土高原地貌景观，黄土覆盖之深厚、景观破碎度之高、面积之广是世界上独一无二的(黄春长，1987)。中国黄土高原是世界上水土流失最严重的区域，总共 64.87 万 km^2 的黄土高原地区约有 47.2 万 km^2 的面积存在水土流失，并且每年人为造成新的水土流失面积为 900～1100km^2，每年入黄泥沙达 16 亿 t，严重的水土流失致使土地生产力水平低下，社会经济落后，人民生活十分困难。

随着我国开发西部的步伐推进，国家倡导在治理水土的基础上发展区域土地生产力，形成农业和林业相辅相成的可持续发展模式。要求既要推动区域生产力提高和经济发展，又要兼顾退耕还林还草和生态修复。这就为区域农林复合系统理论的研究和发展提出新的要求。农林复合系统是一个地区农业与林业相互耦合、相互促进的整体发展战略模式。其中，农林景观配置是复合系统的根本所在，一般来说，农林景观配置是否合理，往往决定了区域复合系统是否能够实现可持续发展。黄土高原地区地貌特殊，研究该地区的农林景观配置，就必须要从该地区及其特殊的地形地貌入手。

第一节　陕北黄土高原地形地貌

一、黄土高原地貌的形成演变

黄土是第四纪时期形成的陆相淡黄色粉砂质土状堆积物。所谓土状堆积物，是指第三世纪末到第四世纪，也就是新生代晚期，所有未经过固结的疏松的沉积物，其中以红土、红色黄土及黄土最为普遍。黄土地貌是黄土堆积的过程中或黄土堆积以后，受到其他地貌营力的长期作用，如流水的切割、侵蚀等作用形成的一系列独特的地貌形态，由于这种地貌的物质基础是黄土或黄土状土，故被称为黄土地貌(赵艳，2012)。其中最为典型的黄土地貌为我国黄土高原区黄土地貌，它是经过 200 余万年的黄土堆积和搬运，在风力、水力、重力和人力交互作用下，在承袭下伏岩层的古地貌基础之上，按特有的发育模式形成了当今黄土高原的基本景观形态及有规律的地貌组合。

中国是世界上黄土分布最广、厚度最大的国家，其范围北起阴山山麓，东北至松辽平原和大、小兴安岭山前，西北至天山、昆仑山山麓，南达长江中、下游流域，面积约 63 万 km^2。其中以黄土高原地区最为集中，占中国黄土面积的 72.4%。除了一些基岩裸露的山地外，黄土基本上构成连续的盖层，一般厚 50～200m(甘肃兰州九州台黄土堆积厚度达到 336m)，发育了世界上最典型的黄土地貌。

中国黄土高原素有“千沟万壑”之称，多数地区的沟谷密度在 3～5km/km^2以上，最大达 10km/km^2，比中国其他山区和丘陵地区大 1～5 倍(张磊等，2012)。沟谷下切深度为 50～100m。沟谷面积一般占流域面积的 30%～50%，有的地区达到 60%以上，将地面切割为支离破碎景观。地面坡度普遍很大，大于 15°的占黄土分布面积的 60%～70%，小于 10°的不超过 10%。

黄土地貌是黄土堆积过程中遭受强烈侵蚀的产物。风是黄土堆积的主要动力，侵蚀以流水作用为主。黄土塬、梁、峁等地貌类型主要由堆积作用形成；各种沟谷则是强烈侵蚀的结果。黄土区的侵蚀有古代和现代之分。现代侵蚀是指人类历史近代时期发生的地貌侵蚀过程，它和古代侵蚀的主要区别是有人为因素的参与，表现为侵蚀速度的加快。古代侵蚀纯为自然侵蚀，其速率通常是缓慢的。现代侵蚀和古代侵蚀在多数地区以大规模农耕兴起时期为界。现代侵蚀都以沟道流域为基本单元。沟道流域内，谷缘线以上的谷间地和以下的沟谷地侵蚀特点是不相同的(朱显谟，1989)。

黄土地貌的侵蚀外营力有水力、风力、重力和人为作用。它们作用于黄土地面的方式有面状侵蚀、沟蚀、潜蚀(或称为地下侵蚀)、泥流、块体运动和挖掘、运移土体等(阎百兴，2010)。其中，潜蚀作用造成的陷地、侵蚀桥、侵蚀柱、侵蚀井和地下侵蚀道等，被称为“假喀斯特”。强烈的沟谷侵蚀或地下水浸泡软化土体，使上方土体随水向下坡蠕移形成的泥流，只有在黄土区才易见到。黄土高原地形破碎、沟壑密度大，多年平均降水量 350～650mm，加上黄土的抗蚀力极低，因而黄土地貌的侵蚀过程十分迅速(张富，2007)。黄土丘陵坡面的侵蚀速率为 1～5cm/a，高原区北部沟头前进速率一般为 1～5m/a，个别沟头达到 30～40m/a，甚至一次暴雨冲刷成一条长数百米的侵蚀沟。黄河每年输送到下游的大量泥沙中，有 90%以上来自黄土高原。黄土高原河流输沙量大于 5000t/(km^2·a)的区域约占黄土高原面积的 65.6%，其中陕北窟野河的神木水文站至温家川水文站区间输沙量达到 35 000t/(km^2·a)。

二、黄土高原地理区划

地形地貌作为最基本的地理要素，制约着地表物质与能量的再分配，影响着土壤和植被形成和发育过程，决定着土地利用和土地质量的优劣。不同的黄土地貌类型，水分、养分和植被分配规律不同，黄土地貌类型的划分，有利于实现土地资源的合理利用，不同地区采用不同的管理治理办法，可实现资源的合理配置，有利于发挥土地生产力。

依据地形地貌等自然条件和侵蚀特点，黄土高原地区可划分为黄土丘陵沟壑区、黄土沟壑区、土石山区、风沙区、黄土阶地区、冲积平原区、干燥草原区、高地草原区、黄土丘陵森林区九大类型区。

(一)黄土丘陵沟壑区

黄土丘陵沟壑区分布广，涉及7省(自治区)，面积21.18万km^2，主要特点是地形破碎，千沟万壑，15°以上的坡面面积占50%～70%。依据地形地貌差异分为5个副区，1～2副区主要分布于陕西、山西、内蒙古3省(自治区)，面积为9.16万km^2，该区以梁峁状丘陵为主，沟壑密度2～7km/km^2，沟道深度100～300m，多呈“U”字形或“V”字形，沟壑面积大，沟间地与沟谷地的面积比为4∶6；3～5副区主要分布于青海、宁夏、甘肃、河南4省(自治区)，面积12.02万km^2，该区以梁状丘陵为主，沟壑密度2～4km/km^2(罗来兴，1956)。小流域上游一般为“涧地”和“掌地”，地形较为平坦，沟道较少；中下游有冲沟。黄土丘陵沟壑区是中国乃至全球水土流失最严重的地区。水土流失不仅成为困扰该区农业可持续发展和人民脱贫致富的主要问题，而且也为黄河下游地区带来一系列的生态环境问题。

(二)黄土沟壑区

主要分布于甘肃东部、陕西延安南部和渭河以北、山西西南部等地，面积3.56万 km^2。该区地形由塬、坡、沟组成。其中甘肃董志塬和陕西洛川塬面积最大，塬面较为完整。黄土沟壑区塬面宽平，坡度1°～3°，沟壑密度1～3km/km^2，沟道多呈“V”字形，坡陡沟深，面积较小。

(三)风沙区

主要分布于长城沿线以北、阴山以南的宁夏、内蒙古和陕西北部，包括毛乌素沙地和库布齐沙漠，面积7.04万km^2。该区地广人稀，垦殖指数低，年降雨量450mm以下。风蚀极为剧烈，沙暴灾害频繁，土地沙化，风沙危害严重。该地区东南边缘地带通过风力搬运，大量尘沙散落在邻近的黄土丘陵区，形成侵蚀模数极大的高产沙地区，是粗泥沙的重要补给源。

(四)土石山区

土石山区主要涉及秦岭、吕梁山、阴山、六盘山、太行山等山地，面积13.28万km^2，该地区山高、坡陡、谷深，沟道比较大且多呈“V”字形，沟壑密度2～4km/km^2。

（五）黄土阶地区

黄土阶地区涉及范围 2.32 万 km^2，其中水土流失面积为 19.72 万 km^2，包括陕西宝鸡、咸阳、西安、渭南片，山西太原、吕梁、临汾、晋中、晋东南片，河南洛阳、郑州片。其地形地貌特点是：有二三级宽平台阶。

（六）冲积平原区

冲积平原涉及范围 5.06 万 km^2，其中水土流失面积 0.24 万 km^2，包括陕西宝鸡、咸阳、西安、渭南片，山西雁北、忻州、吕梁、临汾、运城、太原、晋中、晋东南片，内蒙古巴彦淖尔、鄂尔多斯、包头、呼和浩特、乌兰察布市片，宁夏银南、银川、石嘴山片，河南洛阳、郑州片。地形特点是地形平缓，无切割。

（七）干燥草原区

干燥草原区涉及范围 5.7 万 km^2，其中水土流失面积 4.45 万 km^2，包括甘肃靖远片，内蒙古鄂尔多斯西北片，宁夏银南片。地貌特点是低丘宽谷，间有滩地。

（八）高地草原区

高地草原区涉及范围 3.79 万 km^2，其中水土流失面积 1.57 万 km^2，包括甘肃甘南、武都片，青海海南、黄南、海东、西宁、海北片等地区。其地形地貌特点是高山丘陵、间有滩地。

（九）黄土丘陵森林区

该区涉及范围 1.97 万 km^2，其中水土流失面积 0.87 万 km^2，包括陕西延安、铜川、咸阳、渭南片，甘肃庆阳片及土石山区有林的部分。其地貌特点是梁状丘陵覆盖次生林。

三、黄土高原基本地貌单元

由于不同地貌部位的植被配置应遵循不同立地条件可承载生物量的极限值，因此科学地进行特定区域农林景观配置，需判定所在区域立地类型，以保证水土保持功能持续稳定。鉴于此，本研究结合文献收集、分析和实地勘察对黄土高原主要立地类型进行了分类，结果如下。

根据黄土高原区黄土侵蚀后形成地貌的形态特征，可分为径流沟谷、沟间地和其他侵蚀地貌 3 个地貌类，其中，每个地貌类又可根据面积大小、坡度大小等相应的形态指标进行划分（图 2-1）：①径流沟谷，根据沟谷的宽度可分为宽沟、窄沟和细沟 3 个部分；根据径流沟谷的深度又可分为浅沟和深沟；根据径流沟谷形成的原因又可分为脉沟、冲沟、切沟和河谷；②沟间地，依据其不同沟间的面积大小、长度大小、斜度大小又可划分为黄土梁、黄土峁、黄土塬和黄土台；③其他侵蚀地貌主要包括陷地、地下侵蚀道、侵蚀柱、侵蚀井和侵蚀桥。

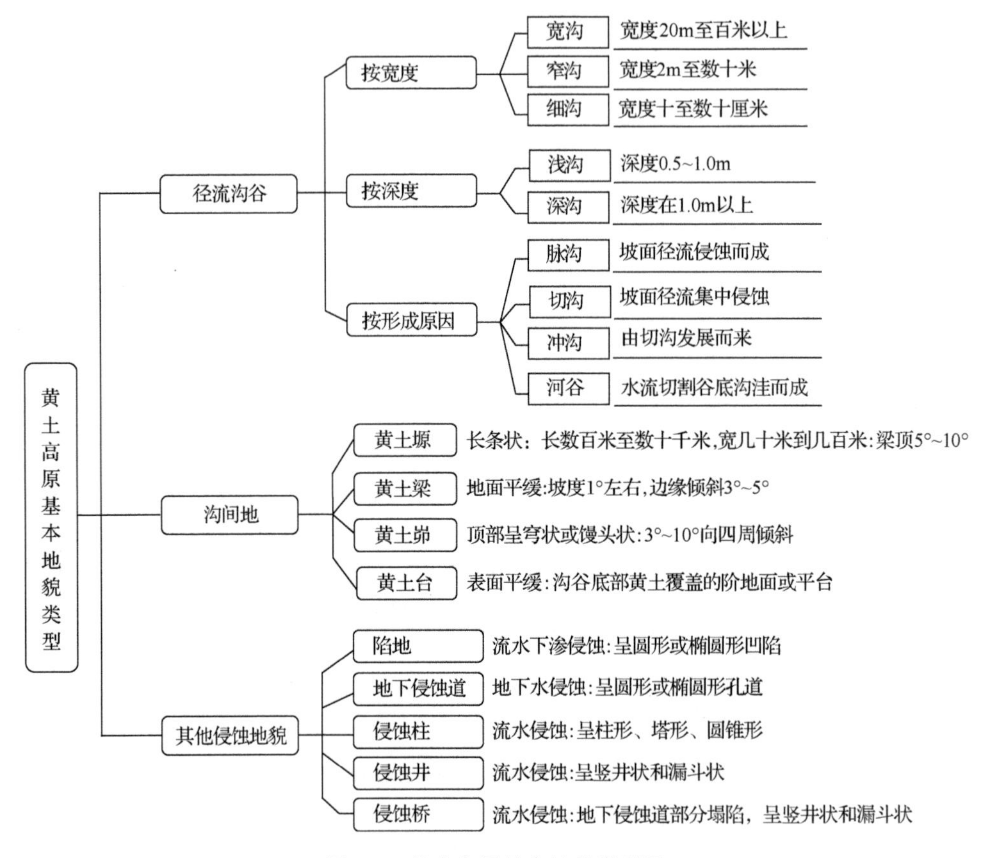

图 2-1　黄土高原基本地貌类型图

(一)径流沟谷

由于暴雨形成的地表径流，侵蚀切割厚层土状沉积物所形成的槽型洼地，其形成和发展主要是沟谷流水的侵蚀和坡面黄土物质移动的结果。沟谷主要由沟底、沟头和沟坡 3 个部分组成。黄土地区沟谷数量巨大，地面被切割得支离破碎，形成千沟万壑的景观。黄土高原地区径流沟谷可根据其沟谷的宽度、深度及形成原因分别进行划分。

根据沟谷的宽度可分为宽沟、窄沟和细沟 3 个部分，见图 2-2。

图 2-2　根据沟谷宽度划分的径流沟谷(彩图请扫封底二维码)

(a)、(b)细沟；(c)、(d)窄沟

宽沟：宽度在 20～100m 的径流沟谷。

窄沟：宽度在 2m 至数十米的径流沟谷。

细沟：宽度 10cm，最大可达数十厘米，深度为几厘米至 10～20cm 的径流沟谷，纵比降与所在地面坡降一致。大暴雨后，细沟在农耕坡地上密如蛛网。

根据径流沟谷的深度可分为浅沟和深沟两个部分。

浅沟：深度为 0.5～1.0m，宽度为 2～3m，纵比降略大于所在斜坡的坡降，横剖面呈倒“人”字形，在耕垦历史越久、坡度与坡长越大的坡面上，浅沟的数目越多。它是由梁、峁坡地水流从分水岭向下坡汇集、侵蚀的结果。

深沟：深度在 1.0m 以上的径流沟谷。

根据径流沟谷形成的原因可分为脉沟、冲沟、切沟和河谷，见图 2-3。

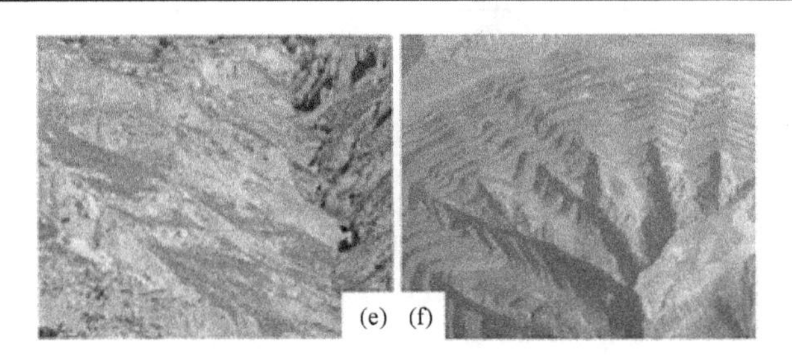

图 2-3　根据沟谷深度划分的径流沟谷(彩图请扫封底二维码)

由(a)到(f)依次为窄深切沟、宽深冲沟、细脉沟、宽深切沟、窄浅冲沟和切冲复合沟

脉沟：降雨后形成的地表径流，侵蚀切割厚层土状沉积物形成的槽型洼地，如中间主沟深且宽，两边侧沟细且浅如叶脉状。

冲沟：深 10 多米至 40～50m，宽 20～30m 至百米，长度可达百米以上。纵剖面微向下凹，横剖面“V”字形，其谷缘线附近常有切沟或悬沟发育。是近代流水直接切割土状堆积物形成的，老冲沟的谷坡上有坡积黄土，沟谷平面形态呈瓶状，沟头接近分水岭；新冲沟无坡积黄土，平面形态为楔形，沟头前进速度较快。大多数冲沟由切沟发展而成。

切沟：深一两米至十多米，宽两三米至数十米。纵比降略小于所在斜坡坡降，横剖面尖“V”字形，沟坡和沟床不分，沟头有高 1～3m 陡坎。它是坡面径流集中侵蚀的产物，或者是潜蚀发展而成，多出现在梁、峁坡下部或谷缘线附近，其沟头常与浅沟相连。

河谷：流水在黄土堆积覆盖了的古沟谷洼地里切割产生了河沟，河沟进一步发展成为经常性流水的河谷。

(二)沟间地

黄土沟间地又被称为黄土谷间地，是土状堆积物覆盖在岩石古地貌基础上，并受不同时期的沟谷所分割，包括黄土塬、梁、峁、台等。其中梁、峁是黄土地貌的主要类型。依据其不同沟间的面积大小、长度大小、斜度大小又可划分为黄土梁、黄土峁、黄土塬和黄土台，见图 2-4。

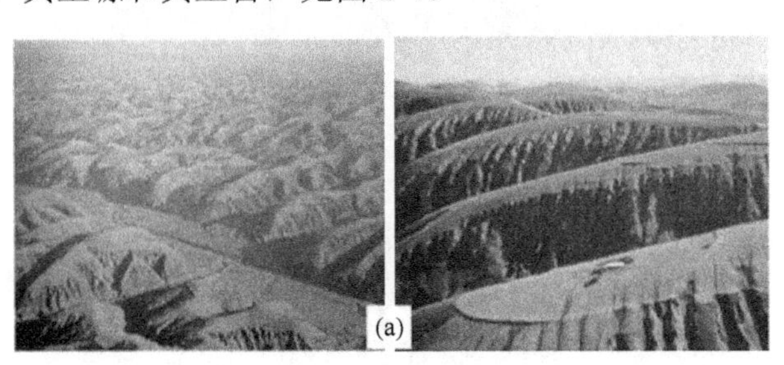

图 2-4　根据不同沟间面积、长度、斜度划分的沟间地(彩图请扫封底二维码)
(a)黄土梁；(b)黄土峁；(c)黄土塬

黄土梁：是长条状的黄土丘陵，长数百米至数十千米，但宽度仅几十米到几百米。脊线纵向起伏小、梁顶宽平、梁坡较短的被称为平梁。黄土平梁是黄土塬经沟谷切割演变而来，常分布于黄土塬的外围地区，梁的脊线纵向起伏大，梁顶狭窄，梁坡长且面积大的被称为黄土斜梁。另外，还可以根据梁的宽度分，梁宽大于 100m 者为宽梁，小于 100m 者为窄梁。黄土斜梁多与黄土峁相伴出现，典型的黄土梁可见于陕西白于山、安塞、延安及甘肃镇原等地。

黄土峁：沟谷分割的穹状或馒头状黄土丘，峁顶的面积不大，以 3°～10°向四周倾斜，并逐渐过渡为坡度 15°～35°的峁坡。若干个峁大体排列在一条线上的为连续峁(峁梁)，单个的为孤立峁。连续峁大多是河沟流域的分水岭，由黄土梁侵蚀演变而成；孤立峁或者是黄土堆积过程中侵蚀形成，或者是受黄土下伏基岩面形态控制生成。

黄土塬：地面平缓的沟间地，为厚层土状堆积物所覆盖和下伏基岩比较平坦的高原，被沟谷分割而成。由于侵蚀基准较低，土状物又极为疏松深厚，因而沟谷切割很深，一般在数百米以上，它代表黄土的最高堆积面，故又被称为深切高原。源地中间极为平坦，肉眼不易察觉其斜坡倾向，坡度通常在 1°左右，边缘倾斜为 3°～5°。

黄土台：黄土区沟谷底部黄土覆盖的黄土阶地面或平台，也被称为黄土坪。黄土台表面平缓，微微向谷地轴部和下游倾斜。由于近代河谷或沟谷的下切，黄土坪具有一定的高度，越向下游，其相对高度越大，是黄土地区主要农耕区域之一。

(三)其他侵蚀地貌

陷地：由流水下渗浸蚀黄土，在重力的影响下土层逐渐压实，引起地面沉陷而成。形状为圆形或椭圆形，深 1 至数米，直径 10～20m，常形成在平缓的地面上(图 2-5)。

图 2-5　其他侵蚀地貌(彩图请扫封底二维码)

(a)到(f)分别为陷地、地下侵蚀道、漏斗状侵蚀井、竖侵蚀井、侵蚀柱和侵蚀桥

地下侵蚀道：地下水在黄土中侵蚀黄土形成的地下管道。

侵蚀柱：侵蚀柱多分布在沟谷的边缘，它的形成与流水作用有关。流水不断沿着黄土的垂直节理侵蚀和溶蚀，并使垂直节理逐渐扩大，或由于流水作用引起黄土的部分崩落，残留的黄土形成侵蚀柱。侵蚀柱的顶部面积不大，一般只有几平方米到十几平方米，最大的侵蚀柱的顶部面积有几十平方米。侵蚀柱的高度一般为几米到十几米，侵蚀柱有柱形、尖塔形、尖锥形等几种。

侵蚀井：由流水沿黄土层节理裂隙进行潜蚀作用而成，有竖井状和漏斗状，深 10～20m，多分布在地表水容易汇集的沟间地边缘和谷坡。

侵蚀桥：黄土受到侵蚀后形成的桥状地貌，其形成过程是地下水在黄土中侵蚀。溶蚀形成的地下管道不断扩大，其顶板大部分陷落，残留部分形状如桥，大多数形成于串珠状险穴之间。

四、陕北黄土高原区域的代表性

（一）地貌代表性

陕北黄土高原区域内包含了完整的黄土地貌单元（表2-1），最能代表陕北黄土高原的地貌类型。陕北黄土高原沟壑区地貌多完整宽阔的塬区和"V"形深沟道，并且包含了黄土高原最大的两个塬区地貌之一——洛川塬。陕北黄土丘陵森林区包含桥山的大部分地区，是黄土高原现存最大的次生林区。陕北黄土高原风沙区分布在榆林以西，包含毛乌素沙漠的东南部，包含侵蚀柱、侵蚀井、侵蚀道和侵蚀桥等风沙区常见基本地貌单元，并且拥有极具代表性的风水蚀交错地貌。

表2-1　陕北黄土高原地理分区及地貌代表性

分区	主要地貌单元
陕北黄土丘陵沟壑区	陕北黄土高原退耕区面积最大且最具代表性的区域，同时丘陵沟壑地貌也是整个黄土高原面积最大的分区类型；不仅完整包含沟、谷、梁、峁、塬基本地貌类型，且沟、谷、梁、峁、塬的类型众多
陕北黄土高原沟壑区	该区域多见完整宽阔的塬区和"V"形深沟道；黄土高原最大的塬区地貌为甘肃董志塬和陕西洛川塬，其中陕西洛川塬就位于陕北黄土高原沟壑区
陕北黄土丘陵森林区	地形多为宽深沟、谷，顶部平缓梁、峁，以及梁、峁边缘的陡坡；是黄土高原最大的次生林区——桥山（子午岭）林区的主要部分（面积80%以上）
陕北风沙区	包含侵蚀柱、侵蚀井、侵蚀道和侵蚀桥等风沙区常见基本地貌单元；并且包含较为独特的风、水蚀交错作用地貌

（二）植被代表性

陕北黄土高原丘陵沟壑区主要以还林还草为主，某些不宜作业的地区间以自然恢复为主（朱清科，2012）。这一地区主要人工恢复乔木群落有油松、侧柏、杨树、旱柳、刺槐、白榆、楸树、泡桐和臭椿等。灌木有柠条、沙棘、紫穗槐、沙刺和柽柳等。自然恢复草本种类众多，但大都是较为抗旱的禾本科及菊科植物为优势种的群落。经济作物群落主要有红枣、杏子、石榴、柿子、核桃、板栗和仁用杏等（表2-2）。

表2-2　陕北黄土高原各地理分区主要群落类型及特征

分区	主要群落类型
陕北黄土丘陵沟壑区	人工乔木群落：刺槐、小叶杨、油松、侧柏和樟子松等；人工灌木群落：柠条、沙棘、紫穗槐和柽柳等；经济林：苹果、李子、梨、红枣、杏、石榴、柿子和核桃等
陕北黄土高原沟壑区	人工乔木群落：刺槐、小叶杨、油松、旱柳、楸和臭椿等；人工灌木群落：柠条、胡枝子、柽柳、山杏和山桃；经济林：苹果、李子、梨、杏、石榴、柿子、核桃和红枣等

续表

分区	主要群落类型
陕北黄土丘陵森林区	次生乔木群落：白桦、山杨、油松、辽东栎、黄榆、茶条槭等；次生灌丛群落：黄蔷薇、虤核、茅莓、土庄绣线菊、水栒子、忍冬和陕西荚蒾等；人工乔木群落：刺槐、小叶杨、杜仲等；经济林：苹果、核桃等
陕北风沙区	防护乔木林：樟子松、油松、落叶松、毛白杨、小叶杨、箭杆杨、钻天杨、胡杨、银白杨、新疆杨和沙柳等；防护灌木林：无叶豆、花棒、沙蒿、苦艾蒿、疏叶骆驼刺、沙蓬、小叶锦鸡儿、柠条锦鸡儿、沙棘、柽柳和水柏枝等；其他防风固沙草地：冰草、羽状三芒草等

陕北黄土高原沟壑区恢复模式与陕北黄土丘陵沟壑区类似，但该地区塬面宽且平坦，果树等经济作物面积较大。该地区主要的果树为苹果、梨、桃和葡萄等。

陕北黄土丘陵森林区涉及范围广，包括陕西延安、铜川、咸阳、渭南片有林的部分。这些地区不仅有人工恢复群落，也有恢复 150 年以上甚至更久的次生森林。这些地区群落类型繁多，并且已经演替形成了更为稳定、完整的乔、灌、草多层复合森林结构。这些地区小气候湿润，森林覆盖率高，但在一些高海拔地区也有灌丛和草甸群落存在。主要乔木群落有油松、山杨、白桦、红桦、黄榆、茶条槭、辽东栎、漆树、小叶杨单优群落和阔叶混交群落等；灌木群落有黄蔷薇、虤核、茅莓、水栒子、忍冬、箭竹、黄栌、锈叶杜鹃、陕西荚蒾、胡枝子、绣线菊和刺榛等；草本群落也类型繁多。

陕北风沙区地广人稀，降水稀少，人类农业活动较少，也不适于大规模还林还草工程的进行。目前为止，这一地区多采取自然恢复，或者栽植防护林草带起到防风固沙的作用。

综上所述，陕北黄土高原地形地貌和植被分布都是整个黄土高原的缩影，而陕北黄土丘陵沟壑区包含了陕北黄土高原最齐全的基本地貌单元，是整个陕北黄土高原最具代表性的区域。

第二节　流域尺度下的立地条件分析

一、典型流域的选择及概况

(一)流域的选取原则

小流域是一个相对完整的自然单元，是地表径流、泥沙输移和水土保持措施配置的基本单元。小流域尺度的林分空间配置主要从研究不同树种、不同植被群落的水文、土壤、生态效应入手，分析不同小流域生态系统的特点，有助于为提出不同功能的林分空间配置模式提供支撑。选取典型流域时，应考虑气候因素的代表性、流域类型的典型性、农林复合模式的典型性、地貌的代表性、植被的代表性及农林景观配置的可优化性。

（二）研究流域地理位置及代表性

为了更客观、具体地分析评价陕北退耕还林区农林景观配置技术，本研究选择了该区域面积最广的立地条件——陕北黄土丘陵沟壑区为重点区域进行研究。选取的米脂县高西沟流域、安塞县五里湾流域、吴起县金佛坪流域、延安宝塔区庙咀沟流域、宜川县交子沟流域，从北到南依次分布，跨越了陕北黄土丘陵沟壑区多年平均降水（300～600mm）和多年平均温度（7～12℃）的水热条件带，并且包含了沟、壑、梁、峁等众多地貌类型，可以涵盖并代表陕北黄土丘陵沟壑区的大部分地貌类型，极具代表性。

二、陕北黄土丘陵沟壑区小流域形态特征分析

陕北黄土丘陵沟壑区小流域是在长期的自然侵蚀等作用下形成的，为了对研究区小流域面积、形状、沟壑密度等有更加清楚的了解，研究选择陕北黄土丘陵区的米脂县、吴起县、安塞县和宜川县的DEM高程数据作为研究对象，利用SWAT模型的流域水文分析模块。在ArcGIS10.2软件平台上，提取汇流到无定河、北洛河、延河和仕望河（经过3个县的最主要河流）的支流和小流域，并通过ArcGIS10.2软件的统计分析功能对小流域主要形态指标进行统计分析，为筛选典型的小流域提供依据。

根据实地调研和资料分析，本研究在提取计算小流域时使用的汇水面积为200hm^2，研究提取得到的河网和小流域划分结果如图2-6所示。

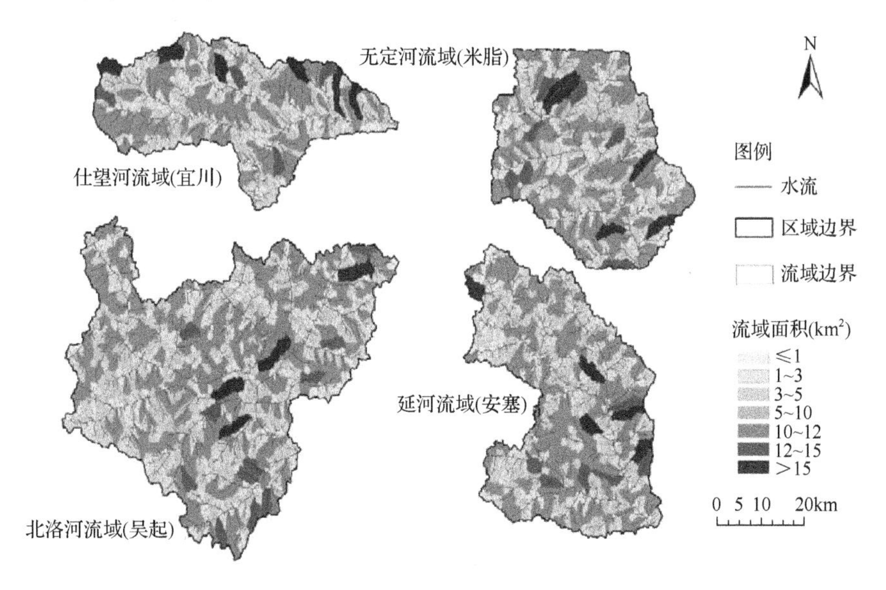

图2-6　研究区域河网和小流域划分图（彩图请扫封底二维码）

根据研究区域河网和小流域分析结果，对 4 个流域的主要指标进行分析，见表 2-3。结果显示，流经米脂、吴起、安塞和宜川的无定河、北洛河、延河和仕望河 4 条河流流域总面积分别为 1552.05km^2、3083.73km^2、1821.66km^2 和 1383.34km^2，在 200hm^2 汇水区面积下包含小流域数量为 387～851 个，以流经吴起县的北洛河流域面积最大和小流域数量最多，宜川仕望河流域最小和最少；对区域河网密度分析结果显示 4 个流域中位于最南部的宜川仕望河流域水网密度最大，达到 0.54km/km^2，吴起北洛河流域水网密度最小为 0.49km/km^2，安塞延河流域和米脂无定河流域介于二者之间，说明位于南部的宜川县境内土地破碎程度高于北部的 3 个县，可能是由于宜川县境内山地面积较大，地表起伏明显，而北部各县(区)主要是黄土沟壑地形，为冲积形成，土地起伏相对较小。

表 2-3　研究区域小流域主要形态指标

流域	区域指标			小流域指标				
	AR(km^2)	FD(km/km^2)	WN	AAW(hm^2)	APW(km)	ASC	AFL(km)	AFD(km/km^2)
无定河流域(米脂)	1552.05	0.52	413	375.80	11.44	1.80	1.95	0.98
北洛河流域(吴起)	3083.73	0.49	851	362.36	10.47	1.68	1.77	0.95
延河流域(安塞)	1821.66	0.50	508	358.59	10.50	1.69	1.80	0.91
仕望河流域(宜川)	1383.34	0.54	387	357.45	10.58	1.72	1.94	1.02

注：AR 代表区域面积；FD 代表区域水网密度；WN 代表小流域数量；AAW 代表小流域平均面积；APW 代表小流域平均周长；ASC 代表小流域平均形状系数；AFL 代表小流域平均水流长度；AFD 代表小流域平均水流长度。

对 4 个流域划分得到的小流域形态特征指标进行分析，见表 2-3。研究结果显示 4 个流域划分得到的小流域平均面积为 357.45～375.80hm^2，最大为米脂无定河流域，最小为宜川仕望河流域，总体呈现出从北到南逐渐减小的趋势。对小流域面积分布频率进行分析[图 2-7(a)]，结果显示 4 个流域中面积为 100～300hm^2 的小流域数量最多，所占比例为 33.33%～36.66%，面积为 300～500hm^2 的小流域数量次之，所占比例为 26.15%～26.87%，4 个区域小流域面积的分布比例基本一致；小流域平均周长比较接近，为 10.47～11.44km。小流域形状系数能反映其基本形状特征，4 个研究区域的小流域形状系数平均值为 1.68～1.80，米脂无定河流域小流域平均形状系数最大，其他 3 个区域比较接近。对小流域形状系数分布进行分析[图 2-7(b)]，结果显示 4 个区域形状系数在 1.6～1.8 的小流域比例最大，达到 50.90%～57.38%。形状系数接近 1 说明流域形状接近圆形，4 个区域形状系数小于 1.4 的流域比例均不足 5%，说明研究区域内形状接近扇形、正方形或圆形的小流域比较少。米脂县无定河流域形状系数大于 1.6 的流域比例达到 83.54%，说明该区域流域形状多为窄长形，其他区域小流域形状系数大于 1.6 的比例也均超过 60%，表明研究区域内流域以狭长形流域为主。研究区域内大部分小流域内实际有水的径流较短，河网主要是流域内的沟壑，对沟壑长度和密度分析结果显示，4个区域小流域平均沟壑长度为 1.77～1.95km，宜川县和米脂县略高于安塞县和吴起县；宜川县内的小流域平均沟壑密度最高，达到 1.02km/km²，米脂县次之，安塞县内最低，为 0.91km/km²。

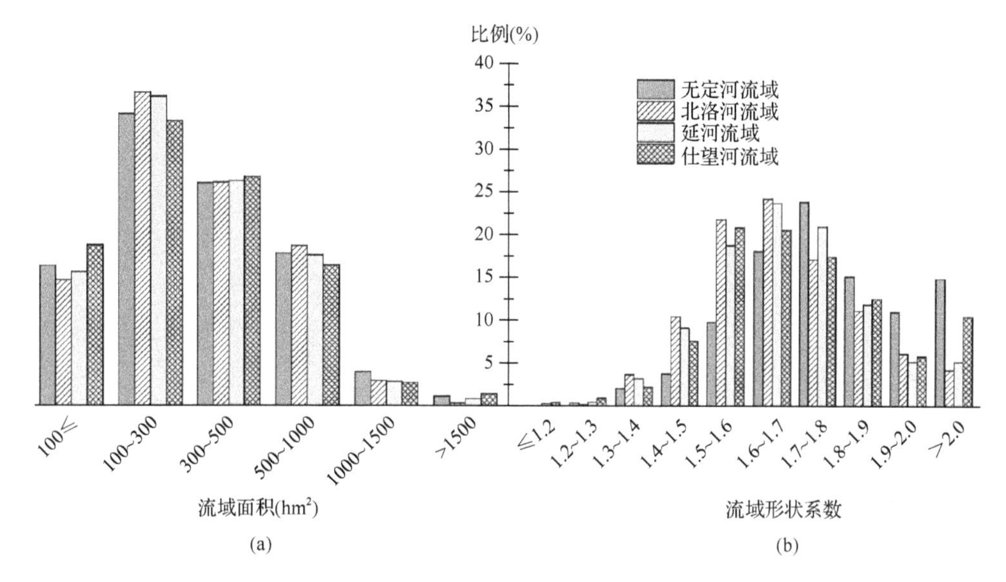

图 2-7　研究区域小流域面积和形状系数分布比例

综合来看，陕北黄土丘陵区小流域的特点是面积较小，多分布在 100～500hm²，流域内水网长度(200hm² 汇水区)为 1～2km，水网密度一般为 0.7～1.0km/km²，流域多为狭长形，少有圆形、方形或扇形流域，流域形状系数为 1.5～1.9，小于 1.5 的流域较少。

三、典型小流域范围界定和地貌分析

根据对陕北黄土丘陵区 4 个典型县的小流域特点分析，基于总结得到的小流域形态特征，通过对研究资料查询和实地调研，分别在米脂县、吴起县、安塞县、宝塔区和宜川县选择 1 个小流域作为研究区域内的典型小流域进行农林景观配置模式研究。在 ArcGIS10.2 软件平台上，利用区域 DEM 高程数据提取并确定流域范围，同时利用软件的空间分析功能对研究的 5 个典型小流域形态特征、坡度坡向等地貌类型进行分析，为合理开展农林景观配置模式评价和优化提供基础。

(一)小流域范围的界定和流域特征分析

1. 小流域范围界定

根据小流域的定义和黄土丘陵区小流域形态特点，结合研究内容需要，研究在米脂县、吴起县、安塞县、宝塔区和宜川县选择典型小流域的时候主要遵循以下基本要求：小流域具有确定的分水岭和汇水区；出口断面汇入二级或三级支流，面积在 500hm^2 左右，属于前文划分的其中一个小流域；流域内已经开展退耕还林(草)工程，前期可以开展其他生态治理工程；流域内有农户居住和农业生产活动，根据研究需要可以选择农业生产程度不同的流域以便进行比较；流域内最好是一个独立的行政村，或是一个队、社等单元，方便开展调研以获得社会经济统计数据；小流域发展状况能代表周边小流域或某一特定类型小流域生态治理情况。

基于以上要求，结合实地调研和走访，在米脂县、吴起县、安塞县、宝塔区和宜川县分别选择高西沟、金佛坪、五里湾、庙咀沟和交子沟流域作为典型小流域进行研究。由于区域内缺少流域单元的界限划分，研究根据小流域地形特征，在 ArcGIS10.2 软件平台上利用 5 个县(区)的 DEM 高程数据(15m 分辨率)，使用 SWAT 模型的流域水文分析模块，对 5 个流域的汇水区域和流域界限进行了提取和分析。研究通过设定 1～50hm^2 多个不同大小的基本汇水单元提取沟谷数据与实际地形比对，确定采用 5hm^2 作为基本汇水单元。最终基于 15m 分辨率的 DEM 高程数据，对研究流域的范围和流域沟谷(水流)进行划分，并绘制流域等高线图，结果如图 2-8 所示。

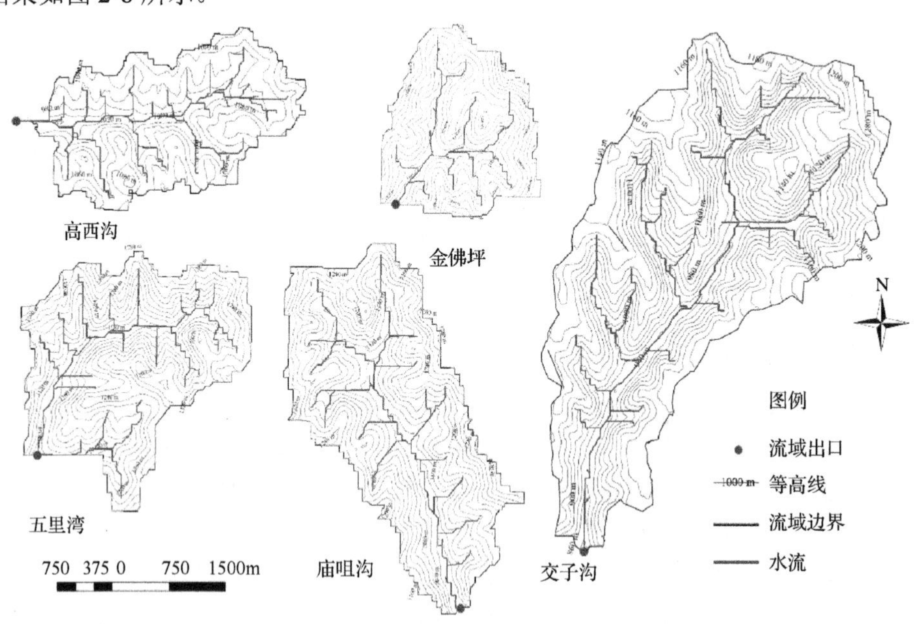

图 2-8　研究流域沟谷分布和等高线图(彩图请扫封底二维码)

2. 研究流域特征分析

根据典型小流域范围提取和划分情况，利用 ArcGIS10.2 统计分析模块计算小流域的主要特征指标，见表 2-4。结果显示，5 个研究流域面积为 348.44～

1391.17hm^2，除宜川县交子沟小流域面积超过 1000hm^2 外，其他流域均较小，且符合前文对研究区域小流域划分的结果。流域长度为 2.32～6.73km，平均宽度为 1.34～2.07km。形状系数以吴起金佛坪流域最小，为 1.38，流域形状为扇形小流域；安塞五里湾流域形状系数为 1.60，接近扇形小流域；其他流域形状系数均大于 1.7，最大为米脂高西沟流域，达到 1.82，属于狭长形小流域。5 个流域中沟谷数量为 25～65 条，沟谷总长度为 9.34～27.76km，沟谷数量和沟谷长度与流域面积大小相关，对流域沟谷密度分析显示，5 个流域中交子沟流域沟谷密度(5hm^2 汇水区面积)最小，为 2.00km/km^2，高西沟流域沟谷密度最大，为 3.35km/km^2。研究利用 200hm^2 汇水区面积计算了 5 个小流域的主沟谷长度为 1.49～7.11km，主沟谷密度为 0.43～0.76km/km^2，结果与上文得到的区域小流域特征接近。综合以上指标说明研究选取的 5 个小流域形态特征能够代表研究区的主要流域类型。

表 2-4　研究流域主要特征指标

指标	五里湾	高西沟	庙咀沟	交子沟	金佛坪
面积(hm^2)	588.26	468.92	727.63	1391.17	348.44
长度(km)	3.63	3.51	4.77	6.73	2.32
流域周长(km)	13.74	13.97	16.65	23.47	9.12
平均宽度(km)	1.62	1.34	1.52	2.07	1.50
形状系数	1.60	1.82	1.74	1.78	1.38
沟谷数量	41	47	45	65	25
沟谷总长度(km)	17.00	15.69	16.45	27.76	9.34
沟谷密度(km/km^2)	2.89	3.35	2.26	2.00	2.68
主沟谷长度(km)	4.45	3.21	5.30	7.11	1.49
主沟谷密度(km/km^2)	0.76	0.68	0.73	0.51	0.43

(二)流域坡度分析

坡度(slope)、坡向(aspect)作为描述地形特征信息的两个重要指标，不但能够间接表示地形的起伏形态和结构，而且是水文模型、滑坡监测与分析、地表物质运动、土壤侵蚀、土地利用规划等地学分析模型的基础数据。坡度、坡向图是进行土地适宜性分析、立地条件分析、农林区划分析、景观配置分析的重要基础(李志林，2001)。

坡度是影响黄土丘陵区土壤侵蚀的重要因素之一，陡坡开垦和耕种会造成严重的水土流失，影响流域的生态效益。利用 DEM 高程数据，通过 ArcGIS10.2 平台 ArcToolbox 的坡度分析工具，对研究的 5 个典型流域坡面坡度进行计算分析。根据计算结果，将流域内的土地分为≤5°、5°～10°、10°～15°、15°～25°、25°～35°和＞35°6 个坡度等级，并绘制了如图 2-9 所示的流域坡度分布图。

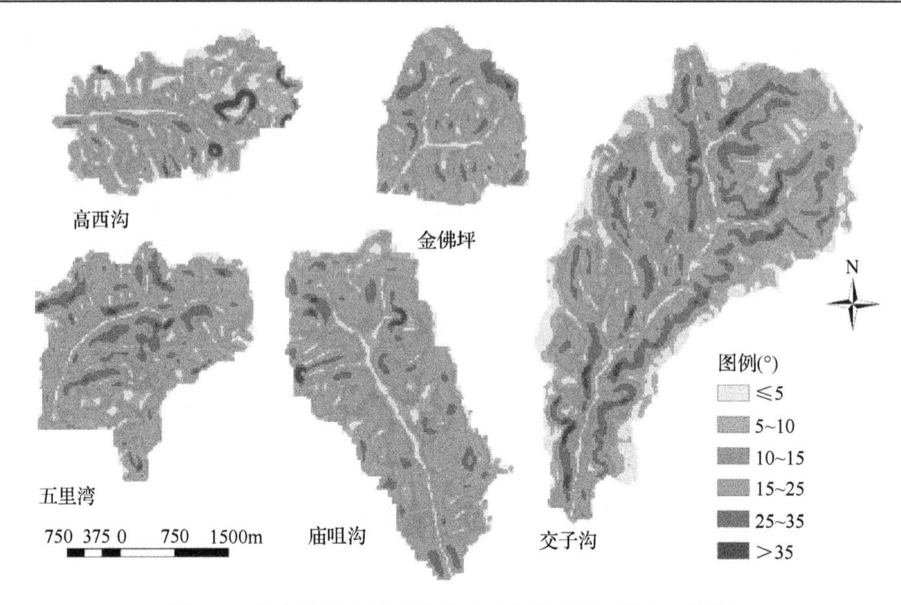

图 2-9　研究流域土地坡度分布图(彩图请扫封底二维码)

利用 ArcGIS 10.2 统计分析模块,对各流域不同坡度范围的土地面积进行统计分析和整理，计算不同坡度土地面积比例，结果见表 2-5。分析显示，研究的 5 个流域中，高西沟流域 5°～10°土地比例最大，为 28.22%，其他流域均为 15°～25°范围的土地比例最大，达到 30.26%～53.48%。退耕还林(草)工程要求 25°以上的耕地完全退耕，但是由于黄土丘陵区极其容易侵蚀的土壤质地，15°以上的坡度水土流失已经非常严重(陈晓安，2010)。五里湾、高西沟、庙咀沟、交子沟和金佛坪流域大于 15°的土地面积分别为 55.42%、34.42%、51.51%、46.07%和 64.55%，从总体趋势可以看出，高西沟和庙咀沟土地相对平坦，主要原因是高西沟较多的宽幅梯田和淤地坝,庙咀沟平坦宽阔的塬面;其他流域大部分土地坡度均超过 15°。总体来看，研究区域的流域土地坡度较大，加上极易侵蚀的土壤质地，在农林景观配置模式优化中坡地退耕和植被恢复显得尤为重要。

表 2-5　研究流域土地坡度构成比例

坡度(°)	五里湾(%)	高西沟(%)	庙咀沟(%)	交子沟(%)	金佛坪(%)
<5	5.88	12.06	6.18	12.65	1.68
5～10	16.72	28.22	17.74	21.93	5.50
10～15	21.98	25.31	24.57	19.36	28.27
15～25	42.29	21.23	43.48	30.26	53.48
25～35	12.33	4.30	7.35	14.63	10.35
>35	0.80	8.89	0.67	1.18	0.73

（三）流域坡向分析

坡向对农业生产和植被生长都具有重要影响，一般的耕地和果园都处于阳坡，大多数树种和草本植物生长都有一定的喜阳或喜阴特性，坡向的不同对恢复植被的生长和生物多样性具有显著影响（朱云云等，2016）。因此，明确流域土地的坡向特征对流域植被恢复和农林景观配置模式的优化调整具有重要意义。利用DEM高程数据，通过ArcGIS10.2平台ArcToolbox的坡向分析工具，对研究的5个典型流域坡面朝向进行计算，根据计算结果，将流域内的土地分为阳坡、半阳坡、半阴坡和阴坡4个坡向等级，并绘制了如图2-10所示的流域坡向分布图。

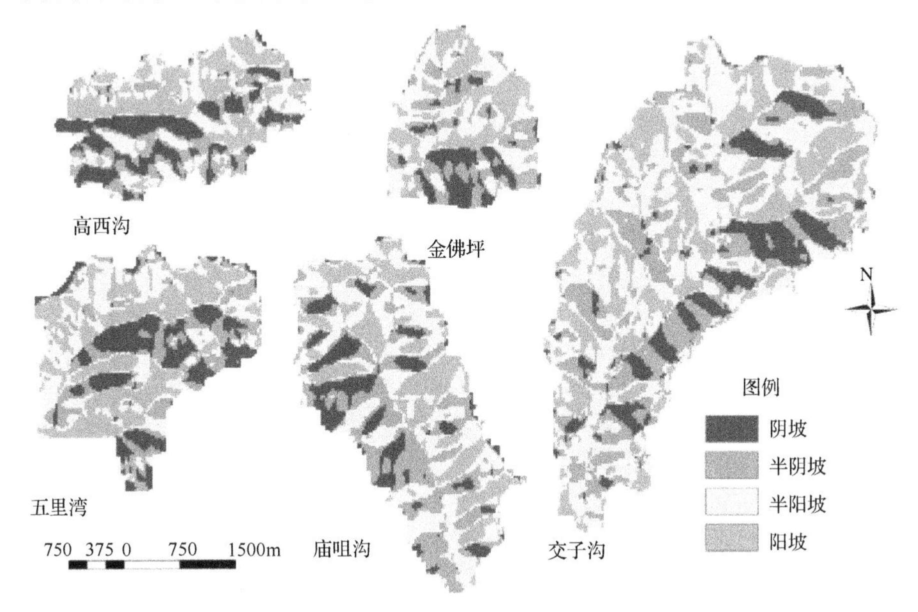

图2-10　研究流域土地坡向分布图（彩图请扫封底二维码）

利用ArcGIS10.2统计分析模块，对各流域不同坡向的土地面积进行统计分析和整理，计算每种坡向类别的土地面积比例，结果见表2-6。结果显示，研究的5个流域中五里湾和高西沟流域阳坡面积比例最大，分别达到32.99%和29.12%，其他3个流域半阳坡面积比例最大，为29.70%～37.79%。总体来看，5个流域向阳朝向（阳坡和半阳坡）的土地面积比例均超过55%，最小为高西沟55.31%，最大为庙咀沟65.23%，说明研究的5个流域坡向主要向阳，尤其是阳坡比例较大的五里湾和高西沟从阳光照射角度均有利于农业生产和营造农林复合系统。但从图2-10来看，流域内由于支离破碎的地貌类型，导致土地朝向破碎化较严重，在土地利用类型调整和农林景观配置模式优化中要注意坡向变化对农林景观的影响和恢复树种的选取。

表 2-6　研究流域土地坡向构成比例　　（单位：%）

坡度	五里湾	高西沟	庙咀沟	交子沟	金佛坪
阴坡	20.76	24.09	16.79	12.02	17.06
半阴坡	20.38	20.59	17.98	24.75	27.06
半阳坡	25.87	26.20	37.79	37.25	29.70
阳坡	32.99	29.12	27.44	25.98	26.19

第三节　典型流域农林景观的构成要素和配置模式类型

一、农林景观构成要素和分类

建立典型退耕流域土地利用分类系统，合理识别农林景观的构成要素是对农林景观配置模式进行评价和优化的基础。考虑到实际操作的可行性和研究的可推广性，本研究在《土地利用现状分类》(GB/T 21010—2007) 国家标准一级土地利用分类体系的基础上，结合研究区域实际情况，确定了研究的土地利用分类标准和各类景观构成要素识别特点。将研究区域内的农林景观构成要素和土地利用类型划分为二级，第一级按照景观要素的属性和利用方式，分为生态恢复地、农业用地、水域、建设用地和裸地共 5 类；第二级在一级分类的基础上，根据每种景观要素的具体利用方式、分布特点等，分为 10 个小类，具体分类方式和景观要素分布特点见表 2-7。

表 2-7　研究区景观要素分类和分布特点

一级分类	二级分类	要素说明	分布特点
生态恢复地	乔木林地	乔木郁闭度≥30%的林地	一般为人工林，分布在坡边、梁峁或沟谷边缘，少量分布在梁峁塬面，通常连片分布
	灌木林地	灌木郁闭度≥30%的林地，连片生长	分布在陡坡或沟谷边缘，少量地区分布在梁峁塬面
	稀疏林地	郁闭度 10%～30%的乔木或灌木林地，林下为草地，单株树木之间有较大空隙，不含住宅附近的绿化用地	分布在沟谷地带、陡坡，常分布在乔木林地向草地过渡的边缘
	草地	包括人工种植的草地、封育草地和天然草地，主要生长草本植物，乔灌郁闭度＜10%	分布在陡坡、沟谷边坡、林间地带，通常呈不规则分布
农业用地	果园	郁闭度≥50%或株数大于合理株数的 70%种植果树的土地，林下一般为土地，稍有草本植物覆盖	分布在梁峁塬面、沟谷、缓坡地带，形状一般为边缘规则的方形或多边形
	耕地	种植农作物的土地，该区域冬季一般为裸露土地，包括旱地和水田	分布在梁峁塬面、沟谷和缓坡，形状为边缘规则的多边形
水域	水域	有水的河流、湖泊和人工开挖的水库、池塘、灌溉沟渠等	分布于流域沟道中部或前端
建设用地	住宅和建筑设施	居民住宅点的房屋、场院、陵墓、寺庙及正在建设的土地	分布在梁峁塬面或流域主沟道内，一般集中分布，也有少量零散分布于半坡
	道路	硬化或未硬化的农村主干公路，不包括分布于耕地和果园中的生产道路	线条状或条带状分布于沟道和梁峁塬面，主要贯穿农业用地和居住区
裸地	裸地	没有开发或经过开挖但没有利用的裸露土地、岩石	零散分布，面积较小，研究区内主要是油井、气井等勘探后未开发和未恢复的裸露土地

研究区域流域内主要的生态和农业景观要素见图 2-11。

图 2-11　研究区域主要生态和农业景观要素(彩图请扫封底二维码)

二、研究区主要农林景观配置模式类型

农林复合系统由于其功能、组分、生产目标等的多样化，具有强烈的复杂性和多变性，目前并没有确定和公认的分类标准和依据(唐夫凯等，2016)。本研究根据实际调研和已有研究资料汇总(邓健等，2016；孙飞达等，2009；王军强等，2003)，对研究区域农林景观配置模式的主要类型进行了分析，按照流域内农林景观要素配置比例和小流域治理的侧重点不同，将黄土丘陵区退耕还林小流域农林景观配置模式分为林草模式、林草+耕地模式、林草+果园模式、林草+耕果兼作模式和林草+其他模式 5 种。

1. 林草模式

水土保持治理是黄土丘陵区小流域治理的核心目标，也是黄土高原地区退耕还林(草)工程实施的最主要目标。随着区域社会经济的不断发展和国家城镇化战略的进一步实施，一些生产条件恶劣，基础设施落后，土地破碎严重，不适合农业生产和居住的流域内农民全部或大多数迁往城镇区域，大量耕地弃耕成为撂荒草地，农业和生产生活用地面积急剧缩小，所占比例小于流域面积的 5%，农业生产对流域整体发展和综合效益影响较小。在流域治理中，这类流域治理模式主要为连片人工植被恢复，通过人工栽植或种植林草辅助流域生态恢复；同时采取封山育林、封山禁牧等手段保护流域内的恢复植被。该模式往往能够获得很好的水土流失治理效果，产生较高的生态效益，但是流域内留存的农户往往由于缺少基本的设施建设和生活条件，生产力水平低下，生活条件落后，流域社会经济效益较差。随着时间推移，流域内农户会全部迁移，此类治理模式也将发展成为单纯的林草治理模式，没有农业生产和基础设施建设。研究选择的流域中，金佛坪流域属于此类治理类型。

2. 林草+耕地模式

在黄土丘陵区小流域治理的过程中，保证区域粮食安全是长期治理的一个重要指标。退耕还林(草)工程要求坡度在 25°以上的耕地全部恢复为林草等植被用地，流域内相对平坦、资源条件较好的区域往往都保存下来继续耕种，主要种植粮食作物供应区域农民口粮或作为商品销售。这一类配置模式中耕地是流域内农业用地的主要构成，镶嵌在恢复的林草地中，耕地面积远远大于果园面积，占流域面积的比例在 10%左右或更高，一般分布于梁峁塬面、缓坡人工改造的宽幅梯田或沟道内，具有较好的生产条件。但是粮食生产的经济效益较低，流域内青壮年劳动力大多外出打工，农户的主要经济来源是打工收入，农业收入所占比例较小。由于黄土丘陵区耕地往往容易造成较为严重的水土流失，影响生态效益，在流域景观配置中一般需要在耕地边缘种植林草防护带，减少地表径流对坡面的侵蚀；沟道内的耕地需要配合淤地坝等工程设施减少泥沙输出，增加流域治理效果。研究流域中五里湾流域属于此类模式。

3. 林草+果园模式

此类农林景观配置模式主要分布在有政府推动区域果业生产的地区，流域内在人工植被恢复、坡面防护和沟道治理等生态治理措施的基础上，在缓坡、梁峁塬面、沟谷等相对平坦的地方发展经济林(主要是果树种植)。在陕北黄土丘陵区主要果树为苹果、红枣、梨等，经济林面积一般为流域总面积的 10%左右或更高；流域内耕地面积被严重压缩，果树和粮食种植面积比例往往超过 2∶1 甚至更高，耕地生产的粮食仅够提供农户口粮或不足以提供口粮。农户从粮食生产获得的经济收入较少，主要农业收入来源是经济林果销售收入；由于果园管理对劳动力需求较大，流域内劳动力主要从事农业生产，少量劳动力外出打工。在水分和光照等条件较好的地区，果园内也有发展少量豆类等经济作物或发展果园养殖等构成立体复合发展模式，但相对比例较小，主要集中在黄土丘陵区南部地区。研究的流域中，庙咀沟、交子沟流域属于此类模式。

4. 林草+耕果兼作模式

这一类农林景观配置模式是黄土丘陵区小流域治理过程中农业用地不断进行调整而形成的，通常来源于林草+耕地模式。该模式在流域内一部分耕地上种植果园，农业土地利用类型和构成介于林草+耕地模式和林草+果园模式之间，果园和耕地比例多为 1∶1 左右。一方面果园能够获得较好的农业经济收入，同时解决流域内部劳动力就业问题，具有较好的社会经济效益；另一方面耕地能够保障农户的粮食安全，能够获得较好的流域治理效果。果园和粮食种植都位于流域内资源和设施条件较好的平坦地块，一般果园位于梁峁塬面顶端、缓坡梯田；种植粮食作物的耕地位于沟道坝地。由于果园相对耕地具有较好的生态防护效益，能够在一定程度上减少侵蚀和增加土壤养分，因此这一模式比林草+耕地模式有更好的生态效益。本研究中高西沟流域属于此类模式。

5. 林草+其他模式

流域内农业景观除了粮食作物种植和经济果园种植外，还有蔬菜、药材、苗圃、牧草等多种利用类型。在黄土丘陵区退耕流域治理过程中，除了上述 3 种典型的种植业结构外，也有少部分流域在植被恢复、工程防护等生态治理措施的基础上，在缓坡和沟道内种植一种或多种其他经济作物，增加单位面积土地生产力，提高流域内农户的经济收入。这类流域治理模式相对比例较少，主要为部分区域进行试点开展，没有大面积推广，但根据区域资源禀赋进行合理的配置和规划，能够在小流域治理中取得较好的综合效益。由于此类配置模式相对比例较低，本研究没有选取此类小流域进行研究。

第四节 典型退耕流域农林景观配置模式现状和特征分析

对典型流域农林景观配置模式的评价和优化必须基于对流域农林景观配置的现状分析，明确流域内现有的土地利用类型和比例，分析流域现有农林复合系统的景观格局指标和景观功能特征。

一、流域农林景观配置模式现状分析

在 ArcGIS10.2 平台上，基于 Landsat8 30m 分辨率遥感影像和 Google Earth 0.24m（18 级，2015 年 6 月）分辨率航拍照片，对 5 个典型退耕流域土地利用类型现状图进行勾绘；并通过手持 GPS 仪器在每个流域内选择 15～20 个标准点对勾绘的土地利用类型图进行校正和一致性检验，检验得到 Kappa 值为 0.72～0.93，达到较好的一致性，说明勾绘得到的土地利用类型图准确度较高。绘制得到的典型流域农林景观配置模式现状图见图 2-12。

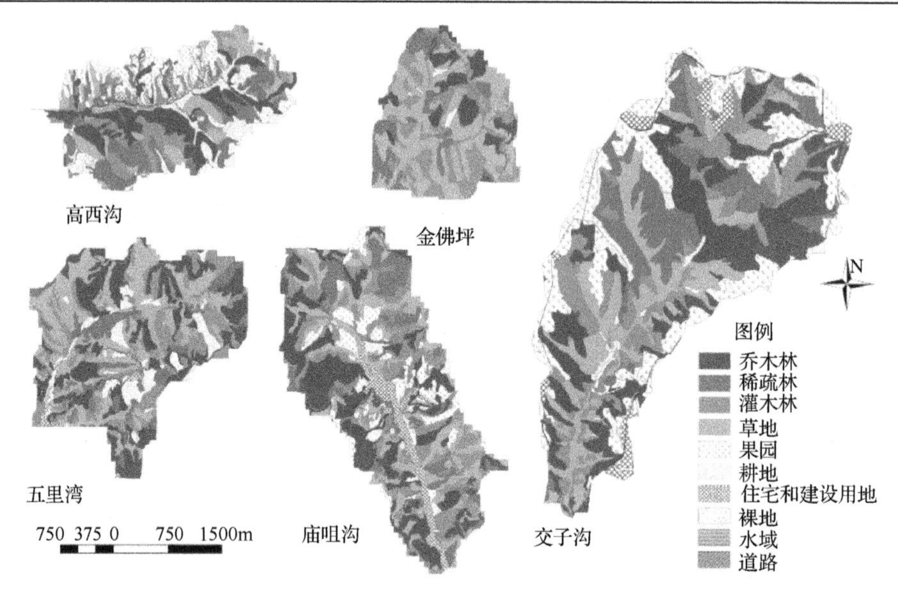

图 2-12　研究流域农林景观配置模式现状图(彩图请扫封底二维码)

利用 ArcGIS10.2 统计分析模块，对各流域土地利用现状进行统计分析，得到每种土地利用类型的面积和比例，并对得到的土地利用类型按照要素类别进行划分，分为生态防护型、生产经济型和生活服务型景观要素，详见表 2-8。从表中可以看出，5 个流域面积以交子沟最大，达到 1391.17hm^2，其次为庙咀沟，面积达到 727.63hm^2，金佛坪流域面积最小，仅 348.44hm^2。

表 2-8　流域土地利用类型统计表　　（单位：hm^2）

要素类别	土地类型	五里湾	庙咀沟	高西沟	金佛坪	交子沟
生态防护型	乔木林	158.11	196.27	97.54	48.32	359.96
	稀疏林地	58.88	81.21	85.69	43.59	198.27
	灌木林	115.36	164.31	65.53	92.33	212.72
	草地	184.18	141.98	58.73	154.54	226.64
	水域	0.00	0.54	4.33	0.00	0.00
生产经济型	果园	4.08	69.80	52.48	0.00	282.44
	耕地	44.60	11.03	79.17	0.30	42.15
生活服务型	住宅和建设用地	7.26	42.64	12.37	0.65	48.02
	裸地	5.30	10.39	0.54	4.43	8.09
	道路	10.50	9.46	12.55	4.28	12.88
合计		588.26	727.63	468.92	348.44	1391.17

生态防护型景观是 5 个流域中面积比例最大的景观要素类别，主要为恢复乔

木、稀疏乔木、灌木和草地，植被覆盖面积占流域总面积的71.71%～97.23%，其中，五里湾流域和金佛坪流域草地所占比例最大，分别达到31.31%和44.35%；其他3个流域乔木林地所占比例最大，为20.80%～26.97%，生态防护型景观中仅高西沟和庙咀沟有小面积的水域，所占比例小于1%。

生产经济型景观主要包括耕地和果园，也是农林复合系统最主要的农业景观，其中金佛坪流域只有不到1%的耕地，没有果园，属于林草配置模式。其他4个流域生产经济型景观所占比例为8.28%～28.08%。其中五里湾流域果园面积仅占0.69%，耕地面积占流域面积的7.58%，属于林草+耕地配置模式；庙咀沟流域主要是果园，占流域总面积的9.59%，耕地仅占1.52%；交子沟流域果园面积所占比例为5个流域中最大，达到20.30%，耕地所占比例3.03%，二者属于林草+果园配置模式；高西沟流域生产经济型景观所占比例最大，为28.08%，其中，耕地所占比例达到16.88%，果园面积所占比例为11.19%，属于林草+耕果兼作配置模式。

农林复合系统中生活服务型景观主要是住宅和建设用地、道路和小面积开发形成的裸地。5个流域中生活服务型景观要素面积比例为2.69%～8.59%，均未超过流域面积的10%，其中，五里湾和高西沟流域生活服务型景观要素比例最大的是道路，分别占流域总面积的1.78%和2.68%，金佛坪流域由于农户较少，裸地所占比例高于住宅和道路，达到1.27%；庙咀沟和交子沟流域住宅和建设用地面积较大，分别达到5.86%和3.45%，说明这两个流域内人为干扰较大。

综合来看，5个流域中最主要的景观要素为林地和草地，所占比例达到流域面积的70%以上，农业景观所占比例较小，所占比例在10%～20%，其他景观，主要是住宅、建筑和道路等，且所占比例最小，一般不超过流域面积的10%。

二、流域景观格局特征分析

斑块是构成流域景观的基础单元，对流域内景观斑块的特征分析有助于理解和揭示流域现有农林景观配置模式的特点和存在的问题。作为一个完整的农林复合系统，系统内景观格局特征与系统内物质和能量流通具有重要作用，对流域整体景观格局的分析有助于景观配置模式优化。根据勾绘得到的5个典型退耕流域农林景观配置模式现状图(图2-12)，对流域内景观和斑块尺度的主要景观特征指标进行计算分析，得到结果见表2-9。

表2-9结果显示，5个流域总面积大小顺序与斑块总周长大小顺序一致，均为交子沟＞庙咀沟＞五里湾＞高西沟＞金佛坪；庙咀沟流域景观斑块数量最多，为258个，其次为高西沟250个，两个流域斑块密度均高于其他流域，分别达到35.46个/km^2和53.31个/km^2；相应的平均斑块面积均小于其他流域，高西沟流域最小仅为187.57hm^2，交子沟流域景观斑块平均面积最大为602.24hm^2，说明高西沟和庙咀沟流域由于人为干扰严重，造成景观破碎化程度远远大于其他流域，而交子

沟流域由于人为干扰较少，大面积的植被恢复使得流域内景观斑块较大。景观多样性指数能够反映景观尺度上的土地利用状态和破碎化程度，5 个流域中高西沟流域景观多样性指数最大，达到 1.96，其次为庙咀沟和交子沟流域，均为 1.83，说明这 3 个流域农林复合系统中土地利用类型更加丰富，破碎化程度较高，景观内斑块之间的异质性较大。斑块的分维数能够反映景观格局总体的异质性和复杂程度，且与人类行为对景观的影响有一定关系(沈中原等，2008)。研究的 5 个流域中金佛坪流域分维数最大，为 1.14；庙咀沟流域景观格局分维数最小，为 1.11，说明金佛坪流域景观形状比较复杂且无序，受到人为干扰较少；而庙咀沟流域的景观斑块形状相对规则和简单，受人为干扰较严重。

表 2-9　流域景观格局指数

指数		五里湾	庙咀沟	高西沟	金佛坪	交子沟
总面积 A (hm^2)		588.26	727.63	468.92	348.44	1391.17
总周长 Tp (km)		216.55	264.35	204.89	106.95	342.24
斑块数量 PN		181	258	250	82	231
景观多样性指数 DI		1.67	1.83	1.96	1.37	1.83
平均斑块面积 MPS (hm^2)		325.01	282.03	187.57	424.93	602.24
斑块密度 PD (个/km^2)		30.77	35.46	53.31	23.53	16.60
分维数 FRAC		1.13	1.11	1.12	1.14	1.12
斑块构成	微型	28.18%	39.15%	58.40%	34.15%	32.90%
	小型	56.35%	46.12%	30.80%	46.34%	39.83%
	中型	9.39%	10.47%	8.80%	9.76%	11.69%
	大型	6.08%	4.26%	2.00%	9.76%	15.58%

对典型流域景观斑块面积归类，分别划分为微型(＜1hm^2)、小型(1～5hm^2)、中型(5～10hm^2)、大型(＞10hm^2)4 个类别，并统计每个类别的斑块数量比例，见表 2-9。结果显示，5 个流域中除高西沟微型斑块数量比例最大外(58.40%)，其他 4 个流域均为小型斑块数量最多，占所有斑块比例为 39.83%～56.35%，5 个流域中中型和大型斑块所占比例分别为 8.80%～11.69%和 2.00%～15.58%。说明黄土丘陵区典型流域农林景观中景观斑块面积以小于 5hm^2 的小型斑块为主，景观破碎程度较高，这一方面是严重破碎的黄土丘陵区地貌类型导致，另一方面是人为植被恢复和农业生产的干扰导致。破碎化严重的景观格局不利于系统内物质和能量的流通，生物多样性恢复过程中动物的迁徙和生境也会因为破碎的景观格局而受到影响(武晶和刘志民，2014)。

三、流域景观功能类型特征分析

流域内不同的农林景观要素能够为农林复合系统提供不同的功能，将流域内的景观构成要素斑块划分为生态防护型(EP)、生产经济型(PE)和生活服务型(LS)3 种景观功能类型并进行景观特征分析，有助于理解系统内各类景观功能的分布特征，为景观配置模式优化提供参考。

5 个典型退耕流域农林景观功能类型特征分析结果见表 2-10。结果显示 5 个流域中景观功能类型均以生态防护型景观面积比例最大，斑块数量以生态防护型景观最多，为 69～186 个，占总斑块数量比例金佛坪最大，达到 84.15%，高西沟最小，仅占 47.60%。生产经济型景观斑块比例高西沟最大为 36.40%，其次为交子沟 34.20%，金佛坪流域最小，仅 1.22%，说明高西沟流域和交子沟流域人类生产活动较为频繁，构成了较多的农田、果园等农业景观。生活服务型景观斑块数量比例所有流域均不超过 20%，交子沟和高西沟较高，分别占 18.18%和 16.00%，其他流域均低于 15%。平均斑块面积和斑块密度总体表现为生态防护型景观斑块大于其他两类景观斑块，但是平均景观斑块面积总体都小于 5hm^2，属于小型或微型景观斑块，说明人类干扰的景观斑块如耕地、果园和住宅等斑块较生态林草地更加破碎，生产经济型景观和生活服务型景观斑块较大的分维数也证实了这一结果。

表 2-10　典型流域景观功能类型特征分析

流域	类型	面积(hm^2)	面积比例 AP	斑块数量	数量比例	平均斑块面积(hm^2)	斑块密度(个/km^2)	分维数
五里湾	EP	516.53	87.81%	143	79.01%	3.61	24.31	1.11
	PE	48.68	8.28%	23	12.71%	2.12	3.91	1.08
	LS	23.06	3.92%	15	8.29%	1.54	2.55	1.17
庙咀沟	EP	584.31	80.30%	186	72.09%	3.14	25.56	1.10
	PE	80.83	11.11%	49	18.99%	1.65	6.73	1.07
	LS	62.49	8.59%	23	8.91%	2.72	3.16	1.13
高西沟	EP	311.81	66.50%	119	47.60%	2.62	25.38	1.27
	PE	131.65	28.08%	91	36.40%	1.45	19.41	1.08
	LS	25.46	5.43%	40	16.00%	0.64	8.53	1.19
金佛坪	EP	338.79	97.23%	69	84.15%	4.91	19.80	1.10
	PE	0.30	0.08%	1	1.22%	0.30	0.29	1.16
	LS	9.36	2.69%	12	14.63%	0.78	3.44	1.16
交子沟	EP	997.60	71.71%	110	47.62%	9.07	7.91	1.09
	PE	324.59	23.33%	79	34.20%	4.11	5.68	1.08
	LS	68.98	4.96%	42	18.18%	1.64	3.02	1.12

综合来看，研究的 5 个典型流域经过退耕还林以来或更长时间的生态治理，

流域农林景观配置模式已经基本形成了以生态防护型景观为主，生产经济型和生活服务型景观镶嵌其中的总体布局。但是退耕还林植被恢复缺乏科学的规划，小规模造林较多，而且由于人为景观(如耕地、果园、建筑和道路等)镶嵌在生态防护型景观内，造成景观破碎程度较高。在流域治理和景观配置优化中应该采取通过补充造林和退耕、封育等手段，增加相同景观之间的连通性，降低系统内景观的破碎度。

第五节　退耕流域农林景观配置模式变化的驱动因子

陕北黄土丘陵沟壑区典型退耕流域农林景观配置模式的形成是内部和外部因素长期共同作用形成的，要在景观配置模式评价的基础上对现有模式进行优化和调整，就需要明确驱动流域景观配置变化的因子，在治理过程中合理推动和利用不同因子的相互作用达到景观配置模式优化的目的。根据现有关于黄土高原地区土地利用变化驱动力研究的资料(蔺小虎等，2015；贾科利等，2008)，在研究区域开展调查，对退耕流域农林景观配置模式变化的可能驱动因子进行分析(图 2-13)。

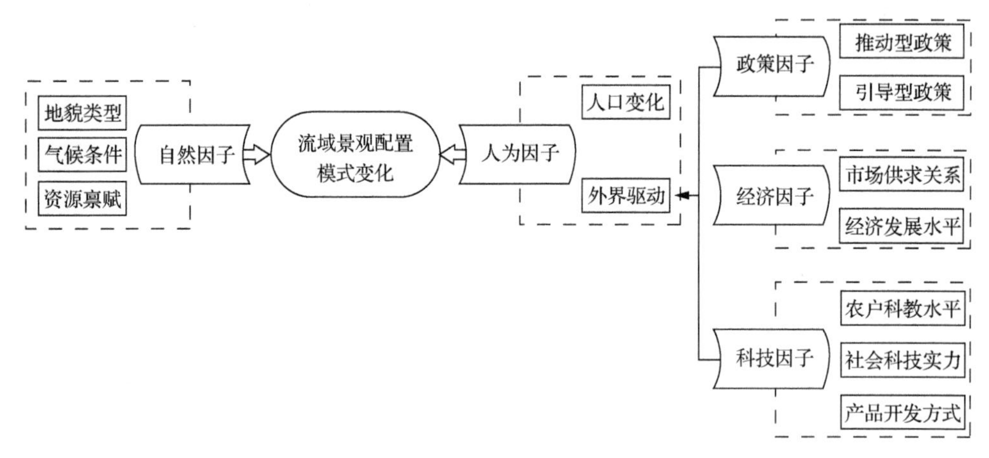

图 2-13　流域景观配置模式变化驱动因子

一、自然驱动

自然条件对区域农林景观配置模式的驱动主要来自于气候、地貌、土壤条件和水文特征等(王秋贤，2003)。人类对土地的利用现状无不是对区域自然资源长期适应和利用的结果。光照资源、降水资源和气候特点的分布不仅影响着区域自然植被群落演替和物种的分布，同时还驱动着人类在进行农业种植时作物种类的选择，尤其是对于陕北黄土高原地区，干旱条件下水资源更是影响农林景观布局的重要因子，如陕北北部的米脂地区平均年降水量为 450mm 左右，而南部的宜川县可达550mm，两个地区的植被分布和作物类型均存在较大差异。黄土高原千沟万壑、支离破碎的地形地貌，本身就来源于降水、风蚀、光照等多种自然条件的共同作用，地貌又决定了该区域生产力水平和农林景观布局方式(刘栩如等，2016)。此外，土壤条件和水文特征也是决定植物生长和农业生产的重要因子，虽然人类通过施肥、耕作等措施能够改善土壤条件，但是土壤质地和基础肥力的不同也制约着区域的生产潜力；而在干旱少雨的黄土丘陵区，河流、水库等地表水文资源的分布无论对生态恢复还是农业生产都有严重影响，如在小流域治理中，往往将水资源条件较好的沟道改造为农田，而将水分相对匮乏的坡地进行植被恢复(钟德燕和常庆瑞，2012)。综合来看，自然条件决定了农林景观配置模式的基本分布，是小流域农林景观的初始驱动因子，但自然条件对景观配置模式的直接驱动变化过程较慢，往往是依靠人类活动对自然资源的利用而影响配置模式。因此在进行退耕流域农林景观配置模式优化的过程中，要充分重视光照、降水、土壤等自然资源在流域的分配特点，在此基础上进行景观布局优化和调整。

二、人为驱动

自然资源对景观配置的驱动变化是长期作用，而人为活动的影响则可以在短期内迅速发挥作用，人类的垦荒、造林、复耕等行为强烈地影响着小流域的农林景观格局。一方面，人口的变化决定了农林复合系统内的农户对粮食、蔬菜、水果、肉蛋奶等基础生活资料的需求，从而影响了人类对流域的开发程度和土地利用水平，一般来说，人口密度大的流域系统粮食需求量比较大，因而农业用地比例也会较高(贾科利等，2008；张秋菊等，2003)。另一方面，人类对外界信息的接受决定了其对系统内土地进行利用的方式和程度，这些外界信息包括市场需求、政府政策、技术资料、社会宣传等多个方面，生活在流域系统内的农户对这些资料进行分析，反映在实际行动中就是对土地利用的调整和改造(王秋贤，2003)。例如，市场对山地苹果的需求量较大，再加上政府的政策推动和技术支持，近年来陕北地区山地苹果种植面积迅速扩大，研究区域小流域内也有大量农户将原来的农田改造成为果园。综合来看，人类活动是黄土丘陵区小流域农林景观配置模式变化的最直接驱动因子，是对多种外界信息和自然资源适应后的综合反映，在小流域农林景观配置模式优化和改造过程中，要合理利用和科学引导流域内农户对土地进行开发、改造和利用，才能提高流域治理的综合效益，增强流域生态经济系统的可持续性。

三、政策驱动

政策驱动实际上是人为活动的上层驱动因子，政府政策无法直接改变区域土地农林景观配置模式，而是通过政策引导和推动人为活动而驱动景观配置模式变化。因此，政策驱动的直接受体是系统内的人，而不是土地。一般来说，小流域农林景观配置模式变化的政策驱动因子可以分为两类：一类是推动型政策因子，也可以称为强制型政策因子，这一类政策因子通过强制要求系统内农户采取某些措施而改变土地利用方式以达到不同的目的，如从1998年起国家开始实施退耕还林(草)工程，政策要求坡度25°以上的耕地全部退耕进行植被恢复，从而达到减少区域水土流失的目的。事实上，陕北黄土丘陵区近20年土地利用的整体变化主要是退耕还林政策驱动的结果(蔺小虎等，2015)。另一类是引导型政策因子，主要通过提供或改变良好的经济支持、科技扶持、生产资料、生活条件等引导农户采取措施而改变土地利用方式以达到不同的目的，如通过提供种植补贴和种植技术培训等，鼓励区域农户种植某一类果树或作物，政府通过提供资金补助和土地，鼓励基础设施较差的流域内农户进行生态移民，农户向流域外迁移形成大量的撂荒地，也驱动了农业用地向生态恢复地的转变。总体来看，政策驱动一般涉及范围比较广，通常为全国、全省或特定地区层面，极少有针对单个流域发展的政策因子，而且持续时间具有阶段性，地区之间的差异较大，可以作为区域整体生态恢复治理的驱动力。

四、经济驱动

农户在农林复合系统内开展农业生产，除了满足基本生活资料需求外的另外一个重要目的就是获得良好的经济效益，主要是将系统生产的各类农副产品作为商品进入市场销售获得收入，因此经济因子也能够通过影响农户的行为而影响农林复合系统的配置模式。经济驱动农林景观配置模式的变化可以分为两类：一类是在市场经济条件下，市场的供求关系直接影响着农产品价格，从而影响农户对不同农产品的种植面积、生产数量的调整，进而影响土地利用格局(周忠学和任志远，2009)；另一类是整体经济发展水平影响农户对区域资源的开发和利用方式，从而影响土地利用格局，如陕北地区随着社会经济水平的改善，农户对生活环境的要求越来越高，许多家庭开始从原来居住的窑洞转向更加平坦的地区修建住房，驱动了土地利用向住宅和建设用地的转变，因此国家城镇化战略也能够推动区域土地利用类型的变化(曹银贵等，2015)。综合来看，经济驱动因子更多受到市场和经济发展水平的影响，其作用的受体也是农户，经济因子的影响范围也比较广，往往是对一个区域的整体影响。经济驱动在影响区域农林景观配置模式的时候具有一定的不确定性，尤其是市场价格对农户土地利用方式的影响，需要通过配合政府政策和宣传等多种方式，引导农户采取合理的行为，避免盲目开发导致的区域生态系统受损。

五、科技驱动

科技水平是驱动小流域农林景观配置模式的另外一个重要因子，其作用受体也是农户，一般可以分为3个层面的影响：一方面是农户自身科技实力和文化教育水平对其采取的土地利用行为产生影响，从而对流域系统的土地利用方式有影响。研究表明，文化水平较高的农户可能更倾向于采取理性的行为，因此在面临市场价格波动、政府政策变化、经济水平发展等外界环境变化的时候，能够更加充分地综合上述变化，采取更加合理的行为，从而对土地进行开发和利用，这在已有的诸多研究中都得到了证实(Cao et al.，2009；Chen et al.，2009；王秋贤，2003)。另一方面，社会整体科技水平的上升能够改变人类对土地利用的手段，随着科技发展，越来越多的农业机械、化肥、农药、农膜等农业生产资料改变了传统农业中靠天吃饭的落后局面，使得原本不能种植的作物可以种植，原本生产力较低的作物生产力大幅度提高，从而影响了农民对土地的利用方式，也驱动了农林复合系统内景观配置模式的变化。此外，科技水平的改变能够通过间接改变区域社会经济发展水平和农产品利用方式而影响农户行为，从而影响土地利用方式，如随着科技的发展，对谷子、荞麦、糜子等杂粮作物的利用更加多样化，除了直接食用外，开发更多的杂粮产品和进行深加工，增加了市场对此类农产品的需求，从而影响了农户的种植行为，最终农户对土地利用方式的改变也会影响农林复合系统的配置模式(张雄等，2007)。综合来看，科技因素对农林景观配置模式的影响多为间接作用，而且作用时效具有一定的滞后性，农户层面需要政府通过宣传引导、提高教育水平等方式改变农户认知和行为，进而促进生态恢复效果。科技发展层面则需要合理利用现有科技资源和成果，开发新产品，增加农产品附加值，提升农民经济收入水平，从而达到整体治理水平改善的目的。

综上所述，黄土丘陵区退耕流域农林景观配置模式的变化是多种驱动因子综合作用的结果，而且每种驱动因子对土地利用变化的作用方式具有较大差异，总体可以分为自然因子和人文因子。自然因子决定了景观配置模式的总体布局，但是发挥作用所需时间较长；而人文因子主要通过作用于农林复合系统内的农户，影响其行为从而改变农林景观配置模式。在开展小流域治理和农林景观配置模式优化过程中，要充分重视不同因子的作用，合理开发和利用区域自然资源，通过政府政策、经济调控、科技支持等多种方式引导农户进行小流域景观布局调整和优化，达到生态、社会和经济效益共同提高的目的。

参考文献

陈晓安. 2010. 黄土丘陵沟壑区坡面土壤侵蚀规律与坡面侵蚀经验模型的研究. 华中农业大学硕士学位论文.

曹银贵, 张笑然, 白中科, 等. 2015. 黄土区矿-农-城复合区土地利用时空转换特征. 农业工程学报, (07): 238-246.

邓健, 赵发珠, 韩新辉, 等. 2016. 黄土高原典型流域种植业发展模式的能值分析. 应用生态学报, (05): 1576-1584.

黄春长. 1987. 祖国的黄土高原. 北京: 科学普及出版社.

贾科利, 常庆瑞, 张俊华. 2008. 陕北农牧交错带土地利用变化及驱动机制分析. 资源科学, (07): 1053-1060.

李志林. 2001. 数字高程模型. 武汉: 武汉大学出版社.

刘栩如, 张琳, 杨磊, 等. 2016. 黄土丘陵区生态退耕中的景观格局演变及其地形驱动. 水土保持研究, (01): 103-109.

蔺小虎, 姚顽强, 邱春霞. 2015. 黄土丘陵沟壑区退耕驱动下土地利用变化——以陕西省安塞县纸坊沟流域为例. 山地学报, (06): 759-769.

罗来兴. 1956. 划分晋西、陕北、陇东黄土区域间地与沟谷的地貌类型. 地理学报, 23(3): 201-221.

唐夫凯, 齐丹卉, 卢琦, 等. 2016. 中国西北地区农林复合经营的保护与发展. 自然资源学报, (09): 1429-1439.

王秋贤. 2013. GIS 支持下延安市城郊土地利用动态研究与驱动力分析. 陕西师范大学硕士学位论文.

王军强, 陈存根, 李同升. 2003. 陕西黄土高原小流域治理效益评价与模式选择. 水土保持通报, 23(6): 61-64.

武晶, 刘志民. 2014. 生境破碎化对生物多样性的影响研究综述. 生态学杂志, (07): 1946-1952.

沈中原, 李占斌, 武金慧, 等. 2008. 基于 GIS 的流域土地利用/土地覆被分形特征. 农业工程学报, (08): 63-67.

孙飞达, 于洪波, 陈文业. 2009. 安家沟流域农林草复合生态系统类型及模式优化设计. 草业科学, (09): 190-194.

阎百兴. 2010. 中国水土流失防治与生态安全. 北京: 科学出版社.

张富. 2007. 黄土高原水土保持防治措施对位配置研究. 郑州: 黄河水利出版社.

张磊, 汤国安, 李发源, 等. 2012. 黄土地貌沟沿线研究综述. 地理与地理信息科学, 28(6): 44-48.

张秋菊, 傅伯杰, 陈利顶, 等. 2003. 黄土丘陵沟壑区县域耕地变化驱动要素研究——以安塞县为例. 水土保持学报, (04): 146-148.

张雄, 山仑, 李增嘉, 等. 2007. 黄土高原小杂粮作物生产态势与地域分异. 中国生态农业学报, (03): 80-85.

赵艳. 2012. 我国的黄土地貌. 地理教育. (5): 26.

钟德燕, 常庆瑞. 2012. 黄土丘陵沟壑区不同地貌类型土地利用景观格局. 水土保持通报, (03): 192-197.

周忠学, 任志远. 2009. 土地利用变化与经济发展关系的理论探讨——以陕北黄土高原为例. 干旱区资源与环境, (04): 36-42.

朱清科. 2012. 陕北黄土高原植被恢复及近自然造林. 北京: 科学出版社.

朱显谟. 1989. 黄土高原土壤与农业. 北京: 农业出版社.

朱云云, 王孝安, 王贤, 等. 2016. 坡向因子对黄土高原草地群落功能多样性的影响. 生态学报, (21): 6823-6833.

Cao S X, Xu C G, Li C, et al. 2009. Attitudes of farmers in China's northern Shaanxi Province towards the land-use changes required under the Grain for Green Project, and implications for the project's success. Land Use Policy, 26(4): 1182-1194.

Chen X, Lupi F, He G, et al. 2009. Factors affecting land reconversion plans following a payment for ecosystem service program. Biological Conservation, 142(8): 1740-1747.

第三章　陕北黄土丘陵沟壑区植被类型及群落特征

植物群落种类组成、多样性及群落结构既是群落对生态环境的响应，又是植物生物学特征和生态学特性的综合表现。通过研究植物群落结构特征，可以有效评价一个群落的稳定程度(刘维暐等，2012)。人工林种群结构和群落特征受制于生境条件(肖志勇等，2011)。坡向代表着不同的水分、光照和土壤条件(李勉等，2004)，坡度是影响坡面侵蚀的重要因素之一(贾松伟，2009)，海拔作为综合的环境因子，它涉及光、热、水等环境因子的变化，对植物分布的影响有重要作用(张玲等，2010)。环境因子是影响物种分布并导致物种多样性形成的重要因素，研究发现物种多样性的形成与生境异质性、能量-水分平衡等密切相关并提出了相应假说(Cramer and Willig，2002)。通过研究不同立地条件陕北黄土丘陵沟壑区的植被类型及群落特征，可有效反映退耕还林的生态学效果。

由于气候及人为等因素的影响，陕北黄土丘陵沟壑区原生植被基本破坏殆尽，人工林在生态系统中发挥着越来越大的作用，在该地区的生态修复工作中主要以人工乔(灌)林和自然恢复草地的生态系统健康状况和生态恢复效果为参考来确定植被恢复的目标和方法。黄土丘陵沟壑区林草地面积增加是土壤侵蚀强度降低的主要原因(汪亚峰等，2009)。人工植被经过一定阶段的旺盛生长之后，立地条件恶化，表现出较明显的退化和衰败迹象(宋同清等，2008；杨修和高林，2001)，为维持人工林生态系统的稳定，开展人工群落特征的研究显得尤为重要。以陕北黄土高原延安宝塔区庙咀沟流域、安塞县纸坊沟流域、吴起县金佛坪流域、米脂县高西沟流域、宜川交子沟流域的植物群落为研究对象，分析其植被类型和群落结构特征，为陕北黄土丘陵沟壑区植被恢复和农林景观配置提供参考。

第一节　植被群落类型及地理分布

一、植被类型的划分

参照中国植被分类法，凡是优势种或共优种相同的植物群落联合为群系(张宏达等，2004)，按照物种组成的相似性分别对 5 个流域的植物群落进行聚类分析。对系统聚类图 3-1 按距离相似性 40%截取，将延安宝塔区庙咀沟流域的植物群落分为 5 个群系。第一组主要包含编号为 401、404、410、409、407、5031、5032、5034、403、5033 和 505 的群落，为刺槐+侧柏+山杏群系，以刺槐、侧柏、山杏为共优种，伴有狗尾草、猪毛蒿、小花鬼针草和茜草等草本植物，分布在该流域各个坡向；第二组包含编号为 402、502、411、506 和 408 的群落，为刺槐+猪毛蒿群系，以刺槐和猪毛蒿为共优种，分布在该流域的峁顶、阳坡和半阴坡；第三组包含编号为 507 的群落，为苹果群系，优势种为苹果，林下伴有苦荬菜、芦苇和狗牙根等草本植物，分布在该流域的阳坡，退耕 20 年；第四组包含编号为 504 的群落，为柠条群系，优势种为柠条，亚优势种为铁杆蒿和猪毛蒿，分布在该流域的阳坡，退耕 20 年；第五组包含编号为 501 的群落，为胡桃群系，优势种为胡桃，林下伴有长芒草、草地早熟禾、白羊草和阿尔泰狗娃花等草本植物，分布在该流域的半阴坡，退耕 10 年。

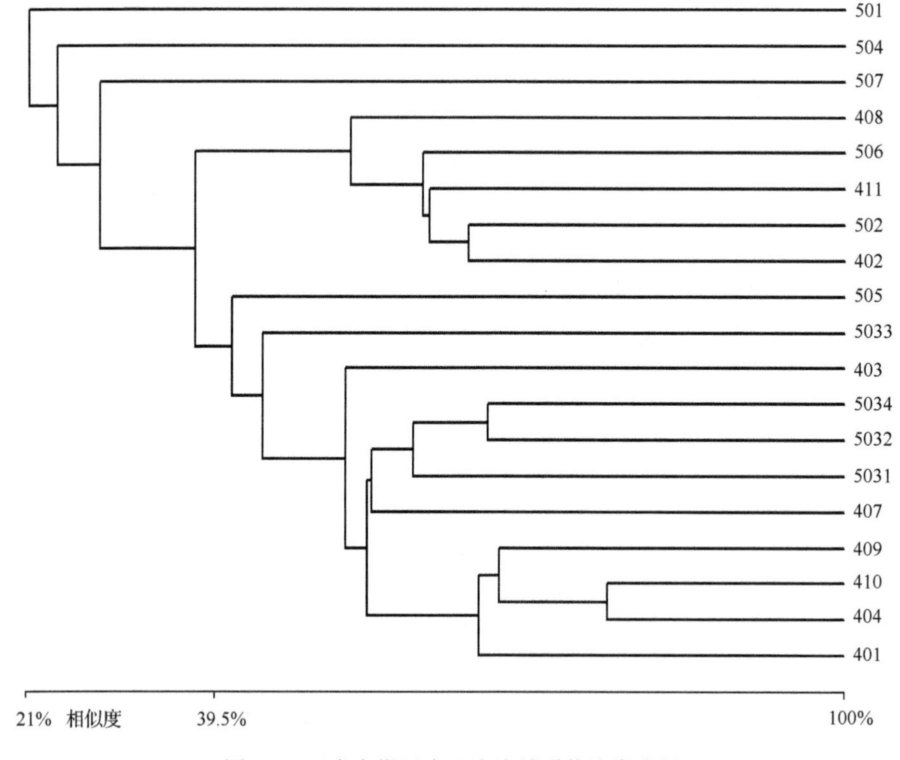

图 3-1　延安宝塔区庙咀沟流域群落聚类分析

对系统聚类图 3-2 按相似系数 37%截取，将安塞纸坊沟流域的植物群落分为 5 个群系，第一组包含编号为 413、419、509、512、513、510 的群落，为山杏+柠条+猪毛蒿+达乌里胡枝子+铁杆蒿群系，以山杏、柠条、猪毛蒿、达乌里胡枝子和铁杆蒿为共优种，伴有长芒草、赖草、铁杆蒿和鹅观草等草本植物，均分布在该流域的阳坡；第二组包含编号为 418、422、423、511、517、516、420、421 的群落，为刺槐群系，共优种为刺槐，伴有悬钩子蔷薇、黄蔷薇、峨眉蔷薇、草地早熟禾、铁杆蒿、艾蒿等植物，分布于该流域各坡向；第三组包含编号为 514 和 515 的群落，为草地早熟禾+败酱群系，共优种为早熟禾、败酱，伴有达乌里胡枝子、芦苇、草木樨状黄耆等植物，分布在该流域的半阳坡，退耕 15 年；第四组包含编号为 416 的群落，为河柳群系，优势种为河柳，伴有假苇拂子茅、猪毛蒿、白莅蒿等草本植物，分布在该流域的河谷平地，退耕 40 年；第五组包含编号为 417 的群落，为沙棘群系，优势种为沙棘，伴有白莅蒿、赖草、葎叶蛇葡萄等草本植物，分布在该流域的阴坡，退耕 40 年。

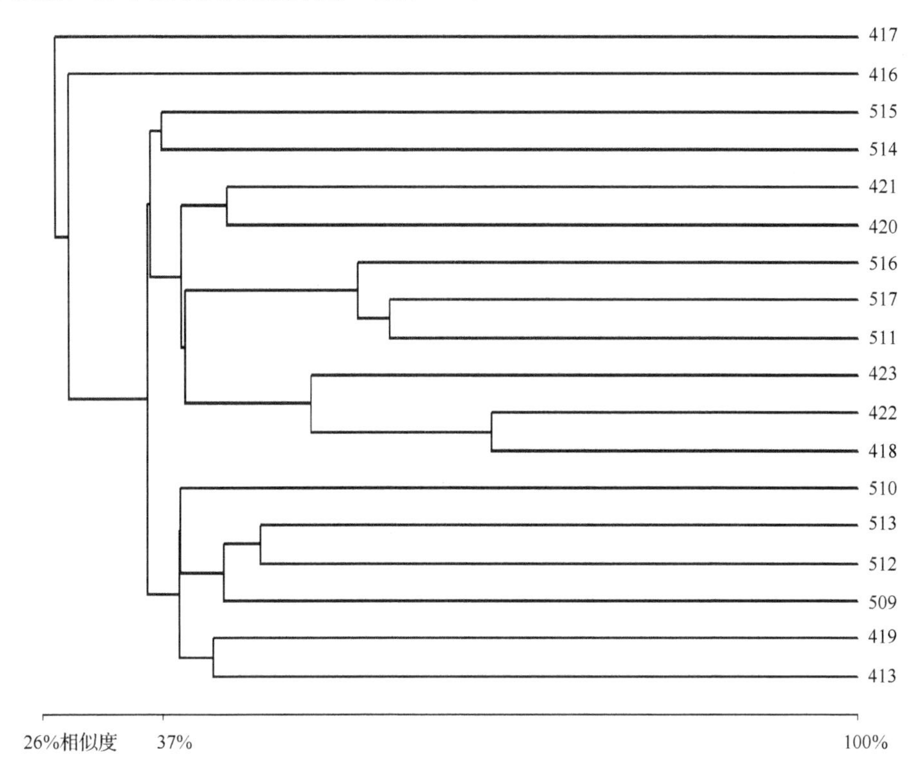

图 3-2　安塞纸坊沟流域群落聚类分析

对系统聚类图 3-3 按相似系数 45%截取，将吴起金佛坪流域的植物群落分为 4 个群系，第一组包含编号为 428、431、435、523、436、521、430、519、520、518 和 522 的群落，为小叶杨+赖草+刺槐+山杏群系，共优种为小叶杨、赖草、刺槐、山杏，分布在该流域的各个坡向；第二组包含编号为 432、433、4371、43716、4373、43714、4372、43715、4377、43712、4375、43710、43711、4374、4376、43713、4378、4379 的群落，为达乌里胡枝子+假苇拂子茅+蛇莓+铁杆蒿+白叶蒿+大针茅群系，共优种为达乌里胡枝子、假苇拂子茅、蛇莓、铁杆蒿、白叶蒿、大针茅，分布在该流域的各个坡向及各个坡位；第三组包含编号为 434 的群落，为油松群系，优势种为油松，林下伴有铁杆蒿、茭蒿等草本植物，分布在该流域的半阳坡；第四组包含编号为429的群落，为刺槐+山杏群系，优势种为刺槐和山杏，亚优势种为早熟禾、苦荬菜等草本植物，分布在该流域的阳坡。

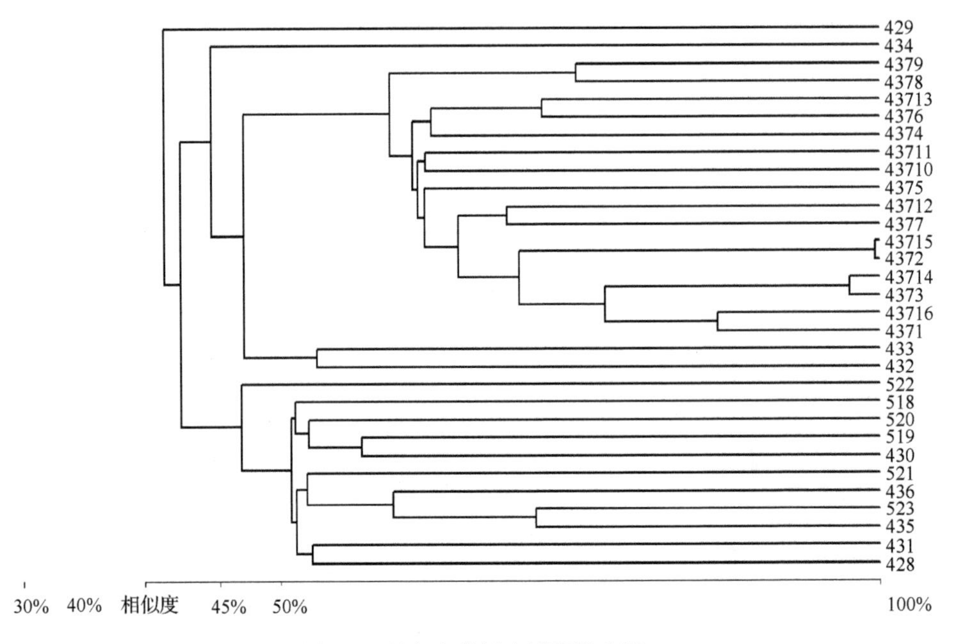

图3-3　吴起金佛坪流域聚类分析

对系统聚类图3-4按相似系数44%截取，将米脂高西沟流域的植物群落分为5个群系。第一组包含编号为445、447、463的群落，为小叶杨+山杏群系，共优种为小叶杨和山杏，林下伴有达乌里胡枝子、茭蒿、沙打旺、中华隐子草、草地早熟禾等草本植物，分布在该流域的半阳、半阴和阴坡；第二组包含编号为449、450、455、451、453、462、460、459、461、525、457、526、454的群落，为枣+猪毛蒿+山杏+侧柏+刺槐群系，共优种为枣、猪毛蒿、山杏、侧柏、刺槐，亚优势种为狗尾草、甘草、茵陈蒿，分布在该流域各坡向；第三组包含编号为448、452、524、456的群落，为山杏+刺槐+桑群系，共优种为山杏、刺槐、桑，林下主要有草地早熟禾、茭蒿、猪毛蒿、狗尾草等草本植物，分布在该流域阳坡、半阳坡和半阴坡；第四组包含编号为458的群落，为苹果群系，优势种为苹果，林下草本主要为苦苣菜、狗尾草等，分布在该流域的阴坡，退耕8年；第五组包含编号为446、464、465的群落，为油松群系，优势种为油松，林下草本主要有败酱、达乌里胡枝子、铁杆蒿、中华隐子草等，分布在该流域的阴坡和半阴坡。

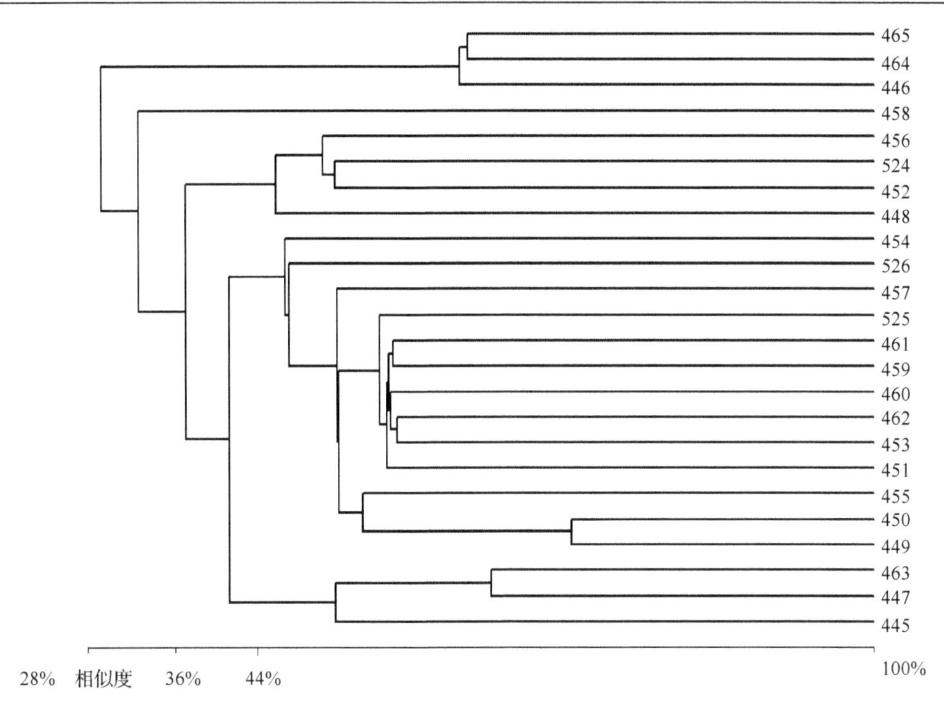

图 3-4　米脂高西沟流域群落聚类分析

对系统聚类图 3-5 按相似系数 35%截取，将宜川交子沟流域的植物群落分为 10 个群系。第一组包含编号为 468 的群落，为苹果群系，优势种为苹果，林下伴有狗牙根、苦苣菜等草本植物，退耕 10 年，分布在该流域的峁顶；第二组包含编号为 469、527、531、480、477、529 的群落，为刺槐群系，共优种为刺槐，林下主要有败酱、铁杆蒿等草本植物，分布在该流域的阳坡和半阳坡；第三组包含编号为 470 和 471 的群落，为侧柏+美丽胡枝子群系，共优种为侧柏、美丽胡枝子，伴生种为茭蒿、铁杆蒿等，分布在该流域的半阳和半阴坡；第四组包含编号为 530 的群落，为铁杆蒿群系，优势种为铁杆蒿，主要伴生种为草木樨状黄耆、达乌里胡枝子、鹅观草等，分布在该流域的峁顶；第五组包含编号为 473 和 476 的群落，为油松群系，油松为优势种，伴生种为麻叶绣线菊、草地早熟禾、赤爬等，分布在该流域的阴坡和半阳坡；第六组包含编号为 474 的群落，为山杏+油松群系，优势种为山杏、油松，林下主要有草地早熟禾、香青兰、铁杆蒿等草本植物，分布在该流域的阳坡，退耕 20 年；第七组包含编号为 472 和 479 的群落，为花椒群系，共优种为花椒，林下主要有牛皮消、猪毛蒿、阿尔泰狗娃花、狗尾草等草本植物，分布在该流域的峁顶和半阴坡，退耕 10 年；第八组包含编号为 475 的群落，为小叶杨群系，优势种为小叶杨，林下主要有萱草、大针茅等草本植物，分布在该流域的阴坡，退耕 30 年；第九组包含编号为 528 的群落，为梨群系，优势种为梨，林下主要有苦荬菜、灰绿藜、打碗花等草本植物，分布在该流域的峁顶，退耕 10 年；第十组包含编号为 478 的群落，为白皮松群系，优势种为白皮松，林下植物主要有龙须草、槲栎、粉背黄栌、陕西荚蒾等，分布在该流域的阴坡，退耕年限 50 年。

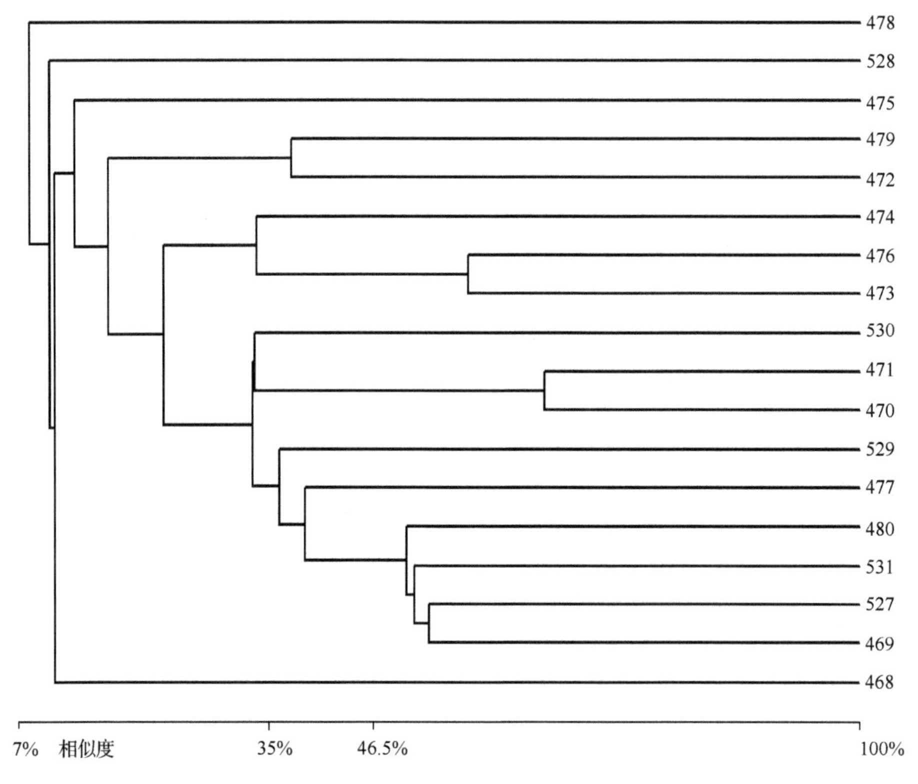

图 3-5 宜川交子沟流域群落聚类分析

二、人工植物群落类型

(一)不同流域植物群落类型

陕北黄土丘陵沟壑区群落类型主要有：乔-灌-草、乔-草、灌-草、草等群落类型(表 3-1)，各个流域主要的群落类型(群丛)如下所述。

宝塔区庙咀沟流域为刺槐-狗尾草、刺槐-茜草、刺槐-猪毛菜、刺槐-化香、侧柏-狗尾草、苹果-苦荬菜、苹果-狗牙根、柠条-铁杆蒿、阿尔泰狗娃花、猪毛蒿。安塞纸坊沟流域为刺槐-悬钩子蔷薇-臭草、刺槐-假苇拂子茅、刺槐-臭草、

表 3-1　不同流域植物群落类型

流域	群落类型	群丛名称				
延安宝塔区庙咀沟流域	乔-草	刺槐-狗尾草	刺槐-茜草	刺槐-猪毛菜	刺槐-化香	侧柏-狗尾草
		苹果-苦荬菜	苹果-狗牙根			
	灌-草	柠条-铁杆蒿				
	草	阿尔泰狗娃花	猪毛蒿			
米脂高西沟流域	乔-草	刺槐-草地早熟禾	刺槐-茵陈蒿	侧柏-猪毛蒿	侧柏-苦苣菜	侧柏-赖草
		山杏-达乌里胡枝子	小叶杨-达乌里胡枝子	山杏-狗尾草	山杏-猪毛蒿	油松-败酱
		刺槐-茭蒿	枣-猪毛蒿			
	草	达乌里胡枝子	中华隐子草	紫花苜蓿	酸浆	赖草
		猪毛蒿	白莅蒿			
安塞纸坊沟流域	乔-灌-草	刺槐-悬钩子蔷薇-臭草				
	乔-草	刺槐-假苇拂子茅	刺槐-草地早熟禾	刺槐-赖草	刺槐-铁杆蒿	刺槐-臭草
	乔-灌	山杏-柠条				
	灌-草	柠条-鹅观草	柠条-赖草			
	草	草地早熟禾	达乌里胡枝子	假苇拂子茅	茭蒿	铁杆蒿
		猪毛蒿	败酱			
吴起金佛坪流域	乔-灌-草	刺槐-沙棘-赖草				
	乔-草	山杏-达乌里胡枝子	山杏-翻白委陵菜	山杏-铁杆蒿	白皮松-龙须草	小叶杨-赖草
		杠柳-赖草				
	草	赖草	蛇莓	达乌里胡枝子	茭蒿	
宜川交子沟流域	乔-灌-草	刺槐-悬钩子蔷薇-茭蒿	油松-麻叶绣线菊-草地早熟禾			
	乔-草	侧柏-美丽胡枝子	刺槐-草地早熟禾	刺槐-赤瓟	刺槐-铁杆蒿	刺槐-鹅观草
		花椒-牛皮消	山杏-草地早熟禾	苹果-狗牙根	梨-苦荬菜	小叶杨-萱草
		刺槐-败酱	花椒-猪毛蒿	油松-草地早熟禾		
	草	铁杆蒿	美丽胡枝子			

刺槐-赖草、刺槐-草地早熟禾、刺槐-铁杆蒿、山杏-柠条、柠条-鹅观草、柠条-赖草、草地早熟禾、达乌里胡枝子、假苇拂子茅、茭蒿、铁杆蒿、猪毛蒿、败酱。米脂高西沟流域为刺槐-茭蒿、刺槐-茵陈蒿、刺槐-草地早熟禾、侧柏-猪毛蒿、侧柏-苦苣菜、侧柏-赖草、山杏-达乌里胡枝子、山杏-猪毛蒿、山杏-狗尾草、小叶杨-达乌里胡枝子、油松-败酱、枣-猪毛蒿、达乌里胡枝子、赖草、紫花苜蓿、酸浆、中华隐子草、猪毛蒿、白莅蒿。吴起金佛坪流域为刺槐-沙棘-赖草、山杏-达乌里胡枝子、山杏-翻白委陵菜、山杏-铁杆蒿、白皮松-龙须草、小叶杨-赖草、杠柳-赖草、赖草、蛇莓、达乌里胡枝子、茭蒿。宜川交子沟流域为刺槐-悬钩子、蔷薇-茭蒿、油松-麻叶绣线、菊-草地早熟禾、侧柏-美丽胡枝子、刺槐-败酱、刺槐-赤爮、刺槐-铁杆蒿、刺槐-鹅观草、刺槐-草地早熟禾、花椒-猪毛蒿、花椒-牛皮消、梨-苦荬菜、苹果-狗牙根、山杏-草地早熟禾、小叶杨-萱草、油松-草地早熟禾、铁杆蒿、美丽胡枝子。

（二）不同坡位植物群落的分布

陕北黄土丘陵沟壑区的25种群落类型中（表3-2），峁顶、上坡位、中坡位、下坡位、沟底的群落类型数分别为9种、17种、19种、12种、7种。峁顶、上坡位、中坡位、下坡位、沟底的群落数分别为14个、32个、36个、20个、7个。其中，峁顶以天然草地为主，还有刺槐-铁杆蒿、山杏-铁杆蒿、苹果-狗尾草、梨-狗尾草等群落类型。上坡位、中坡位群落类型数较多，不同群落类型在这两个坡位均有分布，以乔-草和乔-灌-草为主。下坡位主要以灌-草和草地群落居多。沟底的群落类型相对较少，以小叶杨-铁杆蒿、河柳-假苇拂子茅为主，伴有少量草地。综上，乔-草和草地在各坡位均有出现，乔-灌-草主要集中于上坡位和中坡位，灌-草群落主要分布于下坡位。

表3-2　不同坡位植物群落的分布

坡位	群落名称	优势种及亚优势种	坡位	群落名称	优势种及亚优势种
峁顶	刺槐	刺槐、铁杆蒿、赖草	上坡位	刺槐	刺槐、牛皮消、鬼针草
	山杏	山杏、铁杆蒿、草木樨状黄耆		山杏	山杏、达乌里胡枝子、铁杆蒿
	苹果	苹果、狗尾草、猪毛蒿		侧柏	侧柏、赖草、铁杆蒿
	梨	梨、苦苣菜、刺儿菜		油松	油松、草地早熟禾、灰绿藜
	铁杆蒿	铁杆蒿、茭蒿、芦苇		刺槐+山杏	刺槐、山杏、长芒草
	猪毛蒿	猪毛蒿、茭蒿、阿尔泰狗娃花		刺槐+侧柏	刺槐、侧柏、赖草
	达乌里胡枝子	达乌里胡枝子、草地早熟禾、铁杆蒿		刺槐+桑	刺槐、桑、茭蒿
	赖草	赖草、甘草、香青兰		油松+山杏	油松、山杏、达乌里胡枝子
	芦苇	芦苇、铁杆蒿、披针叶黄华		白皮松	白皮松、鬼针草、灰绿藜

续表

坡位	群落名称	优势种及亚优势种
上坡位	苹果	苹果、牛皮消、苦苣菜
	枣	枣、猪毛蒿、狗尾草
	柠条	柠条、硬质早熟禾、铁杆蒿
	沙棘	沙棘、达乌里胡枝子、铁杆蒿
	铁杆蒿	铁杆蒿、茭蒿、硬质早熟禾
	达乌里胡枝子	达乌里胡枝子、茭蒿、黄花蒿
	白羊草	白羊草、阿尔泰狗娃花、铁杆蒿
	长芒草	长芒草、达乌里胡枝子、紫花苜蓿
中坡位	刺槐	刺槐、茭蒿、甘草
	侧柏	侧柏、赖草、硬质早熟禾
	山杏	山杏、猪毛蒿、茭蒿
	胡桃	胡桃、硬质早熟禾、铁杆蒿
	刺槐+侧柏	刺槐、侧柏、紫穗槐
	刺槐+山杏	刺槐、山杏、白羊草
	刺槐+桑	刺槐、桑、铁杆蒿
	油松+山杏	油松、山杏、猪毛蒿
	枣	枣、猪毛蒿、刺儿菜
	柠条	柠条、硬质早熟禾、铁杆蒿
	沙棘	沙棘、茭蒿、猪毛蒿
	铁杆蒿	铁杆蒿、长芒草、狗尾草
	油松	油松、狗尾草、细叶远志
	小叶杨	小叶杨、铁杆蒿、冰草
	白皮松	白皮松、细叶远志、米口袋
中坡位	达乌里胡枝子	达乌里胡枝子、赖草、长芒草
	赖草	赖草、白羊草、阿尔泰狗娃花
	长芒草	长芒草、铁杆蒿、达乌里胡枝子
	茭蒿	茭蒿、猪毛蒿、铁杆蒿
下坡位	刺槐	刺槐、悬钩子蔷薇、茭蒿
	山杏	山杏、猪毛蒿、茵陈蒿
	油松	油松、狗尾草、刺儿菜
	小叶杨	小叶杨、狗尾草、黄花蒿
	刺槐+山杏	刺槐、山杏、狗尾草
	刺槐+侧柏	刺槐、侧柏、异叶败酱
	柠条	柠条、美丽胡枝子、铁杆蒿
	铁杆蒿	铁杆蒿、硬质早熟禾、甘草
	达乌里胡枝子	达乌里胡枝子、猪毛蒿、草地早熟禾
	赖草	赖草、达乌里胡枝子、长芒草
	长芒草	长芒草、大针茅、赖草
	白羊草	白羊草、长芒草、硬质早熟禾
沟底	小叶杨	小叶杨、铁杆蒿、冰草
	河柳	河柳、假苇拂子茅、黄花蒿
	铁杆蒿	铁杆蒿、茭蒿、达乌里胡枝子
	芦苇	芦苇、铁杆蒿、茭蒿
	猪毛蒿	猪毛蒿、长芒草、茭蒿
	大针茅	大针茅、硬质早熟禾、铁杆蒿
	赖草	赖草、茭蒿、达乌里胡枝子

（三）不同坡向植物群落分布的数量特征

分布在研究区阴坡、半阴坡、阳坡、半阳坡的群落类型分别有18种、16种、15种、12种（图3-6）。不同坡位群落数从多到少的顺序为阴坡＞阳坡＞半阴坡＞半阳坡。光热和水分在不同坡向重新分配，对群落的分布造成影响。阴坡土壤含水量相对较高，有利于群落的发展，乔-草、乔-灌-草、灌-草、草等群落类型在该坡向均有出现。阳坡耐旱、喜阳的群落类型较多，如山杏-铁杆蒿、苹果-牛皮消、刺槐-赖草等。半阴坡和半阳坡出现较多的群落类型为侧柏-铁杆蒿、山杏-猪毛蒿等。

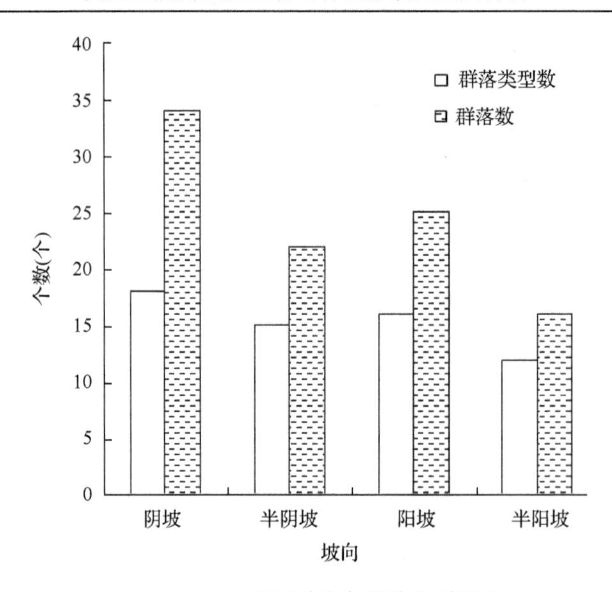

图 3-6　不同坡向群落类型数和群落数

(四)不同坡度植物群落分布的动态特征

随着坡度的增加群落数量呈先增加后减小的趋势(图 3-7)，在坡度为 12°～28°，群落数量相对较多，1°～12°和 29°～46°的范围内群落数量相对较少。从群落类型来看，在坡度为 0°～10°多以乔-草为主，如苹果-狗牙根、枣-猪毛蒿等。各群落类型在坡度为 10°～30°均有分布，该坡度范围内群落类型最多。

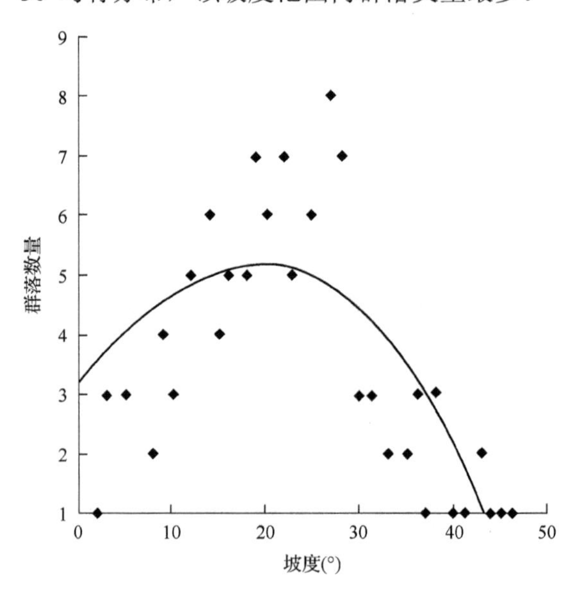

图 3-7　不同坡度植物群落分布的动态特征

第二节　人工植物群落特征

一、人工植物群落组成

(一)典型流域人工植物群落的组成

如表3-3所示，米脂高西沟流域的优势种是小叶杨、山杏、刺槐、油松、枣、桑、侧柏、苹果，伴生种是角蒿、败酱、黄瑞香、茭蒿、猪毛蒿、茵陈蒿、狗尾草、苦荬菜、紫花苜蓿；吴起金佛坪流域的优势种是刺槐、小叶杨、山杏、油松，伴生种是鹅观草、早熟禾、赖草、阿尔泰狗娃花、白苞蒿、翻白委陵菜、长芒草、芦苇；安塞纸坊沟流域的优势种是刺槐、河柳和沙棘，伴生种是悬钩子蔷薇、赖草、假苇拂子茅、臭草、鹅观草、杠柳、丁香；延安宝塔区庙咀沟流域的优势种是刺槐、山杏、侧柏、柠条，伴生种是茵陈蒿、芦苇、狗尾草、中华隐子草、铁杆蒿、猪毛蒿、败酱、香青兰、苦荬菜、二裂委陵菜、假苇拂子茅；宜川交子沟流域的优势种是刺槐、花椒、杠柳、小叶杨、苹果、油松、山杏、侧柏、白皮松，伴生种是狗尾草、败酱、猪毛蒿、铁杆蒿、茭蒿、连翘、蔷薇、荚蒾、白苞蒿、牛蒡、大针茅、黄花蒿、蛇葡萄、赤爬、牛皮消、悬钩子蔷薇。

表3-3　不同流域人工植物群落优势种、伴生种组成及重要值

流域	群落名称	优势种(重要值，%)	伴生种(重要值，%)		
米脂高西沟流域	小叶杨	小叶杨(58)	茭蒿(12)	角蒿(9)	败酱(8)
	山杏	山杏(40)	紫花苜蓿(24)	茵陈蒿(5)	苦荬菜(3)
	刺槐	刺槐(49)	狗尾草(19)	茭蒿(14)	败酱(6)
	油松	油松(52)	紫花苜蓿(16)	苦荬菜(10)	猪毛蒿(7)
	枣	枣(59)	紫花苜蓿(11)	角蒿(8)	狗尾草(7)
	桑	桑(64)	角蒿(16)	紫花苜蓿(13)	黄瑞香(12)
	侧柏	侧柏(41)	紫花苜蓿(14)	猪毛蒿(13)	角蒿(10)
	苹果	苹果(68)	狗尾草(10)	茵陈蒿(5)	茭蒿(9)
吴起金佛坪流域	刺槐	刺槐(64)	鹅观草(13)	早熟禾(8)	赖草(2)
	小叶杨	小叶杨(53)	白苞蒿(22)	阿尔泰狗娃花(9)	翻白委陵菜(5)
	山杏	山杏(63)	长芒草(10)	赖草(4)	鹅观草(1)
	油松	油松(66)	鹅观草(15)	芦苇(10)	早熟禾(7)
安塞纸坊沟流域	刺槐	刺槐(71)	悬钩子蔷薇(15)	赖草(8)	假苇拂子茅(2)
	河柳	河柳(54)	悬钩子蔷薇(14)	鹅观草(14)	臭草(1)
	沙棘	沙棘(41)	杠柳(11)	丁香(3)	鹅观草(4)

续表

流域	群落名称	优势种(重要值，%)	伴生种(重要值，%)		
延安宝塔区庙咀沟流域	刺槐	刺槐(58)	茵陈蒿(20)	芦苇(8)	狗尾草(1)
	侧柏	侧柏(63)	中华隐子草(11)	铁杆蒿(5)	猪毛蒿(2)
	山杏	山杏(42)	败酱(16)	香青兰(9)	苦荬菜(1)
	柠条	柠条(46)	铁杆蒿(18)	二裂委陵菜(7)	假苇拂子茅(4)
宜川交子沟流域	刺槐	刺槐(56)	猪毛蒿(22)	狗尾草(4)	白苞蒿(1)
	花椒	花椒(48)	牛皮消(11)	赤瓟(3)	败酱(1)
	杠柳	杠柳(72)	铁杆蒿(15)	茭蒿(8)	牛蒡(3)
	小叶杨	小叶杨(66)	荚蒾(23)	黄花蒿(9)	狗尾草(1)
	苹果	苹果(81)	狗尾草(14)	蛇葡萄(7)	败酱(2)
	油松	油松(39)	蔷薇(28)	连翘(13)	大针茅(1)
	山杏	山杏(44)	铁杆蒿(19)	猪毛蒿(10)	狗尾草(4)
	侧柏	侧柏(56)	连翘(24)	猪毛蒿(23)	大针茅(5)
	白皮松	白皮松(67)	悬钩子蔷薇(21)	狗尾草(16)	黄花蒿(7)

刺槐是陕北黄土高原的主要造林树种之一(高俊芳等，2011)，在 5 个流域均有分布。山杏群落主要分布在米脂高西沟、吴起金佛坪、延安宝塔区庙咀沟和宜川交子沟流域，小叶杨群落主要分布在米脂高西沟、吴起金佛坪和宜川交子沟流域，油松群落主要分布在米脂高西沟、吴起金佛坪及宜川交子沟流域，苹果群落主要分布在米脂高西沟、宜川交子沟流域，沙棘、河柳群落主要分布在安塞纸坊沟流域，花椒群落主要分布在宜川交子沟流域。

(二)不同坡位人工植物群落的组成

对研究区植物群落按照不同坡位进行分析(表 3-4)，峁顶的优势种是刺槐、山杏、苹果、梨、铁杆蒿、猪毛蒿、达乌里胡枝子、赖草、芦苇，上坡位的优势种是刺槐、山杏、侧柏、油松、桑、白皮松、苹果、枣、柠条、沙棘、铁杆蒿、达乌里胡枝子、白羊草、长芒草，中坡位的优势种是刺槐、侧柏、山杏、油松、小叶杨、白皮松、胡桃、桑、枣、柠条、沙棘、铁杆蒿、达乌里胡枝子、赖草、长芒草、茭蒿，下坡位的优势种是刺槐、山杏、油松、小叶杨、侧柏、柠条、铁杆蒿、达乌里胡枝子、赖草、长芒草、白羊草，沟底的优势种是小叶杨、河柳、铁杆蒿、芦苇、猪毛蒿、大针茅、赖草。

表 3-4　不同坡位人工植物群落优势种、伴生种组成及重要值

坡位	群落名称	优势种(重要值，%)	伴生种(重要值，%)		
峁顶	刺槐	刺槐(67)	铁杆蒿(16)	赖草(6)	狗尾草(2)
	山杏	山杏(51)	铁杆蒿(15)	草木樨状黄耆(4)	茭蒿(3)
	苹果	苹果(49)	狗尾草(24)	猪毛蒿(8)	苦荬菜(2)
	梨	梨(44)	苦苣菜(21)	刺儿菜(7)	败酱(4)
	铁杆蒿	铁杆蒿(79)	茭蒿(9)	芦苇(5)	蛇莓(1)
	猪毛蒿	猪毛蒿(82)	茭蒿(8)	阿尔泰狗娃花(3)	铁杆蒿(2)
	达乌里胡枝子	达乌里胡枝子(76)	草地早熟禾(11)	铁杆蒿(7)	猪毛蒿(1)
	赖草	赖草(77)	甘草(10)	香青兰(4)	大针茅(2)
	芦苇	芦苇(65)	铁杆蒿(14)	披针叶黄华(8)	大针茅(1)
上坡位	刺槐	刺槐(42)	牛皮消(24)	鬼针草(7)	铁杆蒿(2)
	山杏	山杏(32)	达乌里胡枝子(26)	铁杆蒿(8)	茭蒿(2)
	侧柏	侧柏(41)	赖草(12)	铁杆蒿(7)	达乌里胡枝子(2)
	油松	油松(44)	草地早熟禾(25)	灰绿藜(5)	赖草(2)
	刺槐+山杏	刺槐(55)	山杏(29)	长芒草(9)	铁杆蒿(2)
	刺槐+侧柏	刺槐(46)	侧柏(14)	赖草(6)	臭草(1)
	刺槐+桑	刺槐(52)	桑(30)	茭蒿(7)	铁杆蒿(1)
	油松+山杏	油松(37)	山杏(17)	达乌里胡枝子(5)	猪毛蒿(3)
	白皮松	白皮松(56)	鬼针草(20)	灰绿藜(6)	长芒草(3)
	苹果	苹果(62)	牛皮消(11)	苦苣菜(10)	败酱(1)
	枣	枣(69)	猪毛蒿(17)	狗尾草(7)	赖草(3)
	柠条	柠条(64)	硬质早熟禾(19)	铁杆蒿(10)	鬼针草(2)
	沙棘	沙棘(41)	达乌里胡枝子(20)	铁杆蒿(5)	长芒草(3)
	铁杆蒿	铁杆蒿(36)	茭蒿(26)	硬质早熟禾(5)	大针茅(1)
	达乌里胡枝子	达乌里胡枝子(34)	茭蒿(13)	黄花蒿(10)	猪毛蒿(3)
	白羊草	白羊草(66)	阿尔泰狗娃花(18)	铁杆蒿(9)	败酱(3)
	长芒草	长芒草(41)	达乌里胡枝子(24)	紫花苜蓿(8)	铁杆蒿(4)
中坡位	刺槐	刺槐(71)	茭蒿(17)	甘草(5)	米口袋(2)
	侧柏	侧柏(42)	赖草(20)	硬质早熟禾(9)	猪毛蒿(4)
	山杏	山杏(65)	猪毛蒿(22)	茭蒿(7)	白羊草(3)
	油松	油松(78)	狗尾草(14)	细叶远志(9)	茭蒿(4)
	小叶杨	小叶杨(46)	铁杆蒿(17)	冰草(5)	狗尾草(3)
	白皮松	白皮松(37)	细叶远志(16)	米口袋(8)	铁杆蒿(2)

续表

坡位	群落名称	优势种(重要值，%)	伴生种(重要值，%)		
中坡位	胡桃	胡桃(71)	硬质早熟禾(13)	铁杆蒿(7)	刺儿菜(3)
	刺槐+侧柏	刺槐(54)	侧柏(24)	紫穗槐(6)	铁杆蒿(2)
	刺槐+山杏	刺槐(75)	山杏(28)	白羊草(6)	猪毛蒿(2)
	刺槐+桑	刺槐(30)	桑(26)	铁杆蒿(8)	茭蒿(2)
	油松+山杏	油松(65)	山杏(24)	猪毛蒿(7)	铁杆蒿(3)
	枣	枣(52)	猪毛蒿(15)	刺儿菜(5)	米口袋(4)
	柠条	柠条(64)	硬质早熟禾(22)	铁杆蒿(8)	冰草(3)
	沙棘	沙棘(52)	茭蒿(28)	猪毛蒿(9)	草地早熟禾(2)
	铁杆蒿	铁杆蒿(45)	长芒草(11)	狗尾草(8)	茭蒿(3)
	达乌里胡枝子	达乌里胡枝子(31)	赖草(22)	长芒草(9)	硬质早熟禾(2)
	赖草	赖草(48)	白羊草(25)	阿尔泰狗娃花(10)	铁杆蒿(2)
	长芒草	长芒草(36)	铁杆蒿(12)	达乌里胡枝子(7)	赖草(2)
	茭蒿	茭蒿(71)	猪毛蒿(27)	铁杆蒿(7)	赖草(4)
下坡位	刺槐	刺槐(45)	悬钩子蔷薇(19)	茭蒿(9)	赖草(2)
	山杏	山杏(30)	猪毛蒿(15)	茵陈蒿(6)	赖草(1)
	油松	油松(74)	狗尾草(22)	刺儿菜(8)	茭蒿(1)
	小叶杨	小叶杨(68)	狗尾草(12)	黄花蒿(8)	铁杆蒿(2)
	刺槐+山杏	刺槐(55)	山杏(25)	狗尾草(9)	茵陈蒿(1)
	刺槐+侧柏	刺槐(53)	侧柏(13)	异叶败酱(9)	铁杆蒿(2)
	柠条	柠条(45)	美丽胡枝子(13)	铁杆蒿(8)	赖草(3)
	铁杆蒿	铁杆蒿(56)	硬质早熟禾(14)	甘草(6)	赖草(3)
	达乌里胡枝子	达乌里胡枝子(31)	猪毛蒿(22)	草地早熟禾(5)	刺儿菜(3)
	赖草	赖草(31)	达乌里胡枝子(13)	长芒草(10)	猪毛蒿(3)
	长芒草	长芒草(63)	大针茅(29)	赖草(9)	铁杆蒿(3)
	白羊草	白羊草(50)	长芒草(14)	硬质早熟禾(8)	异叶败酱(3)
沟底	小叶杨	小叶杨(45)	铁杆蒿(19)	冰草(5)	茭蒿(4)
	河柳	河柳(41)	假苇拂子茅(25)	黄花蒿(10)	铁杆蒿(3)
	铁杆蒿	铁杆蒿(66)	茭蒿(17)	达乌里胡枝子(9)	赖草(3)
	芦苇	芦苇(57)	铁杆蒿(23)	茭蒿(8)	达乌里胡枝子(3)
	猪毛蒿	猪毛蒿(78)	长芒草(18)	茭蒿(5)	铁杆蒿(3)
	大针茅	大针茅(78)	硬质早熟禾(27)	铁杆蒿(8)	猪毛蒿(1)
	赖草	赖草(45)	茭蒿(21)	达乌里胡枝子(5)	黄花蒿(1)

小地形(坡位、坡度、坡向等)对水热重新分配有着重要影响，种植于中上坡位的植物既可接受足够光照进行光合保证生长速率，又能在光合过程中保持较高水分利用效率(靳甜甜等，2011)，因此中上坡位群落数较多；下坡位以灌木群落居多，如柠条、沙棘等；沟底分布的群落数相对较少，乔木群落有小叶杨和河柳群落，草本群落有铁杆蒿、芦苇、猪毛蒿等群落。乔木群落和草本群落在各坡位均有分布，其中多数乔木、灌木、草本群落主要集中于上坡位和中坡位，多数灌木、草本群落主要分布于下坡位。因此营造植被时，坡顶以草本和低矮灌木植物为主，中坡位以营造灌草混交群落为主，水分条件较好的下坡位或沟谷以乔木群落为主。

各流域在不同坡位的植物群落组成不同，宜川交子沟流域峁顶的优势种是苹果、花椒、梨；上坡位的优势种是刺槐、山杏、油松、白皮松、苹果、白羊草；中坡位的优势种是刺槐、山杏、白皮松、小叶杨、铁杆蒿、油松、侧柏；下坡位的优势种是刺槐、山杏、油松、白羊草、达乌里胡枝子、小叶杨，沟谷的优势种是猪毛蒿。延安宝塔区庙咀沟流域峁顶的优势种是铁杆蒿、猪毛蒿、赖草，上坡位优势种是刺槐、山杏、柠条、沙棘，中坡位的优势种是刺槐、侧柏、山杏、沙棘、柠条、赖草、长芒草、茭蒿，下坡位的优势种是刺槐、山杏、油松、铁杆蒿，沟谷的优势种是小叶杨。安塞纸坊沟流域峁顶的优势种是铁杆蒿、达乌里胡枝子、芦苇，上坡位的优势种是刺槐、山杏、油松、柠条、沙棘，中坡位的优势种是刺槐、侧柏、山杏、油松、铁杆蒿、茭蒿、沙棘、柠条，下坡位的优势种是刺槐、山杏、侧柏、油松、铁杆蒿、赖草、柠条，沟谷的优势种是河柳、芦苇、大针茅、赖草。吴起金佛坪流域峁顶的优势种是小叶杨，上坡位的优势种是刺槐、油松、侧柏、柠条、铁杆蒿、长芒草，中坡位的优势种是刺槐、侧柏、油松、小叶杨、沙棘，下坡位的优势种是刺槐、山杏、侧柏、长芒草、赖草。米脂高西沟流域峁顶的优势种是小叶杨，上坡位的优势种是刺槐、桑、枣、达乌里胡枝子，中坡位的优势种是刺槐、山杏、油松、桑、枣、达乌里胡枝子，下坡位的优势种是刺槐、油松、山杏、达乌里胡枝子、赖草。宜川交子沟流域峁顶以苹果、花椒、梨等乔木群落为主，沟谷以草本群落为主；上、中、下坡位以乔木群落为主。延安宝塔区庙咀沟和安塞纸坊沟流域的峁顶均以草本群落为主，沟谷以草本群落为主；上、中、下坡位以乔木和灌木群落为主。吴起金佛坪和米脂高西沟流域的峁顶以乔木群落为主，其他坡位以乔木和灌木群落为主，并辅以少量草本。

(三)不同坡度人工植物群落的组成

将研究区按照10°一个等级划分为5个坡度范围(表3-5)，对5个不同坡度范围的人工植物群落组成进行分析。

表 3-5　不同坡度人工植物群落优势种、伴生种组成及重要值

坡度(°)	群落名称	优势种(重要值，%)	伴生种(重要值，%)		
0～10	猪毛蒿	猪毛蒿(55)	米口袋(29)	角蒿(5)	铁杆蒿(1)
	猪毛蒿+茵陈蒿	猪毛蒿(59)	茵陈蒿(15)	苜蓿(10)	铁杆蒿(2)
	达乌里胡枝子	达乌里胡枝子(40)	紫花地丁(30)	假苇拂子茅(10)	赖草(2)
	苹果	苹果(62)	苦苣菜(24)	狗牙根(8)	牛皮消(2)
	花椒	花椒(36)	猪毛蒿(25)	酸枣(8)	牛蒡(2)
	河柳	河柳(79)	假苇拂子茅(15)	黄花蒿(6)	茭蒿(4)
	小叶杨	小叶杨(56)	黄花蒿(17)	赖草(5)	长芒草(3)
	刺槐+山杏	刺槐(79)	山杏(11)	早熟禾(9)	角蒿(3)
	刺槐	刺槐(49)	败酱(16)	茭蒿(9)	达乌里胡枝子(3)
	侧柏	侧柏(64)	赖草(13)	紫花苜蓿(6)	阿尔泰狗娃花(3)
	赖草	赖草(40)	茭蒿(18)	阿尔泰狗娃花(9)	达乌里胡枝子(3)
11～20	刺槐	刺槐(41)	猪毛蒿(29)	茵陈蒿(6)	达乌里胡枝子(4)
	山杏	山杏(39)	猪毛蒿(13)	狗尾草(9)	铁杆蒿(2)
	油松	油松(79)	连翘(17)	草地早熟禾(10)	灰绿藜(3)
	侧柏	侧柏(43)	猪毛蒿(26)	赖草(8)	铁杆蒿(2)
	花椒	花椒(60)	牛皮消(16)	狗尾草(7)	苦苣菜(3)
	苹果	苹果(39)	苦苣菜(28)	狗尾草(9)	牛皮消(2)
	枣	枣(80)	猪毛蒿(13)	甘草(8)	茭蒿(1)
	小叶杨	小叶杨(65)	大针茅(17)	中华隐子草(9)	败酱(4)
	白皮松	白皮松(47)	龙须草(27)	粉背黄栌(6)	连翘(2)
	刺槐+侧柏	刺槐(60)	侧柏(18)	狗尾草(8)	猪毛蒿(3)
	油松+山杏	油松(72)	山杏(28)	草地早熟禾(7)	赖草(1)
	山杏+侧柏	山杏(73)	侧柏(23)	紫花苜蓿(7)	草地早熟禾(2)
	刺槐+山杏	刺槐(36)	山杏(21)	猪毛蒿(7)	赖草(2)
	山杏+柠条	山杏(77)	柠条(21)	长芒草(8)	草地早熟禾(2)
	柠条	柠条(62)	铁杆蒿(21)	猪毛蒿(7)	赖草(3)
	达乌里胡枝子	达乌里胡枝子(50)	茭蒿(14)	铁杆蒿(8)	苦荬菜(1)
	猪毛蒿	猪毛蒿(77)	甘草(16)	达乌里胡枝子(6)	赖草(1)
21～30	刺槐	刺槐(44)	赤瓟(20)	狗牙根(6)	茭蒿(3)
	山杏	山杏(48)	达乌里胡枝子(27)	茭蒿(9)	赖草(1)
	油松	油松(36)	中华隐子草(20)	狗尾草(6)	铁杆蒿(4)
	侧柏	侧柏(37)	赖草(11)	达乌里胡枝子(6)	中华隐子草(3)

续表

坡度(°)	群落名称	优势种(重要值，%)	伴生种(重要值，%)		
21～30	胡桃	胡桃(51)	长芒草(14)	铁杆蒿(6)	赖草(2)
	刺槐+侧柏	刺槐(37)	侧柏(13)	狗尾草(5)	铁杆蒿(2)
	油松+山杏	油松(73)	山杏(23)	铁杆蒿(8)	赖草(2)
	枣	枣(44)	猪毛蒿(26)	狗尾草(9)	赖草(3)
	小叶杨	小叶杨(58)	达乌里胡枝子(30)	茭蒿(8)	长芒草(2)
	柠条	柠条(45)	长芒草(14)	铁杆蒿(8)	赖草(3)
	铁杆蒿	铁杆蒿(43)	猪毛蒿(28)	鹅观草(5)	中华隐子草(3)
	猪毛蒿	猪毛蒿(72)	狗尾草(16)	茵陈蒿(9)	赖草(4)
	美丽胡枝子	美丽胡枝子(34)	茭蒿(25)	铁杆蒿(9)	茵陈蒿(1)
	茭蒿	茭蒿(78)	达乌里胡枝子(20)	猪毛蒿(8)	中华隐子草(2)
31～40	刺槐	刺槐(79)	悬钩子蔷薇(25)	茭蒿(10)	败酱(4)
	侧柏	侧柏(79)	美丽胡枝子(17)	铁杆蒿(6)	赖草(4)
	刺槐+桑	刺槐(60)	桑(22)	猪毛蒿(5)	铁杆蒿(2)
	山杏	山杏(52)	阿尔泰狗娃花(30)	酸浆(9)	中华隐子草(3)
	柠条	柠条(66)	铁杆蒿(19)	酸枣(6)	赖草(2)
	沙棘	沙棘(68)	赖草(28)	白苞蒿(5)	芦苇(2)
	芦苇	芦苇(47)	草木樨状黄耆(29)	草地早熟禾(10)	铁杆蒿(3)
>40	铁杆蒿	铁杆蒿(40)	茭蒿(30)	达乌里胡枝子(8)	中华隐子草(2)
	芦苇	芦苇(38)	铁杆蒿(24)	茭蒿(8)	赖草(2)
	猪毛蒿	猪毛蒿(44)	长芒草(25)	茭蒿(6)	铁杆蒿(1)
	大针茅	大针茅(74)	硬质早熟禾(15)	铁杆蒿(5)	猪毛蒿(2)
	蛇莓	蛇莓(55)	鹅观草(17)	早熟禾(9)	长芒草(3)
	赖草	赖草(59)	茭蒿(11)	达乌里胡枝子(9)	铁杆蒿(1)

在坡度0°～10°，分布有猪毛蒿、猪毛蒿+茵陈蒿、达乌里胡枝子、苹果、花椒、河柳、小叶杨、刺槐+山杏、刺槐、侧柏、赖草等群落；在坡度11°～20°，分布有刺槐、山杏、油松、侧柏、花椒、苹果、枣、小叶杨、白皮松、刺槐+侧柏、油松+山杏、山杏+侧柏、刺槐+山杏、山杏+柠条、柠条、达乌里胡枝子、猪毛蒿等群落；在坡度21°～30°，分布有刺槐、山杏、油松、侧柏、胡桃、刺槐+侧柏、油松+山杏、枣、小叶杨、柠条、铁杆蒿、猪毛蒿、美丽胡枝子、茭蒿等群落；在坡度31°～40°，分布有刺槐、侧柏、刺槐+桑、山杏、柠条、沙棘、芦苇等群落；在坡度大于40°范围内，分布有铁杆蒿、芦苇、猪毛蒿、大针茅、蛇莓、赖草等群落。

随着坡度的增加群落数呈先增加后减小的趋势，在坡度为 11°～30°，群落数量相对较多，在坡度为 0°～10°和大于 30°范围内群落数相对较少。从群落类型来看，坡度为 0°～10°的群落多以乔木群落为主，坡度为 11°～30°均分布乔木、灌木、草本群落，该坡度范围内群落类型最多。乔木群落多营造在缓坡；陡坡营造灌木群落，如柠条、沙棘群落；一些陡坡生长天然草地群落。

对 5 个流域不同坡度范围的植物群落组成进行分析，宜川交子沟流域在 0°～10°的优势种是苹果、花椒、刺槐，11°～20°的优势种是山杏、油松、花椒，21°～30°的优势种是刺槐、猪毛蒿、达乌里胡枝子；延安宝塔区庙咀沟流域在 0°～10°的优势种是小叶杨、油松、猪毛蒿、茵陈蒿，11°～20°的优势种是侧柏、刺槐、柠条、山杏、猪毛蒿，21°～30°的优势种是刺槐、侧柏，31°～40°的优势种是侧柏；安塞纸坊沟流域在 0°～10°的优势种是河柳、达乌里胡枝子，11°～20°的优势种是刺槐，21°～30°的优势种是刺槐、铁杆蒿、猪毛蒿，31°～40°的优势种是沙棘；吴起金佛坪流域在 0°～10°的优势种是小叶杨、刺槐、山杏、猪毛蒿、达乌里胡枝子，11°～20°的优势种是刺槐、油松、达乌里胡枝子，21°～30°的优势种是刺槐、茭蒿，坡度大于 40°范围内的优势种是铁杆蒿、芦苇、猪毛蒿、大针茅、蛇莓、赖草；米脂高西沟流域在坡度 0°～10°的优势种是侧柏，坡度 11°～20°的优势种是侧柏、苹果、山杏、刺槐、枣、小叶杨、白皮松，坡度 21°～30°的优势种是山杏、小叶杨、枣、油松、猪毛蒿，坡度 31°～40°的优势种是刺槐和桑。

各流域在不同坡度范围的植物群落分布情况不尽相同，在坡度小于 30°范围内物种较多，大于 30° 范围的物种较少。宜川交子沟和米脂高西沟流域在坡度 0°～20°及大于 30°范围内以乔木群落为主，21°～30°以乔木和草本群落为主；延安宝塔区庙咀沟、安塞纸坊沟和吴起金佛坪流域在坡度小于 30°范围内以乔木和草本群落为主，安塞纸坊沟流域在坡度大于 30°范围以灌木群落为主，吴起金佛坪流域则以草本群落为主。

（四）不同坡向人工植物群落的组成

将研究区划分为 4 个坡向，对不同坡向人工植物群落组成进行分析(表 3-6)。阴坡的优势种是侧柏、刺槐、油松、苹果、白皮松、小叶杨、山杏、柠条、沙棘、鹅观草；半阴坡的优势种是刺槐、山杏、油松、侧柏、花椒、苹果、枣、美丽胡枝子、达乌里胡枝子、赖草、猪毛蒿；半阳坡的优势种是刺槐、山杏、油松、侧柏、小叶杨、枣、桑、猪毛蒿；阳坡的优势种是刺槐、侧柏、油松、山杏、茭蒿、猪毛蒿。

表 3-6　不同坡向人工植物群落优势种、伴生种组成及重要值

坡向	群落名称	优势种(重要值，%)	伴生种(重要值，%)		
阴坡	侧柏	侧柏(43)	铁杆蒿(13)	阿尔泰狗娃花(6)	败酱(2)
	刺槐	刺槐(63)	臭草(16)	悬钩子蔷薇(5)	赖草(4)
	油松	油松(50)	茭蒿(16)	败酱(10)	铁杆蒿(2)
	苹果	苹果(76)	苦苣菜(29)	狗牙根(9)	猪毛蒿(3)
	刺槐+侧柏	刺槐(34)	侧柏(27)	狗尾草(6)	赖草(4)
	白皮松	白皮松(46)	龙须草(23)	粉背黄栌(7)	荚蒾(1)
	小叶杨	小叶杨(76)	大针茅(28)	中华隐子草(8)	草地早熟禾(3)
	山杏	山杏(30)	达乌里胡枝子(11)	茭蒿(7)	铁杆蒿(3)
	柠条	柠条(51)	铁杆蒿(14)	猪毛蒿(5)	赖草(2)
	沙棘	沙棘(74)	赖草(27)	白苞蒿(7)	达乌里胡枝子(1)
	鹅观草	鹅观草(30)	长芒草(20)	早熟禾(9)	阿尔泰狗娃花(2)
半阴坡	刺槐	刺槐(69)	山杏(16)	狗尾草(7)	赖草(2)
	山杏	山杏(32)	猪毛蒿(11)	紫花苜蓿(8)	铁杆蒿(1)
	油松	油松(55)	茭蒿(22)	败酱(6)	猪毛蒿(1)
	侧柏	侧柏(51)	狗尾草(25)	猪毛蒿(6)	赖草(2)
	花椒	花椒(55)	牛皮消(23)	小花鬼针草(7)	狗牙根(1)
	苹果	苹果(72)	苦苣菜(17)	狗尾草(8)	狗牙根(2)
	枣	枣(75)	猪毛蒿(19)	甘草(8)	赖草(3)
	刺槐+山杏	刺槐(59)	山杏(21)	芦苇(8)	猪毛蒿(4)
	油松+山杏	油松(74)	山杏(15)	草地早熟禾(10)	赖草(2)
	山杏+侧柏	山杏(62)	侧柏(17)	紫花苜蓿(9)	大针茅(3)
	美丽胡枝子	美丽胡枝子(60)	铁杆蒿(29)	茭蒿(8)	大针茅(4)
	达乌里胡枝子	达乌里胡枝子(78)	茭蒿(13)	铁杆蒿(8)	长芒草(4)
	赖草	赖草(36)	茭蒿(15)	阿尔泰狗娃花(9)	铁杆蒿(3)
	猪毛蒿	猪毛蒿(68)	甘草(12)	鹅观草(7)	赖草(1)
半阳坡	刺槐	刺槐(40)	狗尾草(25)	猪毛蒿(5)	苦苣菜(3)
	山杏	山杏(48)	茭蒿(10)	草地早熟禾(6)	苦荬菜(1)
	油松	油松(75)	铁杆蒿(26)	赖草(9)	猪毛蒿(3)
	侧柏	侧柏(31)	赖草(18)	紫花苜蓿(9)	达乌里胡枝子(2)
	小叶杨	小叶杨(49)	达乌里胡枝子(27)	茭蒿(9)	铁杆蒿(1)
	枣	枣(50)	猪毛蒿(30)	狗尾草(8)	赖草(3)
	刺槐+桑	刺槐(66)	桑(13)	猪毛蒿(7)	紫花苜蓿(3)
	猪毛蒿	猪毛蒿(76)	铁杆蒿(16)	披针叶黄华(9)	达乌里胡枝子(2)
阳坡	刺槐	刺槐(60)	假苇拂子茅(16)	铁杆蒿(5)	赖草(4)
	侧柏	侧柏(48)	猪毛蒿(29)	赖草(8)	长芒草(2)
	油松	油松(46)	铁杆蒿(27)	赖草(9)	狗尾草(3)
	山杏	山杏(67)	猪毛蒿(23)	狗尾草(5)	早熟禾(4)
	刺槐+侧柏	刺槐(53)	侧柏(28)	狗尾草(6)	假苇拂子茅(1)
	刺槐+山杏	刺槐(43)	山杏(11)	早熟禾(5)	猪毛蒿(3)
	油松+山杏	油松(63)	山杏(14)	铁杆蒿(10)	狗尾草(3)
	茭蒿	茭蒿(50)	达乌里胡枝子(27)	猪毛蒿(9)	茵陈蒿(2)
	猪毛蒿	猪毛蒿(76)	狗尾草(20)	茵陈蒿(6)	甘草(1)

阴坡和半阴坡的群落类型数多于阳坡和半阳坡的群落类型数，乔木(侧柏、刺槐、油松等)、灌木(沙棘、柠条等)、草本(鹅观草等)在阴坡均有分布。半阴坡分布有乔木群落，如山杏、枣。半阳坡以高大乔木群落为主，林下草本主要有铁杆蒿、猪毛蒿、狗尾草、达乌里胡枝子、赖草等。阳坡分布有乔木群落(刺槐、侧柏、山杏群落等)，阳坡生长的天然草本主要是茭蒿和猪毛蒿。

刺槐群落在各个坡向均有分布，但伴生种不完全相同，阴坡刺槐群落的伴生种有臭草、悬钩子蔷薇，半阴坡刺槐群落的伴生种有山杏、狗尾草，半阳坡刺槐群落的伴生种有狗尾草、猪毛蒿，阳坡刺槐群落的伴生种有假苇拂子茅、铁杆蒿。侧柏群落在阴坡的伴生种为铁杆蒿、阿尔泰狗娃花，在半阴坡的伴生种为狗尾草、猪毛蒿，在半阳坡的伴生种为赖草、紫花苜蓿，在阳坡的伴生种为猪毛蒿、赖草。油松群落林下草本稀疏，阳坡和半阳坡的油松群落的伴生种为耐旱植物铁杆蒿和赖草，阴坡和半阴坡的油松群落的伴生种为茭蒿和败酱。山杏群落在阴坡的伴生种为达乌里胡枝子和茭蒿，在半阴坡的伴生种为猪毛蒿和紫花苜蓿，在半阳坡的伴生种为茭蒿和草地早熟禾，在阳坡的伴生种为猪毛蒿和狗尾草。枣群落主要营造在半阳坡和半阴坡，其伴生种分别为猪毛蒿、狗尾草及猪毛蒿、甘草。苹果群落主要分布在阴坡，林下伴生种主要有苦苣菜和狗牙根。坡向对物种分布的影响主要在于光热的分配不同，阳坡阳光直射时间长(王梅和张文辉，2009)，因此生长较多的耐旱物种，如铁杆蒿和猪毛蒿。

对不同流域在不同坡向的植物群落分布进行分析，在米脂高西沟流域的阳坡，主要有山杏、侧柏、油松+山杏群落，阴坡有油松、山杏、苹果和刺槐群落，在半阴坡主要有枣、刺槐、山杏、山杏+侧柏和油松群落，在半阳坡主要有小叶杨、山杏、枣、刺槐+桑、侧柏群落。吴起金佛坪流域的阳坡有刺槐+山杏、刺槐群落，半阳坡有刺槐及油松群落。安塞纸坊沟流域的阴坡、阳坡和半阳坡均分布有刺槐群落。延安宝塔区庙咀沟流域的阴坡和阳坡均有刺槐+侧柏混交群落，阴坡还有柠条和侧柏群落，半阳和半阴坡有刺槐群落，半阴坡还有刺槐+山杏混交群落和侧柏群落。宜川交子沟流域在半阳坡营造的是人工侧柏、油松、刺槐群落，半阴坡种植的是花椒，阳坡营造了刺槐、山杏+油松混交群落，阴坡营造的是油松群落。

二、人工植物群落的植物区系

研究区不同流域的科、属、种分布不同(表 3-7)。宜川交子沟流域的物种有98种，隶属于39科85属，其中菊科、禾本科、豆科、蔷薇科分别为18种、10种、10种、11种，占该流域总物种数的50%；延安宝塔区庙咀沟流域的物种有80种，隶属于30科65属，其中菊科、禾本科、豆科、蔷薇科分别为16种、11种、10种、5种，占该流域总物种数的52.5%；安塞纸坊沟流域的物种有84种，隶属于26科67属，其中菊科、禾本科、豆科、蔷薇科分别为17种、9种、13种、11种，占该流域总物种数的 59.5%；吴起金佛坪流域的物种有 68 种，隶属于 26 科 58 属，其中菊科、禾本科、豆科、蔷薇科分别为 19 种、11 种、7 种、6 种，占该流域总物种数的 63.2%；米脂高西沟流域的物种有 67 种，隶属于 24 科 53 属，其中菊科、禾本科、豆科、蔷薇科分别为 15 种、9 种、9 种、5 种，占该流域总物种数的 56.7%。

表 3-7　不同流域科属种分布

流域	总科数（个）	总属数（个）	总种数（个）	四大科的种数分布					
				菊科（个）	禾本科（个）	豆科（个）	蔷薇科（个）	合计（个）	占总物种数的比例（%）
宜川	39	85	98	18	10	10	11	49	50.0
延安	30	65	80	16	11	10	5	42	52.5
安塞	26	67	84	17	9	13	11	50	59.5
吴起	26	58	68	19	11	7	6	43	63.2
米脂	24	53	67	15	9	9	5	38	56.7

不同流域群落的物种总种数及总属数由多到少的顺序：宜川＞安塞＞延安＞吴起＞米脂，不同流域群落的物种总科数由多到少的顺序：宜川＞延安＞安塞=吴起＞米脂。四大科总物种数占本流域比例由大到小的顺序：吴起＞安塞＞米脂＞延安＞宜川，表明吴起金佛坪流域四大科物种占比最高。

5 个流域科、属、种分布特点相似，均以四大科为主，四大科占比均超过一半，其中菊科最多，表明菊科植物比较适宜陕北黄土高原(李裕元等，2006)。各流域四大科分布特点不尽相同，菊科植物数量在 5 个流域均大于禾本科、豆科和蔷薇科植物。除菊科植物外，延安庙咀沟流域和吴起金佛坪流域禾本科植物分布较多，宜川交子沟流域蔷薇科、禾本科和豆科植物数量差异不大，安塞纸坊沟流域豆科植物分布较多，米脂高西沟流域禾本科和豆科分布较多。各流域总属数均大于总科数，总种数均大于总属数，反映了该区物种属的多样性及种的多样性。

三、人工植物群落的地理区系

根据吴征镒等(2003)的划分方法，将陕北黄土高原 5 个不同流域的植物群落科、属、种分布区归分为世界广布、热带广布、旧世界热带、北温带几大类(表 3-8)。

表 3-8　不同流域植物科、属、种的地理区系分析

流域	分布型	科（个）	占总科数比例（%）	属（个）	占总属数比例（%）	种（个）	占总种数比例（%）
安塞纸坊沟流域	1.世界广布	15	57.7	44	65.7	51	60.7
	2.热带广布	5	19.2	15	22.4	23	27.4
	4.旧世界热带	1	3.8	1	1.5	1	1.2
	8.北温带	5	19.2	7	10.4	9	10.7

续表

流域	分布型	科(个)	占总科数比例(%)	属(个)	占总属数比例(%)	种(个)	占总种数比例(%)
延安宝塔区庙咀沟流域	1.世界广布	17	56.7	38	58.5	45	56.3
	2.热带广布	9	30.0	21	32.3	27	33.8
	4.旧世界热带	1	3.3	1	1.5	1	1.3
	8.北温带	3	10.0	5	7.7	7	8.8
吴起金佛坪流域	1.世界广布	15	57.7	33	56.9	38	55.9
	2.热带广布	6	23.1	19	32.8	24	35.3
	4.旧世界热带	1	3.8	1	1.7	1	1.5
	8.北温带	4	15.4	5	8.6	5	7.4
米脂高西沟流域	1.世界广布	16	66.7	37	69.8	44	65.7
	2.热带广布	4	16.7	12	22.6	19	28.4
	4.旧世界热带	1	4.2	1	1.9	1	1.5
	8.北温带	3	12.5	3	5.7	3	4.5
宜川交子沟流域	1.世界广布	19	48.7	48	56.5	56	57.1
	2.热带广布	11	28.2	28	32.9	33	18.8
	4.旧世界热带	1	2.6	1	1.2	1	1.0
	8.北温带	8	20.5	8	9.4	8	8.2

安塞纸坊沟流域世界广布的物种有15科43属49种，分别占该流域总科数的57.7%、总属数的66.2%、总种数的61.3%，包括唇形科、豆科、禾本科、藜科、毛茛科、牻牛儿苗科、木犀科、茜草科、蔷薇科、茄科、伞形科、鼠李科、旋花科、榆科、远志科，热带广布的物种有5科15属23种，分别占该流域总科数的19.2%、总属数的23.1%、总种数的28.8%，包括大戟科、菊科、萝藦科、葡萄科、鸢尾科；旧世界热带分布的物种有1科1属1种，即紫葳科的角蒿，分别占该流域总科数的3.8%、总属数的1.5%、总种数的1.3%；北温带分布的物种有5科6属7种，分别占该流域总科数的19.2%、总属数的9.2%、总种数的8.8%，包括胡颓子科、忍冬科、小檗科、亚麻科、杨柳科。

延安宝塔区庙咀沟流域世界广布的物种有 17 科 38 属 44 种，分别占该流域总科数的 56.7%、总属数的 58.5%、总种数的 55.7%，包括车前科、唇形科、豆科、禾本科、堇菜科、藜科、毛茛科、牻牛儿苗科、蔷薇科、茄科、伞形科、石竹科、鼠李科、苋科、玄参科、旋花科、远志科；热带广布的科有 9 科 21 属 27 种，分别占该流域总科数的 30%、总属数的 32.3%、总种数的 34.2%，包括菊科、葡萄科、锦葵科、苦木科、楝科、萝藦科、马鞭草科、漆树科、茜草科；旧世界热带分布的物种有 1 科 1 属 1 种，即紫葳科的角蒿，分别占该流域总科数的 3.3%、总属数的 1.5%、总种数的 1.3%；北温带分布的科有 3 科 5 属 7 种，分别占该流域总科数的 10%、总属数的 7.7%、总种数的 8.9%，包括柏科、胡桃科、胡颓子科。

吴起金佛坪流域世界广布的科有 15 科 33 属 38 种，分别占该流域总科数的57.7%、总属数的 73.3%、总种数的 74.5%，包括败酱科、唇形科、豆科、禾本科、堇菜科、龙胆科、毛茛科、牻牛儿苗科、茜草科、蔷薇科、伞形科、鼠李科、藤黄科、旋花科、榆科；热带广布的科有 6 科 6 属 7 种，分别占该流域总科数的 23.1%、总属数的 13.3%、总种数的 13.7%，包括大戟科、菊科、苦木科、萝藦科、马鞭草科、鸢尾科；旧世界热带分布的物种有 1 科 1 属 1 种，即紫葳科的角蒿，分别占该流域总科数的 3.8%、总属数的 2.2%、总种数的 2%；北温带分布的科有 4 科 5 属 5 种，分别占该流域总科数的 15.4%、总属数的 11.1%、总种数的 9.8%，包括胡颓子科、列当科、松科、杨柳科。

米脂高西沟流域世界广布的科有 16 科 37 属 43 种，分别占该流域总科数的66.7%、总属数的 69.8%、总种数的 65.2%，包括唇形科、豆科、禾本科、藜科、毛茛科、牻牛儿苗科、蔷薇科、茄科、瑞香科、伞形科、桑科、鼠李科、旋花科、榆科、远志科、紫草科；热带广布的科有 4 科 12 属 19 种，分别占该流域总科数的 16.7%、总属数的 22.6%、总种数的 28.8%，包括大戟科、锦葵科、菊科、萝藦科；旧世界热带分布的物种有 1 科 1 属 1 种，即紫葳科的角蒿，分别占该流域总科数的 4.2%、总属数的 1.9%、总种数的 1.5%；北温带分布的科有 3 科 3 属 3 种，分别占该流域总科数的 12.5%、总属数的 5.7%、总种数的 4.5%，包括柏科、松科、杨柳科。

各流域的植物科的分布均呈现世界广布＞热带广布＞北温带分布＞旧世界热带分布的特点，说明陕北黄土高原世界广布的科占据主要地位，热带性质明显，旧世界热带分布的科在各流域分布的均是紫葳科，各流域世界广布的科均出现了唇形科、豆科、禾本科、牻牛儿苗科、蔷薇科、伞形科、鼠李科、旋花科，热带广布的科均是萝藦科。菊科、蔷薇科是该地区的主要科，它们在此地区分布的属主要是温带性质的属，温带成分构成了该区系的主体，因此该区系属于温带性质，但是该区又有丰富的热带亚热带成分，故具有明显的热带亚热带向温带过渡的性质（徐怀同等，2007）。

四、人工植物群落的数量特征

（一）典型流域人工植物群落的数量特征

由图3-8（a）可知，不同流域人工植物群落的平均密度差异显著。宜川交子沟流域人工植物群落的平均密度显著高于其他4个流域，延安宝塔区庙咀沟、安塞纸坊沟和吴起金佛坪流域人工植物群落的平均密度差异不显著，但均显著高于米脂高西沟流域人工植物群落的平均密度。

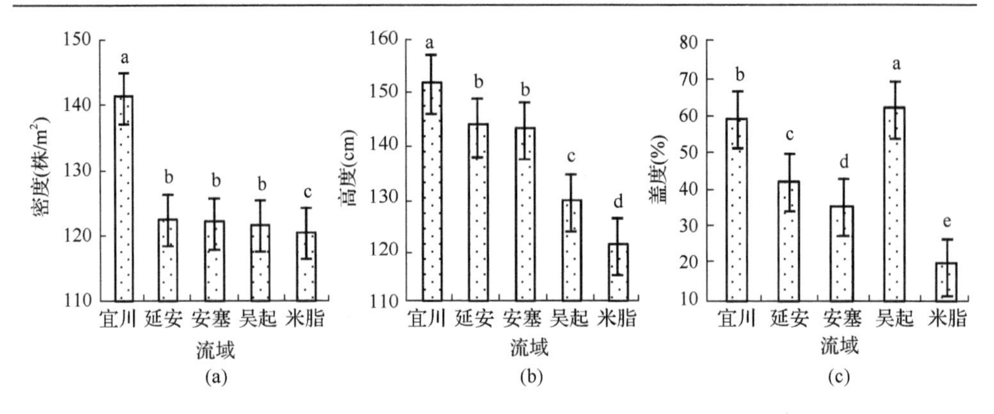

图 3-8　不同流域群落平均高度、密度、盖度

(a)、(b)、(c)分别为不同群落平均密度、高度、盖度特征；宜川、延安、安塞、吴起、米脂分别代表宜川交子沟流域、延安宝塔区庙咀沟流域、安塞纸坊沟流域、吴起金佛坪流域、米脂高西沟流域；不同小写字母表示不同流域间植物平均密度、高度、盖度在 $P<0.05$ 水平上差异显著

由图 3-8(b)可知，不同流域人工植物群落的平均高度由高到低的顺序为宜川交子沟流域＞延安宝塔区庙咀沟流域＞安塞纸坊沟流域＞吴起金佛坪流域＞米脂高西沟流域，宜川交子沟流域人工植物群落的平均高度显著高于其他 4 个流域，延安宝塔区庙咀沟流域和安塞纸坊沟流域的人工植物群落的平均高度差异不显著，均显著高于吴起金佛坪流域和米脂高西沟流域，吴起金佛坪流域的人工植物群落的平均高度显著高于米脂高西沟流域的人工植物群落。

由图 3-8(c)可知，不同流域人工植物群落的平均盖度差异显著，由大到小的顺序为吴起＞宜川＞延安＞安塞＞米脂。

降水量是影响植物生长的关键因子(刘艳等，2004)。不同流域人工植物群落的平均高度、密度、盖度不同，宜川流域降水丰沛，该流域植物群落的平均高度、密度、盖度均较高，植物群落的平均高度、平均密度在延安和安塞两个流域间差异均不显著，吴起金佛坪流域的平均高度、密度和盖度显著高于米脂高西沟流域。

(二)不同立地类型人工植物群落的数量特征

将研究区按照立地类型划分为沟底、峁顶，再在 4 个不同坡向分别划分两个坡位。不同立地类型人工植物群落平均高度差异均显著(图 3-9)，植物群落平均高度由高到低的顺序为沟底＞半阴坡下坡位＞阴坡下坡位＞半阳坡下坡位＞阳坡下坡位＞阴坡上坡位＞半阴坡上坡位＞半阳坡上坡位＞阳坡上坡位＞峁顶。上坡位植物群落平均高度显著低于相应坡向的下坡位植物群落平均高度，峁顶的植物群落平均高度最低，沟底的植物群落平均高度最高；阴坡和半阴坡各坡位的植物群落平均高度均显著高于相应坡位阳坡的植物群落平均高度，半阳坡的植物群落平均高度显著高于相应坡位阳坡的植物群落平均高度，半阴坡下坡位的植物群落平均高度显著高于阴坡下坡位的植物群落平均高度，半阴坡上坡位的植物群落平均

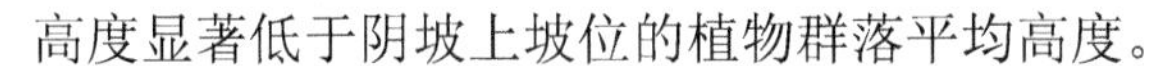
高度显著低于阴坡上坡位的植物群落平均高度。

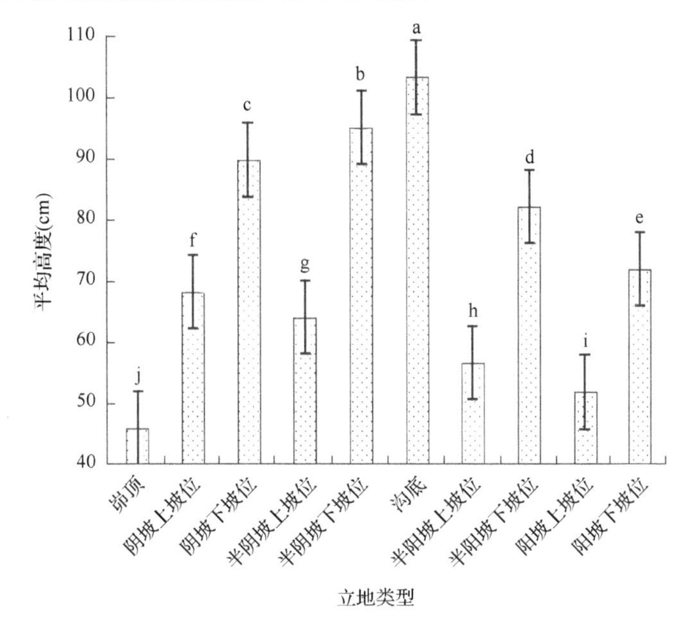

图 3-9　不同立地类型人工植物群落平均高度特征

不同小写字母表示不同立地类型人工植物群落平均高度间在 $P<0.05$ 水平上差异显著

研究区不同坡位、坡向人工植物群落平均密度差异显著[图 3-10(a)]，由大到小的顺序为阴坡上坡位＞阴坡下坡位＞半阳坡下坡位＞半阴坡上坡位＞沟底＞阳坡下坡位＞半阳坡上坡位＞阳坡上坡位＞半阴坡下坡位＞峁顶。阴坡各坡位植物群落平均密度显著高于阳坡对应坡位的植物群落平均密度；半阴坡上坡位的植物群落平均密度显著高于半阳坡上坡位的植物群落平均密度，而半阴坡下坡位植物群落平均密度显著低于半阳坡下坡位植物群落平均密度；阴坡和半阴坡上坡位的植物群落平均密度均显著高于对应下坡位的植物群落平均密度；阳坡和半阳坡上坡位的植物群落平均密度均显著低于对应下坡位的植物群落平均密度。沟底植物群落平均密度显著高于峁顶的植物群落平均密度。

如图 3-10(b)所示，沟底的植物群落盖度显著高于峁顶的植物群落盖度；阴坡和半阴坡的植物群落盖度均显著高于相应坡位的阳坡和半阳坡的植物群落盖度；阴坡上坡位的植物群落盖度显著低于阴坡下坡位的群落盖度；半阴坡上坡位的植物群落盖度显著高于半阴坡下坡位的植物群落盖度；半阳坡上坡位的植物群落盖度显著高于半阳坡下坡位的植物群落盖度；阳坡上坡位的植物群落盖度显著低于阳坡下坡位的植物群落盖度，半阳坡下坡位的植物群落盖度和阳坡下坡位的植物群落盖度差异不显著。

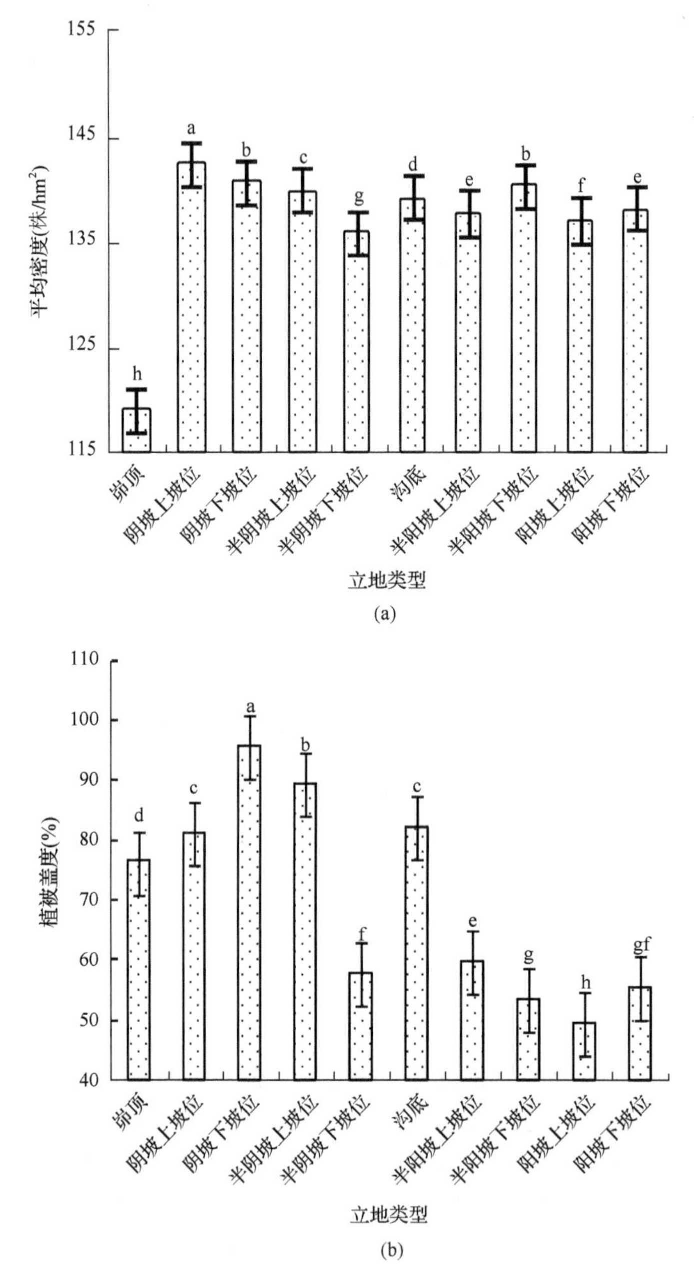

图 3-10　不同坡位、坡向人工植被平均密度特征(a)和盖度特征(b)

不同小写字母表示不同立地类型人工植物群落平均密度和盖度间在 $P<0.05$ 水平上差异显著

各个地形因素之间及地形与其他因素(水、光、热、植物种群)间的耦合作用产生了群落盖度的差异(王兵等，2010)。沟底水肥条件优越，乔木和灌木群落多度较大，增加了群落的平均密度，不同立地类型中土壤含水量差异可能是产生群落盖度差异的原因之一(刘世梁等，2003)，峁顶的土壤含水量较低，群落盖度也较低(靳甜甜等，2011)。阴坡和阳坡的下坡位群落盖度均显著高于相应上坡位的群落盖度，因为上坡位的水分通过地表径流和垂直下渗到达下坡位，使其土壤含水量较高(闫玉厚和曹炜，2010)。

五、典型流域人工植物群落生长型

按照 Whittaker 的生长型系统对各流域植物群落的生长型进行分类(Robert，2004)。如图 3-11 所示，米脂高西沟流域植物群落生长型物种数由多到少的顺序：多年生草本＞一年生草本＞乔木＞灌木＞半灌木＞半小灌木，吴起金佛坪流域植物生长型物种数由多到少的顺序：多年生草本＞一年生草本＞乔木＞灌木＞半灌木，安塞纸坊沟流域植物生长型物种数由多到少的顺序：多年生草本＞一年生草本＞灌木＞乔木＝半灌木＝半小灌木，延安宝塔区庙咀沟流域植物生长型物种数由多到少的顺序：多年生草本＞一年生草本＞乔木＞灌木＞半灌木＞半小灌木，宜川交子沟流域植物生长型物种数由多到少的顺序：多年生草本＞灌木＞一年生草本＞乔木＞半灌木＞半小灌木。

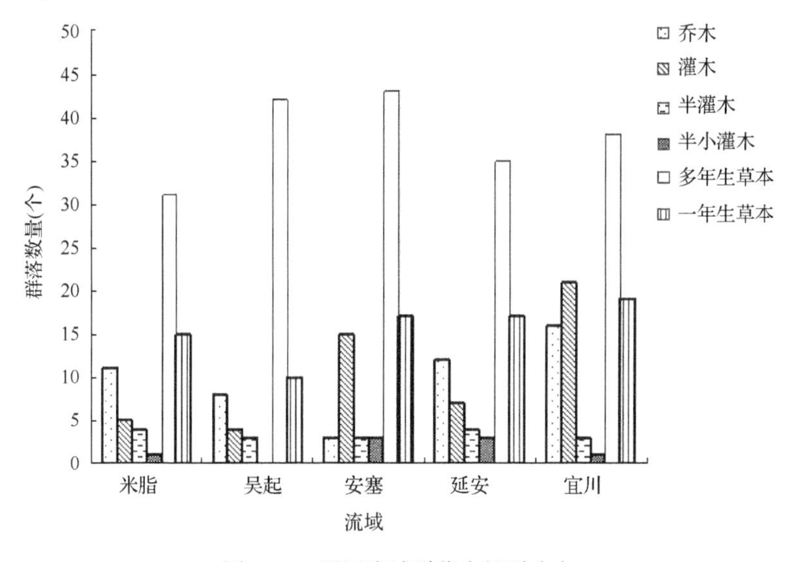

图 3-11　不同流域群落生长型分布

各流域乔木的数目由多到少的顺序：宜川交子沟流域＞延安宝塔区庙咀沟流域＞米脂高西沟流域＞吴起金佛坪流域＞安塞纸坊沟流域；灌木的数量由多到少的顺序：宜川交子沟流域＞安塞纸坊沟流域＞延安宝塔区庙咀沟流域＞米脂高西沟流域＞吴起金佛坪流域；半灌木的数量由多到少的顺序：延安宝塔区庙咀沟流域＝米脂高西沟流域＞宜川交子沟流域＝安塞纸坊沟流域＝吴起金佛坪流域；半

小灌木的数量由多到少的顺序：延安宝塔区庙咀沟流域＝安塞纸坊沟流域＞宜川交子沟流域＝米脂高西沟流域＞吴起金佛坪流域；多年生草本的数量由多到少的顺序：安塞纸坊沟流域＞吴起金佛坪流域＞宜川交子沟流域＞延安宝塔区庙咀沟流域＞米脂高西沟流域；一年生草本的数量由多到少的顺序：宜川交子沟流域＞延安宝塔区庙咀沟流域＝安塞纸坊沟流域＞米脂高西沟流域＞吴起金佛坪流域。

陕北黄土高原不同流域均以多年生草本和一年生草本植物为主，乔、灌木为辅，半小灌木和半灌木较少。米脂高西沟、吴起金佛坪、延安宝塔区庙咀沟流域的乔木数量多于灌木的数量，安塞纸坊沟和宜川交子沟流域则相反，安塞纸坊沟和宜川交子沟流域人工造林后，植被恢复较好，林下灌木得以生长，因此数量较多。

六、人工群落植物多样性特征

（一）典型流域人工植物群落多样性研究

由表 3-9 可知，不同流域人工植物群落多样性不同。Gleason 丰富度指数由大到小的顺序：宜川＞延安＞安塞＞吴起＞米脂；Simpson 指数表现：延安＞吴起＞安塞＞米脂＞宜川，Shannon-Wiener 指数刚好与之相反；Pielou 指数由大到小的顺序：宜川＞米脂＞安塞＞吴起＞延安。宜川物种丰富度高于其他流域，且内部资源分配均匀，群落内各个个体获得资源的能力几乎相等，此时的群落内部几乎没有竞争，群落相对稳定。Simpson 指数又被称为生态优势度，它是反映群落优势度状况的指标，生态优势度指数越大，说明群落内物种数量分布越不均匀，优势种（或常见种）的地位越突出（张育新等，2009），延安的群落物种分布不均匀，优势种地位突出，植物群落内物种竞争激烈，群落处于发展变化阶段。

表 3-9　不同流域人工植物群落多样性

流域	Gleason 指数	Simpson 指数	Shannon-Wiener 指数	Pielou 指数
宜川	5.4651	0.8046	5.5672	0.7911
延安	4.2345	1.0182	3.3614	0.5317
安塞	4.0163	0.9607	4.4129	0.7436
吴起	3.8541	0.9634	3.9511	0.6224
米脂	3.5567	0.9361	5.0022	0.7845

（二）海拔梯度上人工植物群落多样性变化

1. 不同海拔梯度上人工植物群落多样性变化

随着海拔升高，研究区各群落的科、属及种的丰富度变化明显，随海拔升高，科、属及种的丰富度呈先逐步增加后下降的趋势，并在海拔 1150～1250m 达到最大值（图 3-12），科、属及种的丰富度最大值均出现在海拔 1150～1250m。研究区

群落科、属、种沿海拔梯度变化的变化趋势的拟合方程分别为

1) $y = -0.000\,04x^2 + 0.093\,67x - 44.404\,81$ (R^2=0.2373)

2) $y = -0.001\,x^2 + 0.2433\,x + 25.39$ (R^2=0.4418)

3) $y = -0.0002x^2 + 0.3776\,x + 210.07$ (R^2=0.0276)

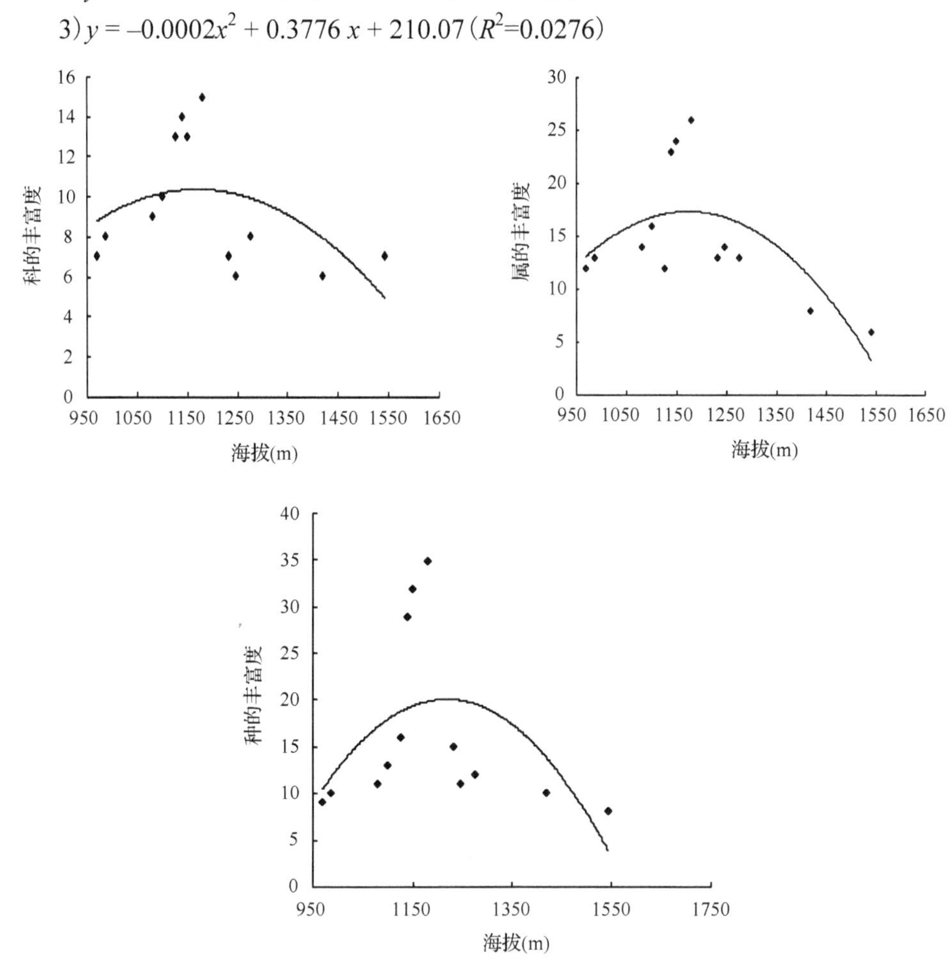

图 3-12　科、属、种的丰富度随海拔梯度变化

随着海拔的升高，Gleason 丰富度指数、Shannon-Wiener 指数均呈现先升高后下降再升高的趋势，且在海拔 1140m 处达到最高值，这与科、属、种的丰富度变化趋势一致，物种的种类和数量随海拔的升高而呈现先增加后减少再增加的趋势（图 3-13），Pielou 指数变化随海拔增加而呈现下降趋势，Simpson 指数变化趋势与 Pielou 指数变化趋势相反，随着海拔升高，群落均匀度降低，内部竞争加剧，优势种突出，结构更为单一，适生的植物种类减少，建群种多为灌木和半灌木，且植被分布多呈片状，优势度十分明显，优势物种对群落多样性影响更加显著。

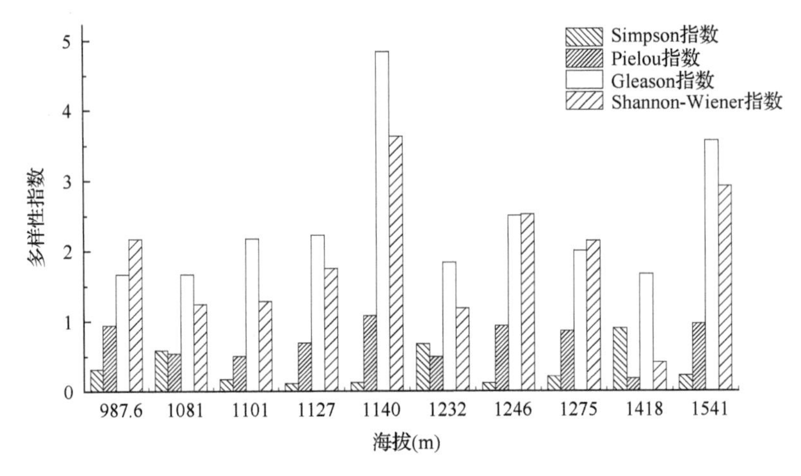

图 3-13　多样性随海拔梯度的变化

物种多样性与诸多因素相关，在不同海拔范围内的群落，群落 Gleason 丰富度指数越高，群落结构越复杂，均匀度也越高，资源分配越均匀；群落中 Simpson 指数越高，其结构越简单，均匀度越低，资源分配越不均匀。相关分析表明(表 3-10)，4 个多样性指数与海拔显著不相关；Gleason 丰富度指数与 Shannon-Wiener 指数极显著正相关，相关系数为 0.835，与 Pielou 均匀度指数显著正相关，相关系数为 0.636；Simpson 指数与 Shannon-Wiener 指数、Pielou 指数均显著负相关，相关系数分别为 0.669 和 0.701，Shannon-Wiener 指数与 Pielou 指数极显著正相关，相关系数高达 0.955。

表 3-10　多样性指数与海拔的相关性

类型	海拔	Gleason	Simpson	Shannon-Wiener	Pielou
海拔	1				
Gleason	0.212	1			
Simpson	0.259	–0.474	1		
Shannon-Wiener	0.023	0.835**	–0.669*	1	
Pielou	–0.110	0.636*	–0.701*	0.955**	1

*、**分别表示<0.05 和<0.01 水平上显著差异，下同

2. 相同海拔梯度上不同立地类型人工植物群落多样性

(1) 相同海拔不同坡位人工植物群落多样性研究

由表 3-11 可以看出，Gleason 指数由大到小的顺序：中坡位>下坡位>沟谷>上坡位>峁顶，Simpson 指数由大到小的顺序：沟谷>中坡位>上坡位>峁顶>下坡位，Shannon-Wiener 指数由大到小的顺序：下坡位>中坡位>峁顶>上坡位>

沟谷，Pielou 指数由大到小的顺序：下坡位＞峁顶＞上坡位＞中坡位＞沟谷。

表 3-11　不同坡位多样性指标统计

地貌部位	Gleason 指数	Simpson 指数	Shannon-Wiener 指数	Pielou 指数
峁顶	1.6690	0.2044	2.5060	1.0884
上坡位	1.7142	0.2467	2.3231	1.0089
中坡位	2.3367	0.2505	2.5386	0.9619
下坡位	2.1698	0.1685	2.8593	1.1148
沟谷	1.8359	0.6746	1.1856	0.4944

相关性分析表明，4 个多样性指数与坡位之间无显著相关关系(表 3-12)，Simpson 指数与 Shannon-Wiener、Pielou 指数均极显著负相关，相关系数为 0.982 和 0.995，Shannon-Wiener 指数与均匀度 Pielou 指数极显著正相关，相关系数为 0.970。

表 3-12　多样性指数与坡位的相关性

类型	坡位	Gleason	Simpson	Shannon-Wiener	Pielou
坡位	1				
Gleason	0.425	1			
Simpson	0.658	–0.210	1		
Shannon-Wiener	–0.518	0.369	–0.982**	1	
Pielou	–0.676	0.133	–0.995**	0.970**	1

沟谷水分条件优越，优势种地位突出，群落结构复杂；中、下坡位群落种类丰富，下坡位物种分布更均匀，资源配置合理，物种之间竞争较小。人工造林大都集中在中、下坡位，中、下坡位群落的物种数量多，物种丰富，但物种的均匀度却偏低，优势种群个体数目占整个群落的大部分，人工植被的中坡位和下坡位为人工刺槐林和人工侧柏林。

(2)相同海拔不同坡度人工植物群落多样性研究

随着坡度的增加，陕北黄土高原植物科、属、种的丰富度降低(图 3-14)，其拟合方程分别为

1) $y=-0.0082x^2+0.1307x+14.54$ ($R^2=0.8031$)

2) $y=-0.0113x^2+0.1173x+25.457$ ($R^2=0.9555$)

3) $y=-0.0103x^2+0.0565x+28.495$ ($R^2=0.9314$)

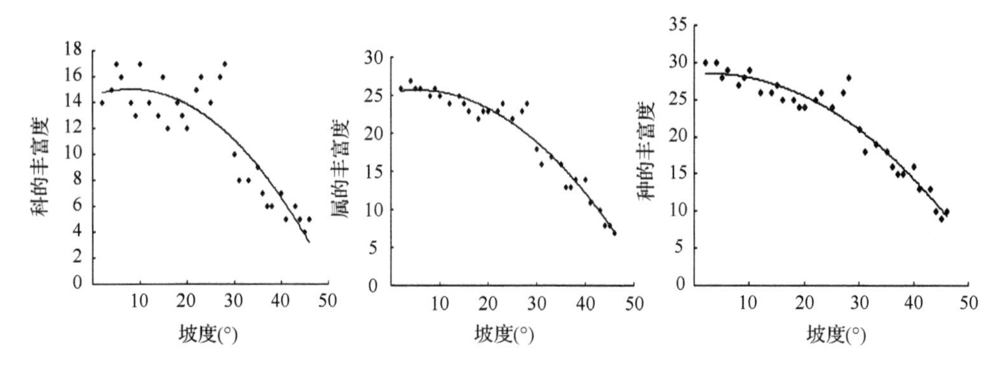

图 3-14　科、属、种的丰富度沿坡度梯度变化的变化

随着坡度的增加，人工植物群落的丰富度指数呈下降趋势(图 3-15)，Simpson 指数呈增加趋势，Shannon-Wiener 指数、Pielou 指数均与之相反。相关性分析表明，Gleason 丰富度、Shannon-Wiener 指数与坡度均显著负相关，相关系数分别为 0.406 和 0.407。随着坡度的增加，人工植物群落的 Simpson 指数、丰富度指数、Shannon-Wiener 指数和 Pielou 指数下降(表 3-13)。坡度越大，群落优势种越复杂，但是变化幅度小，人为干预可以减缓植物多样性对地形条件的依赖性(宋成军等，2006)，以及促进破碎地貌和复杂地形条件下植物生境的均质化(张雅梅等，2009)。坡度是水平方向上水分、土壤养分流的驱动因子，对土壤厚度、理化性质及树倒等林窗干扰发生的概率有显著的影响(马宝霞，2006)，因此坡度越大，群落丰富度越低，资源分布越不均匀，群落内部竞争加剧。

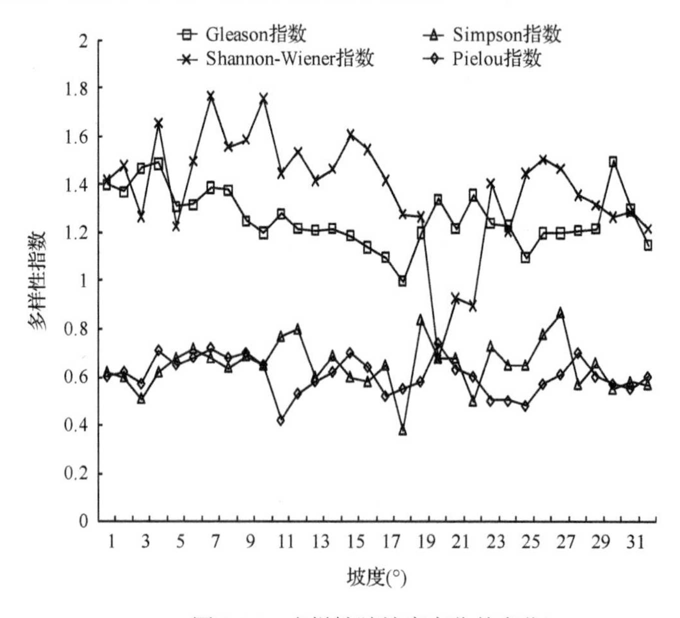

图 3-15　多样性随坡度变化的变化

表 3-13　多样性指数与坡度的相关性

类型	坡度	Gleason	Simpson	Shannon-Wiener	Pielou
坡度	1				
Gleason	–0.406*	1			
Simpson	–0.004	–0.057	1		
Shannon-Wiener	–0.407*	–0.037	0.203	1	
Pielou	–0.298	0.307	–0.086	0.084	1

(3)相同海拔不同坡向人工植物群落多样性研究

由表 3-14 可知，人工植物群落 Gleason 丰富度指数由大到小的顺序：半阴坡＞阴坡＞半阳坡＞阳坡，阴坡的植物群落丰富度高于阳坡的植物群落丰富度，半阴坡的植物群落丰富度高于阴坡的植物群落丰富度，半阳坡的植物群落丰富度高于阳坡的植物群落丰富度；人工植物群落 Simpson 指数由大到小的顺序：阳坡＞半阳坡＞阴坡＞半阴坡；Shannon-Wiener 指数、Pielou 指数表现：阳坡和阴坡较高，阳坡大于阴坡，半阴坡和半阳坡相对较低，半阳坡高于半阴坡。相关性分析表明(表 3-15)，4 个多样性指数与坡向无显著相关性，Gleason 指数与 Simpson 指数显著负相关，其相关系数为 0.987，表明随着群落物种丰富度增加，Simpson 指数降低，群落结构趋于复杂化。

表 3-14　不同坡向人工植物群落多样性指标

坡向	Gleason 指数	Simpson 指数	Shannon-Wiener 指数	Pielou 指数
阴坡	1.23	0.86	2.48	0.20
半阴坡	1.46	0.74	2.21	0.09
半阳坡	1.20	0.90	2.38	0.15
阳坡	0.99	0.97	2.53	0.28

表 3-15　多样性指数与坡向的相关性

类型	坡向	Gleason	Simpson	Shannon-Wiener	Pielou
坡向	1				
Gleason	–0.658	1			
Simpson	0.656	–0.987*	1		
Shannon-Wiener	0.293	–0.912	0.889	1	
Pielou	0.482	–0.944	0.886	0.948	1

物种丰富度是环境因子如水分、光照及温度共同影响的结果(王梅和张文辉，

2009)，阴坡光照条件虽不及阳坡，但水分条件比阳坡优越，植物种类较阳坡多，多样性增加。阳坡林分郁闭度小，林内光照条件优越，林下植物获得更多生长空间，分布较均匀，因此均匀度指数高于阴坡(严岳鸿等，2011)。半阴坡和半阳坡减弱了水分、光照、热量对多样性指数的单一负面影响，从而平衡了植物环境因子的单一依赖(潘百明等，2010)，因此半阴坡的丰富度最高，植被多样性最高，而阳坡最低。半阴坡更适于营造植被，在阳坡的造林应以保护和恢复草本群落为主，仅在水分条件较好、能够满足乔木或灌木生长的坡面微地形内，进行适当比例的乔、灌、草复合配置丰富群落层次结构，优化群落生态功能。

3. 相同海拔不同林龄刺槐人工植物群落林下物种多样性

随着林龄的增加，刺槐人工植物群落物种数逐渐增加，群落结构趋于复杂，Gleason 指数、Shannon-Wiener 指数、Simpson 指数和 Pielou 指数呈先增大后减小再增大的趋势(表 3-16)。

表 3-16 不同林龄的刺槐人工植物群落林下物种多样性

林龄(年)	Gleason 指数	Simpson 指数	Shannon-Wiener 指数	Pielou 指数
5	1.7	0.88	2.8	0.9
10	1.62	0.9	2.4	0.88
15	1.8	0.92	2.6	0.86
20	1.82	0.7	2.7	0.64
35	1.76	0.72	2.8	0.69
40	1.67	0.78	2.7	0.71
45	1.8	0.59	2.3	0.56
50	1.6	0.7	2.3	0.69

相关性分析表明(表 3-17)，Simpson 指数、Pielou 指数与林龄均显著负相关，相关系数分别为 0.722 和 0.763，Simpson 指数与 Pielou 指数极显著正相关，其相关系数为 0.967。在 5～20 年阶段，随着林龄的增加，物种丰富度增大；20 年的人工刺槐群落林下物种丰富度最高；在 20～45 年阶段，林下物种丰富度随林龄增大而减小；在 45～50 年阶段，林下物种丰富度增大。在 5～15 年阶段，群落优势度随林龄增大而增大；在 15～45 年阶段，群落优势度随林龄增大而减小。5 年和 35 年的群落结构优势度较其他林龄高。5 年刺槐群落中内部资源分配均匀，群落内部竞争较小。这些变化在一定程度上反映了植物群落在恢复过程中种间竞争所产生的种群结构变化。在 20 年之后，多样性指数逐步趋于稳定，群落自然恢复可达到相对稳定的水平。黄土高原退耕地植被自然恢复的过程漫长，在短期内要形成乔灌群落结构，只有通过人工种植乔灌树种，才能促进黄土丘陵沟壑区植被恢复进程，不同林龄的人工植物群落林下物种多样性表明，20 年的人工群落相对稳

定，利于植被恢复。

表 3-17　多样性指数与林龄的相关性

类型	林龄	Gleason	Simpson	Shannon-Wiener	Pielou
林龄	1				
Gleason	0.281	1			
Simpson	–0.722*	–0.244	1		
Shannon-Wiener	–0.311	0.315	0.307	1	
Pielou	–0.763*	–0.365	0.967**	0.246	1

（三）不同生活型植物群落物种多样性研究

将研究区的植物群落的生活型划分为乔木、灌木、草本，分别对不同海拔及相同海拔的不同生活型的植物群落物种多样性进行研究。

1. 不同海拔不同生活型植物群落物种多样性

随着海拔的升高，不同生活型植物物种丰富度指数在海拔梯度上的分布规律一致，均表现为，随着海拔的升高，丰富度指数呈先升高后下降再升高的趋势，均在海拔 1246m 处达到最大值(表 3-18)。不同生活型的 Gleason 丰富度指数表现为草本＞灌木＞乔木。乔木层的 Pielou 均匀度指数最大值在海拔 1541m 处，灌木层的均匀度指数最大值在海拔 987.6m 处，草本层的均匀度指数在海拔 1246m 处达到最高值，灌木层物种均匀度指数高于乔木层和草本层。不同生活型植物物种 Pielou 均匀度指数在海拔梯度上没有规律。

表 3-18　不同海拔不同生活型群落物种多样性

海拔(m)	生活型	Gleason 指数	Simpson 指数	Shannon-Wiener 指数	Pielou 指数
987.6	乔木	1.86	0.33	1.33	0.73
	灌木	1.88	0.47	1.49	1.02
	草本	2.45	0.86	1.56	0.33
1140	乔木	1.89	0.67	1.37	0.49
	灌木	1.91	0.71	1.56	0.86
	草本	2.53	0.84	2.52	0.43
1246	乔木	1.96	0.66	1.42	0.76
	灌木	2.03	0.81	1.66	0.70
	草本	2.76	0.82	2.61	0.69
1418	乔木	1.87	0.58	1.24	0.54
	灌木	1.93	0.59	1.53	0.68
	草本	2.58	0.63	2.60	0.50
1541	乔木	1.76	0.25	1.10	0.89
	灌木	1.82	0.37	1.45	0.53
	草本	2.48	0.44	2.92	0.43

不同生活型群落的 Shannon-Wiener 指数、Simpson 指数均呈增加趋势。高海拔区群落郁闭度稍低、林下阳光相对充足和枯枝落叶层较薄的群落生境的变化，为灌木层和草本层植物创造了较为优越的生存环境，该海拔区灌木层的常见种和稀有种较低海拔区多，灌木层的优势种不明显。

灌木层的丰富度随着海拔的升高变化幅度较小，乔木层和草本层的丰富度随着海拔的升高变化幅度较大。低海拔区人类活动干扰较大，乔木层、灌木层和草本层的多样性指数均不高。不同海拔范围人类活动的干扰状况、群落类型、群落演替阶段、群落小生境及水热条件的组合等是影响群落物种多样性指数的重要因子。

2. 相同海拔不同生活型植物物种多样性

由表 3-19 可知，不同生活型群落的 Gleason 指数由大到小的顺序：乔木＞灌木＞草本，Shannon-Wiener 指数由大到小的顺序：灌木＞草本＞乔木；Pielou 指数由大到小的顺序：灌木＞草本＞乔木，Simpson 指数由大到小的顺序：乔木＞草本＞灌木。退耕还林(草)工程以营造乔木群落为主，乔木群落的丰富度高于草本和灌木，营造的乔木优势度突出。

表 3-19　不同生活型群落物种多样性

生活型	Gleason 指数	Simpson 指数	Shannon-Wiener 指数	Pielou 指数
乔木	2.5	0.32	1.956	0.722
灌木	1.83	0.208	2.54	1.06
草本	1.502	0.28	2.099	0.955

研究区乔木群落(表 3-20)植物物种的丰富度 Gleason 指数由大到小的顺序：侧柏＞刺槐＞油松；Simpson 指数由大到小的顺序：油松＞刺槐＞侧柏；Shannon-Wiener 指数由大到小的顺序：侧柏＞刺槐＞油松；Pielou 指数由大到小的顺序：侧柏＞油松＞刺槐。侧柏群落物种丰富度较刺槐、油松群落物种丰富度高，物种数量多，植物群落结构更为复杂，内部资源分布均匀，油松群落植物分布较集中，优势度显著。

表 3-20　不同乔木群落林下物种多样性

群落	Gleason 指数	Simpson 指数	Shannon-Wiener 指数	Pielou 指数
刺槐	2.5	0.32	1.95	0.72
侧柏	3	0.26	2.32	1.03
油松	1.8	0.43	1.54	0.86

灌木群落中(表 3-21)，沙棘群落物种丰富度指数高于柠条群落；柠条群落的均匀度指数、Simpson 指数和 Shannon-Wiener 指数高于沙棘群落。相比沙棘群落，

柠条群落结构更为复杂，均匀度指数较大，内部资源分配更为合理。沙棘属于陕北黄土高原的经济树种，人工营造较多，沙棘群落物种丰富度高于柠条群落。

表 3-21　不同灌木群落物种多样性

生活型	Gleason 指数	Simpson 指数	Shannon-Wiener 指数	Pielou 指数
柠条	1.83	0.208	2.54	1.06
沙棘	1.92	0.198	2.49	1.03

草本植物群落中(表 3-22)，铁杆蒿群落的 Simpson 指数高于达乌里胡枝子群落的 Simpson 指数，其余 3 个指数均低于达乌里胡枝子群落。达乌里胡枝子群落的物种丰富度、均匀度较高，其内部物种数量更多，物种分布更加均匀，群落内部资源分配更均匀；铁杆蒿群落的丰富度较低，优势种更突出，铁杆蒿优势地位较显著。

表 3-22　不同草本群落物种多样性

生活型	Gleason 指数	Simpson 指数	Shannon-Wiener 指数	Pielou 指数
铁杆蒿	1.26	0.9	0.4	0.23
达乌里胡枝子	1.5	0.5	0.6	0.53

（四）不同降水梯度上人工植物群落多样性研究

随着降水量的增加，研究区各群落的科、属、种的丰富度变化明显(图 3-16)，其拟合方程分别为

1) $y=-0.0015x^2+1.5539x-380.41$ ($R^2=0.4463$)

2) $y=-0.0058x^2+0.5.9567x-1464.2$ ($R^2=0.6844$)

3) $y=-0.0058x^2+6.0476x+1479.7$ ($R^2=0.7396$)

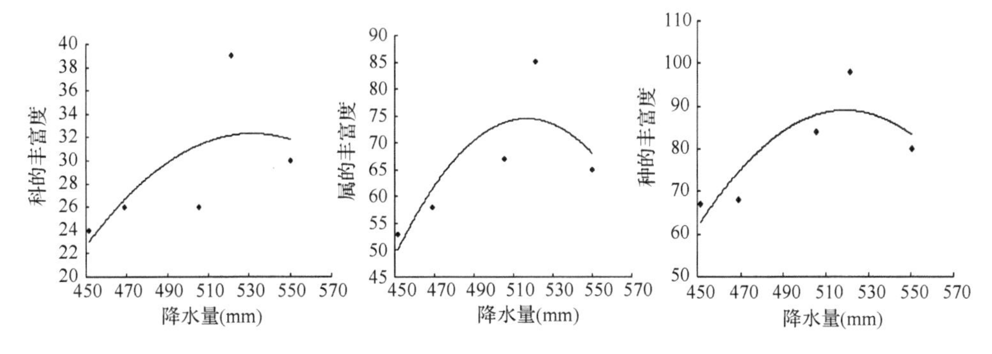

图 3-16　科、属、种的丰富度随降水梯度变化的变化

随降水量增加，各群落科、属、种的丰富度呈先增加后降低的趋势，在降水量为 510～530mm 达到最大。宜川流域年均降水量位于此区间，因此宜川流域植物的科、属、种丰富度最高。

由图 3-17 可知，不同降水梯度的人工植物群落多样性不同。随降水量增加，Gleason 指数呈先增加后降低的趋势，Simpson 指数呈下降趋势， Shannon-Wiener 呈先降低再增加再降低的趋势，且最大值出现在降水为 520nm 时，Pielou 指数呈先增加后降低的趋势。相关性分析表明(表 3-23)，4 个多样性指数与降水量无显著相关，Simpson 指数与 Shannon-Wiener 指数显著负相关，相关系数为 0.911，Shannon-Wiener 指数与 Pielou 指数显著正相关，相关系数为 0.940。在不同降水量范围内，Simpson 优势度指数升高，群落结构越简单，Shannon-Wiener 指数越高，群落内部资源分配越均匀。

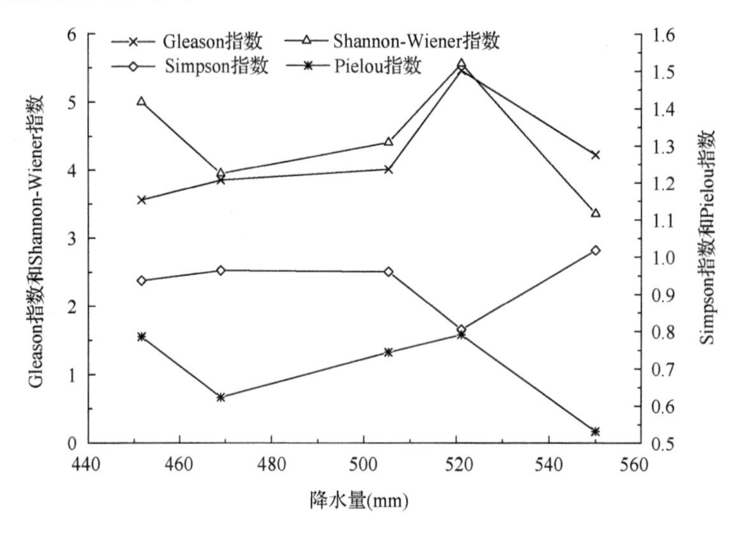

图 3-17　多样性沿降水梯度的变化

表 3-23　多样性指数与降水量的相关性

类型	降水量	Gleason	Simpson	Shannon-Wiener	Pielou
降水量	1				
Gleason	0.595	1			
Simpson	0.049	–0.757	1		
Shannon-Wiener	–0.309	0.471	–0.911*	1	
Pielou	–0.443	0.223	–0.742	0.940*	1

Simpson 指数又被称为生态优势度，它是反映群落优势度状况的指标，生态优势度指数越大，说明群落内物种数量分布越不均匀，优势种(或常见种)的地位

越突出(张育新等，2009)，随降水量降低，群落生态优势度越大，群落内物种数量分布越不均匀，优势种(或常见种)的地位越突出。随降水量增加，群落内部分配先趋于均匀后趋于不均匀，群落内部竞争先减小后增大(马克平和刘玉明，1994)。

(五)植物群落物种多样性影响因子分析

由典范对应分析CCA(图3-18)可得排序轴与环境因子的回归系数，从而能够进行群落的环境解释。图中箭头代表各个环境因子，箭头所处象限代表环境因子与排序轴间的正负相关性；箭头连线长短代表植物多样性与该环境因子相关性的大小，连线越长，相关性越大，连线越短，相关性越小。分析植物多样性和环境因子之间的关系时，可以作某一植物多样性与环境因子连线的垂直线，垂直线与环境因子连线相交点离箭头越近，表示该多样性指数与该类环境因子的正相关性越大，处于另一端的则表示与该类环境因子具有的负相关性越大(解婷婷等，2013)，环境因子箭头连线与排序轴的夹角表示某个环境因子与排序轴间相关性的强弱，夹角越小，说明某环境因子与该排序轴的相关性越强，反之越弱。

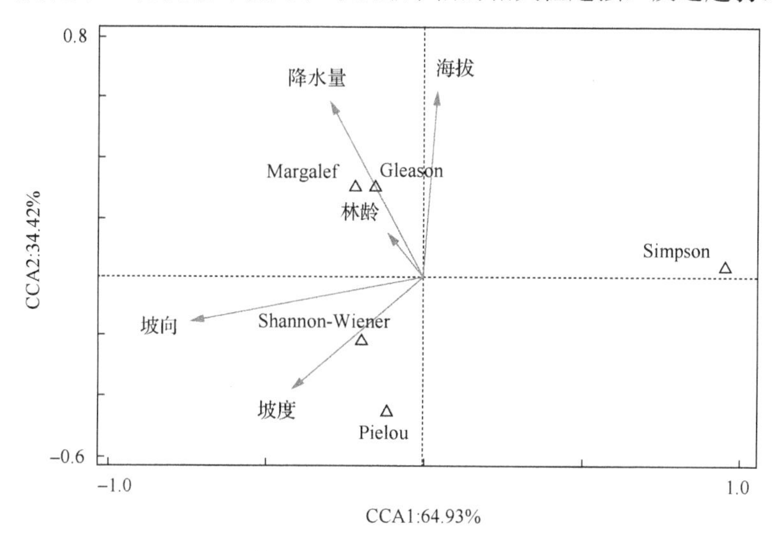

图3-18　植物多样性指数与环境因子典范对应分析

排序轴一解释了环境变化的64.93%，排序轴二解释了环境变化的34.42%，排序轴一和二共同解释了环境变化的99.35%(表3-24)，前三轴的物种多样性指数与环境因子相关性较高，共解释了物种多样性-环境关系总方差的99.61%，说明环境因子对物种多样性有较大影响。CCA排序的前3个轴保留了物种多样性总方差的84.1%。

表 3-24　环境因子 CCA 排序特征值和累计解释量

排序轴	1	2	3	4
特征值	0.0005	0.0003	0.0000	0.0000
物种多样性与环境相关性	0.2981	0.5245	0.2337	0.3291
物种多样性累计解释量(%)	45.5	78.0	84.1	86.4
物种多样性与环境关系累计解释量	64.93	99.35	99.61	99.93
特征值总和	0.0063			
典范特征值总和	0.0007			

CCA 第一、第二排序轴表明：环境因子对植物多样性的影响程度大小为坡向＞降水量＞海拔＞坡度＞林龄，坡向和降水量的箭头长度明显大于其他环境因子，表明坡向和降水量对物种多样性指数的影响较其他环境因子大。

由图 3-18 可知，Gleason 丰富度指数与坡度负相关，陡坡立地的 Gleason 丰富度指数小，Gleason 丰富度指数与林龄、降水量、海拔、坡向正相关，相关性大小的顺序：林龄＞降水量＞海拔＞坡向，表明林龄对 Gleason 丰富度指数影响最大，其次是降水量。

Margalef 丰富度指数与林龄、降水量、海拔、坡向、坡度正相关，相关性大小顺序：林龄＞降水量＞海拔＞坡向＞坡度，林龄的变化最能引起 Margalef 丰富度指数的变化，林龄越高，群落物种丰富度越高，降水量对 Margalef 丰富度指数的影响次之。

Shannon-Wiener 指数与坡度、坡向正相关，相关性大小顺序：坡度＞坡向，该指数对坡度的变化响应较坡向明显；Shannon-Wiener 指数与海拔、降水量、林龄负相关，负相关性大小顺序：海拔＞降水量＞林龄。Shannon-Wiener 指数受坡度影响最大，缓坡及高海拔处群落结构复杂度较低。

Pielou 指数与坡度、坡向正相关，坡度对 Pielou 指数的影响高于坡向对 Pielou 指数的影响，陡坡立地群落均匀度大；Pielou 指数与降水量、海拔、林龄负相关，受影响程度由大到小的顺序：降水量＞海拔＞林龄。

Simpson 指数与海拔正相关，位于高海拔的植物群落物种生态优势度高；Simpson 指数与林龄、坡度、降水量、坡向负相关。物种生态优势度受海拔影响最大，其次是林龄，影响最小的是坡向。

CCA 排序图整体上反映了 5 种多样性指数与 5 种环境因子直接的关系，物种丰富度主要受林龄影响，物种生态优势度主要受海拔影响，群落结构复杂度及均匀度主要受坡度影响。

表 3-25 为多样性指数与环境因子的多元线性回归，由回归方程可知，两种回归方法得出的结论基本一致，从 F 和 R^2 可以看出，输入法的回归效果要优于逐步法，因此选择输入法的回归结果进行分析。

表 3-25　多样性指数与环境因子的多元线性回归

多样性指数	回归方程	R^2	F
Margalef	y_1=−2.32+0.004x_1+0.151x_2−0.005x_3+0.002x_4+0.002x_5	0.384	9.354
	y_2=−2.241+0.002x_5+0.002x_4+0.133x_2	0.380	15.717
Gleason	y_1=−2.53+0.16x_2−0.11x_3+0.001x_4+0.003x_5	0.418	10.786
	y_2=−2.663+0.003x_5+0.002x_4+0.131x_2	0.406	17.559
Simpson	y_1=0.389−0.046x_2−0.003x_3	0.139	2.418
	y_2=0.455−0.041x_2	0.082	7.090
Shannon-Wiener	y_1=-0.073+0.003x_1+0.166x_2+0.008x_3+0.001x_5	0.225	4.358
	y_2=0.08+0.186x_2+0.001x_5	0.213	10.542
Pielou	y_1=0.742+0.039x_2+0.004x_3−1.951×$10^{-5}x_5$	0.131	2.269
	y_2=0.635+0.055x_2	0.091	7.908

注：x_1、x_2、x_3、x_4、x_5 分别代表林龄、坡向、坡度、降水量、海拔；y_1、y_2 分别代表输入法和逐步法回归的函数值

由表 3-25 可知，坡向、林龄、降水量、海拔与 Margalef 丰富度指数正相关，坡度与 Margalef 丰富度指数负相关，陡坡立地 Margalef 丰富度指数小，从阴坡到阳坡，群落的光、热、水条件发生变化，导致物种丰富度增加；线性回归分析表明，坡向、坡度、林龄、降水量、海拔对 Margalef 丰富度指数影响大小顺序：坡向＞坡度＞林龄＞降水量=海拔，坡向对 Margalef 丰富度指数影响最大，降水量和海拔对 Margalef 丰富度指数影响最小。

坡向、海拔和降水量与 Gleason 丰富度指数正相关，坡度与 Gleason 丰富度指数负相关，Gleason 丰富度指数对坡向变化的响应最明显，坡面接受光照越强，物种丰富度越大。

坡向、坡度与 Simpson 指数均为负相关，坡面光照条件越差、坡度越小，物种生态优势度越高，坡向对物种生态优势度影响大于坡度对物种生态优势度的影响。

坡向、坡度、林龄和海拔与 Shannon-Wiener 指数正相关，Shannon-Wiener 多样性指数在坡向由阴坡转向阳坡、坡度升高、林龄增大时，呈上升趋势，群落结构复杂度增加，坡向对群落结构复杂度影响最大，坡度次之，海拔对结构群落结构复杂度影响最小。

坡向和坡度与 Pielou 均匀度指数正相关，海拔与其负相关，低海拔区群落均匀度高，群落内部资源分配合理，Pielou 均匀度指数受坡向影响最大，其次为坡度，影响最小的是海拔。

由表 3-26 可知，林龄与坡向、海拔极显著负相关，相关系数均为 0.331，与坡度显著不相关，表明随坡面接受光照增强、海拔升高，高林龄的群落分布较少；坡向与坡度极显著正相关，相关系数为 0.376，与海拔显著正相关，相关系数为 0.228；坡度与降水量、海拔显著不相关，降水量与海拔显著不相关。

表 3-26　环境因子相关性分析

类型	林龄	坡向	坡度	降水量	海拔
林龄	1				
坡向	–0.331**	1			
坡度	–0.020	0.376**	1		
降水量	0.526**	–0.289**	–0.167	1	
海拔	–0.331**	0.228*	0.058	–0.072	1

环境因子的共同作用影响了群落多样性，各种环境因子与植物作为一个系统而存在，各因子之间又相互影响、相互作用，任何一个因子的作用都不可能离开其他因子而独立发挥作用(郭逍宇等，2005)。

综上，陕北黄土高原经过人工造林后，植被覆盖率大幅度提高，群落结构趋于合理。但各物种在各流域分布情况不同，刺槐在 5 个流域均有分布，山杏主要分布在米脂、吴起、延安、宜川流域；小叶杨主要分布在米脂、吴起、宜川流域；油松主要分布在米脂、宜川流域；苹果在米脂、延安、宜川 3 个流域均有种植；沙棘主要分布在吴起金佛坪流域；河柳主要分布在安塞纸坊沟流域；花椒主要分布在宜川流域。宜川交子沟流域峁顶、上坡位、中坡位、下坡位以人工乔木林为主，其中峁顶以人工经济林为主，沟谷以草本为主；延安宝塔区庙咀沟和安塞纸坊沟流域的峁顶均以草本为主，上、中、下坡位以人工乔木和灌木林为主，沟谷以草本为主；吴起和米脂峁顶以人工乔木林为主，其他坡位以人工乔木林和灌木林为主，并辅以少量草本。

宜川交子沟流域和米脂高西沟流域缓坡及陡坡以乔木群落为主，中坡以乔木和草本为主；延安宝塔区庙咀沟、安塞纸坊沟和吴起金佛坪流域在缓坡以乔木和草本群落为主；安塞纸坊沟流域在陡坡以灌木群落为主；吴起金佛坪流域在各坡度范围均以草本群落为主。各流域缓坡物种分布较多，陡坡物种分布较少。各流域阳坡均分布刺槐等乔木群落，在半阴坡和半阳坡分布的群落类型较其他坡向多。研究区以多年生草本和一年生草本植物为主，乔木和灌木为辅，半小灌木和半灌木较少，米脂高西沟、吴起金佛坪、延安宝塔区庙咀沟流域的乔木的多度大于灌木的多度，安塞纸坊沟和宜川交子沟流域则相反。人工营造侧柏和刺槐群落优于油松群落，沙棘群落的优势物种突出，达乌里胡枝子群落的物种丰富度、均匀度较高，更利于植被恢复。半阴坡更适于营造植被，阳坡的造林应以保护和恢复草本群落为主，仅在水分条件较好、能够满足乔木或灌木生长的坡面微地形内，进行适当比例的乔、灌、草复合配置丰富群落层次结构。群落丰富度主要受林龄影响，海拔对群落物种生态优势度影响最大，群落结构复杂度及均匀度主要受坡度影响。

吴起金佛坪流域菊科分布最多，吴起金佛坪流域和延安宝塔区庙咀沟流域禾本科分布最多，菊科植物数量在 5 个流域均大于禾本科、豆科和蔷薇科植物。除菊科植物外，延安庙咀沟流域和吴起金佛坪流域禾本科植物分布较多，宜川交子沟流域蔷薇科、禾本科和豆科植物数量差异不大，安塞纸坊沟流域豆科植物分布较多，米脂高西沟流域禾本科和豆科植物分布较多。各流域总属数均大于总科数，总种数均大于总属数。研究区植物科的分布均呈世界广布＞热带广布＞北温带分布＞旧世界热带分布的特点。研究区世界广布的科占据主要地位，各流域世界广布的科均分布有唇形科、豆科、禾本科、牻牛儿苗科、蔷薇科、伞形科、鼠李科、旋花科，热带广布的科均有萝藦科。菊科、蔷薇科是该地区的主要科，具有明显的热带亚热带向温带过渡的性质。

宜川交子沟流域降水充沛，植物群落数量特征值较大，吴起金佛坪流域的植物群落数量特征值显著大于米脂高西沟流域的植物群落数量特征值。峁顶的植物群落平均高度、密度均低于沟底的平均高度、密度，平均盖度则反之，沟底的植物群落平均高度最高；除阴坡、半阴坡上坡位植物群落的平均密度高于阴坡、半阴坡下坡位植物群落的平均密度外，其余坡向下坡位植物群落平均高度、密度均显著高于相应坡向的上坡位的植物群落平均高度、密度；阴坡各坡位人工植物群落平均密度显著高于阳坡对应坡位人工植物群落的平均密度；阴坡和半阴坡的群落盖度均显著高于相应坡位的阳坡和半阳坡的群落盖度。

可见不同退耕还林群落结构特征及多样性不同，有较明显的差异，不同的立地因子影响了群落的结构组成及其物种多样性。在平缓的半阴坡营造侧柏群落和刺槐群落更加利于植被恢复。植物群落的物种多样性状况是不同尺度上各个环境因子综合作用的结果，在区域尺度上，气候和地貌是主导因素，而在中小尺度上，微地形决定着植物群落的分布及组成，植物多样性是多个因子共同作用的结果，单一因子对植物多样性造成的影响较小。综上，应考虑立地因子的综合效应，合理配置林分，使人工造林达到最大益处。

第三节 近自然恢复群落特征

生态恢复不限于着眼保护一个静态的实体，而是期望达到一个动态的平衡，并使这个动态的平衡长久地保持下去(朱桂林和山仑，2004)，因此恢复和重建黄土丘陵区林草植被，是黄土丘陵区生态环境建设的核心。植被恢复的直观表现就是群落地上部分的结构的变化，如植物的科属组成、空间配置、层次结构等。

群落的演替是以群落结构的变化为表现特征的，层次结构是群落垂直结构的重要标志，其成因取决于生态环境，特别是群落生长的水热条件和土壤条件(陈灵芝，1993)。群落的空间配置不仅构成了群落的结构特征，而且在一定程度上反映了群落的生境和动态。群落所有种类及个体在空间中的配置状态在很大程度上是空间上的生态分化决定的，反映群落对环境的适应、动态和机能(王祥荣，1993)。植物群落的演替是以物种组成和群落结构的变化为主要表征的，植被的区系组成是最重要的群落特征之一，决定着群落的外貌和结构。分类上来自不同科属的植物形态特征上的差异，也可能预示着差异多样的生态属性，而群落的物种组成是反映其结构变化的重要指示因子。研究群落的植物组成和区系成分是了解群落的基础，也是了解群落性质的关键。群落物种组成的生活型结构是群落结构的重要组成部分，在一定程度上反映了群落的外貌，是植物群落对生境各种因素的综合反映的外部表现，通过对群落的物种组成和生活型的分析可以很好地揭示群落演替的阶段和方向。

本节以陕北安塞的撂荒草地为研究对象，对其自然恢复过程中群落特征进行研究，包括群落优势种和亚优势种的更替、科属组成、生活型和生殖对策等，旨在通过这些基础研究和实践工作，从群落结构的时空变异来分析群落演替的规律，为研究区生态环境建设提供一定的理论指导。

一、撂荒草地恢复演替群落的组成

群落的科、属、种组成见表 3-27。群落有维管植物 62 种，隶属于 21 科 46 属。其中，蕨类植物 1 科 1 属 1 种，裸子植物 1 科 1 属 1 种，被子植物 19 科 44 属 60 种。被子植物中，单子叶植物 1 科 6 属 10 种。双子叶植物 18 科 38 属 50 种。

表 3-27 群落中的科、属、种组成

科	属	植物种
木贼科 Equisetaceae	木贼属 *Equisetum*	木贼 *Equisetum hyemale*
麻黄科 Ephedraceae	麻黄属 *Ephedra*	草麻黄 *Ephedra sinica*
禾本科 Gramineae	隐子草属 *Cleistogenes*	中华隐子草 *Cleistogenes chinensis*
		糙隐子草 *Cleistogenes squarrosa*
	针茅属 *Stipa*	大针茅 *Stipa grandis*
		长芒草 *Stipa bungeana*
	早熟禾属 *Poa*	草地早熟禾 *Poa pratensis*
		硬质早熟禾 *Poa sphondylodes*
	冰草属 *Agropyron*	冰草 *Agropyron cristatum*
	披碱草属 *Elymus*	披碱草 *Elymus dahuricus*
	孔颖草属 *Bothriochloa*	白羊草 *Bothriochloa ischaemum*
豆科 Leguminosae	野豌豆属 *Vicia*	毛苕子 *Vicia villosa*
		确山野豌豆 *Vicia kioshanica*
	米口袋属 *Gueldenstaedtia*	米口袋 *Gueldenstaedtia verna* subsp. *multiflora*
		狭叶米口袋 *Gueldenstaedtia stenophylla*

续表

科	属	植物种
豆科 Leguminosae	棘豆属 *Oxytropis*	胶黄耆状棘豆 *Oxytropis tragacanthoides*
	野决明属 *Thermopsis*	披针叶黄华 *Thermopsis lanceolata*
	甘草属 *Glycyrrhiza*	甘草 *Glycyrrhiza uralensis*
	黄耆属 *Astragalus*	草木樨状黄耆 *Astragalus melilotoides*
	胡枝子属 *Lespedeza*	达乌里胡枝子 *Lespedezadahurica*
		尖叶胡枝子 *Lespedeza juncea*
	槐属 *Sophora*	狼牙刺 *Sophora davidii*
	草木犀属 *Melilotus*	白花草木犀 *Melilotus alba*
蔷薇科 Rosaceae	委陵菜属 *Potentilla*	多茎委陵菜 *Potentilla multicaulis*
		二裂委陵菜 *Potentilla bifurca*
		委陵菜 *Potentilla chinensis*
	扁核木属 *Prinsepia*	扁核木 *Prinsepia uniflora*
菊科 Compositae	蒿属 *Artemisia*	猪毛蒿 *Artemisia scoparia*
		南牡蒿 *Artemisia eriopoda*
		铁杆蒿 *Artemisia sacrorum*
	蒿属 *Artemisia*	茭蒿 *Artemisia giraldii*
		野艾蒿 *Artemisia avandulaefolia*
		白苞蒿 *Artemisia lactiflora*
	小苦荬属 *Ixeridium*	抱茎小苦荬 *Ixeridium sonchifolium*
	蓟属 *Cirsium*	刺儿菜 *Cirsium setosum*
	苦荬菜属 *Ixeris*	苦荬菜 *Ixeris polycephala*
	苦苣菜属 *Sonchus*	苣荬菜 *Sonchus arvensis*
	狗娃花属 *Heteropappus*	阿尔泰狗娃花 *Heteropappus altaicus*
	漏芦属 *Stemmacantha*	祁州漏芦 *Stemmacantha uniflora*
	火绒草属 *Leontopodium*	火绒草 *Leontopodium leontopodioides*
	鸦葱属 *Scorzonera*	鸦葱 *Scorzonera austriaca*
唇形科 Labiatae	青兰属 *Racocephalum*	香青兰 *Dracocephalum moldavica*
	黄芩属 *Scutellaria*	黄芩 *Scutellaria baicalensis*
牻牛儿苗科 Geraniaceae	老鹳草属 *Geranium*	老鹳草 *Geranium wilfordii*
远志科 Polygalaceae	远志属 *Polygala*	远志 *Polygala tenuifolia*
堇菜科 Violaceae	堇菜属 *Viola*	早开堇菜 *Viola prionantha*
		紫花地丁 *Viola philippica*
茜草科 Rubiaceae	茜草属 *Rubia*	茜草 *Rubia cordifolia*
败酱科 Valerianaceae	败酱属 *Patrinia*	异叶败酱 *Patrinia heterophylla*
龙胆科 Gentianaceae	龙胆属 *Gentiana*	小秦艽 *Gentiana dahurica*
伞形科 Umbelliferae	柴胡属 *Bupleurum*	柴胡 *Bupleurum chinense*
		狭叶柴胡 *Bupleurum tenue*
大戟科 Euphorbiaceae	大戟属 *Euphorbia*	地锦草 *Euphorbia humifusa*

续表

科	属	植物种
萝藦科 Asclepiadaceae	杠柳属 *Periploca*	杠柳 *Periploca sepium*
亚麻科 Linaceae	亚麻属 *Linum*	野亚麻 *Linum stelleroides*
毛茛科 Ranunculaceae	铁线莲属 *Clematis*	灌木铁线莲 *Clematis fruticosa*
	毛茛属 *Ranunculus*	毛茛 *Ranunculus japonicus*
	白头翁属 *Pulsatilla*	细叶白头翁 *Pulsatilla turczaninovii*
榆科 Ulmaceae	榆属 *Ulmus*	兴山榆 *Ulmus bergmanniana*
报春花科 Primulaceae	珍珠菜属 *Lysimachia*	狼尾花 *Lysimachia barystachys*
玄参科 Scrophulariaceae	阴行草属 *Siphonostegia*	阴行草 *Siphonostegia chinensis*

在大类群中，主要是双子叶植物，其次为单子叶植物，再次为裸子植物和蕨类植物。除了蕨类植物为孢子植物，以孢子繁殖外，其他均为显花植物，为种子植物。研究区大类群结构相对简单，植物类群相对少。

二、退耕地恢复演替的植物区系

结合大类群数据分析(表 3-27)，科的组成随着演替时间的延长呈现增加的趋势，撂荒演替可以促使植物科数目的增加(图 3-19)。

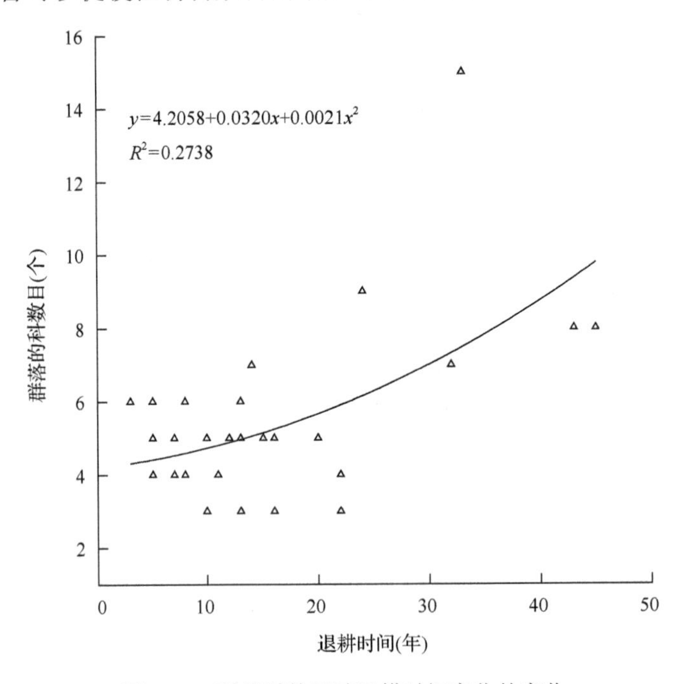

图 3-19　群落科数目随退耕时间变化的变化

群落演替过程中植物科的组成有：木贼科、麻黄科、禾本科、豆科、蔷薇科、菊科、唇形科、牻牛儿苗科、远志科、堇菜科、茜草科、败酱科、龙胆科、伞形科、大戟科、萝藦科、亚麻科、毛茛科、榆科、报春花科、玄参科。其中又以菊科、禾本科、豆科的物种数较多，群落的建群种和优势种都主要以豆科、菊科、禾本科三科植物为主。

从表3-28看出，菊科、禾本科、豆科的物种占该阶段群落全部物种的比例最大，在整个群落中的比例之和几乎超过了该群落的50%以上，其中这三大科中又以菊科所占的比例最大。这表明菊科、禾本科和豆科在调查区撂荒地植被自然恢复过程中所起的作用最大，而且在该地区的植物区系中这三科植物也居于重要地位。可见，该区植物群落科的组成比较集中，这可能是黄土高原特定的气候等条件所决定，也显示了黄土高原植物区系中科的组成特点。

表3-28　退耕地不同演替阶段主要植物科、种的组成动态变化

退耕时间(年)	菊科的物种数占该群落物种数的比例(%)	禾本科的物种数占该群落物种数的比例(%)	豆科的物种数占该群落物种数的比例(%)
3	29	29	29
5	38	25	19
5	31	25	38
5	33	33	27
7	38	31	25
7	27	33	27
8	38	31	23
8	41	18	24
10	38	23	54
10	25	25	31
10	25	38	38
11	25	42	25
12	42	17	25
13	33	27	20
13	22	17	22
13	30	50	20
14	29	21	21
15	40	30	40
15	23	31	8
16	31	31	25
16	13	63	25
20	20	20	40
22	40	40	20
22	45	27	18
24	31	19	13
32	20	13	40
33	21	18	11
43	21	29	21
45	26	16	26

此外蔷薇科、毛茛科、唇形科、大戟科、堇菜科和伞形科等科的植物也占据着一定的比例，其余的败酱科、龙胆科、萝藦科 、牻牛儿苗科、茜草科 、亚麻科、榆科、远志科、木贼科、麻黄科、报春花科、玄参科等都只有一种植物。

因此撂荒演替过程中，群落的建群种和优势种主要以豆科、菊科、禾本科三科植物为主。

同时纵观整个撂荒演替系列，虽然撂荒时间最长的群落为 45 年，但各个群落的植物类群波动较小，从科属组成角度分析，植被群落组成简单且比较集中在少数的几个科中，这也从另外一个方面显示出该区植被恢复过程较为缓慢。这一方面可能是因为在陕北黄土丘陵区，其自身的土壤和气候条件特别适合双子叶植物生长繁衍，其中又以这 3 个科植物的生长繁殖的能力较强；另一方面也可能与该区自然条件恶劣有关。

三、群落演替的生活型结构与生活史对策

生活型(life form)是生物对外界环境适应的外部表现形式。同一生活型的物种不但体态相似，而且其适应特点也是相似的。对于植物群落组成而言，其生活型是植物对综合环境条件的长期适应，而在外貌上反映出来的植物类型，它的形成是植物对相同环境条件下趋同适应的结果(孙儒泳等，2002)。在不少文献中对植物的生长型和生活型并不加以区别，但是严格地说，生活型应该是指有机体对环境及其节律变化长期适应而形成的一种形态表现，是依据生态适应划分的；而生长型是指控制有机体一般结构的形态特征，是根据总体形态，即习性划分的。目前大多数生活型的系统是两者的结合。生长型和生活型在植被研究中非常重要，因为它可以提供某一群落对待特定因子反应的信息、利用空间的信息，以及在某个群落中可能存在的竞争关系的信息。本研究用 Whittaker 的生长型系统来表示生活型，即用群落中植物茎的木质化程度来确定生活型(宋永昌，2001)。

群落物种组成的生活型结构是群落结构的重要组成部分，在一定程度上反映了群落的外貌，是植物群落对生境各种因素的综合反映的外部表现，通过对群落的物种组成和生活型的分析可以很好地揭示群落演替的阶段和方向。本节对退耕演替阶段物种组成的生活型进行分析，主要按照茎的性质将群落中的植物分为灌木、半灌木、多年生草本、1～2 年生草本 4 种类型，再将各个生活型的重要值进行分析，在了解研究区的外部环境的同时，从组成群落植物茎的性质入手，研究在该环境下植物群落的组成特点。

表 3-29 为退耕地群落中不同生活型植物的重要值，对不同演替阶段的重要值进行平均，得出 1～2 年生草本、多年生草本、半灌木、灌木重要值的均值分别为 15.28%、47.88%、33.96%、2.37%，因此，在演替的整个过程中，群落主要由多年生草本、半灌木组成，其次是 1～2 年生草本，灌木的个体少。

表 3-29　退耕地群落中不同生活型的重要值

退耕时间(年)	1～2 年生草本(%)	多年生草本(%)	半灌木(%)	灌木(%)
3	31.01	57.46	11.53	—
5	16.65	64.61	18.74	—
5	11.22	44.20	44.58	—
5	8.81	55.61	35.58	—
7	6.41	34.20	56.57	2.82
7	5.20	34.11	53.96	6.73
8	10.20	37.98	51.81	—
8	21.12	36.73	40.60	1.55
10	12.11	44.87	42.54	0.48
10	10.99	53.34	35.67	—
10	45.60	54.40	—	—
11	4.57	47.28	46.36	1.79
12	8.95	43.04	48.01	—
13	4.20	55.88	39.92	—
13	12.02	40.71	47.27	—
13	40.55	59.45	—	—
14	9.10	48.91	40.49	1.50
15	6.63	59.82	30.93	2.63
15	39.39	55.79	4.82	—
16	10.13	34.25	55.62	—
16	5.13	35.77	59.10	—
20	7.83	51.43	40.73	—
22	48.53	51.47	—	—
22	0.77	51.12	48.11	—
24	8.65	44.52	45.19	1.64
32	19.96	33.25	44.09	2.70
33	13.62	54.35	29.25	2.78
43	11.12	52.90	35.02	0.96
45	14.58	51.11	31.48	2.83

4 种不同生活型物种重要值的变化趋势图表明(图 3-20)，退耕演替过程中多年生草本、1～2 年生草本、灌木的综合特征在演替的阶段变化不明显，半灌木的重要值呈现先上升再下降的趋势。群落的演替主要是由半灌木的变化引起，群落的一切数量特征主要体现在半灌木的性质上。

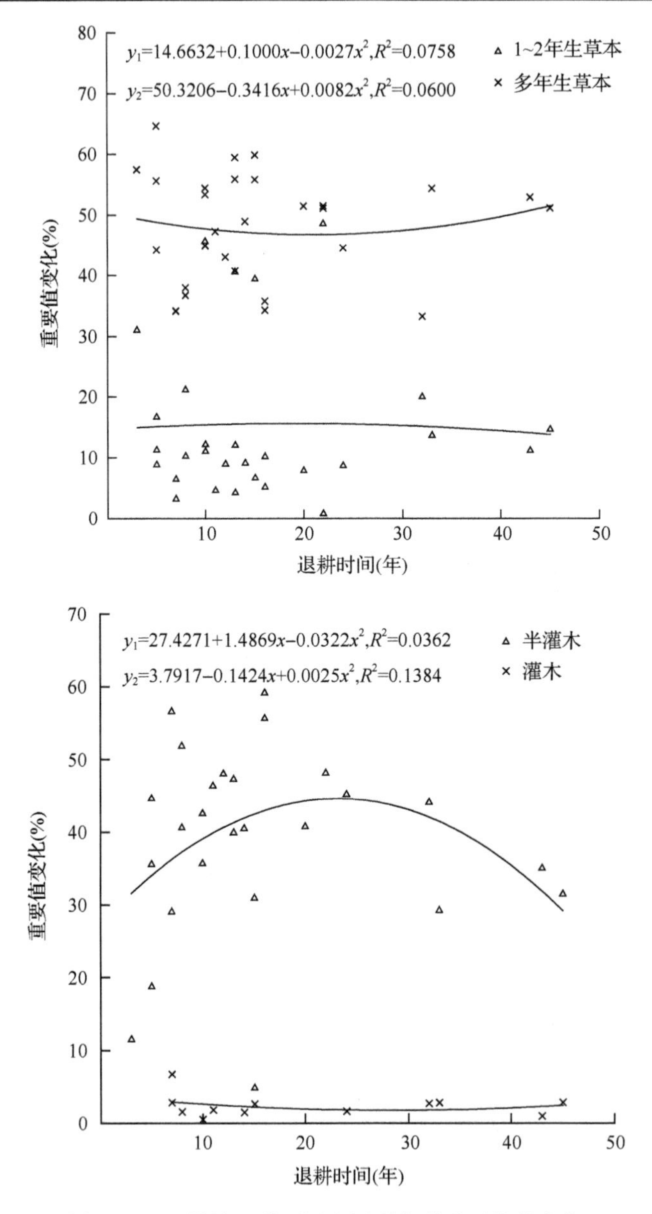

图 3-20　退耕地 4 种不同生活型物种重要值的变化

在演替的过程中，撂荒地的生活型结构在逐渐改变(图 3-20)，这主要是由于环境的变化，各种生态因子的不同，环境资源的不均衡，植物个体利用环境资源的能力各异，使得在演替过程中呈现不同的生活史对策，这主要以繁殖对策来适应外界环境的改变。繁殖对策是指生物对环境的生殖适应趋势，是资源或能量向生存、生长和生殖等活动中最适分配的结果，在不同的环境中具有其独特的表现形式(邓自发等，2001)。国内外学者对植物繁殖对策的研究已有不少报道(朱志红和王刚，1994；邓自发和王文颖，1999)。研究植物在不同环境中的繁殖对策可以反映出植物对环境的适应能力和在该生境中的生殖潜能。

在1～2年生的生活型中，植物物种主要是苦荬菜、猪毛蒿、委陵菜、香青兰、野亚麻、白花草木犀、山苦荬、狗尾草、黄花蒿、茵陈蒿等组成。这些物种都为1～2年生的短命植物或类短命类植物，由于它们所处的环境不稳定或不可预测，这些个体为了适应环境的多变，用于有性生殖的能量多，当年结实，产生大量具有生命力的种子，种子体积小、重量轻，利于传播、定居和减少动物的取食，它们靠牺牲大量的种子来保证少的个体存活，增加种子的存活数量，以便比其他物种更能适应恶劣或不太稳定的生境迅速占据资源生态位，增强种群的繁衍和竞争能力，它们在生活史上属于r对策。

在多年生草本和半灌木植物中，物种组成主要有阿尔泰狗娃花、披针叶黄华、白羊草、隐子草、冰草、长芒草、大针茅、旱芦苇、达乌里胡枝子、铁杆蒿、茭蒿、野艾蒿、节节草等。这些物种所处群落竞争较为激烈，它们为了适应这种生境，在有性生殖上分配的能量少，而把更多的能量用于营养生长和根系的生长，以便能在资源有限的环境中获得优势地位。这些物种的营养生长和生殖生长周期非常分明，一年不能完成生活史，当年不结实或者结实很少，产生的种子体积大但种子个体数目少，种子内储存的能量多，它们依靠降低种子的传播能力来增强种子和实生苗的竞争和定居能力。它们不以有性生殖为主，多依赖营养器官和地下宿根来拓殖，或者依靠翌年返青来获得下一年新个体的存活。这类植物的根系很发达，如白羊草、旱芦苇的根系很发达，据李帅等(2016)实测，白羊草的须根系的根向四周扩展的范围往往是本身冠径的2～3倍，旱芦苇的根系深度是自身地上部分高度的6～8倍，以便于吸收更多的水分来满足个体的生存，进而繁衍种族。因此这些个体在生活史对策上属于k对策。

而在演替过程中的一些灌木，如尖叶胡枝子、狼牙刺、杠柳、灌木铁线莲、榆树、柴胡、草麻黄、野葡萄、蕤核、沙棘、多花胡枝子、心叶醉鱼草等，这些物种的繁殖策略也属于k对策，它们一方面依靠结实来繁衍后代，另一方面也依靠实生苗来扩大种群。这些植物的营养生长和生殖周期明显，春华秋实，种子体积大但种子个体数目少，种子内储存的能量多，利于下一代个体的存活。这些植物在群落中占据次要的位置，它们大多是群落中的偶见种或者阶段种，但是也能代表植物群落演替的方向和趋势。黄土高原在自然状况下，能演替灌木的群落，无疑是植被恢复的一个良好过程。如果环境条件得到改善，陕北黄土丘陵区植被有可能得到恢复。

综上：在整个演替阶段，植物群落以双子叶植物为主，其次为单子叶植物，再次为裸子植物和蕨类植物。研究区大类群结构相对简单，植物类群相对少。退耕地群落的生活型发生变化，主要体现在半灌木上。陕北黄土丘陵区自然植被演替的最终群落是以多年生草本为主，半灌木和小灌木占据一定的比例，灌木所占比例很少。达乌里胡枝子、长芒草、铁杆蒿和白羊草贯穿演替的始终，并且一度成为群落的建群种或亚优势种，因此建议在陕北植被恢复过程中，避免大量种植灌木和乔木，把以上 4 种物种作为优先考虑的植被恢复物种。

四、退耕地自然恢复演替过程中群落的空间结构和外貌季相

群落的结构分为垂直结构和水平结构。群落的垂直结构最直观的就是它的成层性。成层性是植物群落结构的基本特征之一，也是野外调查植被时首先观察到的特征。群落的结构特征不仅表现在垂直方向上，而且也表现在水平方向上。植物群落水平结构的主要特征就是其镶嵌性(宋永昌，2001；孙儒泳等，2002)。镶嵌性是植物个体在水平方向上的分布不均匀造成的，其主要原因是生态因子的不均匀。

退耕地群落因其生活型多数为半灌木和草本，少数为灌木层，且主要由落叶种类组成，草本主要以多年生和一年生草本种类为主，因为植物的高度相差不大，外观较平整。地上部分虽然可划分为灌木层、半灌木层和草本层，但是层间的空间距离小，因为缺少藤本植物没有层间结构，层次之间无空间渗透和镶嵌分布现象，地被层少，由于干旱缺少微生物分解的条件，多数枯枝落叶没有被腐解，有些群落地面裸露面积较大，地上无苔藓层和结皮层。在水平方向上，因为环境恶劣，资源分布的不均匀性，尽管有些群落其分种盖度之和超过 100%，植物群落呈现不均匀的随机分布，外观上呈现斑块状。

群落有明显的季相和外貌。春季万物复苏，5 月基本全部出苗返青，夏季正值生长的季节，但是由于夏季少雨，植物呈现不同的外貌，如白羊草在干旱季节由于遭受强光和干旱胁迫，整个植株偏白色，有些分蘖枝枯死，铁杆蒿在夏季少雨季节枝条干枯，硬而不断，呈现黑色。而像草木樨状黄耆、白花草木犀等植物，却生长较好，个体高而大，小秦艽、鸡峰黄芪、披针叶黄华、狼尾花、白头翁等植物尽管个体矮小，但在炎热的夏季开花，煞是喜人。胡枝子属的达乌里胡枝子、尖叶胡枝子、多花胡枝子等因为是无限花序植物，在开花中不断结籽，灌木铁线莲、蕤核、草地早熟禾等基本上到了 8 月果实成熟。而到了冬季，整个群落草本植物地上枯死，灌木和半灌木全部落叶，呈现明显的冬季季相。

五、群落演替的数量特征动态趋势

(一)群落演替多度的变化

群落的多度在演替的初期较高，随后迅速下降并逐渐稳定下来，到了演替的末期，群落的多度又逐渐上升，达到一个较高的水平(图 3-21)。在群落的演替初期，大量的一年生或两年生植物侵入群落，这主要是在耕作时就存在的植物繁殖

体。在退耕演替的早期阶段，土壤相对疏松、通气性较好，再加上耕作施肥土壤相对肥沃，一年生植物大量入侵、繁殖。这些群落的物种一般都是繁育快速、个体较小，产生的后代个体一般较小但数目巨大、世代周期短的物种，因此演替初期群落中物种的个体数目较多。

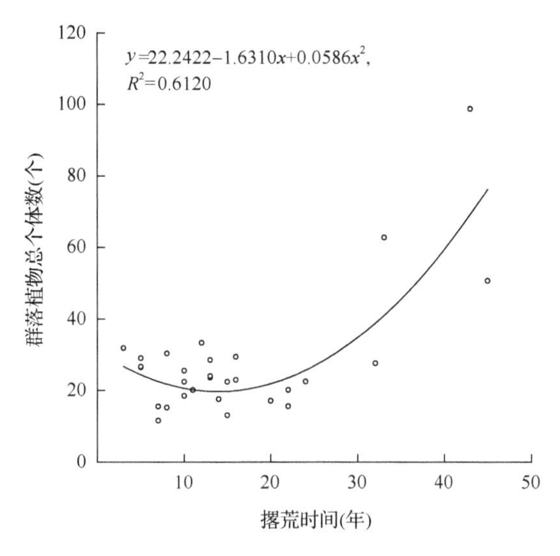

图 3-21　群落多度随撂荒时间变化的变化

在演替初期，在群落中存在的多年生草本或半灌木、小灌木，在缓慢的生长中逐渐取代了一年生或两年生草本成为群落的优势种，一年生或两年生草本要么退出群落，要么被控制在一个较低的水平，这些多年生草本或半灌木、小灌木的个体比较大，发育缓慢，产生的后代数目也较少，需要更多的生存资源；并且此时群落内竞争激烈，群落物种的数目也较少，所以群落中物种的个体数目较演替初期要低得多。仅仅从物种数目的变化来看，群落的演替是一个不断的演变和发展的过程，是一个正向的演替过程。这种趋势对于生态脆弱的黄土高原的植被恢复是有利的。

在演替的中后期阶段，群落中物种的个体数量又开始增加，这主要是随着演替的进行，生态环境得到一定的改善，一些多年生的半灌木、灌木成为群落中的主要物种，这些物种占据着群落的主要生态位，对资源的利用能力较强，对群落具有较强的控制能力，成为群落的优势种和亚优势种，这时群落结构基本稳定，个体数目也相对增多。

(二)群落演替盖度的变化

本节用分种盖度来表示群落中各个物种的盖度，其和表示群落的总盖度。群落盖度在演替的初期较低(图 3-22)，这主要是因为在退耕不久的次生裸地上，群落内物种间的竞争微弱，各种植物都有机会侵入群落，随着退耕年限的增加，群落种间竞争加剧，许多演替初期的物种被排挤出去，少数的优势种控制了群落，这些优势种多为体型较大的多年生草本或半灌木、小灌木，如铁杆蒿、白羊草等，它们多以群丛的形式存在于群落中，其盖度比较大。随着群落演替的进行，群落环境逐渐改善，并且群落内激烈的竞争导致了生态位的分化，形成了不同的生态适应(ecological adaptation)，群落结构变得复杂，群落出现分层现象，群落的盖度有减小的趋势，随着退耕年限的增加，群落的盖度又逐渐增加。

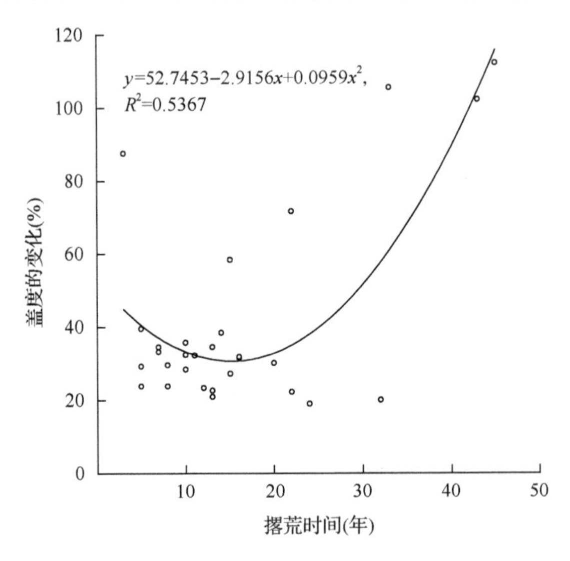

图 3-22　撂荒地群落盖度随弃耕时间变化的变化

(三)演替高度的空间演变

群落的高度随着撂荒演替年限的增加呈现先降低后增加的趋势(图 3-23)。这与随着时间的延长，演替群落盖度的变化趋势一致。如果仅用群落中植物高度和盖度来分析退耕演替的演变趋势，退耕演替有利于群落数量特征的增加。

(四)群落演替过程中群落生物量及根冠比的动态趋势

生物量是一个有机体或群落在一定时间内积累的干物质量，是表征其结构及功能的重要参数。影响植被生物量的因素主要是非生物因素和生物因素。从生态因子角度出发，非生物因素主要包括气候因子(如温度、水分、光照等)、土壤因子(如土壤的理化性质等)、地形因子(如海拔、坡度、坡向等)；生物因素主要是人为因子(如过牧、乱砍滥伐、土地利用方式、植被恢复措施等)，其次还包括动物、植物和微生物之间的各种相互作用，以及由生物因素和非生物因素共同作用而产生的植被的不同演替阶段等(郝文芳和陈存根，2008)。

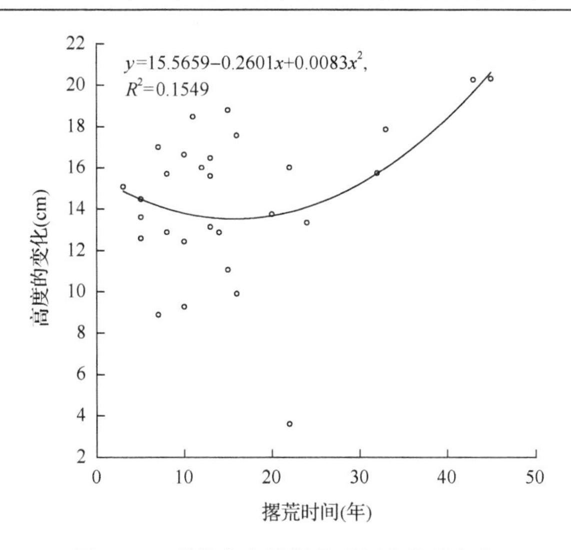

图 3-23　群落高度随撂荒时间变化的变化

本研究中，群落地上生物量(图 3-24)随着撂荒演替时间的延长呈现先增加，到中后期开始下降的趋势，最大值在 30 年左右，因此，撂荒 30 年是地上生物量变化的分水岭。在干旱地区，降水量是影响生物量的主要因素(袁素芬和陈亚宁，2006；刘清泉和杨文斌，2005)，空间尺度上，降水被认为是影响生物量变化的主要因素(袁素芬和陈亚宁，2006)，土壤的养分在其他因素一定的情况下决定了植被的生长状况。此外，地上部分的密度、植被的恢复措施、放牧的强度等都对生物量产生影响(郝文芳和陈存根，2008)。

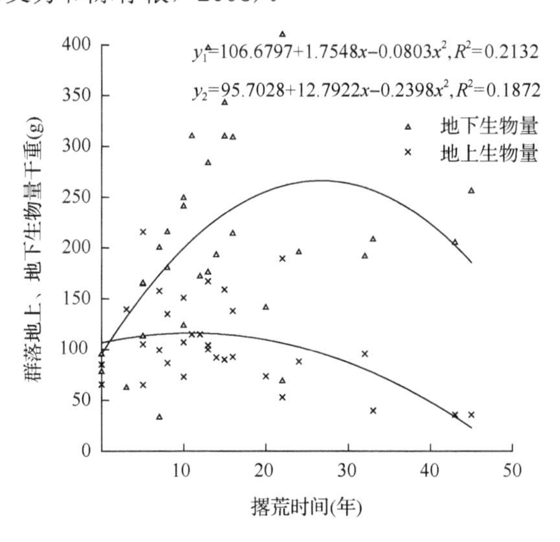

图 3-24　撂荒地生物量随退耕时间变化的变化趋势

地下生物量(图 3-24)随着撂荒演替时间的延长，呈现降低的趋势，且时间越长，降低越多。一般说来，影响地下生物量的主要因素是水分，其次是土地利用方式和放牧强度。本研究中，研究区从 1999 年开始封禁，无耕作、放牧等干扰，该区属于中温带半干旱大陆性季风气候，蒸发量大于降水量，土壤水分缺乏，因此影响该区植被地下生物量的主要因素是土壤含水量的年际变化。

根冠比的大小反映植株地上、地下两部分生物量的分配相对比例的变化。地上生长与地下生长相辅相成，息息相关，既互相依存，又互相竞争，构成相互协调又与环境条件相适应的有机整体。群落地下生物量和地上生物量之比是群落变化较为敏感的指标，比生物量本身更能有效地反映群落的演变状态。

在退耕地植被恢复演替过程中，群落地下生物量和地上生物量之比增加，且随退耕年限的延长呈现逐渐上升的趋势(图 3-25)，这种抬升趋势是群落成熟的一种体现。在演替的过程中，多年生草本和半灌木所占的比例较大，这些物种因为有发达的根系或者地下器官，有利于在竞争中占据优势地位。植物地下、地上生物量比值变化还与其可获取资源状况有关，当地上资源不足时，植物地下部分生长受限，从而使根冠比减小，当土壤水分或养分缺乏时，植物地上部分生长受限，根冠比增大。退耕地自然恢复过程中，研究区环境恶劣，干旱少雨、土壤贫瘠，群落演替更多的是受地下资源供给的影响，使得群落地下生物量和地上生物量之比呈增加的趋势。

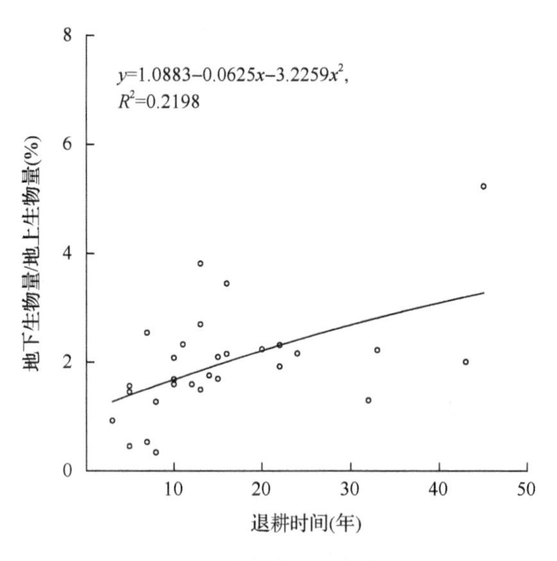

图 3-25　根冠比随弃耕时间变化的动态趋势

六、退耕地群落演替植物多样性研究

生态恢复的目的是恢复生态系统固有的结构和功能，植物多样性的恢复是退化生态系统恢复与重建的重要内容与标志。其中群落中的物种多样性、物种丰富度是生态恢复的核心指标，因为物种多样性越高，生态系统抵御逆境和干扰的能力越强。植被恢复过程中，多样性的变化规律不尽一致。生物多样性指数客观反映着群落演替的进程(陈灵芝，1993)。物种多样性是群落生物组成结构的重要指标，它不仅可以反映群落组织化水平，而且可以通过结构与功能的关系间接反映群落功能的特征。物种多样性(species diversity)是指一个群落中的物种数目和各物种的个体数目分配的均匀度，是衡量植物群落种类组成的丰富程度的一个重要指标，是群落间相互比较的基础，对于揭示群落演替规律具有重要的意义。

本节选用 Patrick 丰富度指数、多样性指数(Simpson、Shannon-Wiener)、Simpson 优势度指数和均匀度指数(Pielou)对群落进行 α 多样性评价分析(钱迎倩和马克平，1994)，采用 Whittaker 指数来分析退耕演替过程中随着环境梯度的变化物种的替代规律。

(一)群落演替的 Patrick 丰富度指数

图 3-26 是随退耕年限的增加群落物种数目的幂函数变化趋势图。在群落的演替过程中，群落的物种丰富度变化趋势较为缓慢，群落的丰富度较为稳定。在演替的初期，耕作土壤中存在着大量的一年生或两年生草本杂草的种子或繁殖体，它们首先在群落内生长并大量繁殖，并且在演替初期群落内物种之间的竞争很小，群落是一个相对开放的结构单位，各种物种都有机会侵入群落并占据一定的生态位，此后群落逐渐被一些多年生草本或半灌木、小灌木控制，优势种处在不断变化当中，群落内竞争激烈，群落处在一个从稳定到不稳定的波动过程，群落的物种数目也在不断地变化。随着弃耕时间的增加，植被不断改善着群落生长的环境，群落结构变得复杂化，群落内竞争激烈，群落内物种间的依附性加强，难以形成优势种相当明显的群落，这就为多数以低密度个体协同生存的物种提供了机会，并且群落中具有更狭窄的生态位宽度的种增加，导致群落内种的丰富度的增加。影响物种丰富度的因素主要有历史因素、潜在定居者的数量(物种库的大小)、距离定居者来源地的远近(物种库距离)、群落面积大小和群落内物种的相互作用(赵志模和郭依泉，1990)。从前面的分析知道，撂荒地所在的研究区群落结构相对简单，大类群主要局限在高等植物，其中又以菊科、禾本科、豆科的为多，群落丰富度变化缓慢主要是由于该区的物种库小、群落的生态环境恶劣及群落内的相互作用。

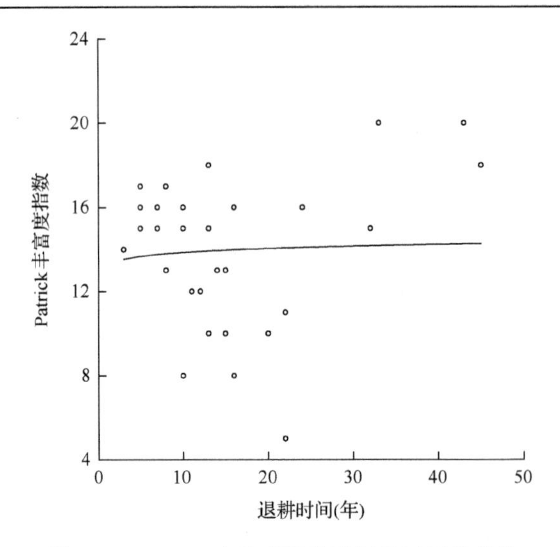

图 3-26　Patrick 丰富度指数随退耕时间的变化

（二）群落演替的 Simpson 多样性指数

Simpson 多样性指数是群落的 α 多样性的概率度量，又被称为优势度指数，是群落物种集中性的度量，Simpson 多样性指数越大，则说明群落的物种集中性高，即多样性程度低。在退耕演替的过程中，物种的集中性较为平稳，其 Simpson 多样性指数曲线几乎为一条和横轴平行的直线(图 3-27)。这说明群落中物种随着退耕时间的延长集中性在缓慢增加，其多样性在降低。因此，退耕演替使物种相对集中，不利于物种多样性的增加。

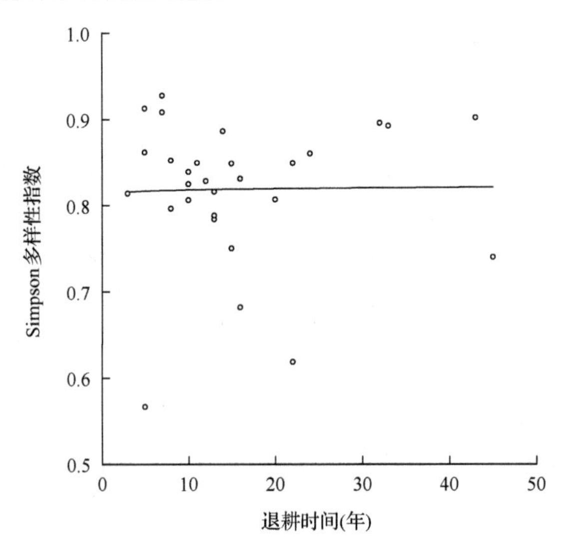

图 3-27　Simpson 多样性指数随退耕时间的变化

(三)群落演替的 Simpson 优势度指数

在群落中并不是所有生物在决定整个群落的性质和功能时都具有同样的重要性，只有少数的几个种或类群通过它们的数量变化和其他活动来发挥它们的主要影响和控制作用。因此，群落内的分类是基于生物区系分类而又超越其上的，就是说，还要估价群落中各种生物或生物类群的实际重要性。如果某些物种或类群能通过它们在营养层次或其他功能层次中的地位大量控制能流并强烈影响其他物种或类群，它们就被称为生态优势种(ecological dominants)。生态优势度指数反映了各物种种群数量的变化情况，生态优势度指数越大，说明群落内物种数量分布越不均匀，优势种的地位越突出。

退耕演替中，随着撂荒演替时间的延长，群落的 Simpson 优势度指数趋势图几乎为一条和横轴平行的直线，随着撂荒演替时间的延长波动性小(图 3-28)，因此在该退耕演替系列，群落中物种分布均匀，优势种的地位不突出。

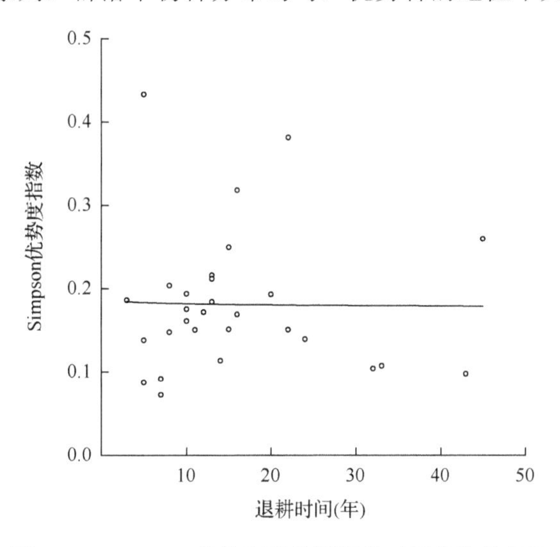

图 3-28　Simpson 优势度指数随退耕时间变化的变化

(四)群落演替的 Shannon-Wiener 指数

Shannon-Wiener 指数是群落 α 多样性的信息度量，以计算信息中一瞬间一定符号出现的“不定度”作为群落多样性指数。当群落中种的数目增加和已存在的种的个体数量分布越来越均匀时，不定度明显增加，多样性也就越大。理论上，处于平衡状态的群落最稳定，生物群落在结构上更复杂、物种更丰富，以不同的方式适应周围环境的变化，因此应该具有最大的多样性。也就是说，群落中全部的物种同样丰富，没有优势种，群落不存在数量上的等级分层，在相当长的一段时期间内保持各种群数目不变，即一方面任何一个种群不会少到不能繁衍后代，以至于灭绝，另一方面，没有任何一个种群的数目会无限增长。但是实际上，多数长期存在的(稳定的)生物群落，包含关键种和优势种，这些物种对群落中物质和能量转换起着主导作用，即群落中有等级结构。

随着退耕演替时间的延长，群落的 Shannon-Wiener 指数呈现增加的趋势，所研究群落中种的数目增加和已存在的种的个体数量分布越来越均匀，多样性大，群落中关键种和优势种明显，群落在结构上复杂、物种上丰富，可以适应多变的环境。

从图 3-29 看出，随着退耕时间的延长，群落的稳定性呈现增大的趋势。演替初期，群落的稳定性较小，随着退耕时间的延长，群落中的物种数目呈现一个缓慢增加的趋势，在这个稳定时期，群落中各个种群大小不一定在一个正平衡点附近稳定，因为生物群落内部结构复杂，种内种间关系多变，但是从生态学意义上来看，生物群落是稳定的，这主要表现在物种数目的总数不变，一方面，任何一个种群的数量不会少到以至于不能繁衍后代，以至于灭绝；另一方面，没有一个种群会无限地增大。也就是说生物群落有一个稳定域，在这个稳定域范围内，多样性与稳定性正相关。从前面的群落特征等章节分析知道，撂荒演替群落的大类群、科属组成等基本上稳定在一定的范围，这主要是因为该区生态环境恶劣，能够生存、适应、繁衍的植物类群，基本上都是通过种间、种内关系，物种与物种资源利用互补，完全适应了多变的生态环境。因此，群落的稳定性在逐渐地增大，从对于陕北黄土丘陵区的植被恢复的趋势来看，无疑是一个好的开端。

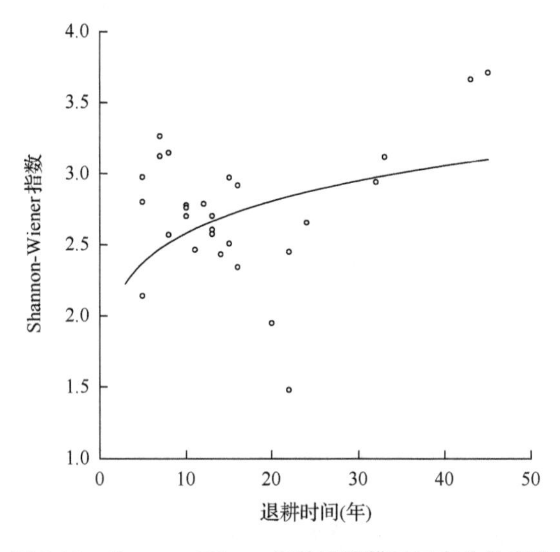

图 3-29　Shannon-Wiener 指数随退耕时间变化的变化

（五）群落演替的 Peilou 均匀度指数

群落的均匀度是指群落中不同种的个体（多度、盖度、生物量或者其他指标）分布的均匀度程度。Peilou 把均匀度（J）定义为群落的实测多样性（H）与最大多样性（H_{max}）之比。所谓的最大多样性（H_{max}），即在给定的物种（S）的条件下，个体完全均匀分布的多样性。当两者完全相等时，均匀度指数为 1，也就是说群落中物种分布最均匀，这种情况只出现在群落中资源均匀分配的情况下。因此，Peilou 均匀度指数越大，说明群落内部资源分配越均匀，群落内各个个体获得资源的能力几乎相等，此时的群落内部几乎没有竞争。反之则说明群落内资源匮乏，物种之间竞争激烈。

本研究中，Peilou 均匀度指数随着撂荒演替时间的延长呈现缓慢上升的趋势，但变化较小（图 3-30）。究其原因是群落内部环境比较匀质，物种之间的竞争较小，各个物种获得资源的能力或者说资源生态位相等，因此其 Peilou 均匀度指数随着撂荒演替时间的延长呈缓慢增加的趋势。

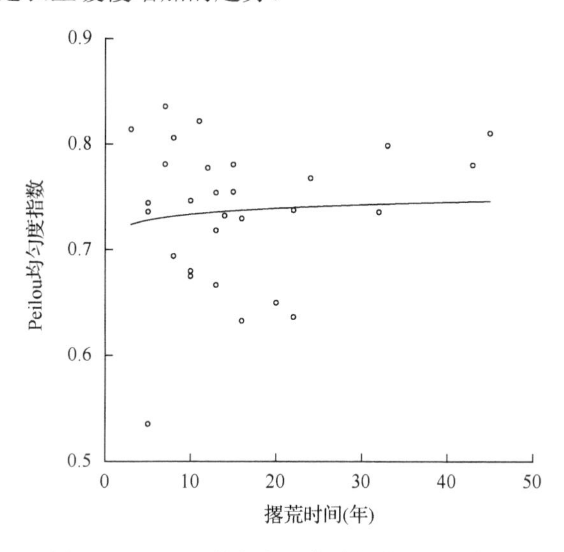

图 3-30　Peilou 均匀度指数随撂荒时间的变化

物种多样性指数与物种丰富度指数、均匀度指数密切相关，群落内物种组成越丰富，则多样性越大，另外，群落内有机体在物种间的分配越均匀，即物种均匀度越大，群落多样性值越大。丰富度是指群落内种的绝对密度，而均匀度是指群落内种的相对密度，多样性指数是物种水平上群落多样性和异质性程度的度量，能够综合反映群落物种多样性和各种间个体分布的均匀程度。在群落的演替过程中，多样性有从早期阶段向后期阶段逐渐增加的趋势，后期又呈现减小的趋势。

由此，随着退耕年限的增加群落的多样性逐渐增大，并稳定在一个较高的水平，这说明群落的稳定性逐渐增大，群落逐渐变得成熟，后期由于资源等环境因子的变化，使得多样性出现降低的趋势。

(六)群落演替的 Whittaker 指数

Whittaker 指数(βws)直观地反映了多样性与物种丰富度之间的关系。当一个群落中的物种数目等于整个撂荒演替序列中的物种数目时，其 Whittaker 指数为零，这个群落的物种丰富度最大；而当一个群落中的物种数目越少时，其 Whittaker 指数越大。因此该指数能从空间尺度对物种丰富度随着环境变化产生的变化加以分析。

本研究中，Whittaker 指数随着退耕时间的延长呈现逐渐减小的趋势(图 3-31)，在退耕演替的初期，其指数大，从中期开始，指数呈现逐渐变小的趋势，因此演替初期群落中物种数目少，随着退耕演替时间的延长，群落中物种数目反而增加。因此演替过程中随着环境梯度的变化物种的替代规律明显。

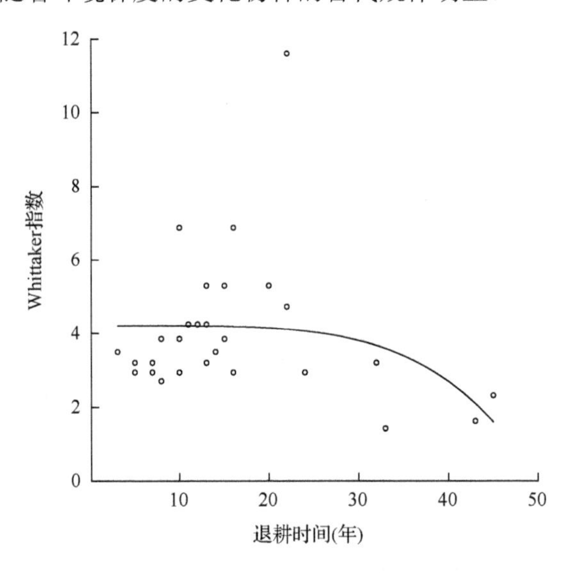

图 3-31　Whittaker 指数随退耕时间的变化的变化

在植物群落的恢复演替过程中，群落多样性的变化是一个复杂的动态过程，群落内或者群落间物种多样性组成的变化是群落与环境相互作用的结果，物种多样性在很大程度上受生境条件和人为活动的综合影响。退耕撂荒后，当地植被和环境正处在一个自行恢复过程中。

第四节 近自然恢复群落动态

对退化生态系统的恢复都是以植被的恢复为前提的，虽然退化生态系统的恢复主要通过植被恢复和土壤质量改善两个方面来体现，但是人们可操作的只有先通过植被的恢复，进而改善土壤质量。因此地上部分的群落结构组成和数量特征对于了解和认识植被的恢复程度起到一个指示性的作用。植物群落的结构与外貌通常以优势种和种类组成为特征，因此优势种的更替可成为植物群落演替的标识。

生态学上的优势种对整个群落具有控制性影响，如果把群落中的优势种去除，必然导致群落性质和环境的变化（孙儒泳和李庆芳，2002）。本节用优势种来分析群落演替阶段的物种组成。从不同的层面分析退耕演替过程中群落的数量指标，揭示不同群落的物种数量特征的变化规律等，阐明撂荒地植被恢复过程中群落的数量特征变化规律、群落结构变化。

重要值表示一个种的优势程度，是反映该种群在群落中的相对重要性的一个综合指标和对所处群落的适应程度（刘军和陈益泰，2010）。它在一定程度上表明了一个种相对于群落中其他种对生态资源的占据和利用能力的大小，重要值越大的物种对生态资源的利用和竞争能力越强。因为它简单、明确，所以在近些年来得到普遍采用（孙儒泳和李庆芳，2002）。对重要值的分析可找出群落中的主要优势树种，了解其群落的物种组成。

本研究用重要值来表示群落演替过程综合数量指标。表 3-30 为不同撂荒演替阶段群落中前 2～5 位重要值最大的物种及其重要值的大小。重要值是一种综合性指标，是应用最广的物种特征值，它不仅可以表现某一种群在整个群落中的重要性，而且可以指出种群对群落的适应性。在撂荒地植被恢复过程中，伴随植被发育和群落演替过程，物种重要值在各群落中有起伏，但总体上物种重要值更替明显。

表 3-30 群落中优势种和亚优势种重要值的变化

弃耕时间（年）	优势种（重要值，%）	亚优势种（重要值，%）	弃耕时间（年）	优势种（重要值，%）	亚优势种（重要值，%）
3	白羊草（29.04）	猪毛蒿（18.71）	7	铁杆蒿（26.89）	达乌里胡枝子（14.83）
5	长芒草（35.56）	铁杆蒿（12.07）	8	达乌里胡枝子（23.83）	铁杆蒿（18.78）
5	铁杆蒿（27.67）	长芒草（17.39）	8	达乌里胡枝子（20.31）	糙隐子草（17.76）
5	铁杆蒿（22.60）	达乌里胡枝子（12.98）	10	铁杆蒿（25.48）	长芒草（23.46）
7	铁杆蒿（29.3）	达乌里胡枝子（16.43）	10	长芒草（26.93）	铁杆蒿（23.61）

续表

弃耕时间(年)	优势种（重要值，%）	亚优势种（重要值，%）
10	白羊草(32.78)	达乌里胡枝子(21.29)
11	达乌里胡枝子(21.11)	铁杆蒿(20.99)
12	达乌里胡枝子(23.74)	白羊草(15.44)
13	长芒草(21.22)	达乌里胡枝子(19.60)
13	白羊草(23.32)	铁杆蒿(20.86)
13	达乌里胡枝子(28.64)	铁杆蒿(22.20)
14	白羊草(24.34)	铁杆蒿(23.98)
15	白羊草(36.82)	达乌里胡枝子(24.63)
15	白羊草(26.71)	达乌里胡枝子(23.62)
16	达乌里胡枝子(21.72)	茭蒿(19.29)
16	铁杆蒿(42.61)	白羊草(20.39)
20	白羊草(34.00)	达乌里胡枝子(20.91) 铁杆蒿(19.82)
22	白羊草(46.40)	达乌里胡枝子(37.38)
22	达乌里胡枝子(22.51)	白羊草(21.28)
24	铁杆蒿(21.17)	达乌里胡枝子(20.09)
32	铁杆蒿(21.01)	委陵菜(14.49)
33	铁杆蒿(20.10)	野艾蒿(11.53)
43	铁杆蒿(19.45)	达乌里胡枝子(10.70)
45	白羊草(25.44)	达乌里胡枝子(19.18)

根据演替过程中各个群落的优势种的不同(表 3-30)，把群落演替的过程划分为以下几个过程。

白羊草群落→长芒草群落→铁杆蒿群落→达乌里胡枝子群落→铁杆蒿群落→长芒草群落→白羊草群落→达乌里胡枝子群落→长芒草群落→白羊草群落→达乌里胡枝子群落→白羊草群落→达乌里胡枝子群落→铁杆蒿群落→白羊草群落→达乌里胡枝子群落→铁杆蒿群落→白羊草群落。

群落演替大多数从一年生或者多年生的草本开始，随着演替的进行，环境条件发生变化，再加上外来种源的侵入和土壤种子库的影响，群落类型和物种组成变得更加复杂，多年生物种进一步增多。自然植被恢复过程中，土壤含水量主要依靠降水的补给，由于陕北黄土丘陵区降水偏少，以及植物的自身消耗，土壤水分含量不断减少，较为耐旱及竞争力相对较强的达乌里胡枝子、铁杆蒿和白羊草等开始占优势，不耐旱和竞争力较弱的物种退出群落。纵观不同的演替阶段，尽管各群落的立地条件、空间位置各有不同，但是其群落结构却相似，优势种、亚优势种比较接近，主要是达乌里胡枝子、铁杆蒿、白羊草，其次是长芒草。因此在大的气候条件、成土母质、耕种措施、人为干扰、封禁措施、繁殖体来源等因素一致的情况下，群落的演替有趋同效应，这与气候顶级理论相一致。

退耕地在自然恢复过程中，整个群落的演替过程中4种乡土植物达乌里胡枝子、铁杆蒿、长芒草和白羊草在群落中始终占据优势地位，是群落的优势种和亚优势种，它们在群落演替中占据着重要的地位，对群落的稳定性具有重要的作用，建议在陕北的植被建设过程中以这4种乡土植物作为主要的首选物种。

参考文献

陈灵芝. 1993. 中国的生物多样性现状及其保护对策. 北京: 科学出版社.

邓自发, 王文颖. 1999. 高寒草甸垂穗披碱草(*Elymus nutans*)种群繁殖对策的研究.高原生物学集刊, 14: 69-76.

邓自发, 谢晓玲, 周兴民. 2001. 高寒草甸矮嵩草种群繁殖对策的研究. 生态学杂志, 20(06): 68-70.

高俊芳, 陈云明, 许鹏辉, 等. 2011. 不同干扰措施下黄土丘陵区人工刺槐林生长结构及土壤理化性质分析. 水土保持通报, 31(5): 69-74.

郭逍宇, 张金屯, 宫辉力, 等. 2005. 安太堡矿区复垦地植被恢复过程多样性变化. 生态学报, 25(4): 763-770.

郝文芳, 陈存根. 2008. 植被生物量研究进展. 西北农林科技大学学报(自然版), 36(02): 175-182.

贾松伟. 2009. 黄土丘陵区不同坡度下土壤有机碳流失规律研究. 水土保持研究, 16(2): 30-33.

靳甜甜, 傅伯杰, 刘国华, 等. 2011. 不同坡位沙棘光合日变化及其主要环境因子. 生态学报, 31(7): 1783-1793.

李勉, 姚文艺, 李占斌. 等. 2004. 黄土丘陵区坡向差异及其在生态环境建设中的意义. 水土保持研究, (01): 37-39.

李帅, 赵国靖, 徐伟洲, 等. 2016. 白羊草根系形态特征对土壤水分阶段变化的响应. 草业学报, (02): 169-177.

李裕元, 邵明安, 上官周平, 等. 2006. 黄土高原北部紫花苜蓿草地退化过程与植被演替研究. 草业学报, 15(2): 85-92.

刘军, 陈益泰. 2010. 毛红椿天然林群落结构特征研究. 林业科学研究, 23(01): 93-97.

刘清泉, 杨文斌. 2005. 草甸草原土壤含水量对地上生物量的影响. 干旱区资源与环境, 19(07): 44-49.

刘世梁, 马克明, 傅伯杰, 等. 2003. 北京东灵山地区地形土壤因子与植物群落关系研究. 植物生态学报, (4): 496-502.

刘维暐, 王杰, 王勇, 等. 2012. 三峡水库消落区不同海拔高度的植物群落多样性差异. 生态学报, 32(17): 5454-5520.

刘艳, 卫智军, 杨静, 等. 2004. 短花针茅草原不同放牧制度的植物补偿性生长. 中国草地, 26(3): 18-23.

马宝霞. 2006. 东灵山植物物种(乔木)多样性与环境因子关系的初步研究. 西北农林科技大学硕士学位论文.

马克平, 刘玉明. 1994. 生物群落多样性的测度方法. 生物多样性, 2(4): 231-239.

马玉寿, 李青云. 1997. 柴达木盆地次生盐渍化撂荒地的改良与利用. 草业科学, 14(03): 17-20.

潘百明, 罗宏, 谢强, 等. 2010. 广西姑婆山植被的群落学特征. 辽宁林业科技, (5): 13-16.

钱迎倩, 马克平. 1994. 生物多样性研究的原理与方法. 北京 : 中国科学技术出版社.

宋成军, 赵志刚, 钱增强, 等. 2006. 城市绿色空间的生态学研究. 科技情报开发与经济, 16(4): 150-152.

宋同清, 彭晚霞, 曾馥平, 等. 2008. 桂西北喀斯特人为干扰区植被的演替规律与更新策略. 山地学报, 26(5): 597-604.

宋永昌. 2001. 植被生态学. 上海: 华东师范大学出版社.

孙儒泳, 李庆芬, 牛翠娟, 等. 2002. 基础生态学(第二版). 北京: 高等教育出版社.

孙儒泳, 李庆芬. 2002. 基础生态学. 北京: 高等教育出版社.

汪亚峰, 傅伯杰, 陈利顶, 等. 2009. 黄土丘陵小流域土地利用变化的土壤侵蚀效应: 基于 ^{137}Cs 示踪的定量评价. 应用生态学报, 20(7): 1571-1576.

王兵, 刘国彬, 薛萐, 2010. 纸坊沟流域撂荒地环境因子对植被变化的典范对应分析. 草地学报, (4): 496-502.

王梅, 张文辉. 2009. 不同坡向人工油松林生长状况与林下物种多样性分析. 西北植物学报, 29(8): 1678-1683.
王祥荣. 1993. 浙江天童国家森林公园常绿阔叶林生态特征的分析. 湖北大学学报(自然科学版), 15(04): 430-435.
吴征镒, 周浙昆, 李德铢, 等. 2003. 世界种子植物科的分布区类型系统. 云南植物研究, 25(3): 245-257.
解婷婷, 苏培玺, 周紫鹃, 等. 2013. 荒漠绿洲过渡带不同立地条件下物种多样性及其与土壤理化因子关系. 中国沙漠, 33(2): 508-514.
徐怀同, 王鸿喆, 刘广全, 等. 2007. 退耕还林后陕北吴起县植物区系研究. 中国农学通报, 23(7): 510-518.
闫玉厚, 曹炜. 2010. 黄土丘陵区土壤养分对不同植被恢复方式的响应. 水土保持研究, 17(5): 51-53.
严岳鸿, 何祖霞, 苑虎, 等. 2011. 坡向差异对广东古兜山自然保护区蕨类植物多样性的生态影响. 生物多样性, 19(1): 41-47.
杨修, 高林. 2001. 德兴铜矿矿山废弃地植被恢复与重建研究. 生态学报, 21(11): 1932-1940.
袁素芬, 陈亚宁. 2006. 新疆塔里木河下游灌丛地上生物量及其空间分布. 生态学报, 26(06): 1818-1824.
张宏达, 黄云晖, 缪汝槐, 等. 2004. 种子植物系统学. 北京: 科学出版社.
张玲, 张东来, 王承义, 等. 2010. 黑龙江省胜山国家级自然保护区植物群落物种多样性与环境因子关系. 辽宁林业科技, (06): 16-18.
张雅梅, 朱玉芳, 李若凝. 2009. 生态旅游的景观干扰探析. 中国农学通报, 25(14): 99-103.
张育新, 马克明, 祁建, 等. 2009. 北京东灵山辽东栎林植物物种多样性的多尺度分析. 生态学报, 29(5): 2179-2185.
张育新, 马克明, 祁建, 等. 2009. 北京东灵山辽东栎林植物物种多样性的多尺度分析. 生态学报, 29(5): 2179-2185.
赵志模, 郭依泉. 1990. 群落生态学原理与方法. 重庆: 科学技术文献出版社重庆分社: 147-154.
朱桂林, 山仑. 2004. 弃耕演替与恢复生态学. 生态学杂志, 23(006): 94-96.
朱志红, 王刚. 1994. 不同放牧强度下矮嵩草无性系分株种群的动态与调节. 生态学报, 14(01): 40-45.
Cramer M J, Willig M R. 2002. Habitat heterogeneity, habitat associations, and rodent species diversity in a sand-shinnery-oak landscape. Journal of Mammalogy, 83(3): 743-796.
Robert E R. 2004. 生态学(第五版). 孙儒泳, 尚玉昌, 李庆芬, 等译. 北京: 高等教育出版社.

第四章　陕北黄土丘陵沟壑区恢复植被防水蚀功能

植被是生态系统结构和功能保持的主体，对于维持一个区域的生态系统服务功能具有至关重要的作用。尤其是土壤易受侵蚀的黄土高原地区，植被覆盖更是影响其水土流失的关键因子。大量的研究表明，植被恢复能够从根本上减少黄土高原地区的水土流失情况，同时还能够增加各类生态服务功能，如土壤质量恢复、水源涵养、增加生物多样性等(李裕元等，2010；Renetal.，2016；Deng et al.，2016)。国家 1999 年在陕北地区开始试点实施退耕还林(草)工程，主要通过在原有的坡耕地和低产农田开展人工植被恢复，从而防止水土流失。经过十多年的努力，陕北黄土高原植被恢复效果显著。但是由于涉及面积广泛，植被恢复的树种和恢复模式多种多样，不同的植被和模式带来的水蚀防控效果也有不同。为了研究清楚陕北黄土高原主要植被类型和恢复模式的防水蚀能力，杨改河教授课题组在陕西省延安市安塞县境内设立了 30 个固定观测径流场，用于研究不同植被恢复类型在减少水土流失方面的功能。

第一节　植被类型对地表径流和土壤侵蚀的影响

根据对陕北地区尤其是黄土丘陵沟壑区开展的实地调研和走访，选择了最为典型的 8 种植被恢复类型作为代表，并选择低肥力坡耕地作为对照开展实验。为保证不同样地间的地理、气候等条件基本一致，所有样地均选取在安塞县真武洞镇五里湾村五里湾小流域内。同时，针对部分植被类型根据林龄和坡度等情况选取了不同的处理，共计 15 种样地类型，每种类型布设 2 个相邻的 5m×10m 坡面径流场进行观测，共计建设 30 个坡面径流场，均采用自然坡面和自然植被。径流场边缘采用石棉瓦进行隔挡，在每个径流场坡面下部设置出水口并用径流桶(内径 ϕ42cm)收集径流(图 4-1)。建设时主要在径流场外侧施工，以减少对径流场内原有植被的破坏，保证数据的准确性。

每年于主要降水月份(6～10 月)采集数据。从每次降雨开始记录时间并开始观测降雨量，降雨停止后记录降雨时间和总降雨量，并对径流桶内收集到的径流深度进行测定(用于换算成径流量)，测定完后将径流桶内水和泥沙进行充分搅匀，分别用 3 个 1L 的取样瓶灌取径流样品，带回实验室静止 24 个小时，待泥沙充分沉淀后倒掉上层清水，将泥沙放在烘箱中烘干后称重。

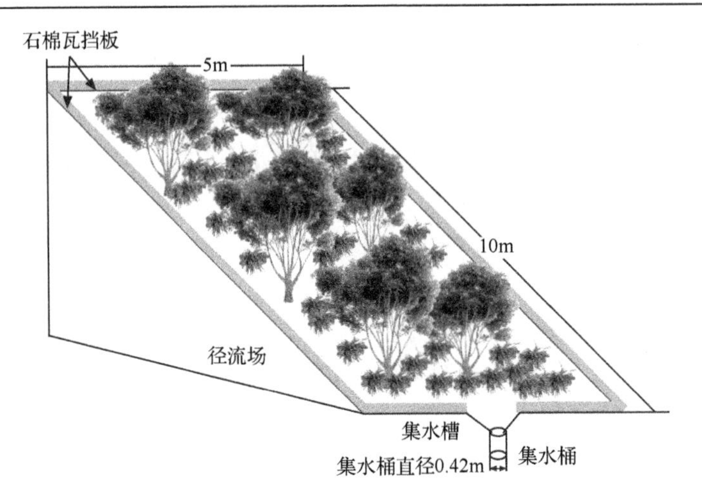

图 4-1　坡面径流场示意图

径流场基本信息见表 4-1。样地植被类型包括刺槐(*Robinia pseudoacacia* Linn.)、刺槐+山桃(*Robinia pseudoacacia* Linn. & *Prunus davidiana* Franch.)1∶1 混交、刺槐+山杏[*Robinia pseudoacacia* Linn. & *Armeniaca sibirica*(L.) Lam]1∶1 混交、柠条(*Caragana korshinskii* Kom.)、弃耕梯田(abandoned terrace)、人工山杏[*Armeniaca sibirica*(L.) Lam]、人工苜蓿(*Medicago sativa* Linn.)、撂荒地(abandoned land)等，选取低肥力坡耕地(slope land)作为对照。

表 4-1　径流场基本信息

序号	编号	坡度(°)	坡向(°)	纬度 N	经度 E	海拔(m)	主要植被类型	年限(年)	盖度(%)	草本盖度(%)
1	RP201	18	65	36°52'01.002"	109°21'06.861"	1350	刺槐	20	80	60
2	RP&PF	28	112	36°52'11.672"	109°21'06.751"	1336	刺槐+山桃	20	70	60
3	RP&ASL	25	120	36°52'12.779"	109°21'07.850"	1338	刺槐+山杏	20	80	20
4	RP202	25	112	36°52'11.672"	109°21'03.681"	1332	刺槐	20	85	25
5	MS	38	30	36°52'10.444"	109°21'04.142"	1389	苜蓿	—	—	38
6	AT	38	30	36°52'10.414"	109°21'04.110"	1391	荒草(梯田)	20	—	50
7	ASL1	25	31	36°52'11.062"	109°21'00.000"	1397	山杏	20	50	35
8	CK	45	28	36°52'11.268"	109°21'01.093"	1323	柠条	45	95	85
9	AB1	45	60	36°52'43.672"	109°20'56.232"	1276	荒草	20	—	85
10	RP45	30	85	36°52'17.077"	109°20'53.677"	1327	刺槐	45	80	98
11	ASL2	35	60	36°52'15.759"	109°20'50.634"	1359	山杏	15	55	30
12	ASL3	30	75	36°52'17.393"	109°20'51.865"	1355	山杏	15	40	30
13	AB2	25	330	36°52'19.357"	109°20'51.205"	1356	荒草	20	—	75
14	AB3	20	15	36°52'19.247"	109°20'51.810"	1347	荒草	20	—	90
15	SL	21	35	36°51'54.693"	109°21'04.224"	1255	糜子	—	—	45

选取相同年限(20 年)的不同植被类型(刺槐 RP202、刺槐山桃混交 RP&PF、柠条 CK、弃耕梯田 AT、人工山杏林地 ASL3、撂荒地 AB2)分析不同植被类型下径流系数及土壤侵蚀量的变化情况，并以坡耕地作为对照。

如图 4-2 所示为各径流小区监测不同土地利用类型下的径流系数，数据根据 2014 年 6 月～2015 年 10 月径流监测数据平均而来。可见，坡耕地产生的径流系数显著大于其他土地利用类型；撂荒地、人工山杏林地和弃耕梯田之间径流系数不具有显著差异性；人工山杏林地和撂荒地的径流系数显著大于柠条地的径流系数。刺槐、刺槐山桃混交和刺槐山杏混交之间径流系数均不具有显著差异，但是刺槐、刺槐山桃混交、刺槐山杏混交显著小于其他类型，相对于坡耕地径流减少率分别达到了 69%、68%和 70%，取得了明显的径流减少效果。说明这 3 种土地利用类型具有比较好的保水能力，可以显著降低地表径流量。刺槐、刺槐山桃混交和刺槐山杏混交由于乔木层对降水的截留，减少直接落到地表的雨水从而减少了地表径流量(陈利顶等，2015)；柠条在减少地表径流方面仅次于以上 3 种类型，也表现出较好的效果；同时弃耕梯田径流量小于撂荒地的径流量，可能的原因是梯田在径流流过的时候较为平缓，下渗较多从而减少了地表径流；人工山杏在减少地表径流方面表现较差，主要原因是人工山杏林地作为一种生态经济林，人为管护力度比其他类型大，从而导致林下草本少，林冠由于受到人为的干扰(如疏枝)而降低了截留雨水的能力。综合来看，以刺槐为基础的刺槐纯林或刺槐与其他树种混交林在减少地表径流量方面的表现优于其他树种，灌木柠条优于撂荒地和人工山杏林地，减少径流能力总体趋势表现为乔木＞灌木＞草地。

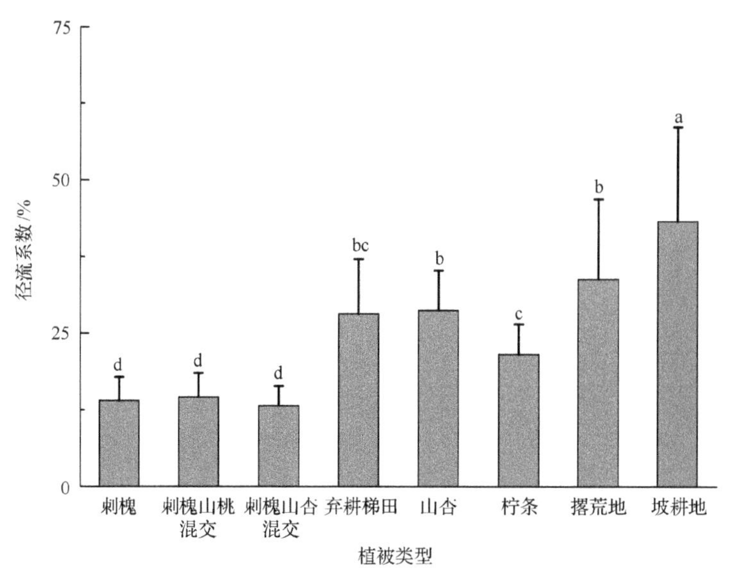

图 4-2　不同土地利用类型下的地表径流系数

图中相同字母表示两者之间在 0.05 水平差异不显著，不同字母表示差异显著

图 4-3 所示为 2014 年 6 月～2015 年 10 月径流小区监测不同土地利用类型下的土壤侵蚀量平均值。从图中看出，土壤侵蚀量与径流量表现出基本一致的趋势。其中，坡耕地的土壤侵蚀量显著大于其他的土地利用类型；其次为撂荒地、人工山杏林地和弃耕梯田，3 种土地利用类型之间不存在显著差异，但柠条林地的土壤侵蚀量显著小于人工山杏林地和撂荒地；刺槐、刺槐山桃混交、刺槐山杏混交之间的侵蚀量均不具有显著差异，但是显著小于其他类型。总体来看，不同植被类型防控水土流失的能力表现为乔木＞灌木＞撂荒地。分析其可能的原因有如下几种：第一，刺槐和以刺槐为基础的混交林由于上层冠幅较大，枝条密集，对雨水下落过程有较大的遮挡，极大地减缓了雨水直接下落对地表土壤的冲刷，而其他植被类型，尤其是没有乔木和灌木的草地及枝条稀疏的人工山杏树林，对雨水下落过程中的阻挡作用较小，雨水直接下落到地表造成了严重的冲蚀；第二，耕地和撂荒地由于其径流量大，对土壤的侵蚀也较严重，从而造成了较大的侵蚀量；第三，刺槐林地由于其大量的凋落物归还量，使得地表覆盖物增加，从而有效保护了土壤不被侵蚀。

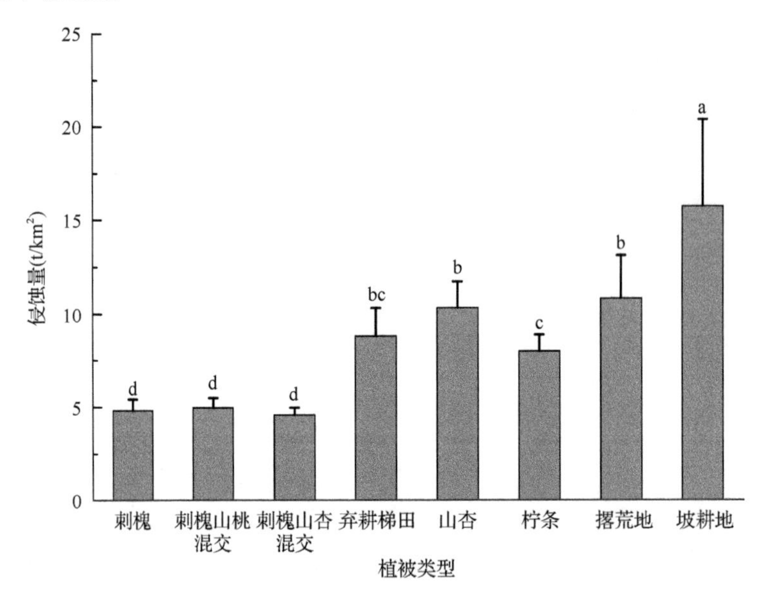

图 4-3　不同土地利用类型下的土壤侵蚀量

图中相同字母表示两者之间在 0.05 水平差异不显著，不同字母表示差异显著

第二节　坡度对地表径流和土壤侵蚀的影响

分别选取植被类型为刺槐、山杏与撂荒地的 9 个样地(刺槐 RP201，刺槐 RP202，刺槐 RP45，山杏 ASL1，山杏 ASL2，山杏 ASL3，撂荒地 AB1，撂荒地

AB2，撂荒地 AB3）分析坡度对地表径流和土壤侵蚀的影响，每种植被类型包含 3 种不同坡度的样地（刺槐包括 18°、25°和 30°，山杏包括 25°、30°和 35°，撂荒地包括 20°、25°和 40°）。

图 4-4 所示为 2014 年 6 月～2015 年 10 月各植被类型下不同坡度径流场径流系数的变化情况，数据为各径流场不同时期监测数据的平均值。由图可以看出，刺槐、山杏与撂荒地 3 种不同植被类型径流系数均表现出随着坡度增加而增加的变化规律，这一结果在之前的多项研究中得到证实（陈晓安等，2010；陈俊杰等，2013；王秀英等，1998）。其中，刺槐林从 18°到 30°径流系数逐渐增加，但 25°到 30°林地径流系数差异不显著；山杏林从 25°到 35°径流系数逐渐增加，但 30°和 35°差异不显著；撂荒地从 20°到 40°径流系数显著增加，但 20°和 25°差异不显著。以上结果说明在不同的植被类型下，径流系数都会随着坡度的增加而逐渐增加，但是小范围的坡度增加对地表径流的影响效果较小。

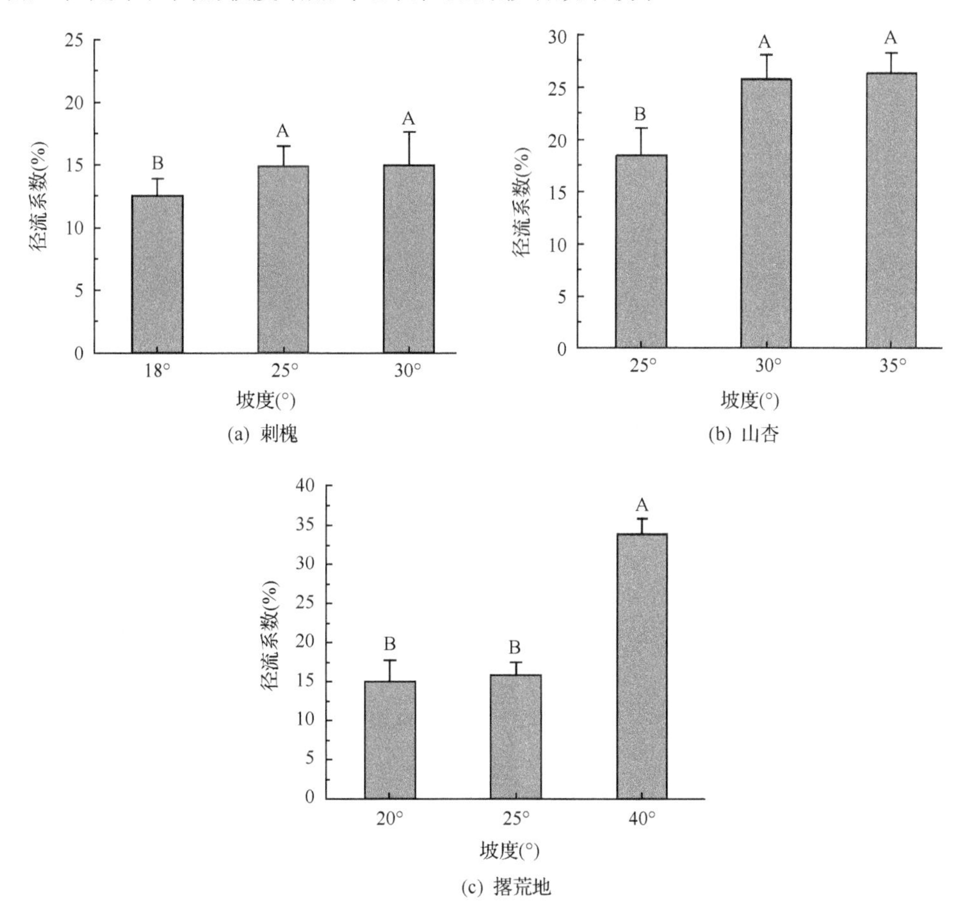

图 4-4　各土地利用类型下不同坡度的地表径流系数

同一图中相同字母表示两者之间在 0.01 水平差异不显著

图 4-5 所示为 2014 年 6 月～2015 年 10 月各植被类型在不同坡度下土壤侵蚀量的变化情况。不同植被类型侵蚀量随坡度变化表现出近似的变化规律。刺槐林在 30°坡度下侵蚀量显著高于其他两种坡度，其次是 25°下的侵蚀量，在 18°下刺槐林地土壤侵蚀量最小；山杏林在 3 种坡度下土壤侵蚀量也是随着坡度增加而增加，其中 35°下的侵蚀量最大，其他两个坡度下侵蚀量显著减小，但两者之间没有显著差异；撂荒地和山杏林地表现出相同的趋势，随着坡度增加而增加。

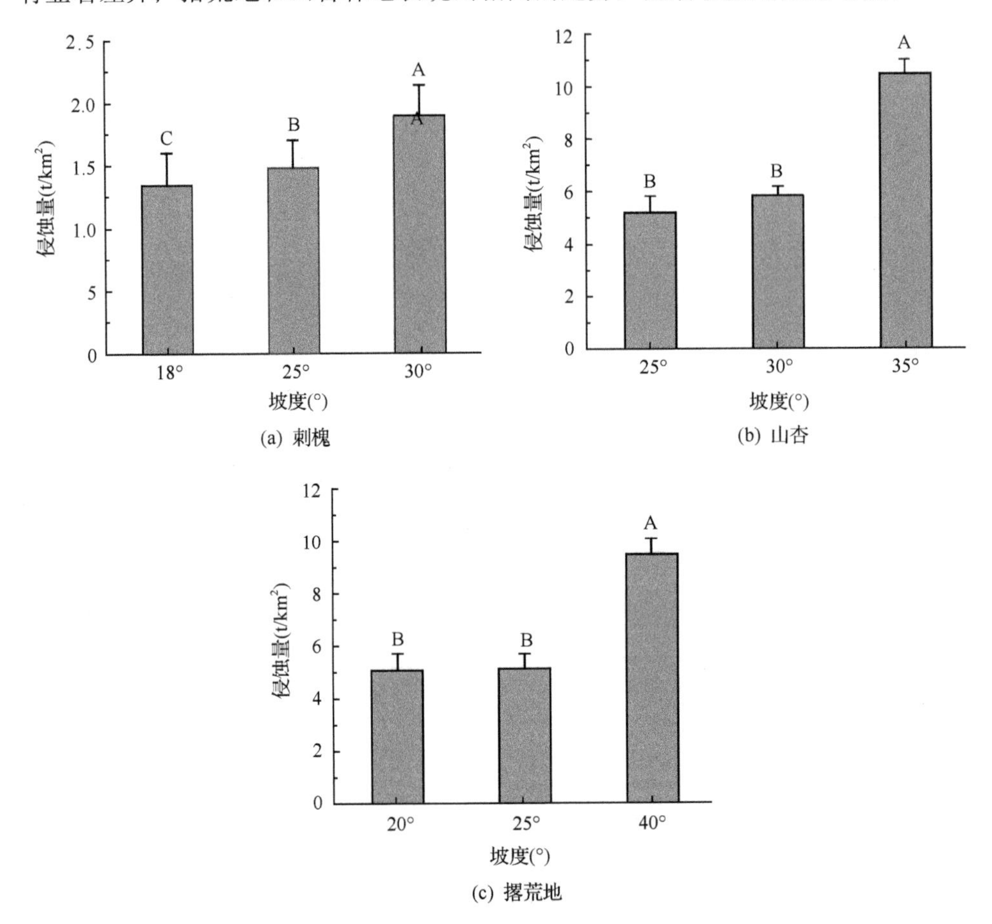

(a) 刺槐　(b) 山杏　(c) 撂荒地

图 4-5　各土地利用类型下不同坡度的土壤侵蚀量

同一图中相同字母表示两者之间在 0.01 水平差异不显著

从 3 种不同植被类型在不同坡度下的径流系数和土壤侵蚀量表现来看，在 35°以下坡度各植被类型保持水土能力都较好，但是在大于 35°以上的陡坡，各个植被类型下土壤侵蚀和径流均增加很大。结合经验，在陕北黄土高原地区侵蚀开始和最为严重的位置往往都在陡坡和悬崖边，然后逐渐扩大。因此，在黄土高原开展植被恢复，一方面应该优化各类植被类型和林分配置；另一方面，要注重对侵蚀重点位置的关注，在坡边和陡坡位置要结合人工梯田和多种措施配合以减少土壤侵蚀。

第三节　植被物种多样性对地表径流和土壤侵蚀的影响

不同植被恢复方式会导致地上植被物种多样性的差异，而由于不同的物种其叶片、凋落物及根系等对土壤抗侵蚀能力的影响也可能不同。对研究区域内设置坡面径流场 14 种植被恢复样地进行地上植被调查，计算其物种多样性，分析植被物种多样性指数(Gleason 丰富度指数、Shannon-Wiener 指数、Simpson 多样性指数和 Pielou 均匀度指数)与径流系数的关系。植被物种多样性指数计算方法如下：

1) Gleason 丰富度指数：$J=\dfrac{S}{\ln A}$

2) Shannon-Wiener 指数：$H=-\sum_{i=1}^{S}(P_i\log_2 P_i)$

3) Simpson 多样性指数：$D=\sum_{i=1}^{S}\dfrac{N_i(N_i-1)}{N(N-1)}\ (i=1,2,\cdots,S)$

式中，A 为样方面积；S 为样方内总物种数；N 为全部种的个体总数；N_i 是 i 的个体数；P_i 为第 i 种的株数和样方内总株数的比值。

相关性分析结果表明：林地径流系数与 Gleason 丰富度指数、Shannon-Wiener 指数和 Simpson 多样性指数均呈现出负相关关系，径流系数与 Shannon-Wiener 指数和 Simpson 多样性指数的相关关系显著。相关性大小顺序为 Simpson 多样性指数＞Shannon-Wiener 指数＞Gleason 丰富度指数。图 4-6 所示为各植被多样性指数与径流系数的线性拟合关系，随着 3 项指数的增加，林地的径流系数均表现出降低的趋势。

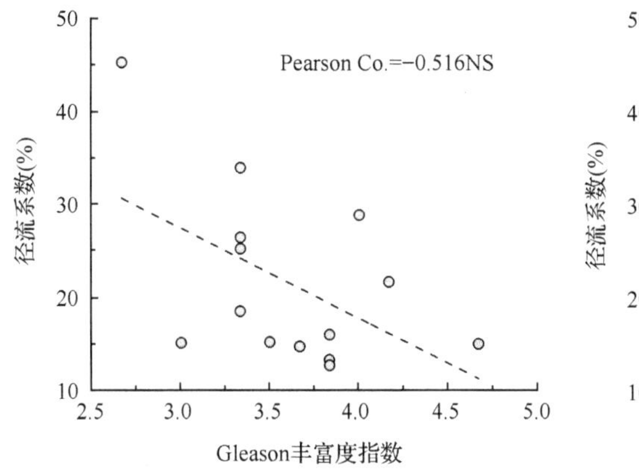

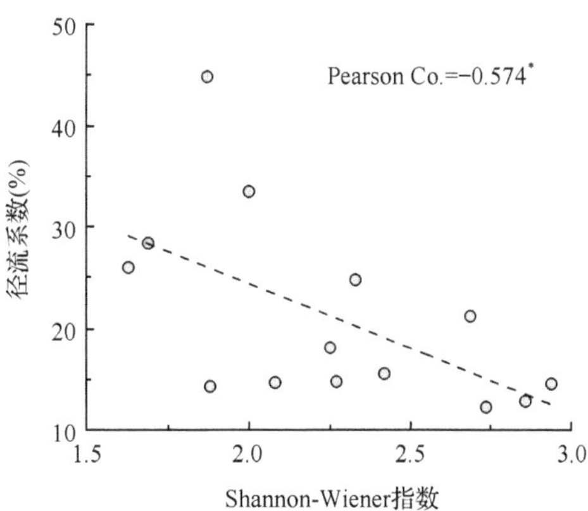

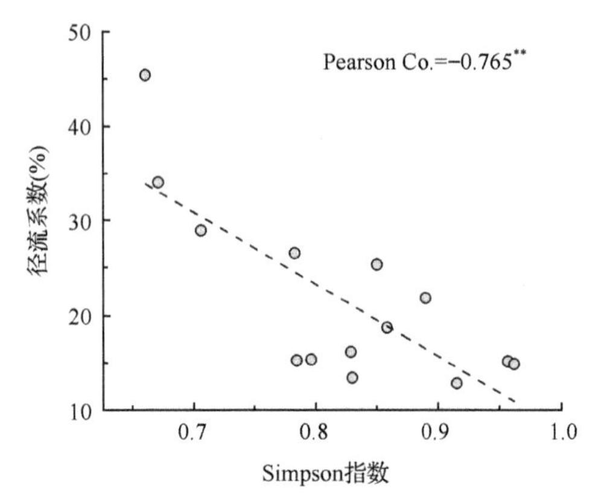

图 4-6　植被物种多样性指数与径流系数的关系

Pearson Co.为 Pearson 相关性指数；*和**分别表示相关性在 0.05 和 0.01 水平上显著(双尾检验)，NS 表示不显著

图 4-7 所示为土壤侵蚀量与植被物种多样性指数之间的关系，结果显示，林地土

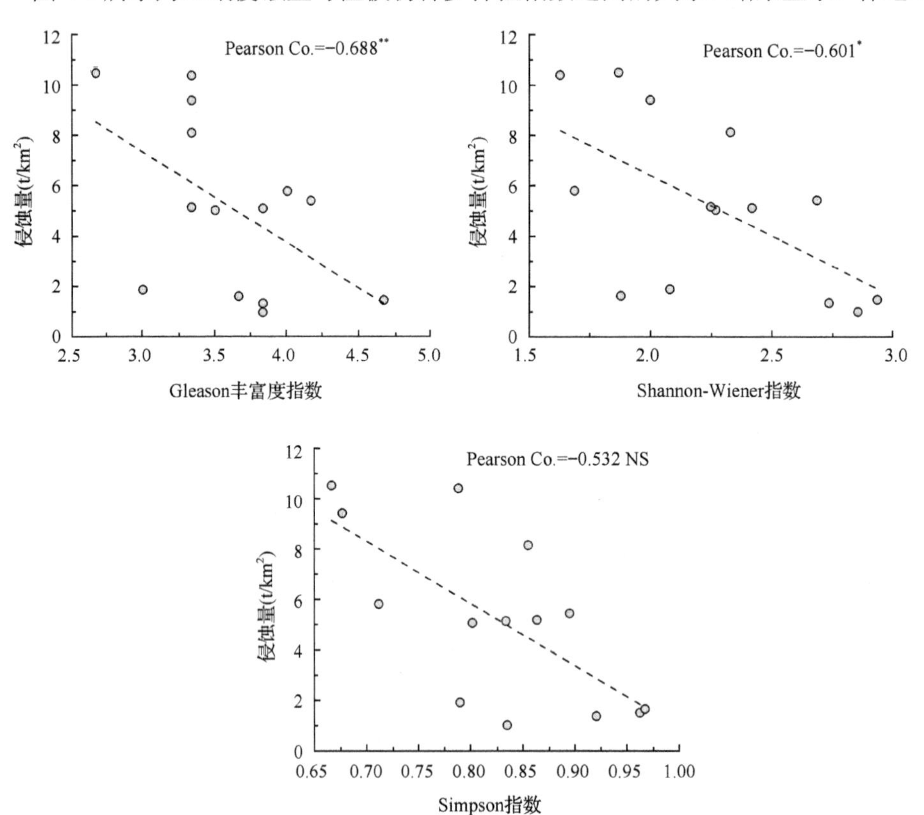

图 4-7　植被物种多样性指数与土壤侵蚀量的关系

Pearson Co.为 Pearson 相关性指数；*和**分别表示相关性在 0.05 和 0.01 水平上显著(双尾检验)，NS 表示不显著

壤侵蚀量与 Gleason 丰富度指数、Shannon-Wiener 指数和 Simpson 多样性指数均呈负相关关系，其中土壤侵蚀量与 Gleason 丰富度指数和 Shannon-Wiener 指数的关系达到显著水平。土壤侵蚀量与各物种多样性指数相关性大小顺序为 Gleason 丰富度指数＞Shannon-Wiener 指数＞Simpson 多样性指数。

通过建设 30 个固定观测径流场，观测各植被类型林下径流系数大小与土壤侵蚀量，研究不同类型恢复植被在减少水土流失方面的功能。结果表明，植被恢复措施能有效遏制林地水土流失情况，不同植被恢复类型径流系数与土壤侵蚀量均显著小于坡耕地($P<0.05$)。总体来看，不同植被恢复措施的水土流失防控能力表现为乔木＞灌木＞撂荒地，具体以刺槐为基础的刺槐纯林或刺槐与其他树种的混交林在减小地表径流和土壤侵蚀量表现最好，灌木柠条次之，人工山杏与撂荒地较差。刺槐、山杏与撂荒地 3 种植被类型径流系数与土壤侵蚀量受坡度变化影响均较小，不同植被类型径流系数与土壤侵蚀量随坡度变化而有所改变主要是林分密度或草本覆盖变化所致。分析不同植被类型地表径流系数、土壤侵蚀量与植被物种多样性的关系，结果表明，植被物种多样性是影响地表径流系数、土壤侵蚀量的重要因素。

参 考 文 献

陈俊杰, 孙莉英, 刘俊体, 等. 2013. 不同坡长与雨强条件下坡度对细沟侵蚀的影响. 水土保持通报, 33(02): 1-5.

陈利顶, 贾福岩, 汪亚峰. 2015. 黄土丘陵区坡面形态和植被组合的土壤侵蚀效应研究. 地理科学, 35(09): 1176-1182.

陈晓安, 蔡强国, 张利超, 等. 2010. 黄土丘陵沟壑区坡面土壤侵蚀的临界坡度. 山地学报, 28(04): 415-421.

李裕元, 邵明安, 陈洪松, 等. 2010. 水蚀风蚀交错带植被恢复对土壤物理性质的影响. 生态学报, 30(16): 4306-4316.

王秀英, 曹文洪, 陈东. 1998. 土壤侵蚀与地表坡度关系研究. 泥沙研究, 02: 38-43.

赵护兵, 刘国彬, 曹清玉. 2004. 黄土丘陵区不同植被类型对水土流失的影响. 水土保持研究, 11(02): 153-155.

Deng J, Sun P, Zhao F, et al. 2016. Soil C, N, P and its stratification ratio affected by artificial vegetation in subsoil, Loess Plateau China. PLoS ONE, 11(3): e0151446.

Ren C, Kang D, Wu J P, et al. 2016. Temporal variation in soil enzyme activities after afforestation in the Loess Plateau, China. Geoderma, 282(15), 103-111.

第五章　不同植被对干旱侵蚀环境的适应性

功能性状是指能够通过直接影响生长、繁殖和存活而间接影响物种适合性的任何性状。植物会通过某些形状结构和生理特征来响应环境的改变，主要体现在叶片、根系、种子等植物性状的差别上，这种能响应环境变化的植物性状被称为植物功能性状(胡耀升等，2014)，如比叶面积、叶厚度等。而植物叶片是植物进行光合作用的主要器官，也是与环境接触面积最大、对环境变化最敏感的植物器官，植物通过叶片性状的改变来实现不同环境条件下正常的光合作用和基本的植物功能(Violle et al.，2017)。气孔是植物体内水分与外界环境交换的重要媒介，是限制光合作用的重要因子，其大小和数量控制植物与环境的气体、水分交换(Hetherington and Woodward，2003)。叶片表皮气孔大小和密度对气孔导度有一定影响，通过提高气孔导度可以改善作物的光合作用和蒸腾作用(王曙光等，2013)。表皮毛具有减少蒸腾速率、反射阳光、防止强辐射对叶片损伤的功能(Bosabalidis and Kofidis，2002)。研究表明，在贫瘠环境中，比叶面积较小且叶寿命较长，这与植物在干旱条件下构建防卫结构并防止水分丧失的适应策略密切相关(Chai et al.，2016)。因此，植物叶片的很多功能性状被认为是了解植物对环境适应策略的重要性状，即植物叶功能性状对于环境的适应性具有重要的意义。

近年来，黄土丘陵沟壑区的生态环境问题引起了广泛的重视，其植被恢复重建工作也取得了一定的进展。刺槐(*Robinia pseudoacacia*)和山杏(*Armeniaca armeniaca*)是黄土丘陵区生态重建中应用较为广泛的两种植物，在改善黄土高原地区的生态环境、防治水土流失方面发挥了重要作用。本研究以陕北黄土丘陵沟壑区不同群落植物功能性状为研究对象，从植物功能性状的角度来探讨群落的适应策略，并评价其对环境的适应性。

第一节　陕北黄土丘陵沟壑区人工植物群落功能性状特征

一、延安流域不同坡向刺槐群落叶功能性状的变异特征

刺槐林叶片功能性状在不同坡向上差异性明显不同(表 5-1)。从阴坡到半阴坡再到阳坡，叶面积、比叶面积逐渐减小，但叶组织密度并无显著变化；叶厚度表现却相反，在阴坡显著小于半阴坡和阳坡，总体来说刺槐林叶片在阴坡上主要通过增加其面积提高抗性。同时，从叶片养分含量看，不同坡向生长的刺槐林叶片有机碳含量并无显著差异，叶全磷含量以阴坡最高，叶氮含量反而是半阴坡＞阳

坡＞阴坡，说明阴坡叶片的吸收磷需求相对较高，而阳坡吸收氮需求相对较高，这也可能是刺槐林叶片适应环境的一种内在机制。

表 5-1　不同坡向刺槐叶片功能性状

坡向	叶面积 (cm^2)	叶组织密度 (g/cm^3)	叶片含水量 (%)	叶厚度 (mm)	比叶面积 (cm^2/g)	叶磷含量 (g/kg)	叶氮含量 (g/kg)	叶有机碳含量 (g/kg)
阴坡	10.36±0.22a	0.03±0.00a	81.7+1.4a	0.21±0.01b	220.34±10.37a	3.32±0.23a	28.81±0.23c	581.39±49.08a
半阴坡	8.49±0.37b	0.03±0.01a	64.2±2.1b	0.26±0.01a	192.16±17.58b	2.73±0.23b	31.80±0.17a	519.91±27.35a
阳坡	7.36±0.30c	0.02±0.00a	60.5±1.0b	0.26±0.01a	158.47±20.47c	2.52±0.30b	29.94±0.51b	516.09±38.03a

注：同一列不同小写字母表示不同坡向刺槐叶的指标在 $P<0.05$ 水平上差异显著

二、安塞流域不同林龄刺槐群落叶功能性状的变异特征

(一)安塞流域不同林龄刺槐群落叶功能性状差异

由表 5-2 可知，刺槐的叶片含水量变化范围为 49.2%～87.4%，叶面积的变化范围为 4.62～13.75cm^2，比叶面积变化范围为 147.35～300.68cm^2/g，叶组织密度的变化范围为 0.13～0.51g/cm^3，叶厚度的变化范围为 0.09～0.30mm，叶全磷含量变化范围为 1.16～4.45g/kg，叶氮含量的变化范围为 22.91～33.01g/kg，叶有机碳含量的变化范围为 380.40～604.83g/kg。

表 5-2　不同林龄刺槐群落叶片形态特征与养分含量的变异范围

叶功能性状	极小值	极大值	均值	标准差
叶片含水量(%)	49.2	87.4	6.67	0.98
叶面积(cm^2)	4.62	13.75	9.83	2.70
比叶面积(cm^2/g)	147.35	300.68	237.44	63.03
叶组织密度(g/cm^3)	0.13	0.51	0.32	0.18
叶厚度(mm)	0.09	0.30	0.20	0.06
叶磷含量(g/kg)	1.16	4.45	3.31	1.05
叶氮含量(g/kg)	22.91	33.01	30.24	2.54
叶有机碳含量(g/kg)	380.40	604.83	493.64	34.67

随林龄增长，刺槐林叶片形态特征和养分含量发生了显著的变化(表 5-3)。从 10 年到 50 年林龄增长过程中，叶面积、比叶面积、叶含水量均出现先增加后减小的变化特征，在林龄 30 年时达到最高；40 年到 50 年刺槐林叶面积、比叶面积及叶含水量虽然有减小的趋势，但仍然显著高于 10 年和 20 年林龄刺槐。同时，随林龄增长，叶厚度出现持续显著增加的趋势，但这也伴随着叶组织密度反向变化，出现下降趋势。可见，随林龄增长刺槐林叶片依靠增大叶面积、厚度和吸水能力适应区域脆弱环境。从叶片养分含量差异看，叶片养分的主要变化发生在磷

的吸收上，即叶片磷含量随林龄增长呈现显著增加趋势；叶氮和叶有机碳的含量有随林龄增长先增加后减小的变化特征，并且二者在 50 年林龄时达到最小值，这可能是刺槐林生理随植被恢复下土壤养分与环境变化的调节作用。

表 5-3　不同林龄刺槐群落叶片形态特征与养分含量

林龄	叶面积 (cm^2)	叶组织密度 (g/cm^3)	叶含水量 (%)	叶厚度 (mm)	比叶面积 (cm^2/g)	叶磷含量 (g/kg)	叶氮含量 (g/kg)	叶有机碳含量 (g/kg)
10年	5.65±0.16e	0.41±0.16a	52.0±4.3d	0.11±0.02c	154.39±16.59e	2.00±0.38c	31.24±0.68bc	458.74±66.79c
20年	7.78±0.33d	0.20±0.11b	63.3±6.9c	0.17±0.02b	185.81±10.02d	2.22±0.53c	31.70±0.22b	524.19±53.37a
30年	12.33±0.31a	0.30±0.08ab	86.6±3.1a	0.21±0.03b	279.18±11.33a	3.01±0.39b	33.01±0.31a	509.47±35.25ab
40年	10.56±0.27b	0.19±0.10b	83.7±4.6a	0.25±0.01a	249.76±11.00b	3.70±0.45ab	30.82±0.10c	473.38±41.41bc
50年	9.31±0.37c	0.17±0.05b	77.0±3.7b	0.26±0.39a	220.98±13.20c	4.10±0.32a	29.76±0.26d	398.26±41.47d

注：同一列不同小写字母表示不同林龄刺槐叶的指标在 $P<0.05$ 水平上差异显著

（二）不同林龄刺槐群落叶片解剖结构差异

图 5-1 为刺槐叶片在扫描电镜下的解剖结构示意图。刺槐属于双子叶植物，气孔器由两个肾形保卫细胞组成[图 5-1(a)]，无副卫细胞，两个保卫细胞之间的裂生胞间隙即为气孔[图 5-1(a)]，气孔是叶片与外界环境间气体交换的孔道。叶表皮细胞紧密排列[图 5-1(b)]，叶表皮细胞外形成鲜明可见的蜡质层[图 5-1(a)]，且在表皮细胞外有不规则排列的表皮毛[图 5-1(b)]。

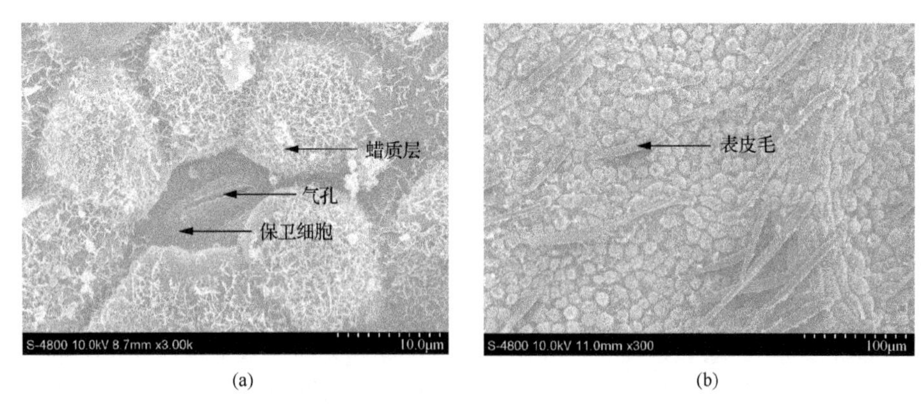

图 5-1　扫描电镜下刺槐叶解剖结构

(a) 3000 放大倍数下刺槐叶气孔形态；(b) 300 放大倍数下刺槐叶表皮毛形态

由表 5-4 可知，刺槐的叶片气孔长度变化范围为 35.54～54.58μm，气孔宽度的变化范围为 13.48～32.17μm，气孔密度变化范围为 158～243.6 个/mm^2，表皮毛长度的变化范围为 206.42～329.30μm，表皮毛密度的变化范围为 104.90～221.50 个/mm²。

表 5-4　不同林龄刺槐叶解剖结构特征值

叶解剖结构特征	极小值	极大值	均值	标准差
气孔长度(μm)	35.54	54.58	41.96	5.49
气孔宽度(μm)	13.48	32.17	18.03	5.06
气孔密度(个/mm²)	158	243.60	388	42.90
表皮毛长度(μm)	206.42	329.30	270.96	30.82
表皮毛密度(个/mm²)	104.90	221.50	176.90	15.60

表 5-5 表明刺槐林生长对于表皮毛密度并无显著影响，其基本维持在 172.36～191.41 个/mm²。但随刺槐林龄增加，气孔密度和表皮毛长度呈现显著增加趋势，气孔长度和气孔宽度则呈下降趋势。与林龄 10 年的刺槐林比较，气孔密度在 20 年和 30 年刺槐林增加无显著差异，平均增幅为 47.1%，到 40 年和 50 年刺槐林气孔持续显著增加，增幅达 1.1 倍。表皮毛长度在 30 年到 50 年刺槐林间均无显著差异，但比林龄 20 年和 10 年刺槐林平均增加了 39.8%。气孔长度和气孔宽度在林龄达到 30～50 年阶段比 10 年林龄的平均下降了 28.1%和 85.3%。总体上，刺槐林生长通过增加气孔密度、缩小气孔长宽度对干旱环境不断适应。

表 5-5　不同林龄刺槐叶解剖结构特征差异

林龄	气孔长度(μm)	气孔宽度(μm)	气孔密度(个/mm²)	表皮毛长度(μm)	表皮毛密度(个/mm²)
10 年	46.22±6.08a	27.62±4.10a	176.13±24.44c	218.49±43.80b	172.36±17.46a
20 年	43.09±8.54ab	17.16±1.50b	234.66±41.05b	204.30±38.93b	190.41±185.47a
30 年	38.60±2.61b	16.53±1.66b	283.37±69.47b	295.95±13.06a	173.45±17.40a
40 年	38.36±2.58b	15.50±1.24bc	356.42±23.08a	294.81±23.00a	180.31±21.45a
50 年	37.27±1.22b	13.12±1.31c	377.54±27.23a	294.50±8.74a	164.41±8.04a

注：同一列不同小写字母表示不同林龄刺槐叶的指标在 $P<0.05$ 水平上差异显著

(三)刺槐群落叶片功能性状与解剖结构变异关系的分析

对不同林龄刺槐叶功能性状与叶解剖结构特征进行相关性分析，其相关系数如表 5-6 所示。刺槐气孔长度与叶氮含量、叶组织密度显著正相关，与叶片含水量显著负相关；气孔宽度与叶有机碳含量、叶组织密度极显著正相关，与叶面积、比叶面积、叶片含水量极显著负相关，与叶全磷含量、叶厚度显著负相关；表皮毛长度与叶面积显著正相关，与叶有机碳含量极显著负相关，其他性状相关性不显著。

表 5-6　不同林龄刺槐叶功能性状与叶解剖结构特征相关系数

叶解剖结构特征	叶全磷含量	叶有机碳含量	叶氮含量	叶面积	比叶面积	叶组织密度	叶片含水量	叶厚度
气孔长度	−0.189	0.174	0.456*	−0.205	−0.131	0.563*	−0.586*	−0.293
气孔宽度	−0.405*	0.739**	0.250	−0.732**	−0.664**	0.830**	−0.834**	−0.619*
表皮毛长度	0.259	−0.530**	−0.184	0.638*	0.482	−0.352	0.335	0.115
气孔密度	−0.202	0.146	0.073	−0.182	−0.056	−0.158	0.267	−0.007
表皮毛密度	−0.188	0.000	0.156	−0.034	0.084	−0.224	0.282	0.054

**表示极显著相关；*表示显著相关

对不同林龄刺槐叶性状及叶解剖结构指标进行主成分分析，结果见表 5-7。各指标的公因子方差较大，其中气孔宽度的公因子方差最大，为 0.976，叶全磷含量的公因子方差最小，为 0.718。按照特征值＞1 的原则，抽取了 4 个主成分，其特征值分别为 6.115、2.436、1.934 和 1.334。这 4 个主成分的累计贡献率达 90.91%，即这 4 个主成分反映出原始数据提供的信息总量的 90.91%。根据累计贡献率达 85%的原则，对前 4 种主成分做进一步分析，主成分的初始因子载荷矩阵是原始指标与各主成分的相关系数。第一主成分与叶面积、比叶面积及叶片含水量有关，贡献率达 47.04%。第二主成分是对表皮毛密度和气孔密度的综合反映，贡献率为 18.74%。第三主成分与叶氮含量及气孔长度有关，贡献率为 14.88%。第四主成分与表皮毛长度有关，贡献率为 10.26%。因此，与第一主成分显著相关的指标，包括叶面积、比叶面积及叶片含水量是主要的叶功能性状指标。

表 5-7　不同林龄刺槐叶性状初始因子载荷矩阵及主成分的贡献

叶性状	主成分 1	主成分 2	主成分 3	主成分 4	公因子方差
叶全磷含量	0.315	−0.443	0.088	−0.644	0.718
叶有机碳含量	−0.929	−0.028	−0.274	−0.168	0.968
叶氮含量	−0.133	0.655	0.674	−0.271	0.975
叶面积	0.913	−0.016	0.309	0.189	0.965
比叶面积	0.878	0.184	0.400	0.067	0.970
叶片含水量	0.884	0.221	−0.255	−0.075	0.902
叶组织密度	−0.837	−0.135	0.285	0.089	0.808
叶厚度	0.770	0.272	0.339	−0.309	0.878
气孔长度	−0.530	0.247	0.661	0.318	0.880
气孔宽度	−0.926	0.182	0.277	0.096	0.976
气孔密度	−0.030	0.812	−0.507	−0.014	0.917
表皮毛长度	0.562	−0.301	−0.039	0.733	0.944
表皮毛密度	0.030	0.889	−0.327	0.143	0.918
特征值	6.115	2.436	1.934	1.334	
方差贡献率(%)	47.04	18.74	14.88	10.26	
累积贡献率(%)	47.04	65.77	80.65	90.91	

三、吴起流域不同林龄山杏群落叶功能性状的变异特征

（一）不同林龄山杏群落叶片形态特征与养分含量的变异

由表 5-8 可知，山杏的叶片含水量变化范围为 5.37%～22.73%，叶面积的变化范围为 12.52～20.72cm^2，比叶面积变化范围为 100.75～167.83cm^2/g，叶组织密度的变化范围为 0.38～0.90g/cm^3，叶厚度的变化范围为 0.01～0.14mm，叶全磷含量的变化范围为 1.02～2.37g/kg，叶氮含量的变化范围为 12.42～19.03g/kg，叶有机碳含量的变化范围为 407.48～583.08g/kg。

表 5-8　不同林龄山杏叶片形态特征与养分含量的变异范围

叶功能性状	极小值	极大值	均值	标准差
叶片含水量(%)	5.37	22.73	9.68	2.79
叶面积(cm^2)	12.52	20.72	16.51	2.82
比叶面积(cm^2/g)	100.75	167.83	130.59	27.36
叶组织密度(g/cm^3)	0.38	0.90	0.61	0.19
叶厚度(mm)	0.01	0.14	0.02	0.04
叶全磷含量(g/kg)	1.02	2.37	1.67	0.43
叶氮含量(g/kg)	12.42	19.03	15.85	2.37
叶有机碳含量(g/kg)	407.48	583.08	499.90	56.80

不同林龄山杏叶片形态特征和养分含量发生了显著的变化（表 5-3）。随着林龄的增长，山杏叶片叶面积和比叶面积呈现先增加后减小的变化特征，两个指标都在林龄 30 年时达到最高，但到林龄 40 年时已下降到与 20 年林龄相当，这一过程说明叶面积变化不是山杏林恢复适应环境的主要性状。叶片含水量和叶厚度呈现随林龄的增长持续显著增加的趋势，这使得叶片组织密度呈现下降的变化特征，说明山杏通过增加叶厚度明显增强了自身的吸水能力，以适应相对干旱的环境。养分含量变化表明，山杏叶片养分主要变化发生在磷和有机碳的吸收上，即叶磷和有机碳含量随林龄增长呈现显著增加趋势；叶氮含量则随林龄增长出现显著下降的变化特征，这可能是山杏生理生长的养分需求响应土壤养分与环境变化的结果。

表 5-9　不同林龄山杏叶片形态特征与养分含量

林龄	叶面积(cm^2)	叶组织密度(g/cm^3)	叶片含水量(%)	叶厚度(mm)	比叶面积(cm^2/g)	叶磷含量(g/kg)	叶氮含量(g/kg)	叶有机碳含量(g/kg)
10年	12.91±0.51d	0.70±0.02b	9.33±0.75c	0.08±0.00c	103.39±40.32d	1.07±0.05d	18.71±0.27a	422.22±8.73d
20年	17.81±0.24b	0.86±0.04a	12.61±0.14b	0.11±0.00c	129.44±31.04b	1.54±0.05c	16.98±0.16b	485.58±7.65c
30年	20.04±0.71a	0.48±0.02c	11.24±0.28b	0.15±0.01b	159.58±32.66a	1.87±0.06b	15.06±0.27c	516.91±8.81b
40年	15.29±0.05c	0.39±0.01d	22.21±0.29a	0.25±0.00a	116.06±28.47c	2.20±0.12a	12.64±0.37d	574.89±6.73a

注：同一列不同小写字母表示不同林龄山杏叶的指标在 $P<0.05$ 水平上差异显著

(二)不同林龄山杏群落叶片解剖结构差异

图 5-2 为山杏叶片在扫描电镜下的解剖结构示意图。山杏属于双子叶植物，气孔器由保卫细胞组成，无副卫细胞。叶表皮细胞紧密排列，密被白色块状鳞片[图 5-2(a)]。与刺槐叶解剖结构不同的是，山杏叶表皮外没有形成明显可见的蜡质层，但叶脉间有不规则的网纹状角质层[图 5-2(b)]。

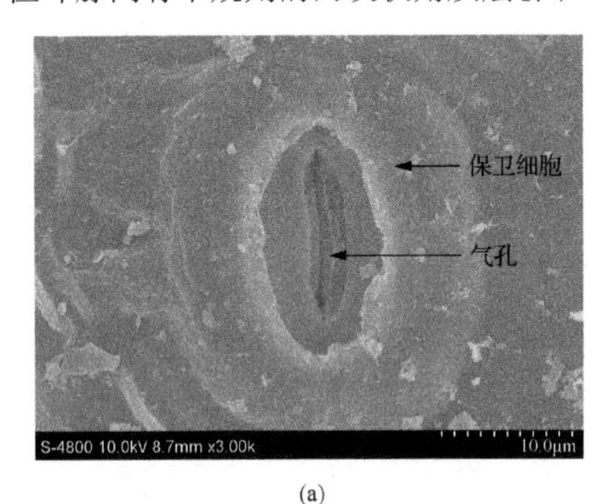

(a)

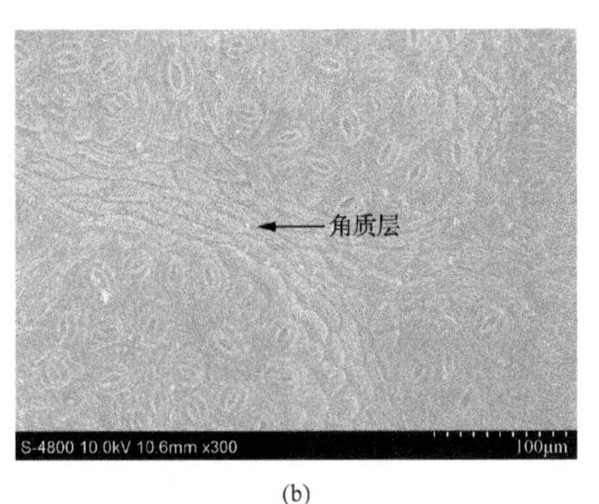

(b)

图 5-2　不同林龄山杏叶解剖结构形态

(a) 3000 放大倍数下山杏叶气孔形态；(b) 300 放大倍数下山杏叶表皮形态

由表 5-10 可知，山杏的叶片气孔长度变化范围为 38.13～69.50μm，气孔宽度的变化范围为 23.12～45.09μm，气孔密度变化范围为 226.12～404.34 个/mm^2。表 5-11 表明，气孔长度、气孔宽度随林龄的增大而减小，气孔密度随林龄的增大逐渐增大。不同林龄山杏气孔长度、气孔宽度差异不显著，20 年山杏和 10 年山杏气孔密度显著小于 30 年山杏和 40 年山杏。

表 5-10　不同林龄山杏叶解剖结构特征值

叶解剖结构特征	极小值	极大值	均值	标准差
气孔长度(μm)	38.13	69.50	52.96	9.13
气孔宽度(μm)	23.12	45.09	32.32	5.48
气孔密度(个/mm^2)	226.12	404.34	318.46	61.05

表 5-11　不同林龄山杏叶解剖结构特征差异

林龄	气孔长度(μm)	气孔宽度(μm)	气孔密度(个/mm^2)
10 年	57.30±13.28a	33.61±8.06a	248.04±27.38b
20 年	54.58±10.09a	32.21±4.50a	257.23±35.91b
30 年	54.11±7.69a	32.16±6.98a	353.00±41.59a
40 年	48.49±7.87a	31.43±4.20a	353.26±42.73a

注：同一列不同小写字母表示不同林龄山杏叶解剖结构在 $P<0.05$ 水平上差异显著

第二节　典型流域人工植被功能性状对干旱环境的适应机制

一、延安流域刺槐群落叶功能性状对环境因子的适应机制

由表 5-12 可知，不同坡向刺槐群落土壤物理、化学性质不同，土壤含水量、土壤全磷含量、土壤有机碳含量及土壤全氮含量在不同坡向间的变化规律为阴坡＞半阴坡＞阳坡。阴坡刺槐群落土壤的物理、化学性质指标显著大于阳坡，半阴坡和阴坡及半阴坡和阳坡的土壤全磷含量、土壤有机碳含量及土壤全氮含量显著差异，阴坡和半阴坡的土壤含水量差异不显著。

表 5-12　不同坡向刺槐群落土壤养分状况

坡向	土壤含水量(%)	土壤全磷含量(g/kg)	土壤有机碳含量(g/kg)	土壤全氮含量(g/kg)
阴坡	0.08±0.01a	1.32±0.04c	8.00±0.27a	0.64±0.02c
半阴坡	0.07±0.08ab	1.05±0.02b	5.80±0.35b	0.57±0.02b
阳坡	0.05±0.01b	1.02±0.02a	4.13±0.48c	0.43±0.03a

由表 5-13 可知，刺槐叶面积、比叶面积与土壤含水量、土壤有机碳含量、土壤全氮含量、土壤全磷含量极显著正相关($P<0.01$)；叶片含水量与土壤含水量显著正相关($P<0.05$)；叶全磷含量与土壤含水量、土壤有机碳、土壤全氮含量、土壤全磷含量极显著正相关；叶厚度与土壤含水量土壤有机碳含量、土壤全磷含量呈极显著负相关，叶厚度与土壤全磷含量呈显著负相关。

表 5-13　不同坡向刺槐叶功能性状和土壤养分含量的相关系数

土壤养分含量	叶面积	比叶面积	叶组织密度	叶片含水量	叶厚度	叶全磷含量	叶有积碳含量	叶全氮含量
土壤含水量	0.979**	0.957**	0.441	0.717*	–0.873**	0.832**	–0.137	–0.454
土壤有机碳含量	0.974**	0.948**	0.280	0.665	–0.816**	0.812**	–0.076	–0.421
土壤全氮含量	0.922**	0.953**	0.456	0.494	–0.680*	0.812**	0.402	–0.216
土壤全磷含量	0.955**	0.856**	0.331	0.814**	–0.906**	0.832**	–0.333	–0.666

**表示极显著相关；*表示显著相关

对不同坡向刺槐叶性状指标进行主成分分析，结果如表 5-14 所示。叶面积的公因子方差最大，为 0.937，叶组织密度的公因子方差最小，为 0.318。按照特征值＞1 的原则，抽取了两个主成分，其特征值分别为 4.776 和 1.295。这两个主成分的累计贡献率达 87.89%，即这两个主成分反映出原始数据提供的信息总量的 87.89%，根据累计贡献率达 85%的原则，故对前两种主成分做进一步分析。主成

分的初始因子载荷矩阵是原始指标与各主成分的相关系数。第一主成分与叶面积、比叶面积、叶片含水量及叶全磷含量有关，贡献率达 59.70%。第二主成分是对叶有机碳和叶全氮含量的综合反映，贡献率为 28.19%。因此，与第一主成分显著相关的指标，包括叶面积、比叶面积、叶片含水量及叶全磷含量是主要的叶功能性状指标。

表 5-14　不同坡向刺槐叶性状初始因子载荷矩阵及主成分的贡献率

叶性状	主成分 1	主成分 2	公因子方差
叶面积	0.959	0.135	0.937
比叶面积	0.881	0.303	0.868
叶组织密度	0.376	0.420	0.318
叶片含水量	0.817	–0.317	0.767
叶厚度	–0.947	0.083	0.904
叶全磷含量	0.867	–0.077	0.757
叶有机碳含量	0.427	0.677	0.641
叶全氮含量	–0.664	0.661	0.879
特征值	4.76	1.295	
方差贡献率(%)	59.70	28.19	
累积贡献率(%)	59.70	87.89	

以叶面积(y_1)、比叶面积(y_2)、叶全磷含量(y_3)、叶片含水量(y_4)为因变量，土壤含水量(x_1)、土壤有机碳含量(x_2)、土壤全氮含量(x_3)、土壤全磷含量(x_4)为自变量，对不同坡向刺槐叶性状第一主成分与土壤养分含量进行逐步回归，回归方程如表 5-15 所示。结果表明，第一主成分中，土壤含水量是影响叶面积的主要土壤因子，其次是土壤有机碳含量；土壤含水量是影响比叶面积的主要土壤因子，其次是土壤全氮含量；土壤全磷含量是影响叶全磷含量及叶片含水量的主要土壤因子。总体上，土壤含水量是影响不同坡向刺槐叶功能性状的主要土壤因子。

表 5-15　不同坡向刺槐叶性状第一主成分与土壤养分含量的逐步回归

叶性状	回归方程	R^2	标准化回归系数
叶面积(y_1)	y_1=39.67x_1+0.383x_2+3.680;$B(x_1)$=0.550,$B(x_2)$=0.456	0.983	$x_1 > x_2$
比叶面积(y_2)	y_2=855.13x_1+150.45x_3+42.228;$B(x_1)$=0.525,$B(x_3)$=0.478	0.959	$x_1 > x_3$
叶全磷含量(y_3)	y_3=0.053x_4+0.003;$B(x_4)$=0.814	0.663	x_4
叶片含水量(y_4)	y_4=1.837x_4+0.905;$B(x_4)$=0.886	0.785	x_4

注：x_1、x_2、x_3 和 x_4 分别代表土壤含水量、土壤有机碳含量、土壤全氮含量和土壤全磷含量

综上，从阳坡到阴坡的生境变化过程中，土壤因子发生了变化。坡向的差异

直接影响了土壤环境条件，包括温度、湿度，土壤发育和生产，土壤团聚体的稳定性及土壤体积密度、孔隙度、营养利用和渗透系数(党晶晶等，2015)。不同坡向植物群落物种组成主要受土壤含水量的限制(刘旻霞和马建祖，2012)，且阴坡土壤含水量显著高于阳坡，土壤含水量是影响叶功能性状的主要土壤因子。通常情况下，在资源有限的生境中，生长缓慢的物种比叶面积都比较低，高比叶面积的植物常常分布在土壤资源丰富的地方(戚德辉等，2015)。阴坡土层较深，土壤发育较好，土壤微生物对枯枝落叶有较大的消化潜力，从而产生较高的营养利用空间，更适合植物生长(党晶晶等，2015)。阳坡光照强、土壤含水量低，刺槐通过减小叶面积、比叶面积，增大叶厚度来适应环境(尤其是土壤物理、化学性质)的变化。因此，坡向是影响刺槐叶功能性状变化的环境因子。

二、安塞流域刺槐群落叶功能性状对环境因子的适应机制

由表 5-16 可知，不同林龄刺槐群落土壤全磷含量及土壤全氮含量的变化趋势为 40 年刺槐＞30 年刺槐＞50 年刺槐＞20 年刺槐＞10 年刺槐；土壤有机碳含量的变化规律为 50 年刺槐＞40 年刺槐＞30 年刺槐＞20 年刺槐＞10 年刺槐。显著性分析表明，不同林龄刺槐群落土壤有机碳含量及土壤全氮含量差异均显著。40 年刺槐群落土壤全磷含量与 10 年、20 年、50 年刺槐群落差异显著，20 年刺槐群落、30 年刺槐群落、50 年刺槐群落土壤全磷含量差异不显著。总体上，刺槐土壤养分含量随林龄的增大呈增大趋势，但 50 年刺槐群落的土壤全磷含量和土壤全氮含量显著低于 40 年刺槐群落。

表 5-16　不同林龄刺槐群落土壤养分含量

林龄	土壤全磷含量(g/kg)	土壤有机碳含量(g/kg)	土壤全氮含量(g/kg)
10 年	0.46±0.03c	4.43±0.42e	0.22±0.01e
20 年	0.48±0.03bc	6.65±0.43d	0.36±0.02d
30 年	0.50±0.03ab	7.90±0.26c	0.52±0.01b
40 年	0.53±0.02a	10.62±0.30b	0.63±0.03a
50 年	0.49±0.04bc	13.00±0.43a	0.40±0.01c

注：同一列不同小写字母表示不同林龄刺槐土壤养分含量在 $P<0.05$ 水平上差异显著

表 5-17 和表 5-18 分别表示不同林龄刺槐叶功能性状、叶解剖结构特征与土壤养分间的相关性。由表 5-17 可知，叶氮含量、叶厚度与土壤全氮含量显著正相关($P<0.05$)；叶有机碳含量、叶组织密度与土壤有机碳含量极显著正相关($P<0.01$)；叶全磷含量、叶面积、比叶面积及叶片含水量与土壤有机碳含量极显著负相关；叶全磷含量与土壤全磷含量显著负相关。由表 5-18 可知，气孔宽度与土壤有机碳含量极显著正相关，表皮毛长度与土壤有机碳含量极显著负相关，其他性

状相关性不显著。

表 5-17 不同林龄刺槐叶功能性状和土壤养分含量的相关系数

土壤养分含量	叶全磷含量	叶有机碳含量	叶氮含量	叶面积	比叶面积	叶组织密度	叶片含水量	叶厚度
土壤全氮含量	0.160	–0.068	0.538*	0.031	0.257	–0.290	0.356	0.578*
土壤有机碳含量	–0.551**	0.821**	0.287	–0.812**	–0.671**	0.668**	–0.688**	–0.447
土壤全磷含量	–0.393*	0.672**	–0.070	0.023	0.241	0.169	–0.192	0.428

**表示极显著相关；*表示显著相关

表 5-18 不同林龄刺槐叶解剖结构特征和土壤养分含量的相关系数

土壤养分含量	气孔长度	气孔宽度	表皮毛长度	气孔密度	表皮毛密度
土壤有机碳含量	0.323	0.820**	–0.668**	0.174	0.112
土壤全磷含量	0.364	0.282	–0.386	0.085	0.167
土壤全氮含量	–0.337	–0.196	–0.472	0.505	0.406

**表示极显著相关；*表示显著相关

如表 5-19 所示，叶面积、比叶面积与土壤全氮含量极显著相关($P<0.01$)；叶片含水量与土壤全氮含量显著相关($P<0.05$)；叶全磷含量与土壤有机碳含量极显著相关；表皮毛长度与土壤有机碳含量显著相关；叶有机碳含量与土壤全磷含量显著相关；叶厚度、叶全氮含量、气孔长度、气孔宽度及气孔密度与土壤有机碳含量、土壤全氮含量显著相关。比较标准化回归系数，土壤有机碳含量是影响刺槐叶厚度、叶全氮含量、气孔长度、气孔宽度、叶全磷含量、表皮毛长度及气孔密度的主要土壤因子，土壤全氮含量是影响刺槐叶面积、叶片含水量及比叶面积的主要土壤因子。

表 5-19 刺槐叶性状及解剖结构与土壤养分的逐步回归分析

指标	回归方程	回归系数
叶面积 LA	LA=3.16+14.04STN;B(STN)= 0.87	0.75**
叶片含水量 LWC	LWC=0.03+0.09STN; B(STN)= 0.64	0.57*
叶厚度 LT	LT=0.04+0.01SOC+0.17STN;B(SOC)= 0.61,B(STN)= 0.41	0.80*
比叶面积 SLA	SLA=103.42+269.73STN; B(STN)= 0.84	0.71**
叶全磷含量 LTP	LTP=1.35+ 0.19SOC; B(SOC)= 0.85	0.73**
叶全氮含量 LTN	LTN=31.96+4.64STN–3.1SOC; B(SOC)= –0.89,B(STN)= 0.59	0.59*
叶有机碳含量 LOC	LOC=347.31+234.79STP; B(STP)= 0.57	0.32*
气孔长度 SL	SL=60.46–1.24SOC–15.63STN; B(SOC)= –0.65,B(STN)= –0.36	0.79*
气孔宽度 SW	SW=35.46–1.01SOC–18.01STN; B(SOC)= –0.54,B(STN)= –0.42	0.71*
气孔密度 SD	SD=32.94+19.81SOC+181.82STN; B(SOC)= 0.75,B(STN) =0.30	0.90*
表皮毛长度 ETL	ETL=198.92+8.28SOC; B(SOC)= 0.61	0.37*

** $P<0.01$；* $P<0.05$。

注：STP 为土壤全磷含量，SOC 为土壤有机碳含量，STN 为土壤全氮含量，下同

综上，刺槐群落土壤养分含量随林龄的增大呈增大趋势，但50年刺槐群落的土壤全磷含量和土壤全氮含量显著低于40年刺槐群落。随着刺槐的生长，林地凋落物增多，有机物的输入量大于分解量，从而在有机质的输入和输出动态平衡中表现为有机碳含量增加(车升国和郭胜利，2010)。50年刺槐群落土壤全氮、全磷含量显著降低，一方面是由于随林木的增长，群落郁闭度增大，养分竞争激烈，加之群落本身生长对养分需求变大，土壤养分利用率升高，造成土壤养分“供”大于“还”(王钰莹等，2016)，另一方面是由于刺槐的生长年限一般为50年(许明祥和刘国彬，2004)，50年刺槐群落处于衰老阶段，其生长机能降低，根瘤菌的固氮能力下降。随着林龄的增大，刺槐叶面积、叶片含水量及比叶面积呈先增大后减小的趋势，叶厚度逐渐增大。主成分分析结果表明，刺槐叶面积、比叶面积及叶片含水量是主要的叶功能性状指标。植物的叶片表面与外界环境接触，环境因子首先作用于叶片的上下表面，植物对外界的反应也较多地反映在叶的形态和结构上。厚的叶边缘往往会阻止叶片与周围的空气进行热量交换，减慢CO_2和H_2O等气体进出叶片的扩散速率(张慧文等，2010)。叶面积减小有助于降低蒸腾面积，避免细胞水势和膨压的过度降低。比叶面积反映植物对碳的获取与利用的平衡关系。比叶面积减小，叶片内部水分向叶片表面扩散的距离或阻力增大，降低植物内部水分散失(李宏伟等，2012)。土壤资源决定了植物资源的利用策略，通过影响植物性状的变异来影响植物生存策略的改变(刘旻霞和马建祖，2012)。土壤全氮含量增加，叶绿素含量相应增加(Cornwell et al.，2008)，从而促进叶片的光合作用，进而影响植物的功能性状。土壤有机质的积累与分解决定土壤氮含量的积累与消耗过程(杨士梭等，2014)。植被凋落物的输入等过程能使土壤有机碳含量产生差异，进而影响植物功能性状的变异(Cornwell et al.，2008)。因此，土壤全氮含量和土壤有机碳含量是影响不同林龄刺槐叶功能性状和解剖结构的主要土壤因子，土壤全氮含量是影响刺槐叶面积、叶片含水量、比叶面积的主要土壤因子，土壤有机碳含量是影响刺槐叶全磷含量、表皮毛长度的主要土壤因子。

三、吴起流域山杏群落叶功能性状对环境因子的适应机制

从 10 年到 30 年林龄，山杏林土壤有机碳、全氮、全磷含量均呈显著增加趋势，但再到 40 年林龄时，碳、氮、磷养分均有下降趋势(表 5-20)。但与 10 年山杏林比较，从 20 年到 40 年林龄山林土壤有机碳、全氮、全磷含量均显著增加，增幅分别为 0.5～2.1 倍、0.5～1.2 倍、0.2～0.4 倍。

表 5-21 和表 5-22 分别表示不同林龄山杏叶功能性状、叶解剖结构特征与土壤养分间的相关性。由表 5-21 可知，叶全磷含量、叶有机碳含量、叶厚度与土壤有机碳极显著负相关($P<0.01$)，叶氮含量与土壤有机碳极显著正相关；叶全磷含

量、叶有机碳含量、叶面积与土壤全磷含量及土壤全氮含量均极显著正相关；叶氮含量与土壤全磷含量及土壤全氮含量极显著负相关，比叶面积与土壤全磷含量显著正相关（$P<0.05$）。由表 5-22 可知气孔宽度、气孔长度与土壤有机碳含量极显著负相关，气孔长度与土壤全氮含量显著正相关，气孔宽度与土壤全氮含量显著负相关；气孔密度与土壤有机碳含量极显著负相关，其他性状相关性不显著。

表 5-20　不同林龄山杏群落土壤养分状况

林龄	土壤全磷含量(g/kg)	土壤有机碳含量(g/kg)	土壤全氮含量(g/kg)
10 年	0.75±0.01d	2.93±0.70d	0.41±0.02d
20 年	0.88±0.02c	4.42±0.34c	0.62±0.01c
30 年	1.06±0.04a	9.01±0.36a	0.92±0.04a
40 年	0.94±0.02b	6.70±0.23b	0.80±0.02b

表 5-21　不同林龄山杏叶功能性状和土壤养分的相关系数

土壤养分含量	叶全磷含量	叶有机碳含量	叶氮含量	叶面积	比叶面积	叶组织密度	叶片含水量	叶厚度
土壤有机碳含量	-0.961^{**}	-0.958^{**}	0.959^{**}	−0.516	−0.506	0.701	−0.264	-0.872^{**}
土壤全磷含量	0.747^{**}	0.696^{**}	-0.714^{**}	0.793^{**}	0.851^{*}	−0.585	0.134	0.595^{*}
土壤全氮含量	0.897^{**}	0.817^{**}	-0.797^{**}	0.771^{**}	0.795^{**}	−0.665	0.184	0.409

表 5-22　不同林龄山杏叶解剖结构特征和土壤养分的相关系数

土壤养分含量	气孔长度	气孔宽度	气孔密度
土壤有机碳含量	-0.750^{**}	-0.707^{**}	-0.905^{**}
土壤全磷含量	0.348	0.110	0.443
土壤全氮含量	0.359^{*}	-0.030^{*}	0.177

**表示极显著相关；*表示显著相关

如表 5-23 所示，山杏叶面积与土壤全氮含量、土壤全磷含量显著相关（$P<0.05$）；叶有机碳含量与土壤全氮含量、土壤有机碳含量显著相关；叶全磷含量与土壤全氮含量显著相关；叶厚度、气孔长度、气孔宽度及气孔密度与土壤有机碳含量极显著相关（$P<0.01$）；比叶面积、叶全磷含量及叶全氮含量与土壤全氮含量极显著相关。比较标准化回归系数，土壤全氮含量是影响山杏叶面积的主要土壤因子，土壤全氮含量是影响山杏叶有机碳含量的主要土壤因子。因此，土壤全氮含量是影响山杏叶面积、比叶面积、叶全氮含量、叶全磷含量及叶有机碳含量的主要土壤因子，土壤有机碳含量是影响山杏叶厚度、气孔长度、气孔宽度及气孔密度的主要土壤因子。

表 5-23　山杏叶性状及解剖结构与土壤养分的逐步回归分析

指标	回归方程	回归系数
叶面积 LA	LA=9.72+23.50STN–12.24STP;*B*(STN)=1.18,*B*(STP)=–0.22	0.99*
叶厚度 LT	LT=0.12+0.02SOC;*B*(SOC)=0.98	0.96**
比叶面积 SLA	SLA=79.25+162.80STN; *B*(STN)=0.89	0.80**
叶全磷含量 LTP	LTP=0.68+4.27STN; *B*(STN)= 0.939	0.88*
叶全氮含量 LTN	LTN=10.12+12.74STN;*B*(STN)= 0.85	0.72**
叶有机碳含量 LOC	LOC=403.47+419.48STN–14.29SOC; *B*(STN)= 1.23;*B*(SOC)=–0.50	0.84*
气孔长度 SL	SL= –93.30–7.56SOC; *B*(SOC)= –0.96	0.92**
气孔宽度 SW	SW=48.89–3.84SOC; *B*(SOC)= –0.91	0.83**
气孔密度 SD	SD=100.95+38.26SOC; *B*(SOC)=0.95	0.90**

** $P<0.01$；* $P<0.05$。

注：叶组织密度及叶片含水量与土壤养分含量的相关性均不显著，因此没有土壤因子输入到逐步回归方程中

综上，随着林龄的增大，山杏群落土壤有机碳含量增大，土壤全磷含量、土壤全氮含量总体呈先增大后减小的趋势。由于 40 年山杏群落林下植物种类及数量少，有机质的输入量少，40 年山杏群落土壤有机碳含量显著低于 30 年山杏群落。随着林龄的增大，山杏叶面积、叶组织密度及比叶面积呈先增大后减小的趋势，叶全磷含量、叶有机碳含量及叶厚度逐渐增大，叶全氮含量逐渐减小。主成分分析结果表明，山杏的叶全磷含量、叶有机碳含量及比叶面积是主要的叶功能性状指标。土壤有机碳含量是影响山杏叶厚度、气孔长度、气孔宽度及气孔密度的主要土壤因子，土壤全氮含量是影响山杏叶面积、比叶面积、叶全氮含量、叶全磷含量及叶有机碳含量的主要土壤因子。

四、陕北黄土丘陵沟壑区人工植物群落数量特征的环境适应机制

(一)人工植物群落数量特征差异分析

乔木林与林下草本植被生长状况是植物适应环境条件的直接反映。表 5-24 显示，随林龄的增长，各植被类型乔木层平均高度均呈现相对增加的趋势。但仅油松林显示出持续增加的趋势，到 50 年林龄时比 10 年的乔木高度增加了 1.1 倍。刺槐和山杏林平均高度整体表现出 10 年到 20 年无显著变化，30 年到 50 年林龄无显著变化，但 30 年到 50 年与 10 年到 20 年的相比，山杏和刺槐林乔木高度分别平均增长了 33.6%和 23.1%。可见整体上山杏和刺槐相对油松生长速率慢，这一方面取决于物种本身特性，另一方面与环境因子影响有关，相对而言油松有更好的适应陕北高原脆弱生态环境的能力。

表 5-24　不同人工群落数量特征差异

植被类型	乔木平均高度(m)	草本平均高度(cm)	草本平均密度(株/m^2)	草本平均盖度(%)
侧柏 15 年	2.70±1.10e	13.90±0.58bc	2.90±0.96b	3.35±0.68b
侧柏 15 年	3.43±0.91d	13.60±0.82bc	2.61±1.34bc	3.64±0.781b
油松 10 年	2.51±1.06e	10.57±0.30d	1.73±0.78d	1.89±0.91de
油松 40 年	4.44±0.67b	12.86±0.30c	4.40±0.58a	2.35±0.20c
油松 55 年	5.32±0.58a	11.15±0.54d	2.37±0.4cd	2.25±0.86cd
山杏 10 年	3.05±0.61de	15.08±1.07ab	3.40±0.20b	1.92±0.70de
山杏 20 年	3.72±0.64d	15.53±0.39a	2.33±0.44cd	3.18±0.53cb
山杏 30 年	4.44±0.59b	14.40±0.98b	3.27±0.73b	4.63±0.79a
山杏 40 年	4.62±0.72b	11.84±0.84cd	2.53±0.36bc	2.62±0.55c
刺槐 10 年	3.76±0.31d	14.54±1.06b	3.03±0.54b	3.37±0.44b
刺槐 20 年	4.53±0.517b	15.86±0.77a	3.67±0.55ab	4.74±0.68a
刺槐 30 年	5.10±0.47a	13.83±0.23bc	2.47±0.62cd	2.18±0.96cd
刺槐 40 年	4.86±0.69ab	12.37±0.85c	2.70±0.27bc	1.69±0.64e
刺槐 50 年	5.29±0.39a	11.44±0.81cd	2.38±0.60cd	1.64±0.12e

注：同列不同小写字母表示在 0.05 水平上差异显著，下同

不同种类乔木林中山杏和刺槐基本在 10 年到 20 年林龄时保持较高的草本平均高度、密度及盖度，显示出草本处于旺盛的生长时期；但相对林龄从 30 年到 50 年时，刺槐林下草本植被高度、密度、盖度降低，生长态势表现出下降的趋势，同样从 30 年到 40 年，山杏林下草本植被生长态势也呈下降趋势。另外，油松林下草本植被的平均高度、密度、盖度表现出 10 年和 50 年时较低，而 40 年时较高。综上分析可以看出，陕北黄土高原丘陵区人工林下草本在近 50 年的恢复期内，相对生长旺盛期出现在 20 年到 30 年的中期时间段。这可能与乔木恢复后，通过遮光、养分竞争及分泌抑制物(如油松)，对草本在林下空间生长产生了一定限制作用。

不同坡向日光和土壤水分等环境因子均差异明显，这必然引起阴坡和阳坡植被生长状况呈现显著差异。由表 5-25 可知，油松林乔木高度在阴坡和半阴坡比阳坡平均高 24.3%，说明油松更喜在相对阴凉的环境生长，具有较好的脆弱环境适应性。与油松林不同，侧柏乔木在阳坡和半阴坡比阴坡平均显著高出 16.2%，说明侧柏更喜在相对暖阳的环境生长。从林下草本植物生长情况看，油松林下草本平均高度、密度在半阴坡高于阳坡和阴坡，草本平均盖度在半阴坡和阴坡显著高于阳坡，但侧柏林下草本高度在阳坡和半阴坡显著高于阴坡，草本密度在阳坡和阴坡并无显著差异，但均显著低于半阴坡。总体上，草本在两种乔木林下均在半

阴坡上有较好的生长态势。

表 5-25　不同坡向人工植物群落数量特征差异

群落类型	乔木平均高度(m)	草本平均高度(cm)	草本平均密度(株/m^2)	草本平均盖度(%)
油松 40 年-阳坡	4.32±0.66b	10.86±0.30c	4.40±0.58b	1.35±0.20b
油松 40 年-半阴坡	5.56±0.88a	13.26±1.23b	5.77±0.67a	2.06±0.79a
油松 40 年-阴坡	5.18±0.62a	11.62±0.66c	2.07±0.61c	2.46±0.80a
侧柏 20 年-阳坡	4.91±0.90a	15.20±0.80a	1.66±0.18cd	1.52±0.29b
侧柏 20 年-半阴坡	5.29±0.50a	15.40±0.97a	1.52±0.42d	2.30±0.49a
侧柏 20 年-阴坡	4.39±1.48b	13.37±0.66b	1.79±0.55cd	1.50±0.44b

(二)人工群落数量特征与环境因子 CCA 排序分析

以土壤全氮含量、土壤有机碳含量、土壤全磷含量、海拔、坡度、坡向为环境因子，采用 CCA 排序分析方法，分析环境因子对人工群落数量特征(高度、盖度、密度)的影响。

表 5-26 表明，4 个排序轴的特征值分别为 0.0067、0.0017、0.0013 和 0.0054。第一排序轴解释了环境变化的 69.28%，第二排序轴解释了环境变化的 17.03%，前两个排序轴共解释环境变化的 86.31%。因此，采用前两个排序轴作二维排序图(图 5-3)。

表 5-26　环境因子 CCA 排序特征值和累计解释量

排序轴	1	2	3	4
特征值	0.0067	0.0017	0.0013	0.0054
群落数量特征与环境相关性	0.8174	0.6292	0.5864	0.0000
群落特征累计解释量(%)	37.14	46.28	53.61	83.58
群落特征与环境关系累计解释量(%)	69.28	86.31	100.00	
特征值总和	2.3			
典范特征值总和	0.034			

如图 5-3 所示，在 CCA 排序图中，箭头表示环境因子，其所在象限表示该环境因子与排序轴正(负)相关性，环境因子箭头的长度反映了其与群落高度、密度、盖度的相关性强弱。线越长，说明植物群落数量特征指标对环境因子变化的响应越强，反之则越弱。环境因子箭头连线与排序轴的夹角表示某个环境因子与排序轴间相关性的强弱，夹角越小，说明某环境因子与该排序轴的相关性越强，反之越弱。

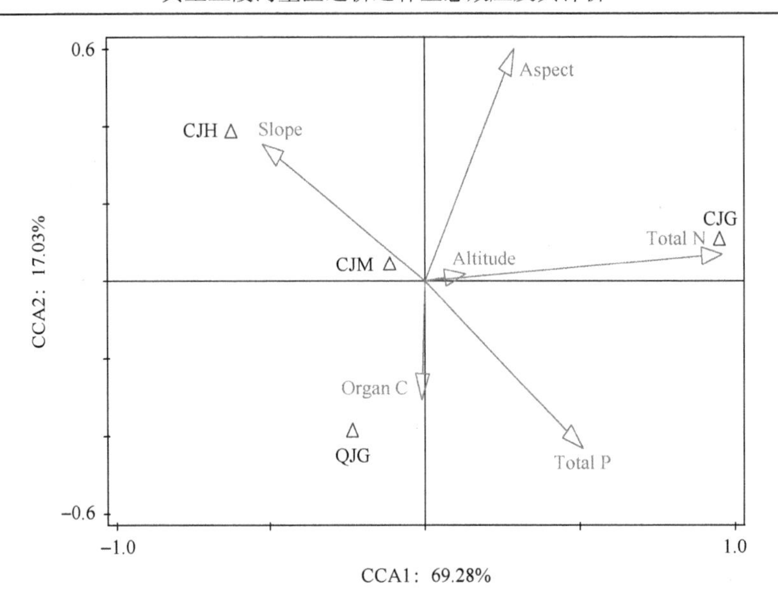

图 5-3　人工群落数量特征值与环境因子 CCA 排序

注：图中 CJH 为草本层平均高度，CJM 为草本层平均密度，QJG 为乔木层平均高度，CJG 为草本层平均盖度，Total N 为土壤全氮含量，Total P 为土壤全磷含量，Organ C 为土壤有机碳含量，Slope 为坡度，Aspect 为坡向，Altitude 为海拔

由图 5-3 可知，影响植物群落数量特征的环境因子由强到弱排序依次为土壤全氮含量、坡向、土壤全磷含量、坡度、土壤有机碳含量、海拔。与第一排序轴显著相关的环境因子按相关性强弱排序为土壤全氮含量＞土壤全磷含量＞坡向＞海拔；与第二排序轴显著相关的环境因子按相关性强弱排序为土壤有机碳＞坡度。因此，第一排序轴中，土壤全氮含量、土壤全磷含量及坡向是影响人工植物群落数量特征变化的主要环境因子，第二排序轴中，土壤有机碳含量是影响人工植物群落数量特征变化的主要环境因子。

综上，植物群落数量特征的变化直接影响群落的物种组成和生物量的变化(杨再鸿等，2007)。在黄土丘陵区植物生长后期土壤水分消耗过大，形成土壤干层，不利于植物的生长(刘栋等，2012)，随林龄的增大，乔木层植物平均高度呈增大趋势，草本层平均高度、平均密度及平均盖度呈先增大后减小的趋势。阴坡土壤养分含量、土壤含水量较阳坡好，阳坡光照强，植物光合作用强(苗莉云等，2004)。阳坡侧柏群落的乔木层平均高度大于阴坡，说明阳坡侧柏长势较阴坡好；阴坡油松群落的乔木层平均高度大于阳坡，说明阴坡油松长势较阳坡好。黄土丘陵区阳坡光照强、温度高、土壤含水量低、土壤矿化严重，阳坡的土壤养分含量也比阴坡的低(尚占环等，2006)，因此，油松偏好阴凉的环境生长，而侧柏更偏向暖阳的环境生长，林下草本则在半阴坡上有较好生长态势。

人工植物群落数量特征的 CCA 分析表明，影响人工植物群落数量特征值变化的主要环境因子为土壤全氮含量、土壤全磷含量及坡向，其次是土壤有机碳含量。土壤全氮含量和土壤全磷含量是影响黄土丘陵区人工植物群落数量特征的主要土壤因子。一方面由于土壤氮素是决定群落生物量、多样性和入侵的重要因子(王翠红和张金屯，2004)，另一方面，由于黄土丘陵区干旱的气候条件和黄土母质的特点，磷的补充能力较低成为植被恢复的限制因子(武春华等，2008)。因此，土壤全氮含量、土壤全磷含量及坡向是影响黄土高原人工植物群落的主要环境因子，在黄土高原植被恢复建设中，应该因地制宜地营造人工林，如在阳坡种植侧柏林，在阴坡种植油松林等。

第三节　陕北黄土丘陵沟壑区人工植物群落功能多样性研究

功能多样性是指群落或生态系统中有机体功能性状的值和变化范围(Campbell et al.，2010)，即影响植物功能的形态、生理或物候性状的组成与变化，是指特定生态系统中所有物种功能特征的数值和范围(张金屯和范丽宏，2011)，是用来表示种间功能属性相对差异性和生态互补性的指标(Cadotte et al.，2009)，因而在决定生态系统功能上比物种多样性具有更为直接的作用。功能多样性测定的实质就是功能性状多样的测定(Qi et al.，2015)，而功能性状是指植物对环境因子应答的生物性状或那些影响生态系统属性的性状。例如，植物的生活型、繁殖方式和种子的扩散方式等。功能性性状对性状层面的差异较为敏感，能更加准确地体现群落差异性。

近年来基于物种功能特征的功能多样性研究方法在生态学领域备受重视，关于功能多样性的研究也常见报道，有的生态学家采用实验模拟物种多样性的丧失，并监测系统功能的变化，来研究物种多样性与生态系统功能之间的关系(Naeem，2008)。功能群分析方法在内蒙古地区草原群落植物功能群组成对比及与群落初级生产力的关系研究中得到了应用(Tilman et al.，1997；Petchey，2000)。功能多样性指数间的区别和联系、功能多样性和物种多样性之间的相互关系，在山西五鹿山国家级自然保护区森林群落中得到进一步论证(薛倩妮等，2015)。有研究表明，功能多样性对生产力有着重要影响，生态系统具备较高的功能多样性将会有较高的生产力(Jiang et al.，2007)，就会具有较强的恢复力和较强的入侵抵抗力(Petchey and Gaston，2006)。功能性状的选取也会影响物种功能多样性的大小，选用不同特征指标进行比较研究是今后研究的一个课题(张金屯和范丽宏，2011)。黄土高原不同坡向的草地群落功能多样性研究表明，功能均匀度为阴坡最高、半阳坡最低，功能丰富度为阴坡和半阴坡显著高于阳坡，功能离散度为半阴坡高于阳坡，说明坡向对功能性状有筛选效应(朱云云等，2016)。子午岭森林群落功能多样性研究表明，灌木层的功能多样性高于乔木层和草本层，物种多样性与功能多样性关系有正相关和无相关两种结果(李宏伟，2012)。国内学者对黄土高原地区的研究相对较少，关于功能多样性的研究主要集中在山西太岳山(张钦弟等，2016)、东北长白山(么旭阳等，2014)、吉林省西部草甸和沼泽(吕亭亭等，2014)、海南热带次生林(路兴慧等，2015)、青海省高寒草甸(李晓刚等，2011)等，针对黄土高原植被恢复过程中功能多样性的研究急需深入。本研究通过对陕北黄土丘陵沟壑区退耕区植物群落功能多样性的测定，以探讨种间功能属性相对差异性，以及功能多样性和物种多样性之间的内在关系，为该区植物群落的保护和研究提供科学依据。

一、人工植物群落功能多样性

(一)不同流域植物群落功能多样性

陕北黄土丘陵沟壑区属干旱半干旱地区，具有干旱少雨的气候特征，但不同地区的降水量、气温、土壤因子等仍有差异，从而导致了不同地区植物群落结构组成的差异，功能多样性的差异很大程度上是物种差异引起的，因此，本节选取宜川县交子沟流域、延安宝塔区庙咀沟流域、安塞县纸坊沟流域、吴起县金佛坪流域、米脂县高西沟流域 5 个环境不同的典型流域进行群落功能多样性的比较分析。如图 5-4 所示，功能性状距离(FAD)、功能性状平均距离(MFAD)、功能体积(FRci)、功能均匀度指数(FEve)、功能分散指数(FDis)、Rao 二次熵指数(FDQ)

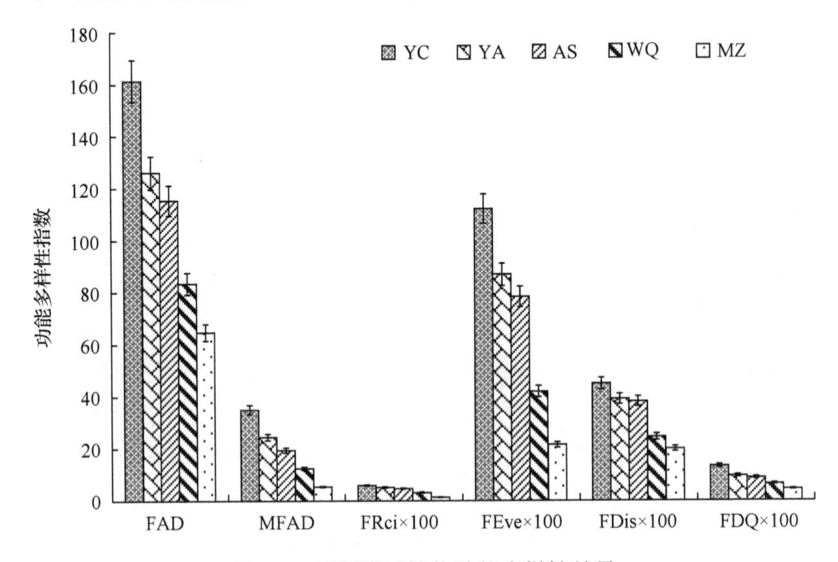

图 5-4　不同流域植物功能多样性差异

YC.宜川；YA.延安；AS.安塞；WQ.吴起；MZ.米脂

由大到小的顺序为宜川＞延安＞安塞＞吴起＞米脂，这与 5 个流域的降水量的变化规律一致，说明降水是影响黄土高原植物的分布和生长的限制因素(张志南等，2014)。其中，降水量大的宜川流域植物群落物种功能多样性高，这表明较高水分有利于功能群的发展，因为物种数量的增加会使物种的功能特征值增加，进而增加群落所占据的功能空间值的范围(王长庭等，2004)。

(二)典型植物群落功能多样性差异

不同植物群落在相同恢复时期内的物种组成不同(程积民等，2005)，而不同的植物具有不同的生理特性和生态功能，从而导致其功能多样性的差异(么旭阳等，2014)。以陕北黄土高原退耕还林区的刺槐群落、山杏群落、侧柏群落、小叶杨群落、油松群落、柠条群落、沙棘群落为研究对象，分析其功能多样性(表 5-27)。结果显示，功能性状距离(FAD)指数大小顺序为山杏群落＞侧柏群落＞刺槐群落＞柠条群落＞沙棘群落＞小叶杨群落＞油松群落＞苹果群落；功能性状平均距离(MFAD)指数大小顺序为山杏群落＞侧柏群落＞柠条群落＞刺槐群落＞沙棘群落＞小叶杨群落＞油松群落＞苹果群落；功能体积(FRci)的大小顺序为山杏群落＞刺槐群落＞苹果群落＞侧柏群落＞柠条群落＞沙棘群落＞小叶杨群落＞油松群落。

表 5-27　不同植物群落功能多样性差异

群落	功能性状距离	功能性状平均距离	功能体积	功能均匀度指数	Rao 二次熵指数	功能分散指数
刺槐	108.0	25.0	0.041	0.928	0.081	0.275
山杏	134.2	35.0	0.048	0.283	0.142	0.355
侧柏	119.3	26.6	0.035	0.318	0.130	0.407
小叶杨	73.7	17.2	0.019	0.613	0.065	0.286
油松	36.6	10.4	0.012	0.490	0.043	0.217
柠条	98.4	25.7	0.025	0.760	0.104	0.313
沙棘	87.9	21.5	0.021	0.763	0.103	0.298
苹果	30.0	8.4	0.040	0.254	0.032	0.180

功能丰富度旨在衡量群落中现有物种占据性状空间(生态位空间)的面积/体积(Mason et al., 2005)，所以往往与物种丰富度呈正相关，因为当性状随机分布时，物种越多，物种占据的性状空间也就越大(薛倩妮等，2015)。这类指数可作为潜在使用或未使用生态位空间的指示(朱云云等，2016)。低的功能丰富度意味着群落中部分资源未被利用(可利用生态位未被占据)，以致生产力降低。因此山杏群落、侧柏群落、刺槐群落、柠条群落对资源的利用程度较高，这主要是因为山杏、侧柏、刺槐、柠条适应陕北黄土丘陵区干旱少雨的自然环境(张健和刘国彬，2010)，

且它们的根系发达(及金楠等，2014)，能充分利用资源，适合广泛种植。

功能均匀度指数(FEve)大小的顺序为刺槐群落＞沙棘群落＞柠条群落＞小叶杨群落＞油松群落＞侧柏群落＞山杏群落＞苹果群落。功能均匀度可衡量物种性状平均值在已占据的性状空间中是否分布均匀(Mason et al.，2005)，这类指数一般作为资源利用程度的指标(未充分利用或利用过度)，进而作为生产力、稳定性、对入侵的抵御能力等指标。功能均匀度高则说明资源利用较充分、均匀，各种资源都被利用到，且利用程度接近；低则说明某资源利用过度，而其他资源尚未利用或利用很少(Schleuter et al., 2010)。陕北黄土高原刺槐、沙棘、柠条对资源的利用程度接近，这主要是由于它们的郁闭度较大，水分涵养能力强(杨丽霞等，2014)，物种更为丰富，所以物种性状平均值分布更为规律。

功能离散度描述物种功能和性状空间中物种簇(若干物种聚集在一起)所处位置的差异程度，即性状空间内物种簇间的距离(Mason et al.，2005)。这类指数可作为群落资源差异程度，乃至竞争的指标。高的功能离散度意味着物种簇分布在性状空间内的边缘。陕北黄土高原各群落的功能分散指数(FDis)由大到小的顺序为侧柏群落＞山杏群落＞柠条群落＞沙棘群落＞小叶杨群落＞刺槐群落＞油松群落＞苹果群落，Rao 二次熵指数(FDQ)由大到小的顺序为山杏群落＞侧柏群落＞柠条群落＞沙棘群落＞刺槐群落＞小叶杨群落＞油松群落＞苹果群落，说明山杏群落、侧柏群落、柠条群落、沙棘群落内各物种间的竞争程度较高。这是因为山杏群落、侧柏群落、柠条群落、沙棘群落林下草本种类较多，生物特性相同的物种相互竞争，生物特性不同的物种则利用不同的资源，造成群落的竞争能力、资源差异程度较大。

(三)不同地貌单元植物群落功能多样性

微地形调控着太阳辐射、降水等因子的空间再分配，导致土壤水分和养分的空间差异。由于植物对不同地貌部位水、热、光等环境的适宜性不同，从而影响植物的生长状况及分布。在同一流域随着坡向、坡位、坡度的不同，群落结构及各植物个体的功能性状存在差异，导致群落功能多样性在水平和垂直方向上的大小规律亦不相同。研究植物群落功能多样性与地形的耦合关系，可为陕北黄土高原人工林草植被建设提供理论依据。

1. 陕北黄土丘陵沟壑区植物群落功能多样性对不同坡向的响应

坡向使光热和水分在微环境内重新分配，对群落的功能多样性有着重要影响。由表 5-28～表 5-30 可知不同坡向刺槐、山杏、侧柏群落功能性状距离(FAD)、功能性状平均距离(MFAD)、功能体积(FRci)均表现为阴坡＞半阴坡＞半阳坡＞阳坡，这表明潜在使用生态位空间、资源被利用程度、生产力由大到小的顺序均为阴坡＞半阴坡＞半阳坡＞阳坡。这是由于阴坡和半阴坡水分条件好于阳坡和半阳坡(单长卷等，2006)，使阴坡的植物群落对土壤养分、光照等资源利用程度高于阳坡(郝文芳等，2012)，导致阴坡植物群落生产力大于阳坡，这与黄土高原草地群落功能多样性研究结果一致(朱云云等，2016)。

表 5-28　不同坡向刺槐群落功能多样性差异

坡向	功能性状距离	功能性状平均距离	功能体积	功能均匀度指数	Rao 二次熵指数	功能分散指数
阴坡	113	24	0.022	0.635	0.147	0.278
半阴坡	105	17	0.021	0.589	0.124	0.223
阳坡	78	11	0.011	0.376	0.062	0.177
半阳坡	91	15	0.015	0.535	0.107	0.214

表 5-29　不同坡向山杏群落功能多样性差异

坡向	功能性状距离	功能性状平均距离	功能体积	功能均匀度指数	Rao 二次熵指数	功能分散指数
阴坡	134	37	0.041	0.483	0.141	0.365
半阴坡	121	29	0.032	0.405	0.129	0.302
阳坡	89	16	0.018	0.228	0.079	0.207
半阳坡	115	27	0.029	0.398	0.119	0.298

表 5-30　不同坡向侧柏群落功能多样性差异

坡向	功能性状距离	功能性状平均距离	功能体积	功能均匀度指数	Rao 二次熵指数	功能分散指数
阴坡	114	22	0.037	0.335	0.131	0.421
半阴坡	106	18	0.026	0.286	0.114	0.377
阳坡	76	9	0.011	0.189	0.107	0.248
半阳坡	92	15	0.023	0.307	0.110	0.327

功能均匀度指数(FEve)在刺槐和山杏群落中由大到小的顺序为阴坡＞半阴坡＞半阳坡＞阳坡，而在侧柏群落则表现为阴坡＞半阳坡＞半阴坡＞阳坡，这表明刺槐和山杏群落的稳定性和对入侵的抵御能力由大到小的顺序为阴坡＞半阴坡＞半阳坡＞阳坡，侧柏群落则表现为阴坡＞半阳坡＞半阴坡＞阳坡。这是由于阴坡、半阴坡的光照时数小于阳坡、半阳坡，造成阴坡、半阴坡的土壤含水量大于阳坡、半阳坡(寇萌等，2013)，从而有利于植物群落均匀分布、充分利用资源，与不同坡向的植物群落生态位特征研究结果一致(胡相明等，2006)。

不同群落功能分散指数(FDis)、Rao 二次熵指数(FDQ)由大到小的顺序为阴坡＞半阴坡＞半阳坡＞阳坡，这表明阴坡和半阴坡的植物群落内部资源差异程度乃至竞争程度大于半阳坡和阳坡。黄土丘陵沟壑区土壤含水量由大到小的顺序为阴坡＞半阴坡＞半阳坡＞阳坡，而光热条件则相反，从而导致群落物种多样性和丰富度、群落结构复杂程度不同。功能群种类均为阴坡＞半阴坡＞半阳坡＞阳坡，所以群落的功能多样性呈现以上趋势。本研究结果显示各功能多样性指数对坡向变化敏感，且阳坡显著低于其他各坡向，这是由于黄土丘陵区的阳坡光照强、温度高、土壤含水量低、土壤矿化严重，阳坡的土壤养分含量也比阴坡的低(尚占环等，2006)。可见植物功能多样性对坡向这个环境筛具有明显的响应。这说明阳坡植物的生长发育受到其生存环境的限制，并没有充分利用生态空间。

2. 陕北黄土丘陵沟壑区植物群落功能多样性对不同坡位的响应

在地形分区中多属梁状丘陵沟壑区，其地形异质性很强，在不同的坡位上存在着不同的水、光、热及土壤理化性质等条件，从而也影响着植被的生长分布，形成不同的群落结构。

如表 5-31～表 5-33 所示，3 种群落的功能性状距离(FAD)由大到小的顺序为上坡位≥中坡位＞峁顶＞下坡位＞沟底；刺槐和侧柏的功能性状平均距离(MFAD)由大到小的顺序为上坡位＞中坡位＞峁顶＞下坡位＞沟底；山杏群落的功能性状平均距离(MFAD)由大到小的顺序则为峁顶=上坡位＞中坡位＞下坡位＞沟底。3 种群落的功能体积(FRci)在不同坡位的大小排序存在差异，刺槐的功能体积(FRci)由大到小的顺序为中坡位＞上坡位＞峁顶＞下坡位＞沟底；山杏群落的功能体积(FRci)由大到小的顺序为上坡位＞中坡位＞峁顶＞下坡位＞沟底；侧柏的功能体积(FRci)由大到小的顺序为中坡位＞上坡位＞峁顶＞下坡位=沟底。3 种指数大致表现为上坡位、中坡位和峁顶大于下坡位和沟底，这表明上坡位、中坡位和峁顶的植物群落对资源的利用程度较大，物种占据的性状空间也就越大，下坡位和沟底由于物种分布较少，且多为草本，所以对资源的利用相对较小。

表 5-31　不同坡位刺槐群落功能多样性

坡位	功能性状距离	功能性状平均距离	功能体积	功能均匀度指数	Rao 二次熵指数	功能分散指数
峁顶	119	20	0.022	0.427	0.141	0.328
上坡位	128	26	0.031	0.854	0.132	0.305
中坡位	115	22	0.037	0.889	0.128	0.277
下坡位	96	14	0.016	0.635	0.103	0.214
沟底	88	8	0.011	0.976	0.087	0.200

表 5-32　不同坡位山杏群落功能多样性

坡位	功能性状距离	功能性状平均距离	功能体积	功能均匀度指数	Rao 二次熵指数	功能分散指数
峁顶	122	34	0.032	0.723	0.131	0.402
上坡位	136	34	0.043	0.741	0.126	0.375
中坡位	128	26	0.034	0.748	0.108	0.321
下坡位	117	20	0.030	0.640	0.119	0.208
沟底	86	15	0.024	0.048	0.095	0.189

表 5-33 不同坡位侧柏群落功能多样性

坡位	功能性状距离	功能性状平均距离	功能体积	功能均匀度指数	Rao 二次熵指数	功能分散指数
峁顶	114	29	0.036	0.289	0.121	0.401
上坡位	126	33	0.043	0.407	0.143	0.424
中坡位	126	30	0.044	0.435	0.117	0.325
下坡位	95	22	0.029	0.207	0.097	0.327
沟底	66	16	0.029	0.188	0.067	0.177

刺槐群落的功能均匀度指数(FEve)表现为沟底＞中坡位＞上坡位＞下坡位＞峁顶，侧柏和山杏群落的功能均匀度指数(FEve)由大到小的顺序为中坡位＞上坡位＞峁顶＞下坡位＞沟底，这是由于刺槐属于高大乔木，对水分的耗散大，而沟底水分充足能满足其生长所需，所以其稳定性和生产力较高，而侧柏和山杏对水分的需求和消耗相对较小，含水量较小的中坡位和上坡位能满足其生长所需。

刺槐群落的功能分散指数(FDis)、Rao 二次熵指数(FDQ)和山杏群落功能分散指数均表现为峁顶＞上坡位＞中坡位＞下坡位＞沟底，侧柏 Rao 二次熵指数则表现为上坡位＞峁顶＞中坡位＞下坡位＞沟底，这表明陕北黄土高原人工群落在不同坡位的资源差异程度，乃至竞争程度由大到小的顺序为峁顶＞上坡位＞中坡位＞下坡位＞沟底。这是由于土壤水分、养分的下渗，造成沟底和下坡位的土壤水分、养分好于峁顶、上坡位和中坡位(卢金伟等，2002；徐志友等，2010)，使群落能充分、均匀利用资源。

3. 陕北黄土丘陵沟壑区植物群落在坡度梯度上的功能多样性

在陕北黄土丘陵沟壑区，随着坡度的升高，各功能多样性指数变化明显(图5-5)。沿着坡度增加的梯度方向，功能性状距离(FAD)、功能性状平均距离(MFAD)、功能体积(FRci)、功能均匀度指数(FEve)、Rao 二次熵指数(FDQ)、功能分散指数(FDis)逐步增加，并在坡度为 15°～20°达到最大值，随后是一个下降的过程。各功能多样性指数随坡度的升高其拟合方程分别为

1) $y_{\mathrm{MFAD}}=-0.0195x^2+0.5996x+19.604$ ($R^2=0.715, P=0.001$)

2) $y_{\mathrm{FRci}}=-3\times10^{-5}x^2+0.0013x+0.0071$ ($R^2=0.6638, P=0.001$)

3) $y_{\mathrm{FEve}}=-0.0007x^2+0.0253x+0.6216$ ($R^2=0.783, P=0.000$)

4) $y_{\mathrm{FDQ}}=-7\times10^{-5}x^2+0.0022x+0.0889$ ($R^2=0.605, P=0.001$)

5) $y_{\mathrm{FDis}}=-0.0003x^2+0.0112x+0.205^2$ ($R^2=0.828, P=0.000$)

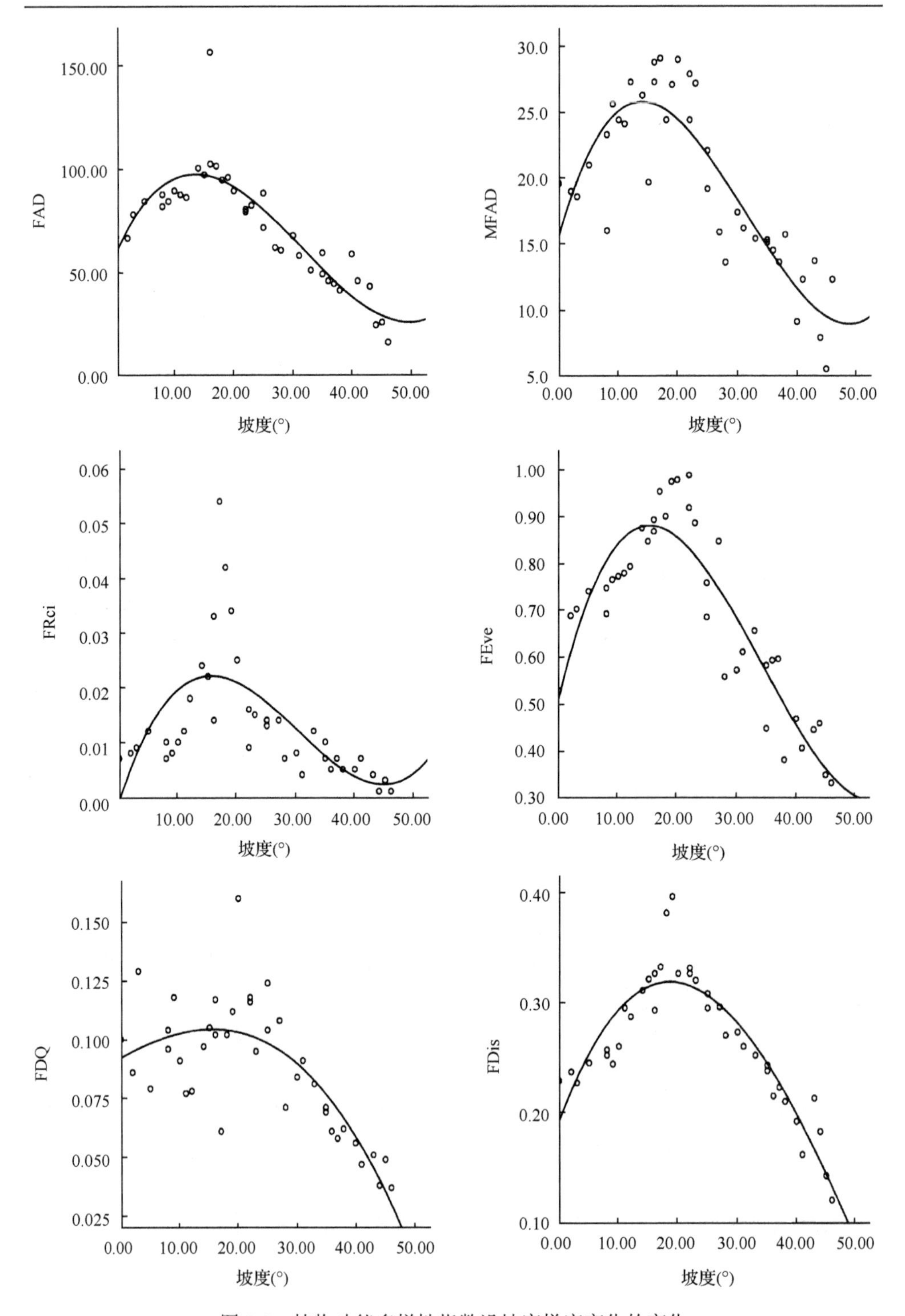

图 5-5　植物功能多样性指数沿坡度梯度变化的变化

本研究中，各功能多样性指数与坡度之间有着明显的抛物线关系。在坡度较大的立地条件下，由于土壤贫瘠，土壤含水量较低，水分蒸发较快(戴全厚等，2007)，缩小了植物性状可占据的生态位空间，同时植物性状已占据的生态位空间资源使用不足，导致生态位分化程度较低，资源竞争比较强烈，因此群落功能多样性指数较低；本研究坡度较小的地区，分别处于峁顶及其周边的缓坡，日照时数较长，蒸发量较大，土壤含水量较低，土壤养分沉降，不适合部分植被的生长(郝文芳等，2012)，因此其功能多样性指数也较低。而在中等坡度地区，温度、水分达到了最佳配比值，人为干扰也较少(贺金生和陈伟烈，1997；唐志尧和方精云，2004)，从而使群落功能多样性较高，这说明中坡度区域的生态位分化程度高于低坡度和高坡度区域，且资源利用较充分。

二、人工植物群落功能多样性与物种多样性的关系

功能多样性实质是物种功能距离的多样性，因此研究功能多样性所用到的功能性状距离(FAD)、功能性状平均距离(MFAD)、功能体积(FRci)、功能均匀度指数(FEve)、Rao 二次熵指数(FDQ)、功能分散指数(FDis)方法本身受物种多样性的影响，为了精确反映它们的关系，本节用一元回归的方法进行了研究，并给出了拟合效果图(图 5-6)。

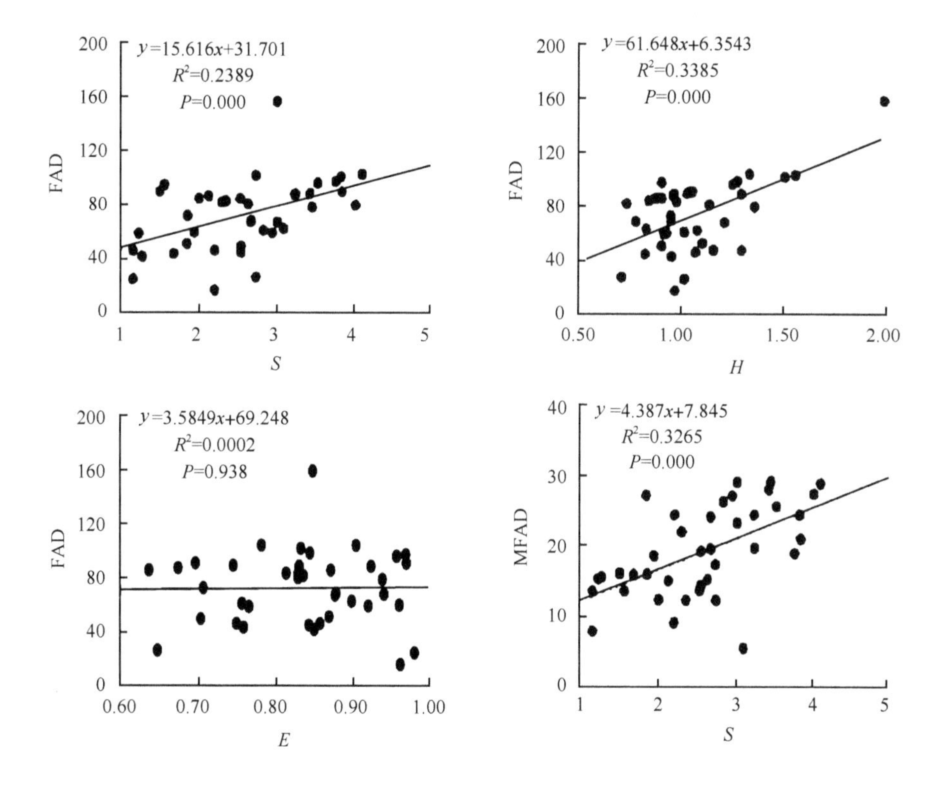

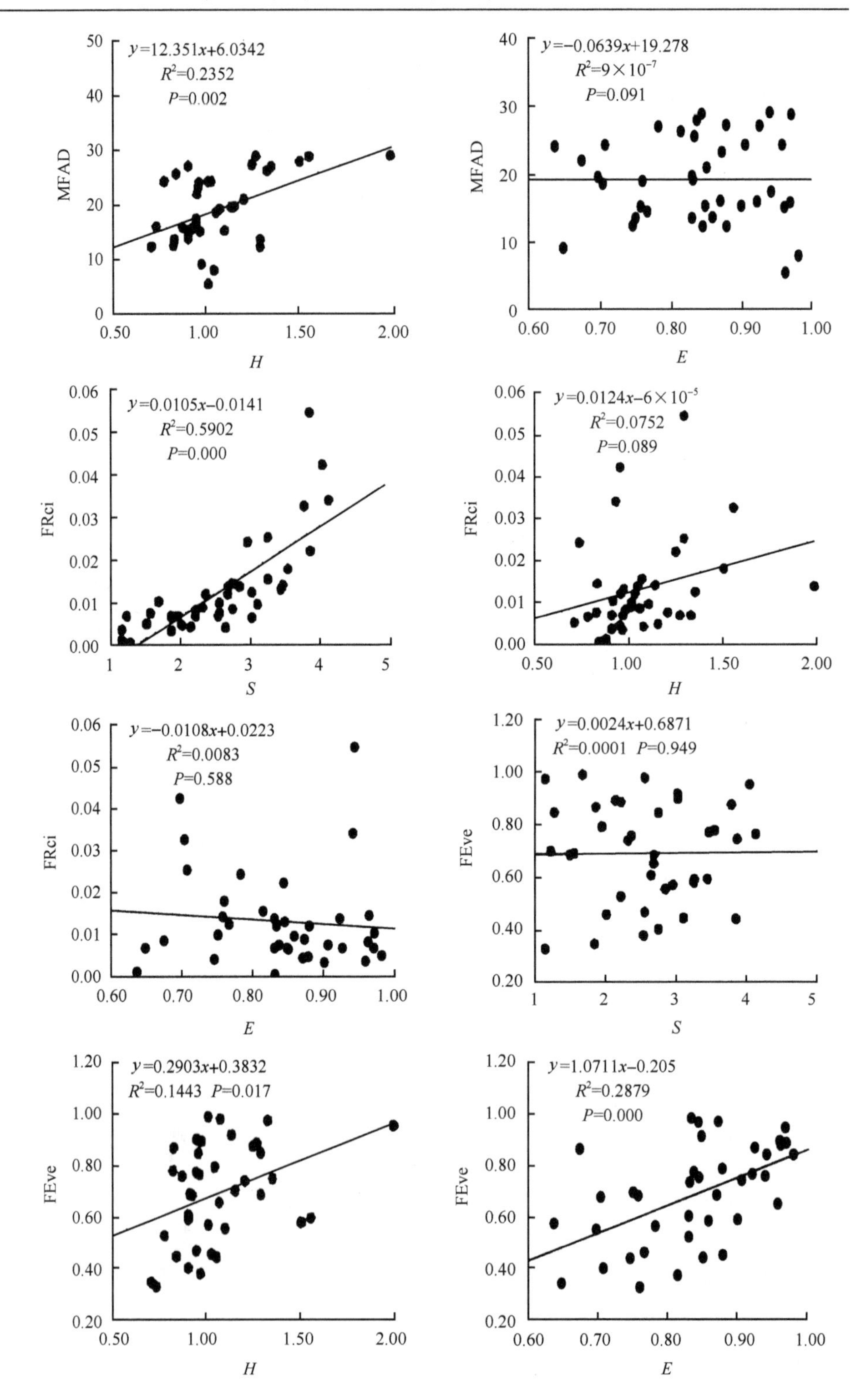

y=12.351x+6.0342
R²=0.2352
P=0.002
MFAD
H
y=−0.0639x+19.278
R²=9×10⁻⁷
P=0.091
MFAD
E
y=0.0105x−0.0141
R²=0.5902
P=0.000
FRci
S
y=0.0124x−6×10⁻⁵
R²=0.0752
P=0.089
FRci
H
y=−0.0108x+0.0223
R²=0.0083
P=0.588
FRci
E
y=0.0024x+0.6871
R²=0.0001 P=0.949
FEve
S
y=0.2903x+0.3832
R²=0.1443 P=0.017
FEve
H
y=1.0711x−0.205
R²=0.2879
P=0.000
FEve
E

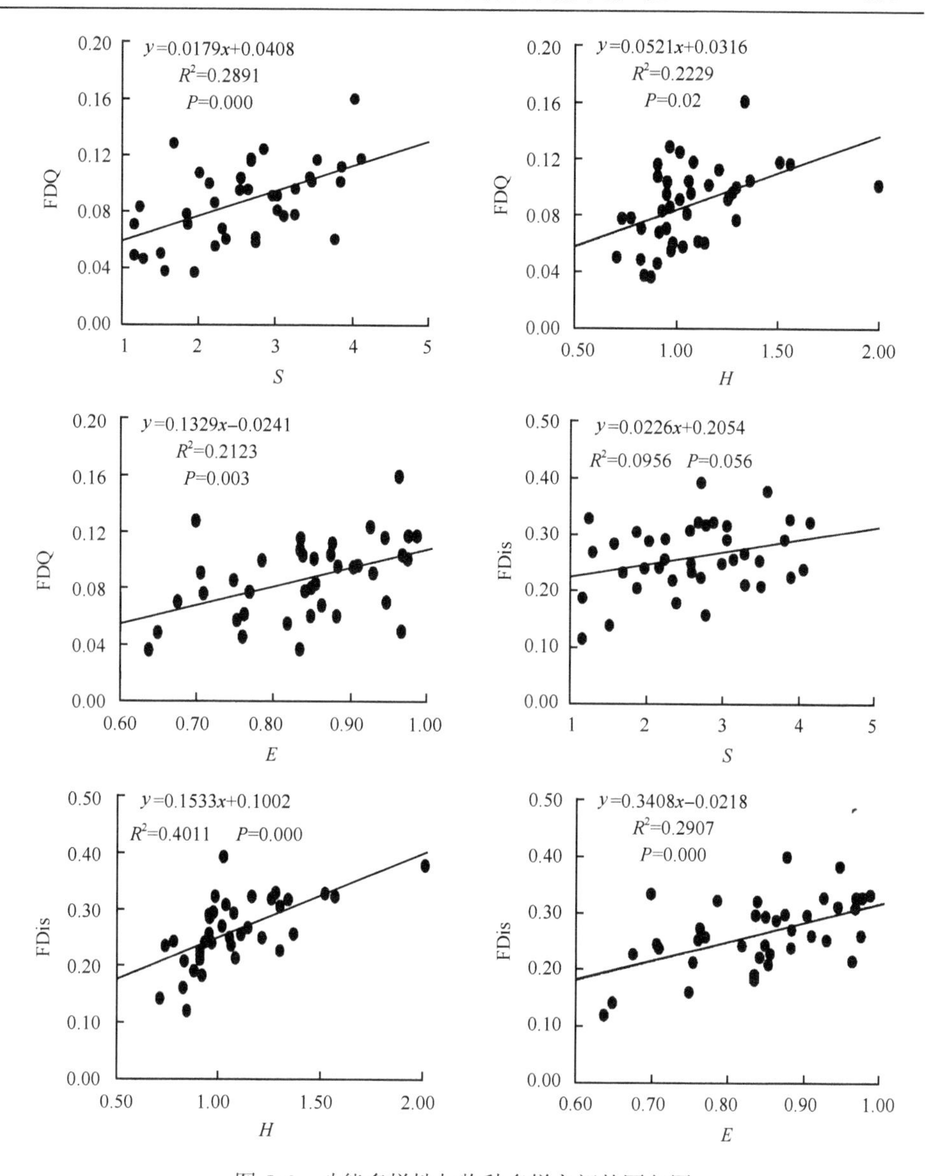

图 5-6　功能多样性与物种多样之间的回归图

Margalef 丰富度指数(*S*)可反映群落中物种数目的多寡，Shannon-Wiener 多样性指数(*H*)是物种丰富度和均匀度的综合指标，Pielou 均匀度指数(*E*)是群落中物种数目分配的均匀程度。从图 5-6 中可以看出功能多样性值与 Margalef 丰富度指数、Shannon-Wiener 多样性指数都呈现显著的相关关系，是物种丰富度和物种多样性的线性增函数。但是不同指数法计算的功能多样性随 Shannon-Wiener 多样性指数的增加在程度上具有一定的差异。由线性回归方程的斜率可知，功能丰富度指数(FAD、MFAD、FDQ)随物种 Margalef 丰富度指数增加程度最大，其他功能多样性指数（FEve、FRic、FDis）随 Margalef 丰富度指数的增加没有明显变化；功能丰富度指数（FAD、MFAD、FRic）随 Shannon-Wiener 多样性指数增加程度最大，功能均匀度（FEve）指数随 Shannon-Wiener 多样性指数增加程度最小；功能离散度（FDQ、FDis）随 Pielou 均匀度指数增加程度最大，功能丰富度（FAD、MFAD、FRic）与 Pielou 均匀度指数关系不显著。从上述分析可以看出，不论哪种方法计算的功能多样性都与物种丰富度和物种多样性正相关，这是因为物种丰富度和多样性大的种群出现物种功能差异性的概率也较大。

三、人工植物群落功能多样性和物种多样性的环境解释

通过线性回归模拟，功能性状距离（FAD）指数受坡度影响，二者显著负相关；功能性状平均距离（MFAD）受土壤含水量和坡度影响，其与土壤含水量正相关，与坡度负相关；功能体积（FRci）受土壤 pH 和土壤含水量影响，其与土壤 pH 和土壤含水量正相关；功能均匀度指数（FEve）和 Rao 二次熵指数（FDQ）与土壤养分显著正相关；功能分散指数（FDis）受坡度影响，与坡度极显著负相关；Margalef 丰富度指数受土壤含水量和坡向共同影响，与二者极显著正相关；Shannon-Wiener 多样性指数受土壤含水量和土壤养分共同影响，与二者极显著正相关；Pielou 均匀度指数受土壤含水量和坡度共同影响，其与土壤含水量极显著正相关，与坡度极显著负相关（表 5-34）。

表 5-34 环境与各指数的线性回归模型

指数	线性模型	判定系数	显著性
FAD	FAD=1.269–0.047SG	0.836	0.005
MFAD	MFAD= –1.072+0.459SM–0.052SG	0.746	0.005
FRci	FRci= –0.536+0.204pH+0.214SM	0.638	0.005
FEve	FEve=2.856+0.549SS	0.564	0.005
FDQ	FDQ= –0.437+3.571SS	0.508	0.005
FDis	FDis=1.056–0.023SG	0.839	0.001
S	*S*= –3.525+86.632SM+0.039SA	0.864	0.001
H	*H*= –2.429+77.431SM+0.789SS	0.917	0.001
E	*E*= –0.156+21.862SM–0.382SG	0.788	0.001

注：SM.土壤含水量；SA.坡向；SG.坡度；SS.土壤养分；pH.土壤 pH

通过对陕北黄土丘陵沟壑区不同群落的功能多样性指标比较，发现该地区植物的功能性状多样性对当地环境筛的强度变化具有明显的响应，环境筛过程是影响该地区的植物群落构建过程的一个重要因素。除环境筛外，物种间相互作用也是重要的影响因素。在流域这个大尺度上，环境筛的作用更为显著，各指数均表

现为宜川＞延安＞安塞＞吴起＞米脂；不同植物群落中，各功能多样性指数由大到小的顺序大致为山杏群落＞侧柏群落＞刺槐群落＞柠条群落＞沙棘群落＞小叶杨群落＞油松群落＞苹果群落；不同立地条件下，各功能多样性指数由大到小的顺序大致为阴坡＞半阴坡＞半阳坡＞阳坡，上坡位＞中坡位＞峁顶＞下坡位＞沟底，随坡度的逐步增加，各功能多样性指数先增后减，并在坡度为15°～20°达到最大值。通过比较影响不同指数的环境因子，发现流域、群落类型和立地对功能多样性指数的筛选作用不是由某个单一确定的因子决定的。本研究中土壤含水量对功能多样性指数的影响明显，这与土壤含水量是影响群落中物种分布的主要限制性因子的说法相同。影响物种分布和功能性状的环境因子并不一定相同，了解环境对群落形成的影响也可预测一个群落物种性状的大致分布，判断具有某种性状的物种是否适应生存在此环境中，为当地植被重建提供理论依据。功能多样性研究表明，陕北黄土高原退耕还林过程中山杏、侧柏、刺槐、柠条和沙棘适宜广泛种植；不同立地类型下阴坡和半阴坡、上坡位和中坡位及坡度为15°～20°的区域更有利于植被恢复，而其他立地条件下则应选取适应对应立地环境的物种进行植被恢复。

参考文献

车升国, 郭胜利. 2010. 黄土塬区小流域深层土壤有机碳变化的影响因素. 环境科学, 31(5): 1372-1378.

程积民, 万惠娥, 胡相明. 2005. 黄土丘陵区植被恢复重建模式与演替过程研究. 草地学报, 13(4): 324-327, 333.

戴全厚, 刘国彬, 薛萐, 等. 2007. 侵蚀环境退耕撂荒地水稳性团聚体演变特征及土壤养分效应. 水土保持学报, 21(2): 61-64, 77.

党晶晶, 赵成章, 李钰, 等. 2015. 祁连山高寒草地甘肃臭草叶性状与坡向间的关系. 植物生态学报, 39(01): 23-31.

郝文芳, 杜峰, 陈小燕, 等. 2012. 黄土丘陵区天然群落的植物组成、植物多样性及其与环境因子的关系. 草地学报, 20(4): 609-615.

贺金生, 陈伟烈. 1997. 陆地植物群落物种多样性的梯度变化特征. 生态学报, 17(1): 93-101.

胡相明, 程积民, 万惠娥, 等. 2006. 黄土丘陵区不同立地条件下植物种群生态位研究. 草业学报, 15(1): 29-35.

胡耀升, 么旭阳, 刘艳红. 2014. 长白山不同演替阶段森林植物功能性状及其与地形因子间的关系. 生态学报, 34(20): 5915-5924.

及金楠, 张志强, 郭军庭, 等. 2014. 黄土高原刺槐和侧柏根系固坡的有限元数值模拟. 农业工程学报, 30(19): 146-154.

寇萌, 焦菊英, 杜华栋, 等. 2013. 黄土丘陵沟壑区不同立地条件草本群落物种多样性与生物量研究. 西北林学院学报, 28(1): 12-18.

李宏伟, 王孝安, 郭华, 等. 2012. 黄土高原子午岭不同森林群落叶功能性状. 生态学杂志, 31(03): 544-550.

李晓刚, 朱志红, 周晓松, 等. 2011. 刈割、施肥和浇水对高寒草甸物种多样性、功能多样性与初级生产力关系的影响. 植物生态学报, 35(11): 1136-1147.

刘栋, 黄懿梅, 安韶山. 2012. 黄土丘陵区人工刺槐林恢复过程中土壤氮素与微生物活性的变化. 中国生态农业学报, 20(3): 322-329.

刘旻霞, 马建祖. 2012. 甘南高寒草甸植物功能性状和土壤因子对坡向的响应. 应用生态学报, 23(12): 3295-3300.

卢金伟, 李占斌, 郑良勇, 等. 2002. 陕北黄土区土壤水分养分空间分异规律. 山地学报, 20(1): 108-111.
路兴慧, 臧润国, 丁易, 等. 2015. 抚育措施对热带次生林群落植物功能性状和功能多样性的影响. 生物多样性, 23(1): 79-88.
吕亭亭, 王平, 燕红, 等. 2014. 草甸和沼泽植物群落功能多样性与生产力的关系. 植物生态学报, 38(5): 405-416.
么旭阳, 胡耀升, 刘艳红. 2014. 长白山阔叶红松林不同群落类型的植物功能性状与功能多样性. 西北农林科技大学学报(自然科学版), 42(03): 77-84.
苗莉云, 王孝安, 王志高. 2004. 太白红杉群落物种多样性与环境因子的关系. 西北植物学报, 24(10): 1888-1894.
戚德辉, 温仲明, 杨士梭,等. 2015. 基于功能性状的铁杆蒿对环境变化的响应与适应. 应用生态学报, 26(7): 1921-1927.
单长卷, 梁宗锁, 韩蕊莲, 等. 2006. 黄土高原陕北丘陵沟壑区不同立地条件下刺槐水分生理生态特性研究. 应用生态学报, 16(7): 1205-1212.
尚占环, 姚爱兴, 辛明, 等. 2006. 宁夏香山荒漠草原区生物多样性与环境特征研究. 中国生态农业学报, 14(3): 28-32.
唐志尧, 方精云. 2004. 植物物种多样性的垂直分布格局. 生物多样性, 12(1): 20-28.
王翠红, 张金屯. 2004. 中国部分自然保护区物种多样性与环境因子的关系. 西北植物学报, 24(8): 1468-1471.
王曙光, 李中青, 贾寿山, 等. 2013. 小麦叶片气孔性状与产量和抗旱性的关系. 应用生态学报, 24(6): 1609-1614.
王长庭, 龙瑞军, 丁路明. 2004. 高寒草甸不同草地类型功能群多样性及组成对植物群落生产力的影响. 生物多样性, 12(4): 403-409.
王钰莹, 孙娇, 刘政鸿. 等. 2016. 陕南秦巴山区厚朴群落土壤肥力评价. 生态学报, 36(16): 1-9.
武春华, 陈云明, 王国梁, 等. 2008. 黄土丘陵区典型植物群落根系垂直分布与环境因子的关系. 中国水土保持科学, 6(3): 65-70.
许明祥, 刘国彬. 2004. 黄土丘陵区刺槐人工林土壤养分特征及演变. 植物营养与肥料学报, (01): 40-46.
徐志友, 余峰, 高红军, 等. 2010. 半干旱黄土丘陵区不同坡位退耕还林还草地土壤养分的变异规律. 中国水土保持, (8): 39-41.
薛倩妮, 闫明, 毕润成. 2015. 山西五鹿山森林群落木本植物功能多样性. 生态学报, 35(21): 7023-7032.
杨丽霞, 陈少锋, 安娟娟, 等. 2014. 陕北黄土丘陵区不同植被类型群落多样性与土壤有机质、全氮关系研究. 草地学报, 22(2): 291-298.
杨再鸿, 余雪标, 杨小波, 等. 2007. 海南岛桉树林林下植物多样性与环境因子相关性初探. 热带农业科学, 27(4): 54-57.
张慧文, 马剑英, 孙伟, 等. 2010. 不同海拔天山云杉叶功能性状及其与土壤因子的关系. 生态学报, 30(21): 5747-5758.
张健, 刘国彬. 2010. 黄土丘陵区不同植被恢复模式对沟谷地植物群落生物量和物种多样性的影响. 自然资源学报, 25(2): 207-217.
张金屯, 范丽宏. 2011. 物种功能多样性及其研究方法. 山地学报, 29(5): 513-519.
张钦弟, 段晓梅, 白玉芳, 等. 2016. 山西太岳山脱皮榆群落的功能多样性. 植物学报, 51(2): 218-225.
张志南, 武高林, 王冬, 等. 2014. 黄土高原半干旱区天然草地群落结构与土壤水分关系. 草业学报, 23(6): 313-319.
朱云云, 王孝安, 王贤,等. 2016. 坡向因子对黄土高原草地群落功能多样性的影响. 生态学报, (21): 1-11
Bosabalidis A M, Kofidis G. 2002. Comparative effects of drought stress on leaf anatomy of two olive cultivars. Plant Science, 163(2): 375-379.

Cadotte M W, Cavender-Bares J, Tilman D, et al. 2009. Using phylogenetic, functional and trait diversity to understand patterns of plant community productivity. PLoS ONE, 4(5): e5695.

Campbell W B, Freeman D C, Emlen J M, et al. 2010. Correlations between plant phylogenetic and functional diversity in a high altitude cold salt desert depend on sheep grazing season: Implications for range recovery. Ecological Indicators, 10(3): 676-686.

Chai Y F, Yue M, Wang M, et al. 2016. Plant functional traits suggest a change in novel ecological strategies for dominant species in the stages of forest succession. Oecologia, 180(3): 771-783.

Cornwell W K, Cornelissen J H, Amatangelo K, et al. 2008. Plant species traits are the predominant control on litter decomposition rates within biomes worldwide. Ecology Letters, 11: 1065-1071.

Hetherington A M, Woodward F I. 2003. The role of stomata in sensing and driving environmental change. Nature, 424(6951): 901-908.

Jiang X L, Zhang W G, Wang G, et al. 2007. Effects of different components of diversity on productivity in artificial plant communities. Ecological Research, 22(4): 629-634.

Mason N W H, Mouillot D, Lee W G, et al. 2005. Functional richness, functional evenness and functional divergence: The primary components of functional diversity. Oikos, 111(1): 112-118.

Naeem S. 2008. Disentangling the impacts of diversity on ecosystem functioning in combinatorial experiments. Journal of Industrial Ecology, 18(5): 652-662.

Petchey O L, Gaston K J. 2006. Functional diversity: Back to basics and looking forward. Ecology Letters, 9(6): 741-758.

Petchey O L. 2000. Prey diversity, prey composition, and predator population dynamics in experimental microcosms. Journal of Animal Ecology, 69(5): 874-882.

Qi W, Zhou X, Ma M, et al. 2015. Elevation, moisture and shade drive the functional and phylogenetic meadow communities' assembly in the northeastern Tibetan Plateau. Community Ecology, 16(1): 66-75.

Schleuter D, Daufresne M, Massol F, et al. 2010. A user's guide to functional diversity indices. Ecological Monographs, 80(3): 469-484.

Tilman D, Knops J, Wedin D, et al. 1997. The influence of functional diversity and composition on ecosystem processes. Science, 277(5330): 1300-1302.

Violle C, Navas M L, Vile D, et al. 2007. Let the concept of trait be functional! Oikos, 116: 882-892.

第六章　陕北黄土丘陵沟壑区不同植被恢复模式土壤的生态效应

土壤作为陆地生态系统的重要组成部分，为陆地植被的生存繁衍提供了必需的养分基础和生长基质。因此，土壤肥力与功能效应也成为陆地生态系统可持续发展的决定因素之一(Rao，2013)。土壤生态效应的发挥主要体现于涵养水分、固定碳氮、蓄积养分、维持生物多样性与养分循环等方面，这亦是综合评判土壤肥力质量、净化环境能力及维持植被生产力等生态功能与效益的依据。

陕北黄土丘陵沟壑区大规模退耕还林(草)工程的实施已在治理水土流失、恢复脆弱生态环境方面起到了积极作用。这种变化必然引起土壤生态效应的显著改变。首先，土壤水分是该区域植被恢复和生态建设的关键因子，对生态系统关键过程具有重要影响。土壤水分的分布特征是气候、土壤、植被和地形共同作用的结果和体现，掌握不同立地条件和植被恢复模式下土壤水分效应特征及其关键驱动因素是进行水土资源科学管理和可持续利用的重要前提。其次，植被恢复产生的土壤固碳效应已受到绝大部分学者的认可，但对植被恢复过程土壤固碳机制与累积形式认知还很不足。学者们也在土壤不同功能与稳定的碳组分水平上不断探索，如团聚体组分碳、土壤颗粒结合碳、轻重组碳等，这为研究植被恢复土壤固碳过程和机制提供了先进的方法。再次，土壤养分平衡和循环也是植被恢复土壤生态效应的重要方面。但由于土壤环境复杂，造成对养分元素间关系和交互作用的揭示存在很多不确定性，这也成为恢复生态学领域研究的热点和难点。近 10 年来生态化学计量学理论和方法在土壤学研究中的引入，为植被恢复下土壤养分平衡和关系研究提供了新的思路。它是研究生态恢复系统各种元素(一般是指碳、氮、磷等)质量和能量多重平衡的科学，可用来分析化学元素之间的质量平衡对生态交互作用的影响，可指示碳、氮、磷营养元素对陆地生态系统生产力恢复与重建及碳吸存和排放的调控作用(王绍强和于贵瑞，2008；Zhang et al.，2012)，为了解土壤营养元素在生物地球化学循环中的平衡和耦合机制提供了重要研究手段(Lal，2004；Sardans et al.，2012)。最后，作为生态系统物质和能量循环驱动力的土壤生物，对外界的胁迫比动植物反应更为敏感。通过植被与土壤双重生态系统的交互作用，可以提高土壤质量。因此，土壤生物学特性是衡量土壤肥力水平和土壤质量的重要指标，尤其以土壤微生物群落结构组成、土壤微生物生物量、土壤酶活性等作为土壤健康的生物指标来指导土壤生态系统管理已成为学者关注的热点领域。

鉴于以上分析，本章以陕北黄土丘陵区典型退耕还林流域为研究对象，通过对不同植被恢复模式下土壤水分分布特征、固碳效应与机制、主要养分元素生态化学计量特征及酶活性、微生物群落变化等生物学性质的探讨，为陕北地区退耕还林(草)工程生态功能与效益综合评价提供科学依据。

第一节　植被恢复土壤水分效应

土壤水分是土壤-植被-大气连续体的中枢纽带，是土壤系统养分循环的载体。在水资源匮乏、供需矛盾突出的陕北黄土丘陵区，植被对水分的需求基本依靠土壤拦蓄的大气降水，加之水分蒸发量大、土质疏松保水性能差，以及土地利用不合理等因素导致的严重水土流失，使得植被耗水与土壤供水的矛盾成为严重制约陕北黄土丘陵区人工植被恢复与重建的重要因素之一。近年来，人工植被出现的水分利用型土壤干层和“小老头”树现象就是植物生长与土壤水分关系恶化的极端例子(侯庆春等，1999)。但另外一方面，退耕还林以后，植被覆盖率增加，降雨的拦截入渗增加，土壤的侵蚀减弱，浅层土壤水分含量也得到了一定补充，植被截水和土壤蓄水之间形成了明显的相互回馈、相互制约的关系。总体来说，土壤水分除了受降雨量和温度影响，植被类型也是影响土壤水分含量的重要因素之一。因此，本节选择陕北黄土丘陵沟壑区不同恢复年限的刺槐林、柠条、林草地及耕地 9 种区域典型植被类型，测定了土壤 0～200cm 剖面的土壤含水量的季节变化状况，以期揭示陕北黄土丘陵区植被恢复过程土壤水分的动态特征与效应。

一、不同退耕植被类型土壤水分效应

不同植被类型土壤水分含量存在显著的差异(图 6-1)。整体 200cm 深土壤，撂荒地和果园土壤含水量基本均高于其他植被类型，不同月份下基本维持在 12%～18%。撂荒地完全为草本植物，植被耗水量和生物量远低于刺槐林和柠条林，在一定程度上显著降低了对土壤水分的需求。果园主要分布于塬面上，有良好的积水和渗水条件，加之栽培管理过程有灌溉，使得土壤水分相对其他植被类型土壤偏高。在陕北降水集中的夏季(6 月和 8 月)，恢复 40 年和 45 年的刺槐林土壤含水量显著低于恢复 15 年的，并且它们的含水量不比坡耕地的高，甚至恢复时间最长 45 年刺槐林土壤含水量还显著低于坡耕地。同时，恢复 30 年和 40 年的柠条林地土壤含水量相差不大，土壤含水量基本与坡耕地相近。可见，刺槐与柠条林生长旺期对水分需求较高，显著利用了降水和土壤蓄水，导致土壤含水量偏低于或相当于坡耕地土壤，也说明陕北降雨集中期，退耕林植被耗水与土壤供水回馈关系显著增强。相对地，在降雨少、偏干旱的春(4 月)、秋(10 月)两季，退耕林地土壤含水量均显著高于坡耕地，其中恢复 45 年和 40 年的刺槐林土壤含水量显著低于恢复 15 年的，退耕地比坡耕地使土壤水分平均提高了 45%；不同恢复年限柠条林地土壤含水量也比坡耕地平均提高了 42%。另外，混交林地也表现出与单一林地相似的水分效应特征。可见，相对干旱期，退耕林恢复土壤表现出明显的持水和蓄水效应，植被耗水与土壤供水间互相制约关系较强。

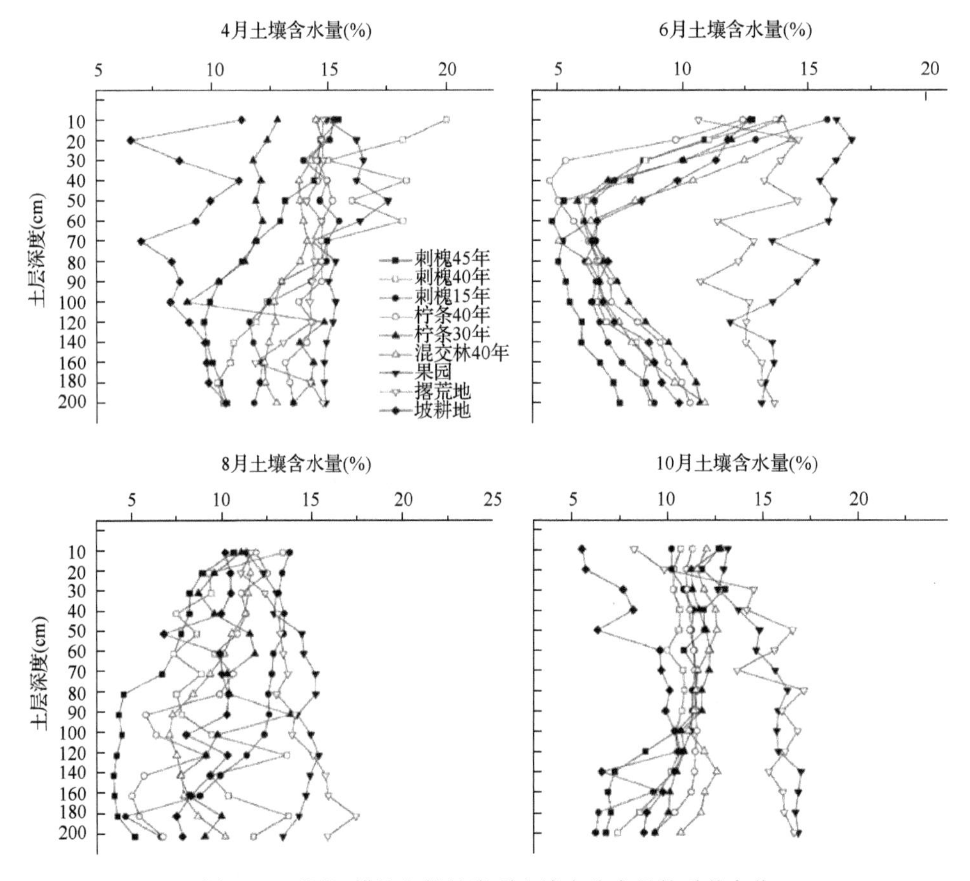

图 6-1　不同退耕恢复植被类型土壤水分含量的季节变化

二、退耕植被恢复地土壤剖面水分分布特征

不同季节里退耕植被恢复土壤水分含量在 0～200cm 深土壤剖面分布呈现显著差异。其中，春季降雨较少，且温度较低，表层水分蒸散量低，使得 4 月土壤含水量沿土层加深整体出现降低的趋势。在 6 月，土壤含水量出现先降低后增加的趋势，主要在于此时温度开始回升，表层温度升高，土壤水分蒸腾蒸发增强，同时植被生长速度加快，浅层根际水分代谢明显，致使水分消耗增加，土壤含水量出现拐点；在 8 月，植株生长达到茂盛时期，并且降雨高峰期来临，温度也达到一年中最高月份，植被和土壤的蒸腾蒸发量最大，对土壤的消耗也是最多，导致了土壤水分整体随着土层加深变化不大。同样，进入 10 月由于降雨有效补充了

土壤水分，其变化与 8 月相似，在土层剖面各土层基本保持一致。总之，退耕林植被恢复地土壤水分剖面分布变化与降水、植被耗水和生长期有密切的关系。

三、退耕植被恢复过程土壤水分时序变化效应

不同植被恢复模式土壤水分表现体现出明显的季节变化特征，总体表现为 4 月含水量最大，其次是 10 月，最后是 6 月和 8 月。这首先在于温度的影响，陕北黄土丘陵区最高温度基本出现在 8 月，此时造成水分散发蒸腾蒸发快；而在 4 月，由于温度较低，水分相对蒸发慢；其次在于植被对水分的吸收，植被的一般生长季节是 4～10 月，其中 6～8 月，由于植被代谢旺盛，快速生长，则水分吸收十分快，并且在这个阶段，林下草本植物也快速地生长，代谢消耗水分需要水分提供代谢，导致土壤水分储量下降，出现干化趋势。从不同恢复年限看，退耕还林地随植被恢复年限延长对土壤水分消耗影响不断增强，使得土壤水分供应不足与植被需求增大的矛盾加剧，特别在 100cm 深以下土层，退耕恢复 45 年的刺槐林和恢复 40 年的柠条林已使土壤含水量比退耕前显著降低(图 6-1 中 8 月含水量)，出现干化趋势。总体看，这种干化效应在根系较深的刺槐林比柠条林更明显。

第二节　植被恢复土壤固碳效应

土壤有机碳一方面作为土壤肥力的核心物质，影响着土壤结构和持水保肥性，并起到缓解或调节与土壤退化及其生产力有关的一系列土壤过程；另一方面，土壤有机碳作为陆地生态系统中最大的碳库，其碳汇功能对于减排大气 CO_2、缓解温室效应的作用已受到众多学者的认可。因此，土壤有机碳不再局限于对土壤质量的指示，更关系到生态环境、大气圈及生物圈的可持续发展，掌握土壤碳库演变及固碳机理对于人们认知不同土地利用方式和植被恢复措施对提升土壤质量和改良生态环境的效应具有重要意义(佟小刚等，2012)。

退耕还林作为我国一项宏伟的生态造林工程，通过植被恢复改变了土壤内部及与植物群落的养分元素流动状况，必然引起土壤碳库发生变化(沈宏等，2000；Blair et al.，1995；胡斌和张世彪，2002)。因此，作为区域退化生态系统恢复重建的主要措施，人工造林的固碳效益是衡量植被恢复生态工程成效的最重要指标之一。国内外多数研究都显示农田退耕还林后将会引起土壤碳的增加，但基本是在退耕还林 5～10 年后土壤碳库才开始累积。这一方面，源于土壤总碳库变化同时受多种因素的影响，如植被类型、土地利用类型、土壤质地、气候和管理方式的变化等，而这些因素往往对碳库提升是正负效应叠加的(Lefroy et al.，1993)。另一方面，土壤有机碳是由化学性质和周转速率不同的组分组成的异质性的复合物，其总体累积只是一个矿化和平衡的结果。可见，人工造林后土壤碳库恢复是一个较长的过程，有机

碳的总体累积还不能反映碳库性质变化、转化速率及累积机制等。因此，根据有机碳分解速率或活性差异进行碳分组研究成为探究土壤碳周转过程和固定机理的重要手段(Lützow et al.，2007)。一些有机碳的活性组分，如轻组有机碳、氧化活性有机碳、微生物碳等都被认为是比土壤总有机碳对不同土地利用方式响应更敏感的碳库指标，成为快速判断土壤有机碳库响应生态措施变化的指示碳库。因此，本节通过前期退耕还林土壤碳库研究资料数据整合分析，典型流域小尺度不同植被类型土壤总碳及碳组分水平上的变化过程研究，以揭示陕北黄土丘陵区退耕还林土壤固碳效应、过程与机制，以期为区域退耕还林(草)工程固碳效应准确评估提供科学依据。

一、退耕还林(草)工程土壤固碳效应

本节整合 90 篇文献，包括 318 个观测样本(Zhao et al.，2013)，整合估算了我国退耕还林(草)工程植被恢复土壤产生的固碳效应。到 2010 年，我国大约 26.8×10^6hm^2 坡度大于 25℃的坡耕地退耕还林还草。按乔木林、灌木林及草地 3 种植被类型分析，全国退耕区植被恢复后 0～20cm 土层土壤有机碳固碳速率约为 0.54Mg C/(hm^2 · a)。植被恢复之后的 10 年间土壤固碳量提高了大约 14.47Tg C/a。该固碳速率显著高于全球耕地转变为植被之后土壤的固碳速率 0.33Mg C/(hm^2 · a) (Post and Kwon，2000)。说明我国退耕还林(草)工程具有较大的固碳效应与潜力。不同植被类型相比，乔木林土壤碳库量最高，比灌木林地和草地分别高出 18.7%和 42.9%(图 6-2)。这在于乔木林生物量高，通过凋落物和根系返回土壤植物碳源显著补充了土壤碳库。

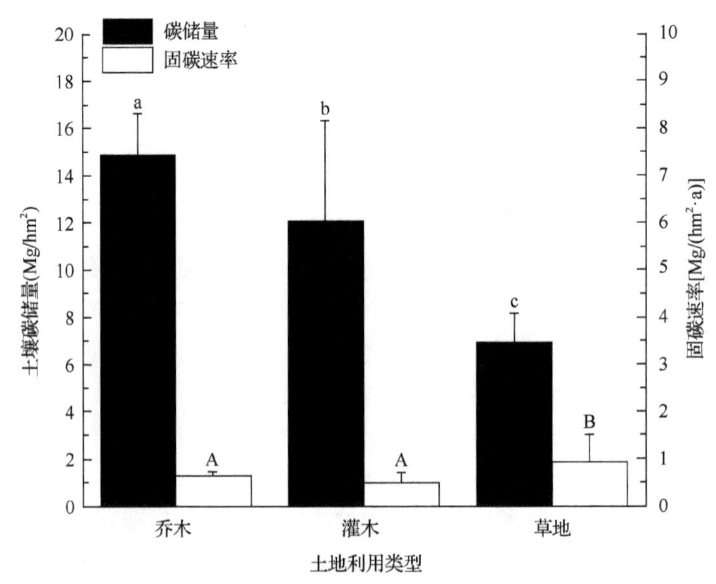

图 6-2　不同植被恢复类型对土壤固碳量和固碳速率的影响

共计 318 个观测样本，乔木林地 151 个，灌木林 43 个，草地占 124 个；不同小写字母表示碳储量在 0.05 水平差异显著，不同大写字母表示固碳速率在 0.05 水平差异显著

二、退耕还林植被土壤固碳影响因素

退耕植被恢复之后降水能够显著影响土壤有机碳储量（图 6-3）。年均降水＜500mm 气候区对植被恢复后土壤固碳量的影响较小，但是在年均降水＞800mm 气候区具有显著影响（P＜0.05）。退耕植被恢复对固碳速率的影响具有相似的趋势，即年均降水＜500mm 气候区固碳速率最低[0.07Mg/（hm^2·a）]，而年均降水＞800mm 气候区固碳速率最高[1.43Mg/（hm^2·a）]。表明降水对植被恢复之后土壤固碳量和固碳速率具有明显的影响作用，降水量越大，土壤固碳量和固碳速率越高，越能累积土壤碳储量。

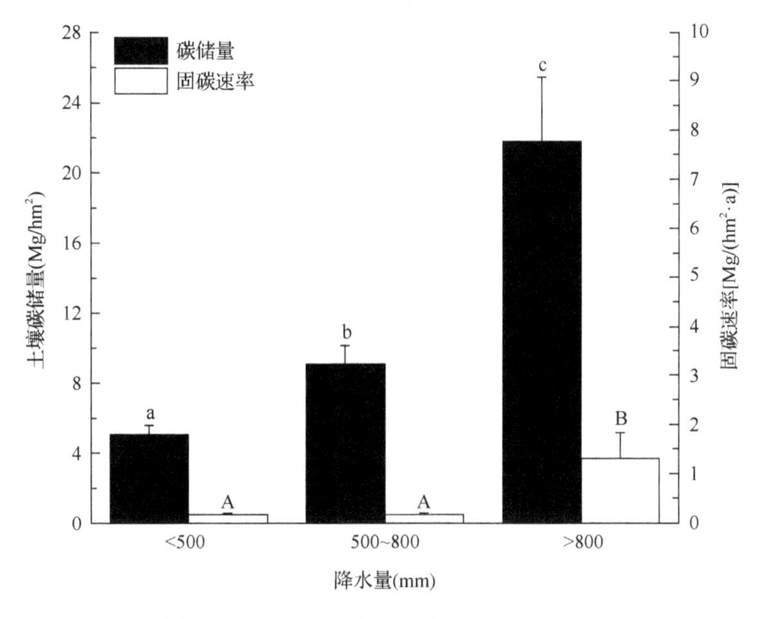

图 6-3　退耕植被恢复之后降水对土壤固碳量和固碳速率的影响

＜500mm 气候区包括 90 个观测样本，500～800mm 气候区包括 128 个观测样本，＞800mm 气候区包括 100 个观测样本；不同小写字母表示碳储量在 0.05 水平差异显著，不同大写字母表示固碳速率在 0.05 水平差异显著

植被恢复年限同样对土壤固碳速率和固碳量有明显的影响作用（图 6-4）。土壤固碳量在 20 年后具有显著增加作用（13.47Mg/hm^2）（P＜0.05），随后是 10～20 年（12.05Mg/hm^2），最低的在 10 年之前（10.80Mg/hm^2）。但是土壤固碳速率相比较于＞20 年和 10～20 年，在 10 年之前显著提高，表明土壤固碳速率随年限的增加在降低。

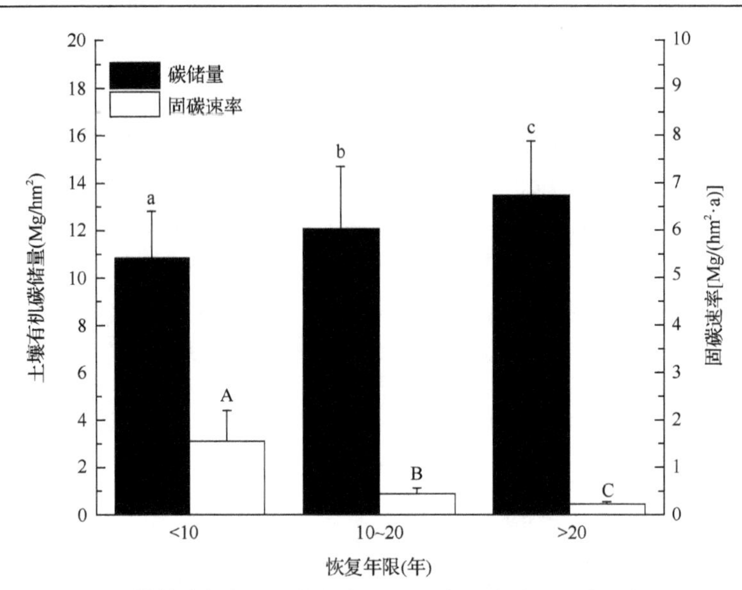

图 6-4　退耕植被恢复之后恢复年限对土壤固碳量和固碳速率的影响

＜10 年 151 个，10～20 年 74 个，＞20 年 124 个；不同小写字母表示碳储量在 0.05 水平差异显著，不同大写字母表示固碳速率在 0.05 水平差异显著

三、不同退耕植被类型土壤的固碳效应

（一）不同退耕植被类型土壤有机碳含量与密度特征

以黄土丘陵区退耕还林典型示范安塞县为研究区，选择退耕还林（草）工程起始年 1999 年坡耕地退耕后种植杨树、山杏、沙棘、刺槐及撂荒 5 种退耕还林地，并以邻近坡耕地为对照。退耕还林 15 年后，不同退耕还林地 40～100cm 土层总有机碳含量并未发生显著变化，相对浅层 0～40cm 土层总有机碳含量表现出显著差异（图 6-5）。与坡耕地相比，0～10cm 土层总有机碳以沙棘增幅最高，达到 156.9%；

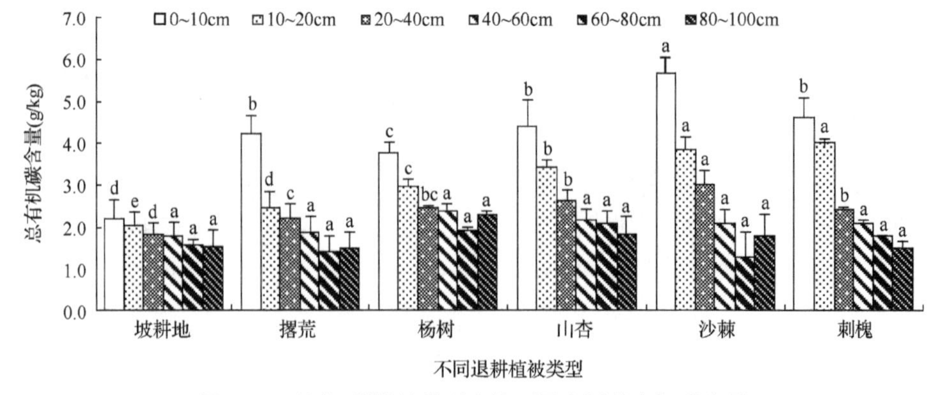

图 6-5　不同退耕植被类型土壤不同土层总有机碳含量

不同小写字母表示同一土层不同植被类型土壤总有机碳含量在 0.05 水平差异显著

杨树增幅最低，为 71.1%；刺槐、山杏、撂荒 3 种还林地总有机碳增幅接近，平均为 99.7%。10～20cm 土层总有机碳含量变化幅度相对 0～10cm 土层减小，不同退耕还林地相比坡耕地增量表现为沙棘、刺槐＞山杏＞杨树＞撂荒，增幅在 22.4%～101.3%。20～40cm 土层总有机碳含量增幅最小，以沙棘 68.9%的增幅最高，撂荒 23.5%的增幅最低，刺槐、山杏、杨树总有机碳增幅相近，平均为 40.7%。

土壤各层总有机碳密度不同退耕还林地均比坡耕地显著增加，且不同林地间总有机碳密度离土表层越近差异越大(图 6-6)。0～80cm 和 0～100cm 土层中刺槐、沙棘、山杏及杨树之间总有机碳密度均无显著差异，但均显著高于撂荒。与坡耕地比较，4 种林地总有机碳密度在 0～80cm 和 0～100cm 土层中平均增幅分别为 42.5%和 38.7%，撂荒增幅仅为 13.3%和 16.2%。在地表到 10～60cm 土层中不同林地总有机碳密度大体表现为沙棘＞刺槐、山杏＞杨树、撂荒，不同退耕还林地最高增幅出现在 0～10cm 土层，达到 71.7%～156.9%，最低增幅出现在 0～60cm 土层，为 25.3%～67.6%。

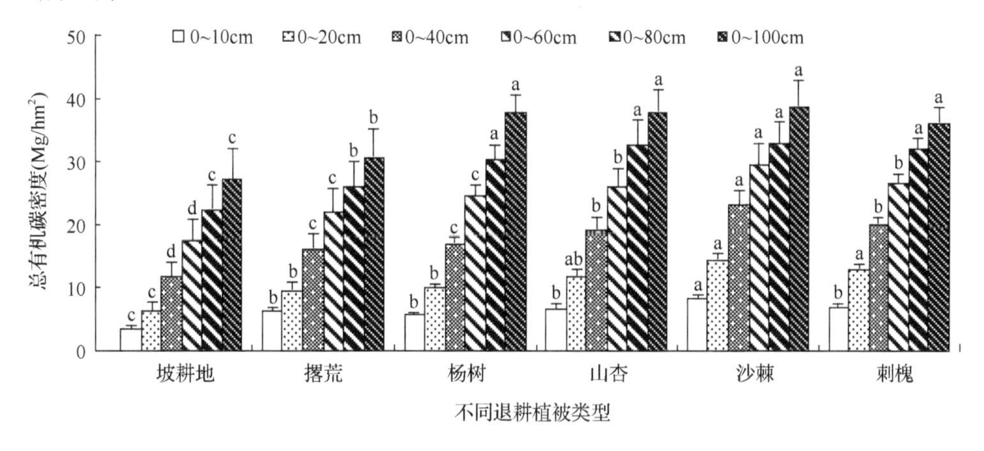

图 6-6　不同退耕植被类型土壤不同土层总有机碳密度

不同小写字母表示同一土层不同植被类型土壤总有机碳密度在 0.05 水平差异显著

总之，退耕 15 年内，不同退耕植被类型均比坡耕地显著增加了 100cm 深土壤总有机碳存量，起到了提升土壤碳库效应。但从总有机碳含量看，短期退耕还林还没有对深层 40～100cm 土层土壤碳库产生显著影响，不同退耕植被地增加的总有机碳主要来自浅层 0～40cm 土层，并以沙棘提升碳库效应最佳，杨树和撂荒最低。从有机碳密度看，1m 深土壤沙棘和刺槐比山杏和杨树更显著增加了总有机碳密度，表现出更好的碳固定效应。

(二) 不同退耕植被类型土壤有机碳库演变特征

以黄土丘陵区退耕还林典型示范安塞县内纸坊沟流域为研究区，选择退耕恢复 10 年、20 年、40 年的柠条、沙棘、刺槐共 3 种退耕植被类型样地，并以坡耕地为对照。表 6-1 显示，不同还林地各土层有机碳随退耕年限延长均呈显著增加趋势，但土层间增幅演变明显不同。相比坡耕地各土层，柠条、沙棘、刺槐林地 0～20cm 表层土有机碳密度增加最明显，在退耕 10 年时即分别增加了 0.1 倍、1.0 倍、0.9 倍，到退耕 20 年时增加更为明显，退耕 40 年时达到最大值，增幅分别达到 1.0 倍、2.3 倍、4.8 倍；20～40cm 土层在退耕 10 年时，仅柠条林未显著增加有机碳密度，之后退耕 20 年里，柠条、沙棘、刺槐林地有机碳均持续增加，同样到 40 年时增幅达到最高，增幅分别为 0.6 倍、1.6 倍、4.4 倍；40～100cm 各土层有机碳密度增加效果则明显减缓，退耕 10 年时不同还林地有机碳密度均未有显著增加，到退耕 20 年时仅沙棘和刺槐林地有机碳才开始显著增加，到退耕 40 年时柠条、沙棘、刺槐林地 40～100cm 各土层有机碳密度平均分别显著增加了 0.5 倍、1.0 倍及 3.0 倍。

表 6-1　不同退耕还林地土壤总有机碳密度　（单位：Mg/hm^2）

样地	土壤深度				
	0～20cm	20～40cm	40～60cm	60～80cm	80～100cm
坡耕地	6.39a	5.32a	5.32a	4.95a	4.58a
柠条 10 年	7.22b	6.00ab	5.52ab	5.47a	4.67a
沙棘 10 年	13.08d	8.57c	6.10ab	3.85a	5.19a
刺槐 10 年	12.31d	6.80b	6.06ab	5.01a	4.46a
柠条 20 年	9.94c	6.06b	4.87a	5.90a	5.20a
沙棘 20 年	16.54e	7.97c	6.32b	8.11b	4.48a
刺槐 20 年	30.33g	10.71d	10.54c	10.21c	9.42c
柠条 40 年	12.49d	8.41c	7.28b	7.90b	7.69b
沙棘 40 年	20.85f	13.74e	12.51d	11.08e	6.49b
刺槐 40 年	36.95h	28.94f	19.09e	19.72f	20.87d

注：同列内不同小写字母表示在 $P<0.05$ 水平下不同还林地及其退耕年限下有机碳密度差异显著

以上结果说明长期退耕还林下 100cm 深土壤总有机碳密度比坡耕地显著增加，但固碳量刺槐林最高，是沙棘和柠条林的 3.3 倍和 6.1 倍。同时，土壤固碳速率也以刺槐林最高，达到 $2.6Mg/(hm^2 \cdot a)$，比沙棘和柠条分别高出了 1.8 倍和 5.1 倍，说明刺槐林长期恢复表现出最佳的土壤固碳效应(图 6-7)。另外，不同土层间总有机碳累积则呈现随土层变深而减缓。但 3 种林地 40～100cm 各土层总有机碳在退耕 20 年后才开始恢复增加，到退耕 40 年时也平均贡献了共 50.2%的碳汇(图 6-8)，可见评价黄土丘陵区植被恢复的土壤固碳效应时应充分考虑深层土壤有机碳储量和变化。

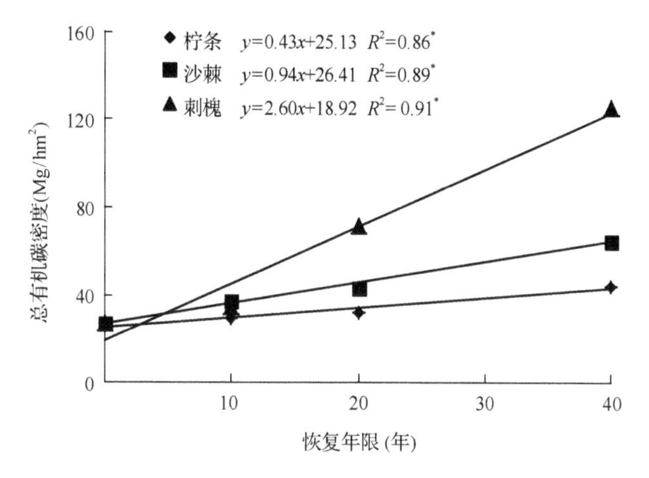

图 6-7　不同退耕植被 1m 深土壤碳密度演变

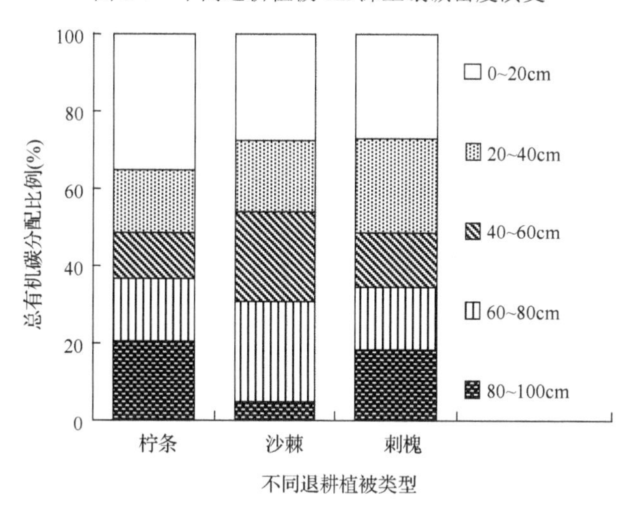

图 6-8　不同退耕植被固定碳在各土层的分配

四、不同退耕植被类型土壤碳组分变化特征

(一)土壤可溶性有机碳含量与分布变化特征

土壤可溶性有机碳一般是指能通过 0.45μm 筛孔，可溶于水或酸碱溶液，由一系列大小和结构不同的有机物质，主要是一些组成简单的酸、糖和腐殖质组成的混合碳素。虽然仅占土壤总碳的很小比例，但其属于活性炭组分，是微生物与植物可直接利用的养分来源。因此，其对土壤养分转化、供应和碳库累积有着极其重要的作用(Lützow et al.，2007)。退耕还林植被恢复对土壤可溶性碳含量有着明

显的影响[图 6-9(a)]。对于不同土层，土壤可溶性有机碳随土层的增加而减小。表层(0～10cm)土壤可溶性有机碳最高，10～40cm 土层可溶性有机碳含量下降明显，40～100cm 土层趋于稳定，而在 100cm 土层以下规律并不明显。且表层土壤可溶性有机碳比 10～40cm、40～100cm 和 100～200cm 土层分别高 56.3%～230.5%、26.5%～133.4%和 5.2%～33.2%。

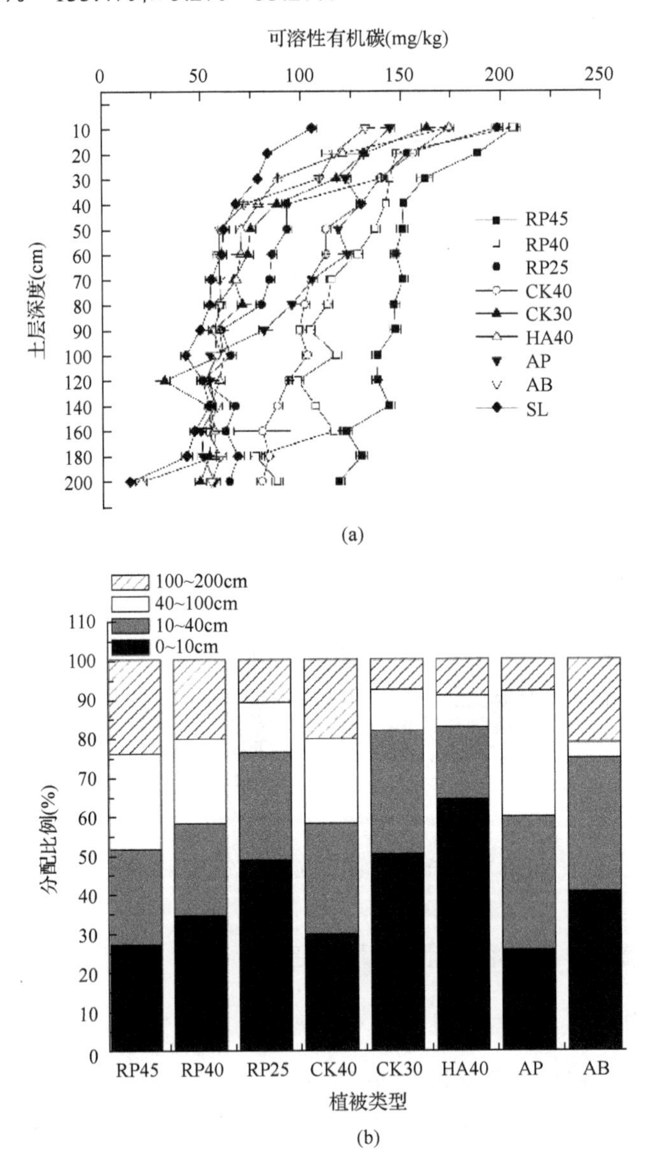

图 6-9　不同退耕植被土壤可溶性有机碳含量(a)及增加的可溶性有机碳储量分配比例(b)

RP45，RP40，RP25，CK40，CK30，HA40，AP，AB，SL 分别代表刺槐 45 年，刺槐 40 年，刺槐 25 年，柠条 40 年，柠条 30 年，刺槐山桃混交林 40 年，果园，撂荒地，坡耕地，下同

对于不同植被类型，刺槐 45 年相对于其他植被类型土壤可溶性有机碳在 0～200cm 土层表现出最高的含量[图 6-9(a)]。其他的依次表现为刺槐 40 年＞柠条 40 年＞刺槐 20 年＞刺槐山桃混交林 40 年＞柠条 30 年＞果园＞荒草地＞坡耕地。与坡耕地相比较，不同植被类型在不同土层土壤可溶性有机碳含量显著提高，在 0～10cm、10～40cm、40～100cm 和 100～200cm 土层平均增加 59.6%、590.5%、814.1%和 1135.1%，并且土壤可溶性有机碳含量随植被恢复年限的增加显著增加。刺槐 45 年比刺槐 40 年和 25 年样地在 0～10cm、10～40cm、40～100cm 和 100～200cm 土层分别平均高出 2.5%、22.3%、68.6%和 53.1%；而柠条 40 年比柠条 30 年在同样对应土层分别高出 6.6%、25.7%、53.9%和 72.2%。另外，与坡耕地比较，不同退耕植被表层土壤占有最大比例的可溶性有机碳[图 6-9(b)]，但该比例从 25 年刺槐林的 49%下降到 45 年刺槐林 27%，同样从 30 年柠条的 51%下降到 40 年柠条林的 27%。相对地，不同退耕还林植被恢复显著增加了可溶性有机碳在 100～200cm 深层土壤中的比例，增幅为 7.6%～24.1%。可见，退耕还林可显著增加 0～200cm 土层可溶性有机碳含量，显著改善了土壤碳库活性与质量。

(二)土壤颗粒结合有机碳含量与分布变化特征

土壤中有 50%～100%的有机碳与土壤颗粒结合在一起，因此国外许多研究者都将土壤有机碳组分与土壤颗粒结合在一起。不同大小颗粒上有机碳的性质和组成也显著不同，一般认为砂粒有机碳功能上属于活性有机碳库，被称为颗粒有机碳；而粉粒和黏粒通过配位体交换、氢键及疏水键等作用吸附有机碳，形成惰性矿物结合态有机碳，是土壤固持有机碳的重要碳库(Lützow et al.，2007)。因此，测定活性不同的土壤颗粒有机碳组分指标，对认知不同生态措施引起的土壤有机碳库变化过程和固定机制具有重要的意义。本节通过物理离心分离方法得到土壤砂粒(＞53μm)、粉粒(2～5μm)、黏粒(＜2μm)土壤组分，并测定得到与不同大小颗粒结合的砂粒碳、粉粒碳及黏粒碳含量，以揭示不同退耕植被恢复对各颗粒碳组分的影响。

退耕还林植被恢复显著改变了土壤颗粒结合碳含量和分布(表 6-2)。土壤颗粒结合碳随土层加深而减小。表层(0～10cm)土壤各颗粒碳含量均最高，10～40cm 土层各粒级颗粒碳含量下降明显，40～100cm 土层趋于稳定，而在 100～200cm 土层变化趋势较为平缓。不同退耕植被样地表层土壤砂粒碳含量比 10～40cm、40～100cm 和 100～200cm 土层平均分别高 39.6%、205.5%、323.7%；对应粉粒碳含量平均分别高 47.2%、135.8%、209.7%；对应黏粒碳含量分别平均高 49.7%、137.3%、175.3%。

表 6-2　不同退耕植被土壤颗粒结合碳含量　　（单位：g/kg）

植被类型	颗粒碳	土层			
		0～10cm	10～40cm	40～100cm	100～200cm
刺槐 45 年	砂粒碳	1.88a	1.27b	0.70c	0.44d
	粉粒碳	6.25a	4.64b	2.31c	1.79d
	黏粒碳	0.60a	0.51b	0.18c	0.17d
刺槐 40 年	砂粒碳	1.13a	0.96ab	0.48c	0.31d
	粉粒碳	3.45a	2.77b	1.72c	1.21d
	黏粒碳	0.37a	0.29b	0.15c	0.11c
刺槐 20 年	砂粒碳	0.76a	0.54b	0.35c	0.24d
	粉粒碳	2.81a	1.93b	1.26c	1.06d
	黏粒碳	0.29a	0.19b	0.12c	0.10c
柠条 40 年	砂粒碳	0.81a	0.67b	0.43c	0.35d
	粉粒碳	3.07a	2.26b	1.50c	1.18d
	黏粒碳	0.34a	0.25b	0.16c	0.10d
柠条 30 年	砂粒碳	0.69a	0.57b	0.43c	0.34d
	粉粒碳	3.13a	1.99b	1.46c	1.19d
	黏粒碳	0.34a	0.18b	0.17b	0.13c
撂荒地	砂粒碳	0.43a	0.27b	0.17c	0.14c
	粉粒碳	1.80a	1.06b	0.76c	0.47d
	黏粒碳	0.20a	0.11b	0.10b	0.06c
坡耕地	砂粒碳	0.24a	0.15b	0.12c	0.09c
	粉粒碳	1.15a	0.70b	0.54c	0.36d
	黏粒碳	0.17a	0.10b	0.06b	0.05b

注：不同字母表示同一土层差异性显著（$P<0.05$）；相同字母表示同一土层差异性不显著（$P>0.05$）

总体上，不同退耕植被类型土壤中以粉粒碳含量高于其他颗粒碳（表 6-2），说明土壤粉粒是退耕植被土壤固存碳的主要形式。3 种颗粒碳含量均以刺槐 45 年最大。其他的依次表现为刺槐 40 年＞柠条 40 年＞刺槐 20 年＞柠条 30 年＞撂荒地＞坡耕地。对比坡耕地，不同植被类型土壤砂粒碳含量在 0～10cm、10～40cm、40～100cm 和 100～200cm 土层增幅分别为 79.1%～683.3%、86.6%～746.6%、50.0%～491.6%和 66.6%～405.5%；对应粉粒碳含量增幅分别为 56.5%～443.4%、51.4%～562.8%、40.7%～329.6%和 28.3%～385.1%；对应黏粒碳含量增幅分别为 17.6%～252.9%、10.0%～420.0%，42.8%～171.3% 和 8.8%～200.0%。可见，退耕还林基本显著增加了所有颗粒碳组分，并且恢复年限越长，各土壤颗粒碳库累积碳效应越明显。

从颗粒碳组分所占比例看(图6-10)，不同退耕植被土壤砂粒碳所占比例在0～10cm、10～40cm、40～100cm和100～200cm土层分别比坡耕地平均提高了42.4%、31.6%、14.8%和11.5%；对应粉粒碳所占比例分别平均提高了41.4%、32.2%、15.8%和13.0%；对应黏粒碳所占比例分别平均提高了31.3%、36.2%、22.5%和15.6%。可见退耕还林植被恢复不仅显著增加了浅层土壤中颗粒碳组分累积比例，也显著提高了1m以下深层土颗粒碳贡献比例，说明不同颗粒碳组分能够显著促进退耕林土壤固碳，特别是粉粒碳组分。

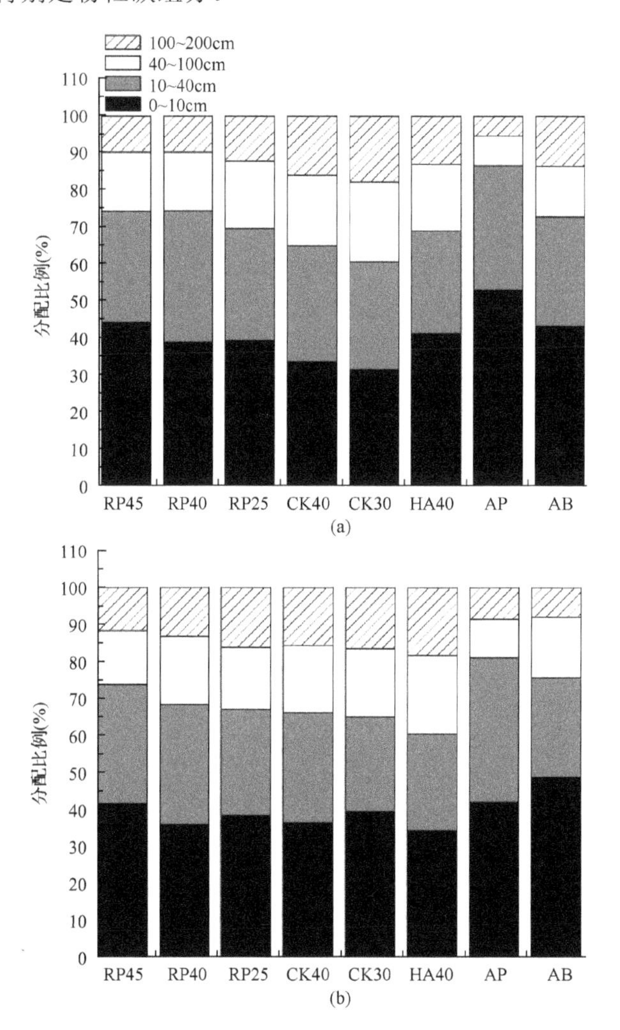

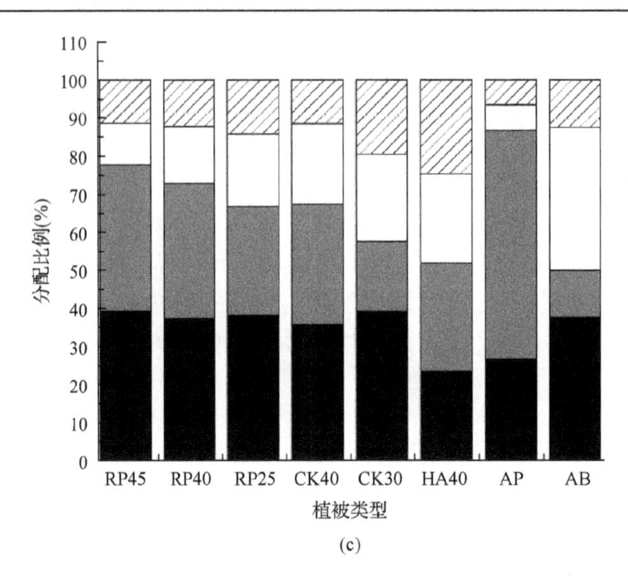

(c)

图 6-10 不同退耕植被不同土层增加的土壤颗粒有机碳储量分配比例变化

(a)、(b)和(c)分别表示在砂粒碳、粉粒碳、黏粒碳上的分配比例

(三)土壤活性炭含量与分布变化特征

易氧化有机碳是利用化学氧化方法测定的活性有机碳，是土壤有机碳中不稳定的部分，其周转时间较短，是植物营养的主要来源，被称为土壤活性有机碳(Lützow et al.，2007)。本节通过 333mmol/L 高锰酸钾氧化法得到了不同退耕植被林下土壤活性有机碳含量。结果表明，退耕还林植被恢复对于土壤活性有机碳含量有着显著的提升效应[图 6-11(a)]。对于不同土层，土壤活性有机碳随土层的增加而减小。表层(0～10cm)土壤活性有机碳最高，在 10～40cm 土层活性有机碳含

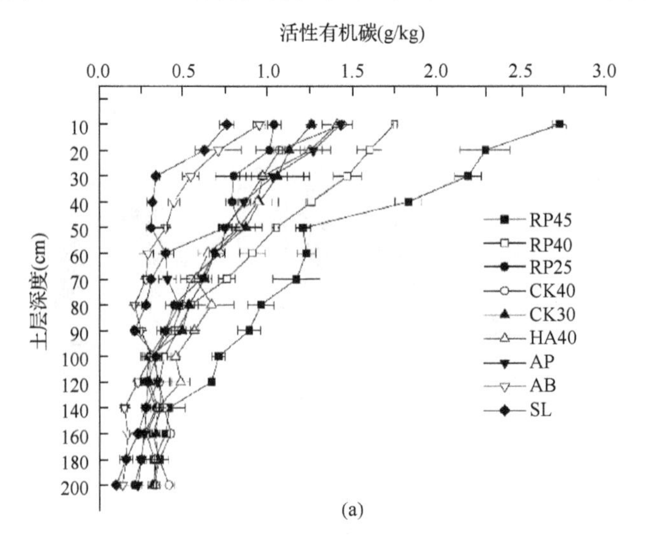

(a)

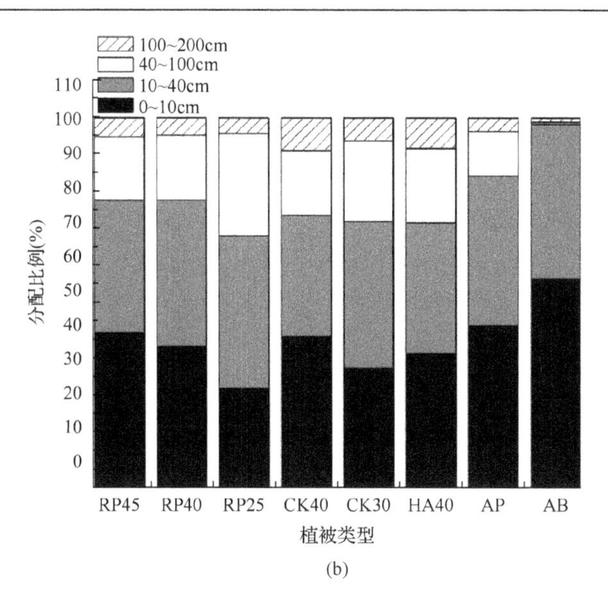

图 6-11 不同退耕植被土壤活性有机碳含量(a)及增加的土壤活性有机碳储量分配比例(b)

量下降明显，在 40～100cm 土层逐渐趋于稳定，而在 100cm 土层以下并无显著变化。表层土壤活性有机碳比 10～40cm、40～100cm 和 100～200cm 土层平均分别高 346.7%、211.6%和 79.4%。可见，活性有机碳在浅层土有明显富集效应。

从不同植被类型来看，刺槐 45 年相对于其他植被类型土壤活性有机碳在 0～200cm 土层表现出较高的含量[图 6-11(a)]。其他的依次表现为刺槐 40 年＞柠条 40 年＞果园＞刺槐山桃混交林 40 年＞柠条 30 年＞刺槐 20 年＞荒草地＞坡耕地。与坡耕地相比较，不同植被类型土壤活性有机碳在不同土层有显著提高，分别在 0～10cm、10～40cm、40～100cm 和 100～200cm 土层平均高出 97.59%、164.48%、113.12%和 45.33%。不同恢复年限退耕植被相比，45 年刺槐林土壤活性有机碳含量比 40 年和 25 年的林地，在 0～10cm、10～40cm、40～100cm 和 100～200cm 土层平均分别增加 108.3%、93.6%、64.3%和 53.8%；柠条 40 年土壤活性有机碳含量比柠条 30 年的分别在 0～10cm 和 100～200cm 土层提高了 14.3%和 16.05%。可见，退耕还林基本显著增加了活性有机碳含量，并且恢复年限越长，活性炭库累积效应越明显。

另外，与坡耕地比较，不同退耕植被能够显著增加深层土壤活性有机碳储量分配比例[图 6-11(b)]。0～10cm、10～40cm，40～100cm 和 100～200cm 土层分别平均增加了 41.8%、37.2%、14.0% 和 5.0%。可见退耕还林植被恢复不仅显著增加了浅层土壤活性有机碳累积比例，也显著提高了 1m 以下深层土壤活性有机碳的比例，说明土壤活性炭库能够明显促进土壤总有机碳的累积。

(四) 土壤轻组有机碳含量与分布变化特征

土壤轻组有机碳主要包括动植物残体、微生物残骸、菌丝体和孢子等，是介于新鲜有机质和腐殖质间的中间碳库，其化学成分主要是单糖、多糖、半木质素等微生物易分解的底物。因此，轻组有机碳能够影响土壤微生物生长和酶活性，也属于一类活性有机碳组分(Lützow et al.，2007)。该组分碳可以通过密度在 1.7g/cm^3 左右的重液分离，即漂浮在重液即为轻组有机质。退耕还林植被恢复对土壤轻组有机碳含量有着明显提升效应[图 6-12(a)]。对于不同土层，土壤轻组有机碳随土层的增加而减小。表层(0～10cm)土壤轻组有机碳含量最高，在 10～40cm 土层轻组有机碳含量下降明显，而在 40～100cm 土层逐渐趋于稳定。且表层土壤轻组有机碳比 10～40cm 和 40～100cm 土层分别高 500.3%～725.2%和 118.5%～287.8%。

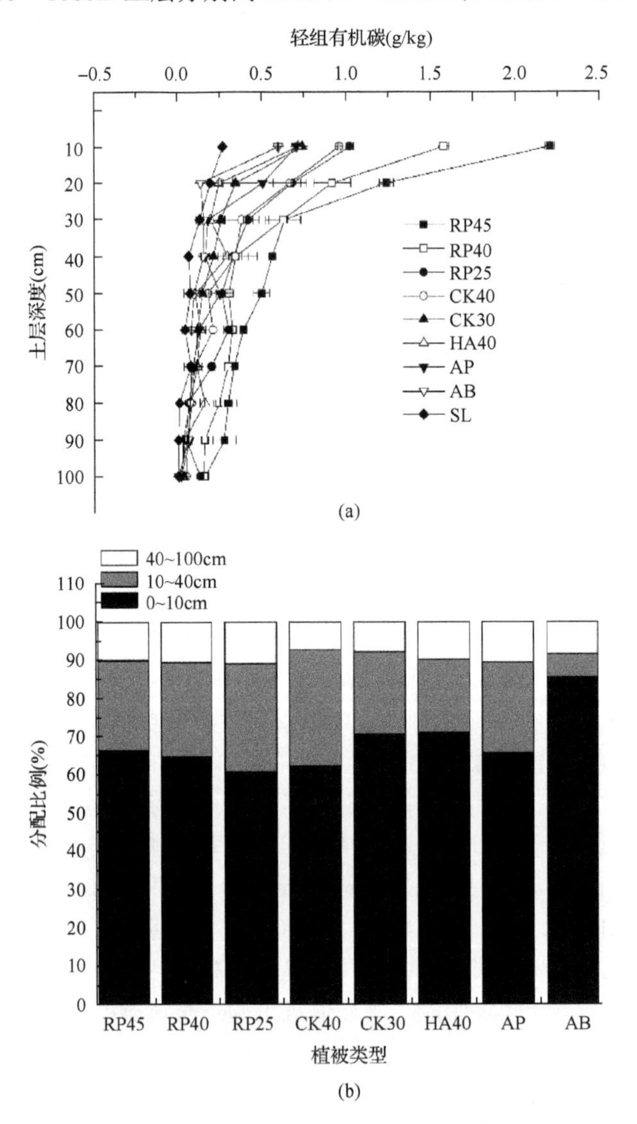

图 6-12　不同退耕植被土壤轻组有机碳含量(a)及增加的土壤轻组有机碳储量分配比例(b)

从不同植被类型来看，刺槐 45 年相对于其他植被类型土壤轻组有机碳在 0～100cm 土层表现出较高的含量[图 6-12(a)]。其他的依次表现为刺槐 40 年＞柠条 40 年＞刺槐 20 年＞刺槐山桃混交林 40 年＞柠条 30 年＞果园＞撂荒地＞坡耕地。与坡耕地相比较，不同植被类型土壤轻组有机碳在不同土层有显著提高，在 0～10cm、10～40cm 和 40～100cm 土层平均分别高出 262.2%、176.8%和 258.1%。另外，土壤轻组有机碳随植被恢复年限的增加显著增加。45 年刺槐林土壤轻组有机碳含量比 40 年和 25 年刺槐林地，在 0～10cm、10～40cm 和 40～100cm 土层分别平均高出 62.7%、49.6%和 60.5%；柠条 40 年土壤轻组有机碳比柠条 30 年在对应土层分别高出 29.2%、69.3%和 29.3%。并且与坡耕地比较，不同退耕植被能够显著增加各土层土壤轻组有机碳分配比例[图 6-12(b)]，在 0～10cm、10～40cm 和 40～100cm 土层轻组有机碳分别增加了 60.9%～85.6%、5.9%～30.3%和 7.7%～10.8%。以上分析说明，退耕还林植被恢复能够显著提升轻组有机碳库，为植物和土壤微生物提供了更多可利用养分。

（五）土壤微生物碳量与分布变化特征

土壤微生物碳是土壤中活的细菌、真菌、藻类和土壤微生物体内所含的碳，一般占到土壤总有机碳的 1%～7%。土壤中的微生物对土壤有机碳的动态有不可忽视的影响。一方面它们是有机残体降解和腐殖化过程的直接参与者，从而对土壤有机碳在各库之间的转移起直接作用。另一方面微生物体及其分泌物中的 N、P、S 及其他营养元素是植物可直接利用的速效养分。本节通过氯仿熏蒸法测定了不同退耕植被林下土壤微生物碳量。结果说明，退耕植被恢复对土壤微生物碳量有着明显的影响[图 6-13(a)]。对于不同土层，土壤微生物碳随土层的增加而减小。表层土壤微生物碳量最高，相对于 10～20cm 土层高出 33%～184%，而 10～20cm 土层微生物碳量相比于 20～30cm 土层高出 0.9%～258%。

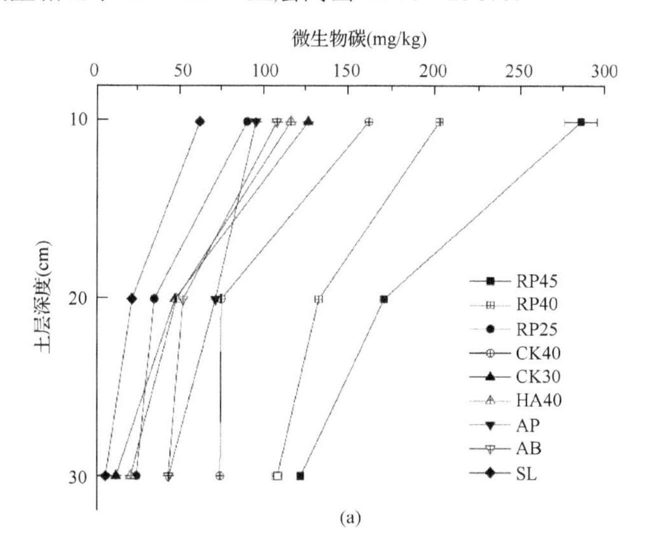

(a)

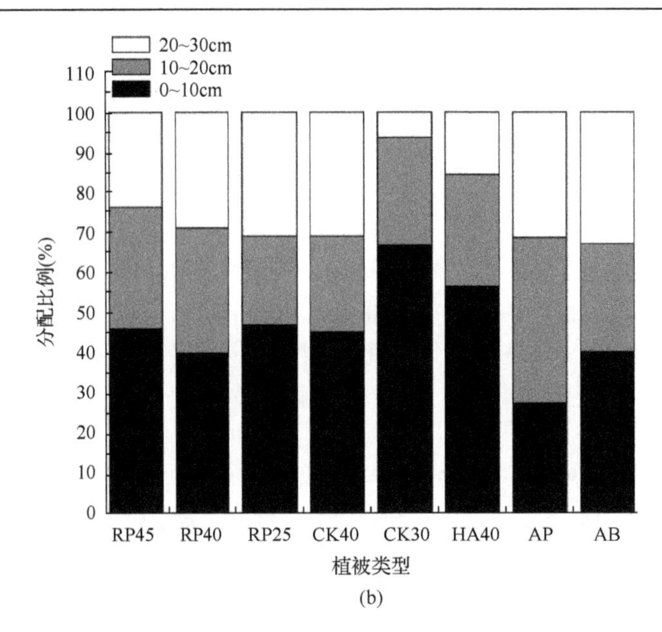

图 6-13　不同退耕植被土壤微生物碳量(a)及增加的微生物碳储量分配比例(b)

从不同植被类型来看，刺槐 45 年相对于其他植被类型土壤微生物碳在 0～30cm 土层有较高的含量[图 6-13(a)]。其他的依次表现为刺槐 40 年＞柠条 40 年＞柠条 30 年＞刺槐山桃混交林 40 年＞果园＞撂荒地＞刺槐 20 年＞坡耕地。与坡耕地相比较，8 种植被土壤微生物碳量分别在 0～10cm、10～20cm、20～30cm 土层提高 45%～364%、60%～686%、100%～1903%。45 年刺槐林比 40 年和 25 年的在 0～10cm、10～20cm 和 20～30cm 土层分别高出 41.1%～97.0%、29.2%～102.8%和 12.6%～90.1%；而柠条 40 年比柠条 30 年在对应土层分别高出 28.4%、57.7%和 506.9%。与坡耕地比较，不同退耕植被能够显著增加深层土壤微生物碳储量分配比例[图 6-13(b)]。在 0～10cm、10～20cm 和 20～30cm 土层分别增加了 27.5%～66.8%、22.2%～41.2%和 6.3%～32.8%。以上分析说明，退耕还林植被恢复能够显著增加微生物碳量，改良了土壤生物活性和养分转化能力，使退耕土壤表现出良好的生态效应。

第三节　退耕植被恢复深层土壤的元素动态与计量特征

近 20 年，森林深层土壤有机碳库在全球变化及生态系统碳循环中的重要作用受到越来越多的关注(Henderson et al.，1995)。国外研究表明，亚马孙地区热带雨林退化为草原后土壤深层有机碳含量降低约 0.255t/hm^2，转化为放牧场 1m 以下土壤有机碳含量会再次下降(Ghazi，1994)。Guo 和 Gifford(2002)对大量数据总结得出农地转变为草地后，1m 以下土壤有机碳含量会增加约 10%。我国黄土丘陵区深层土壤碳库变化研究也发现100～200cm深土壤有机碳库可占2m土层有机碳库的 40%(Dixon et al.，1994)。实际上，深层土壤碳储量在整个陆地土壤碳储量中也可能占有较大比例，且深层土壤碳储量可能比表层碳储量对于全球碳循环更为重要(Vandenbygaart et al.，2001)。作为国家退耕还林的核心区域，陕北黄土丘陵区在估算区域植被恢复的土壤固碳效应时是否要考虑深层土壤有机碳库尚缺乏足够的科学依据，这显得此类研究尤为迫切。同时，随着植被恢复土壤物理、化学和生物学性质不可避免地发生改变，这使得碳与氮、磷养分元素间的交互作用更加密切(Zhang et al.，2013；Wei et al.，2009)。近年研究也表明长期植被恢复对次深层土壤、深层土壤碳、氮和磷储量及生态化学计量特征有着显著的影响(Rumpel and Kögel-Knabner，2011)。因此，本研究以探究植被恢复之后土壤碳、氮和磷含量和化学计量学特征的变化及相互之间的关系为目的，尤其关注深层土壤碳、氮和磷储量的变化，以期为评价退耕植被恢复养分效应提供依据。

一、不同植被土壤碳、氮、磷含量垂直分布特征

不同恢复年限退耕植被土壤碳、氮、磷含量有所差异(图 6-14)。总体来看，有机碳含量随土层的增加呈递减趋势，0～40cm 土层减小趋势急剧，而 40～100cm 土层减小趋势逐渐变缓，到 100～200cm 土层基本趋于稳定。这与之前的研究结果一致(Fu et al.，2010)。可能的原因是退耕植被恢复之后增加的有机化合物(凋落物、死根、菌根和根系的分泌物)能够显著增加土壤有机碳、全氮和全磷的含量(Prietzel and Bachmann，2012)。同样也有研究结果表明取样深度成为影响土壤有机碳、全氮和全磷含量的主要因素(Vandenbygaart et al.，2011)，土地利用类型的变化同时能够影响深层土壤有机碳、氮和磷含量的变化(Strahm et al.，2009)。与坡耕地相比较，不同退耕植被类型不同土层土壤有机碳含量显著增加(图 6-14)。尤其在表层(0～10cm)土壤有机碳增加尤为显著，增加幅度达到 56%～440%，次表层(10～40cm)增幅达到 39%～533%，次深层(40～100cm)增幅达到 43%～520%，而深层土壤(100～200cm)有机碳含量增加幅度同样达到 42%～350%。说明退耕植被恢复之后不仅影响表层土壤碳、氮和磷储量的变化，而且也能够影响深层土壤碳、氮和磷含量的变化。该结果与 Wang 等(2010)的研究结果一致，即在黄土高原植被恢复之后，深层土壤(50～200cm)有机碳储量约占表层(0～50cm)有机碳储量的 25%。这主要是由于植被根系通过根系淋溶、有机质的溶解和生物扰动作用影响深层土壤有机碳储量的变化。另外，深层土壤有机质空间分离、微生物和酶活性与碳输入的异质性可能保护深层土壤碳储量(Rumpel and Kögel-Knabner，2011)。

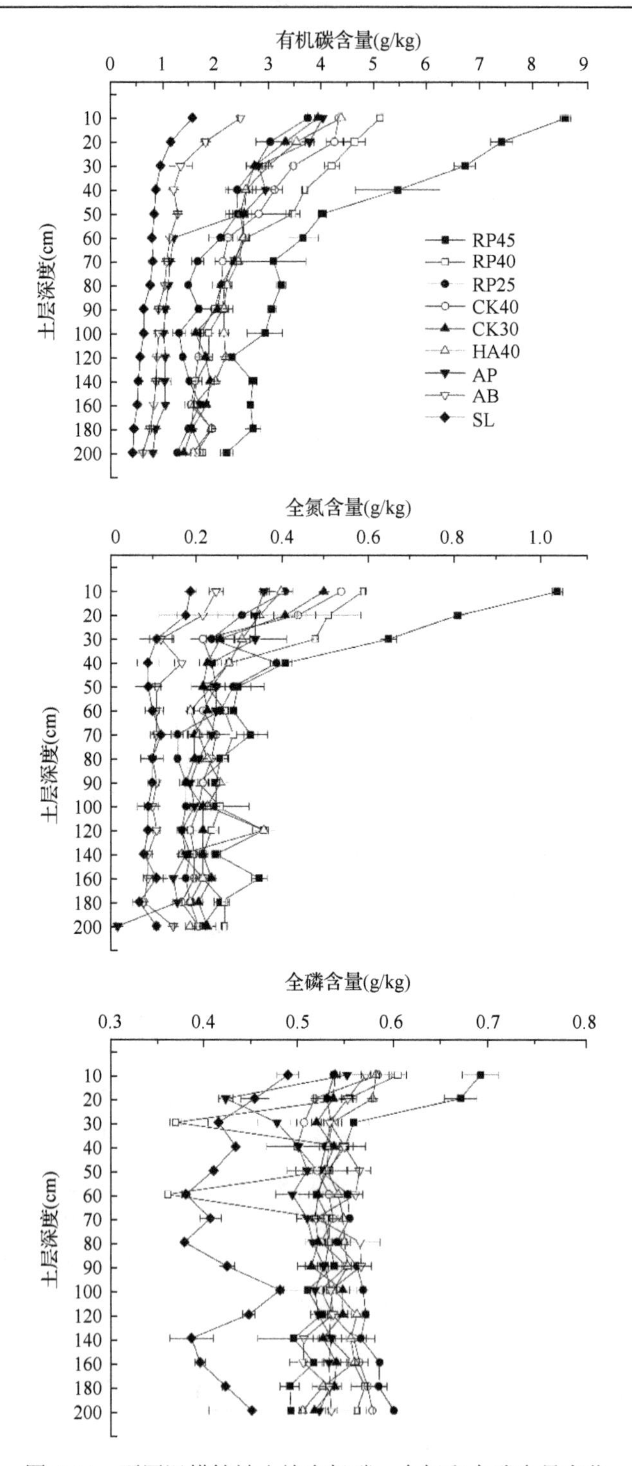

图 6-14　不同退耕植被土壤有机碳、全氮和全磷含量变化

二、不同植被土壤浅层/深层碳、氮、磷储量差异特征

不同退耕植被及年限土壤碳、氮、磷储量有所差异(图 6-15)。总体看来主要表现为刺槐 45 年>刺槐山桃混交林 40 年>刺槐 40 年>刺槐 20 年>柠条 40 年>果园>柠条 30 年>撂荒地>坡耕地。说明国家退耕还林(草)工程对于土壤养分恢复是一项有效的措施。土地利用类型的变化是土壤有机碳储量发生改变的主要原因之一，这与 Zhang 等(2013)研究结果一致，即耕地转变成乔木林地、灌木林地、草地和果园之后能够显著增加土壤有机碳储量。另外，与草地相比较乔木林能够显著增加土壤有机碳储量，表明乔木林地能够有效地累积碳储量。这在于乔木林通过枯落物、根系及其分泌物返还土壤的植物源碳显著高于草地和灌木林地，使其土壤有机碳增加较多，使得土壤有机碳储量增加，Guo 等(2009)也得出相似结果，即乔木林地土壤能更多地从枯落物根系的分泌物等中获得有机质。但是对于灌木林地和草地而言，土壤有机碳储量的增加有所不同。一些研究认为灌木林比乔木林更能增加土壤有机碳储量(Lin et al., 2012)，而一些研究则认为它们之间并没有显著的差异性(Wang et al., 2011)。尽管乔木林、灌木林和草地之间土壤固碳量并无显著差异，但总体来说乔木林最高，灌木林次之，草地最少。与坡耕地相比较，不同退耕植被类型不同土层土壤有机碳、全氮和全磷储量显著增加。尤其在表层(0～10cm)土壤有机碳储量增加尤为显著，增加幅度达到 63.4%～427.0%，次表层(10～40cm)增幅达到 23.2%～555.9%，次深层(40～100cm)增幅达到 19.2%～313.9%，而深层土壤(100～200cm)有机碳储量增加幅度同样达到22.1%～318.1%。土壤全氮储量表层增加幅度达到 43.4%～458.2%，次表层(10～40cm)增幅达到 2.5%～429.0%，次深层达到 51.1%～156.4%，而深层土壤(100～200cm)除了撂荒地全氮储量增加幅度同样平均达到 82.0%。对于全磷含量而言，与坡耕地比较，0～10cm、10～40cm、40～100cm 和 100～200cm 土层分别增加了 0.3%～

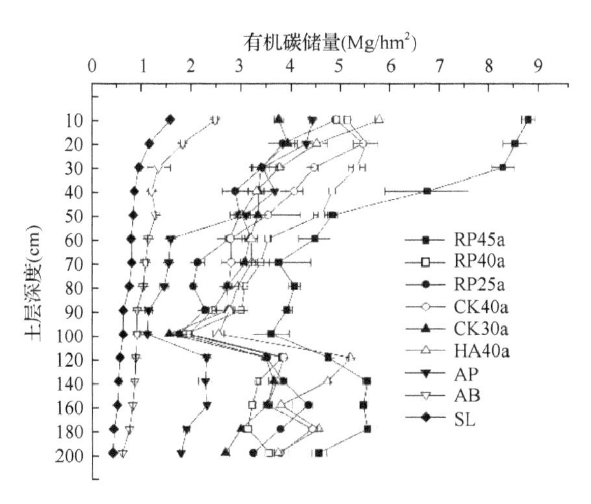

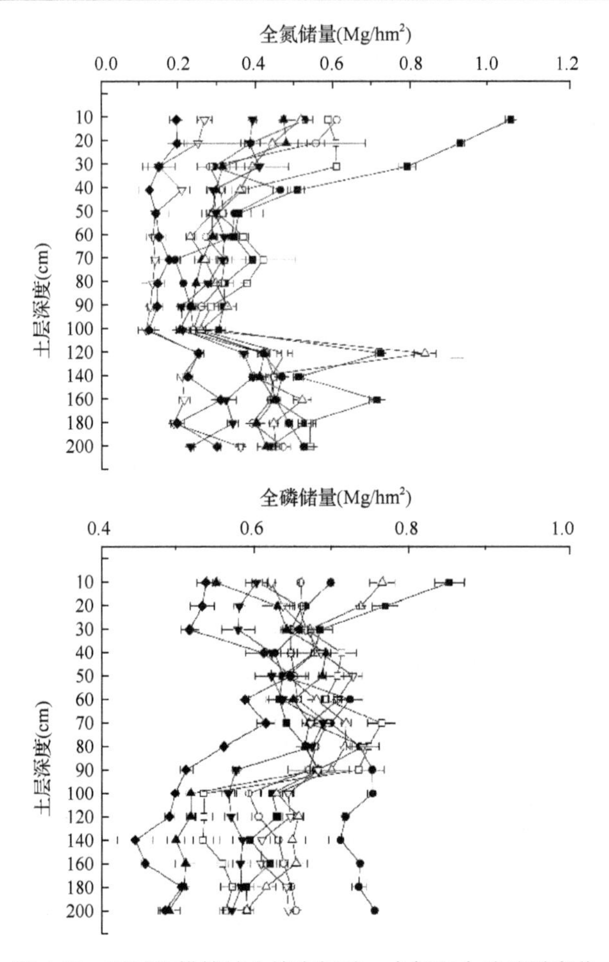

图 6-15 不同退耕植被土壤有机碳、全氮和全磷储量变化

22.3%、14.6%～33.9%、10.3%～33.0%和 27.9%～59.5%。这揭示了浅层和深层土壤有机碳、全氮和全磷对土地利用变化的敏感性，反映了深层土壤有机碳具有较大的稳定性。并且主要是因为随着土层的加深，土壤稳定性有机碳、全氮和全磷比例增加，周转时间变长(Rumpel et al.，2002)，深层土壤有机碳难分解的化合物增加(Liang and Balser，2008)；相对于深层，表层土壤活性有机碳含量高(宇万太等，2007)，受环境因素影响较大(李忠等，2001；Petersen et al.，2002)，更容易造成损失。

三、不同植被土壤浅层/深层碳、氮、磷化学计量学差异特征

土壤碳、氮和磷化学计量学特征随着植被恢复之后林下物种群落的不同而不同，且具有很高的复杂性(Zhang et al.，2013)。不同退耕植被土壤 C∶N、C∶P 和 N∶P 值有所差异(图 6-16)。在 0～200cm 土层，土壤 C∶N 值表现出低—高—

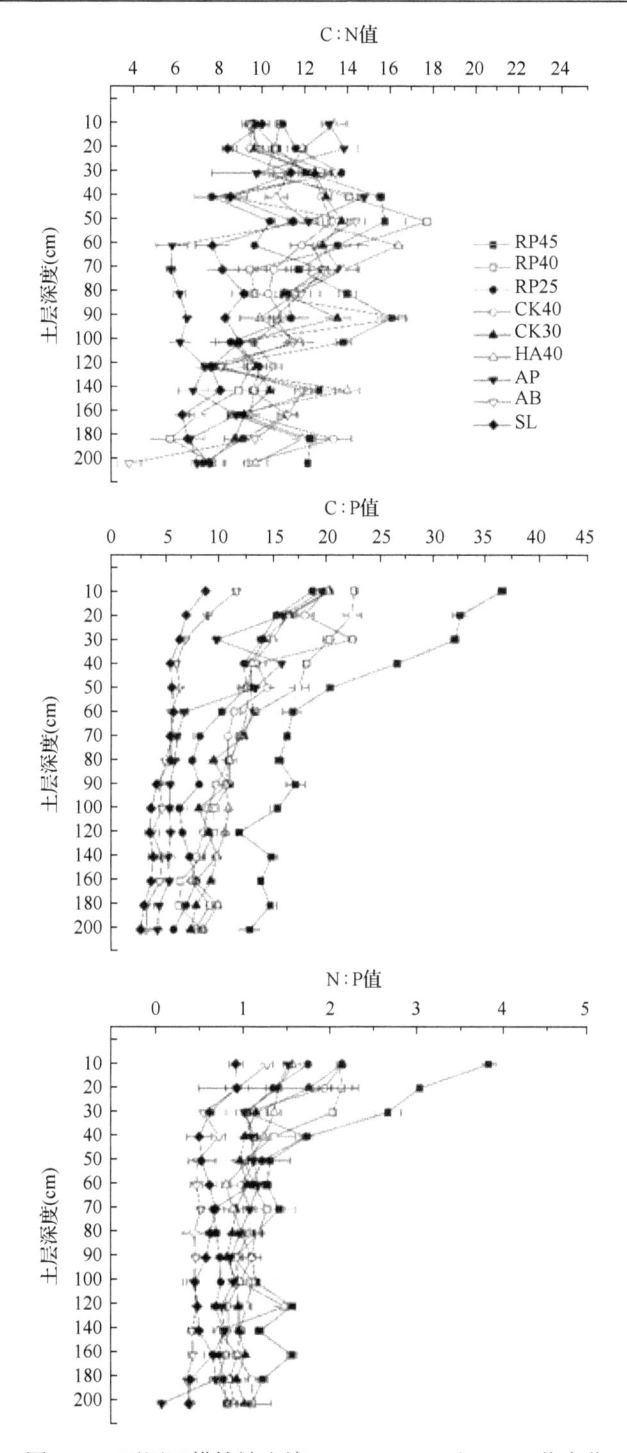

图 6-16　不同退耕植被土壤 C∶N、C∶P 和 N∶P 值变化

低的变化规律。土壤 N∶P 值与 C∶P 值的变化趋势一致，在 0～200cm 随土层的增加逐渐减小。0～10cm 土层 N∶P 值比 10～40cm、40～100cm 和 100～200cm 土层平均分别高 1.09、0.55 和 0.09。究其原因，退耕地林下物种盖度和群落相对于撂荒地和坡耕地高，且群落之间组成具有密切的相关性。一方面植被通过根系的吸收和释放一些分泌物能够改变土壤 C∶N∶P 值(Zeng and Chen，2005)。另一方面，林地中凋落物的分解过程和分解速率，所释放出来的氮和磷能够影响土壤 C∶N∶P 值。Li 等(2012)报道了不同植被类型之间存在着不同土壤 C∶N∶P 值，主要是由于植被的高程差及管理措施的不同。与坡耕地相比较，不同退耕植被类型在 0～10cm、10～40cm、40～100cm 和 100～200cm 土层 C∶P 值平均分别高 1.12、0.77、0.37 和 0.38。且在不同植被类型之间表现出：刺槐 45 年＞柠条 40 年＞柠条 30 年＞刺槐 40 年＞刺槐 20 年＞刺槐山桃混交林 40 年＞果园＞撂荒地＞坡耕地。这主要可能是植被类型的变化使得植被所输入和吸收土壤中的碳、氮和磷营养元素不同(Zeng and Chen，2005；Jin-Sheng，2010)。然而，不同植被类型所返还土壤凋落物的数量和质量不同，且分解速率不尽相同，导致不同碳、氮和磷含量(Zhang et al.，2013)。此研究结果与 Bui 和 Henderson(2013)相一致。但是，此结果与 Cleveland 和 Liptzin(2007)不尽相同，即土壤碳、氮和磷含量在林地和草地并无明显差别。可能是植被的覆盖度、林下物种群落组成、地形条件都影响养分化学计量学特征。

四、土壤碳、氮、磷含量与计量比值之间的关系

本研究结果表明，土壤碳、氮、磷含(储)量及化学计量比之间存在显著相关性(表 6-3)。除全氮、全磷含量与 C∶N 值之间，全磷储量与全氮储量之间，C∶N 值与 N∶P 之间，全磷储量与 N∶P 值之间不显著相关外，其余都显著相关，尤其多数指标之间达极显著相关。

表 6-3 土壤碳氮磷含(储)量及化学计量学特征之间的相关性

	SOC	TN	TP	SOCD	TND	TPD	C∶N	C∶P	N∶P
SOC	1	0.918**	0.399**	0.877**	0.680**	0.260**	0.431**	0.986**	0.917**
TN	0.918**	1	0.433**	0.808**	0.818**	0.191*	0.094	0.880**	0.986**
TP	0.399**	0.433**	1	0.431**	0.433**	0.539**	0.085	0.334**	0.362**
SOCD	0.877**	0.808**	0.431**	1	0.855**	0.212*	0.364**	0.864**	0.807**
TND	0.680**	0.818**	0.433**	0.855**	1	0.103	–0.093	0.640**	0.800**
TPD	0.260**	0.191*	0.539**	0.212*	0.103	1	0.271**	0.232**	0.150
C∶N	0.431**	0.094	0.085	0.364**	–0.093	0.271**	1	0.495**	0.114
C∶P	0.986**	0.880**	0.334**	0.864**	0.640**	0.232**	0.495**	1	0.896**
N∶P	0.917**	0.986**	0.362**	0.807**	0.800**	0.150	0.114	0.896**	1

*表示在 0.05 水平上差异性显著($P<0.05$)；**表示在 0.01 水平上差异性显著($P<0.01$)。

注：SOC.土壤有机碳；TN.土壤全氮；TP.土壤全磷；SOCD.土壤有机碳储量；TND.土壤全氮储量；TPD.土壤全磷储量；C∶N.碳氮比；C∶P.碳磷比；N∶P.氮磷比

第四节　退耕植被恢复的土壤生物学效应

土壤微生物作为土壤生物群体的重要组成部分，它与生活在土壤中的其他生物形成了相互作用、相互制约的动态综合体。土壤微生物的多样性、组成及结构的变化是土壤微生物研究的基础内容，其变化将会影响整个陆地生态系统的养分循环和能量流动(宋长青等，2013；林先贵和胡君利，2008)。近年来，随着分子生物学的发展，大大拓展了微生物学的研究思路与方法，为从群落结构水平上全面认识微生物的生态特征和功能开辟了新的途径，为微生物种群鉴定提供了有效的手段，同时极大地促进了微生物生态学的发展(曹慧等，2008；孙欣等，2013)。

本节选择陕北黄土丘陵沟壑区中部安塞县五里湾流域和延安市庙咀沟流域作为研究区。20 世纪 80 年代以来，该地区开展了大规模的人工植被建设，形成了明显的乔木、灌木及草地等不同配置的植被生态恢复模式。选取该区域土壤碳、氮、磷养分库具有显著差异的不同人工植被恢复类型，结合遥感影像资料和野外实地样带调查、监测试验，室内培养和分子生物学等方法，分析同一恢复年限(15 年)不同植被类型下和同一植被不同演替下的土壤酶活性及微生物分子生物学特性，重点从土壤微生物角度分析植被恢复对土壤环境的改善状况，以期为评价该地区的生态恢复状况提供科学依据。

一、土壤酶活性特征

土壤酶活性是土壤生物学活性的总体现，它表征了土壤的综合肥力特征及土壤的养分转化进程，是土壤生态系统代谢的重要动力，也是土壤质量的一个重要指标，在很大程度上反映土壤养分循环与转化的强度(Bowles et al.，2014)。在森林生态系统中，土壤酶活性催化土壤元素(包括碳、氮、磷、硫)的循环与迁移，不仅能反映土壤生物活性的高低，又能综合表征土壤养分转化的快慢，与土壤理化性质、土壤类型、施肥、耕作及其他农业措施等密切相关，并且也对植树造林等外界因素变化较敏感，可作为土壤生态系统变化的预警和敏感指标(Adamczyk et al.，2014；da Silva et al.，2012)。因此，研究黄土丘陵区植树造林后的土壤酶活性的变化特征，对揭示生态恢复过程中土壤物质循环、转化、分解及代谢有重要作用，也可为评价生态恢复效果、土壤质量管理提供科学依据。

(一)不同退耕植被类型土壤酶活性变化特征

本节以耕地为对照，分析 5 种不同退耕植被(退耕年限均为 15 年)的过氧化氢酶、蔗糖酶、脲酶及碱性磷酸酶的变化特征。总体表现为，刺槐纯林的酶活性大于侧柏纯林及乔木混交林(刺槐侧柏混交林)；灌木混交林(山杏柠条混交林)的酶活性大于乔木混交林和柠条纯林，但均显著高于耕地的酶活性。其次，4 种酶活性随着土层的增加(0～30cm)，除过氧化氢酶外，均呈现出显著降低的趋势。

1. 不同植被类型土壤过氧化氢酶活性变化特征

土壤过氧化氢酶广泛分布在土壤和生物体内，其含量的变化有效地反映了土壤的氧化还原反应强度。而土壤的氧化还原的强度与土壤的有机质转化和代谢有关，其强度的高低可以反映土壤的肥力状况，因此研究不同退耕植被的土壤过氧化氢酶活性可以指示土壤有机质的转化能力与速率。图 6-17 显示：与耕地相比，林地中的过氧化氢酶均显著提高，并以刺槐林增幅最大，达到 43.6%～69.9%；其次是侧柏，其平均增幅为 26.1%～50.4%，最后是柠条纯林和灌木混交林，但侧柏、柠条及乔木混交林之间的差异不显著。可见，退耕还林后人工植被通过增加外源物的输入能显著地增加土壤的肥力及土壤有机质的转化速率。此外，相同年限下刺槐林较其他树种具有很高的改良土壤的特性。

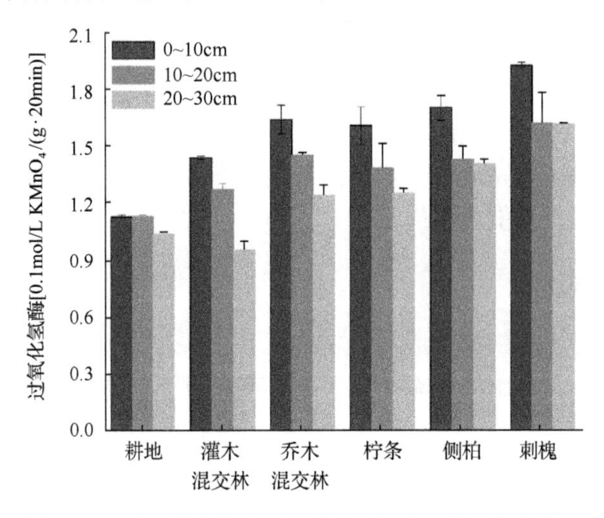

图 6-17 不同植被类型土壤过氧化氢酶活性的变化特征

随着土层的增加，土壤过氧化氢酶呈现降低的趋势，尤其是退耕植被的表层土壤(0～10cm)，其过氧化氢酶的活性显著高于 10～20cm 和 20～30cm 土层的酶活性($P<0.05$)，但是相比之下，耕地的土壤过氧化氢酶的各层次之间差异不明显，很可能是退耕植被恢复后，森林外源物的输入有效地增加了表层土壤的有机质，提高了表层土壤的肥力状况。其次，不同植被下的群落组成也存在显著的差异，即地上植被生物量和植被状况也会对土壤过氧化氢酶产生影响。在本研究中，土壤过氧化氢酶在林地中的活性高于耕地，说明在某种程度上，过氧化氢酶的活性除了反映土壤的有机质转化速率，也一定程度上联系到植被的生长状况。

2. 不同植被类型土壤蔗糖酶活性的变化特征

土壤蔗糖酶(转化酶)参与分解土壤有机质的过程，其代谢活性反映了土壤的有机质(有机碳)的高低。通常情况下，土壤有机质含量越高，土壤的蔗糖酶的活性就越高。研究结果显示(图 6-18)：坡耕地退耕后，土壤蔗糖酶活性显著增加(P<0.05)，增幅达 176.8%～6271.8%。总体趋势为刺槐>侧柏>灌木混交林(山杏柠条混交林)>乔木混交林(刺槐侧柏混交林)>柠条>耕地。与耕地相比，刺槐纯林增幅为 863.8%～3495.5%；侧柏纯林增幅为 645.6%～6271.8%；灌木混交林增幅为 653.8%～2641.7%；乔木混交林增幅为 274.1%～2374.1%；柠条纯林增幅为 176.8%～726.9%。同时，灌木混交林的蔗糖酶活性高于乔木混交林的酶活性，这可能与植被的外源物的输入种类和植被的生产力有关。此外，土壤蔗糖酶的活性随着土层的增加也显著降低(P<0.05)。相比表层土壤，耕地的土壤酶活性在 10～20cm 和 20～30cm 降幅最大，分别为 82.2%和 3127.8%；其他几种植被在 10～20cm 和 20～30cm 的平均降幅分别为 45.7%和 433.2%。与过氧化氢酶土壤层次差异相比，蔗糖酶活性变化差异较大，说明蔗糖酶受植被恢复的影响大于过氧化氢酶所受的影响。

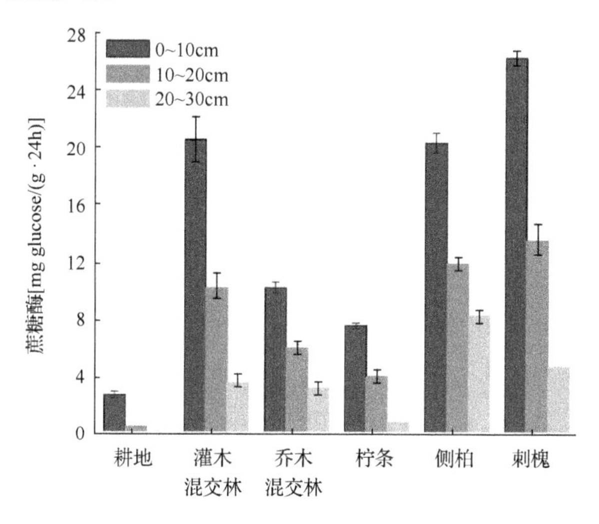

图 6-18　不同植被类型土壤蔗糖酶活性的变化特征

3. 不同植被类型土壤脲酶活性的变化特征

土壤脲酶是土壤蛋白质组成的生物催化剂，参与分解和转化土壤氮素。在农田生态系统中，土壤脲酶参与土壤外源尿素的分解，为植被生长提供无机氮组分；在森林恢复系统中，土壤酶活性主要来源于土壤微生物的活动、植物根系分泌物和动植物残体腐解过程中释放的酶，尤其是涉及与碳氮有关的酶活性可以有效地参与恢复系统中氮的代谢。因此，不同退耕植被下土壤脲酶活性可以有效地反映土壤氮素转化能力，以及植被生长所需氮的程度。在本研究中(图 6-19)，不同植被类型土壤脲酶活性差异显著，具体表现为刺槐＞侧柏＞灌木混交林＞乔木混交林＞柠条＞耕地，较耕地增幅范围为 24.8%～253.4%。随着土层的增加，土壤脲酶活性整体呈现出递减趋势，尤其是刺槐纯林，其 0～10cm 的脲酶活性较 10～20cm 高出 165.2%。结合上述的土壤养分特征变化趋势，土壤脲酶活性与土壤有机质存在显著的正相关，说明坡耕地种植植被后，土壤有机质的增加与酶活性有着密切的关系。前人报道发现，土壤脲酶与有机质、全氮、全磷等性质均显著或极显著相关，可作为评价土壤肥力的指标之一，而在本研究中，土壤脲酶和蔗糖酶的变化趋势整体一致，说明植被恢复后土壤的碳氮量及转化与土壤脲酶存在密切的关系。

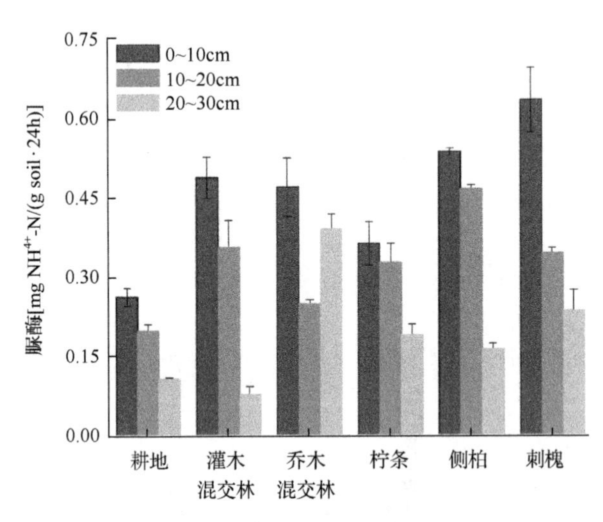

图 6-19　不同植被类型土壤脲酶活性的变化特征

4. 不同植被类型土壤碱性磷酸酶活性的特征变化

土壤碱性磷酸酶在土壤磷素循环中起着重要的作用，可加速有机磷的分解，其活性大小可以反映土壤中有效磷素含量的高低。在本研究中，坡耕地退耕还林后，土壤碱性磷酸酶显著增加(图 6-20)，其总体趋势表现为刺槐＞灌木混交林＞乔木混交林＞侧柏＞柠条＞耕地，较耕地增幅为 120.6%～438.7%，说明植被恢复可有效地增加土壤磷酸酶的活性。同时，混交林的碱性磷酸酶高于纯林，说明植被的相互作用能够有效地增加土壤磷素的利用效率，增加土壤碱性磷酸酶的活性。与其他几种酶活性一致，土壤碱性磷酸酶的活性随着土层的增加呈现降低的趋势，且林地的降低幅度大于耕地。这可能与植被自身的生长特性有关，随着生态恢复，归还到土壤中的物质增多，使磷酸酶活性明显增强，从而促进有机磷向无机磷转化，为植物生长提供了更好的立地条件，土壤质量得到恢复。

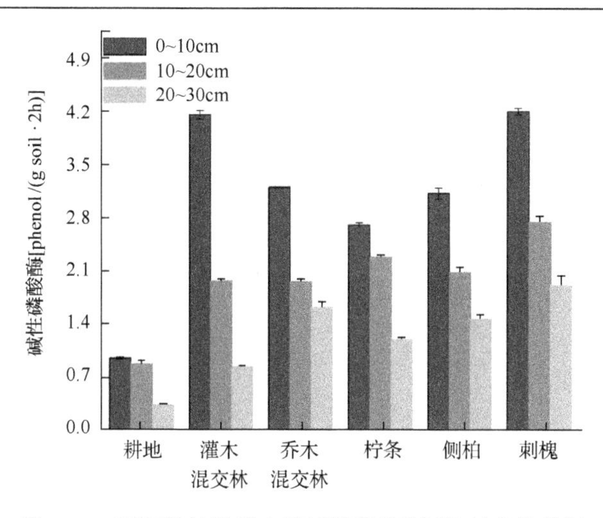

图 6-20　不同植被类型土壤碱性磷酸酶活性的变化特征

（二）退耕林不同恢复演替阶段土壤酶活性特征

同一植被在生长演替过程中，其自身的枯落物及植被生产力的差异导致酶活性各异。因此，本研究以耕地为对照，分析演替 15 年、40 年和 45 年的刺槐纯林，以及演替 15 年、30 年和 40 年的柠条纯林。分析两种演替植被下的 4 种酶活性（过氧化氢酶、蔗糖酶、脲酶和碱性磷酸酶）的演变趋势，根据酶活性的变化趋势揭示生态恢复过程中土壤的恢复状况。

1. 不同演替阶段土壤过氧化氢酶活性特征变化

刺槐林在演替过程中，其土壤过氧化氢酶活性显著增加，并随着土层的增加呈现显著降低的趋势（图 6-21 和图 6-22），其中刺槐 45 年土壤过氧化氢酶的活性达到最大值。与耕地相比，表层 0～10cm 土壤过氧化氢酶的活性呈现出一次函数增加趋势（$y = 0.0851x + 1.209$，$R^2 = 0.6501$），增幅为 69.5%～77.7%；10～20cm 和 20～30cm 的过氧化氢酶的活性均表现出增加的趋势，其增幅分别为 42.90%～71.62%和 54.93%～77.37%。相比之下，人工种植刺槐林下，其表层 0～10cm 土壤的增加比例高于 10～20cm 和 20～30cm 的酶活性。柠条林在演替过程中，其表层土壤过氧化氢酶的活性变化趋势与刺槐林一致，均呈现一次递增的趋势，且 40 年的柠条林的表层酶活性较高。在 10～20cm 和 20～30cm 土层中，土壤过氧化氢酶出现波动缓慢上升，表现为柠条 40 年＞柠条 15 年＞柠条 30 年＞耕地。因此，植树造林过程中，表层受外源物输入的影响较大，使表层土壤的过氧化氢酶整体呈现出单调递增的趋势。但是，在 10～20cm 和 20～30cm 土层，凋落物等因素的影响相对较少，并且不同的演替过程中，林下的草本物种也存在一定的差异，从而导致先增加后降低，再增加的趋势变化。

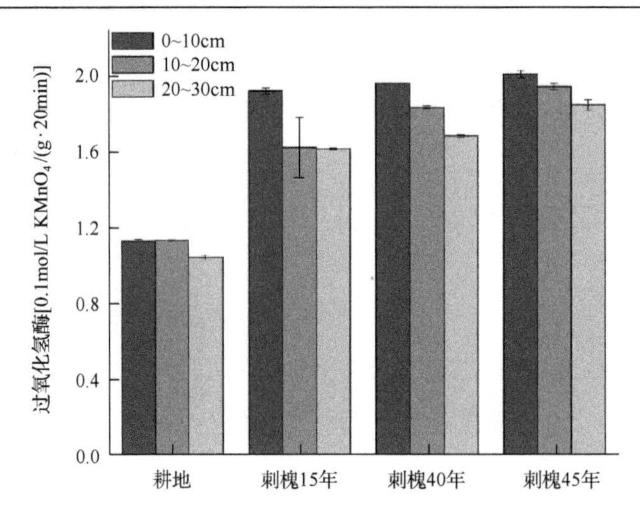

图 6-21　刺槐林下不同演替阶段土壤过氧化氢酶的变化特征

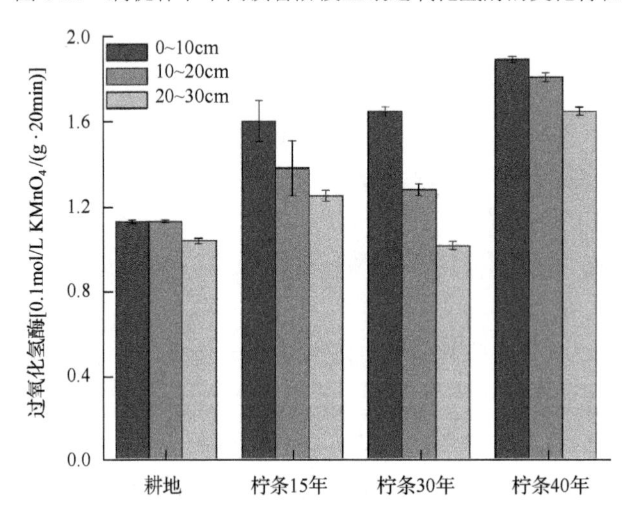

图 6-22　柠条林下不同演替阶段土壤过氧化氢酶的变化特征

2. 不同演替阶段土壤蔗糖酶活性特征变化

陕北黄土丘陵区坡耕地退耕后，刺槐林和柠条林的土壤蔗糖酶的活性表现为显著的增加趋势(图 6-23 和图 6-24)，增幅分别为 863.8%～6735.9%和 176.8%～2685.2%。在刺槐林恢复序列中，较耕地相比，刺槐 45 年酶活性增加了 7862.5%，其次是刺槐 40 年，增加了 2044.8%，最后是刺槐 15 年。在柠条恢复序列中，相对于耕地而言，柠条 40 年增幅最大，其次是柠条 30 年，最小是柠条 15 年。随着土层的增加，土壤的蔗糖酶的活性呈现递减的趋势，并且 3 个层次的土壤蔗糖酶活性变化趋势基本上一致，其相关系数 R^2 达到 0.78 以上。可见在一定的植被恢复期内，植被正向变化可有效地增加土壤蔗糖酶的活性。由于蔗糖酶是转化酶，参与土壤的有机质的转化，因此可以得出生态演替过程中，土壤有机质的转化能力提高，土壤有机质增加，肥力得到改善，特别是刺槐 45 年和柠条 40 年具有良好的有机质转化效应。

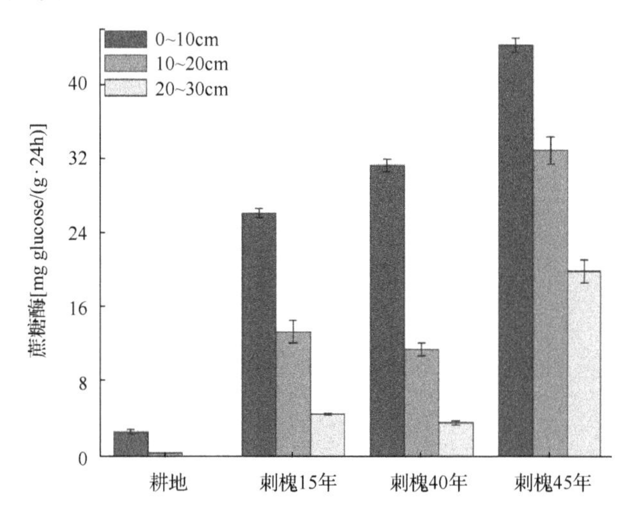

图 6-23　刺槐林下不同恢复演替阶段土壤蔗糖酶的变化特征

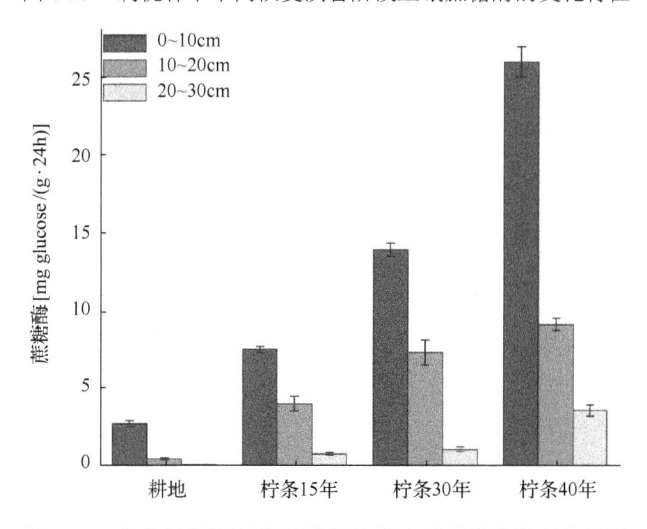

图 6-24　柠条林下不同恢复演替阶段土壤蔗糖酶的变化特征

3. 不同演替阶段土壤脲酶活性特征变化

土壤脲酶活性在刺槐和柠条的恢复演替序列中差异较大(图 6-25 和图 6-26)。在表层(0～10cm)土壤中，脲酶活性在两种退耕植被土壤中表现出显著的递增趋势，较耕地相比，增幅分别为 139.3%～255.5%和 37.5%～149.9%。在 10～20cm 土层中，刺槐林表现为单调递增的趋势，增幅为 71.7%～232.6%，而柠条林出现先增加后降低的趋势，其增幅为 63.2%～172.7%。此外，20～30cm 的土壤脲酶活性，相较于表层 0～10cm 和 10～20cm 的土壤，波动较小，尤其是柠条林，较耕地其增幅为 41.1%～74.6%，演替 15 年的柠条林在 20～30cm 中的脲酶活性显著高于其他几个年限，这可能与植被本身的生长特性有关。总体来说：土壤的脲酶随着层次的增加，活性逐渐降低，但是演替年限越长，其层次之间的差异越大。

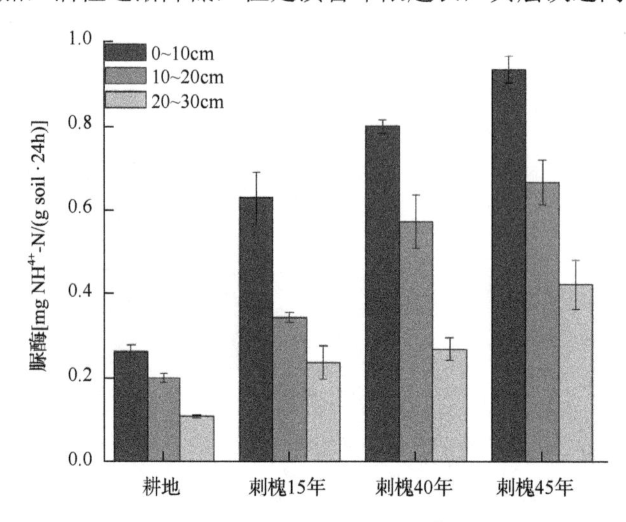

图 6-25　刺槐林下不同恢复演替阶段土壤脲酶的变化特征

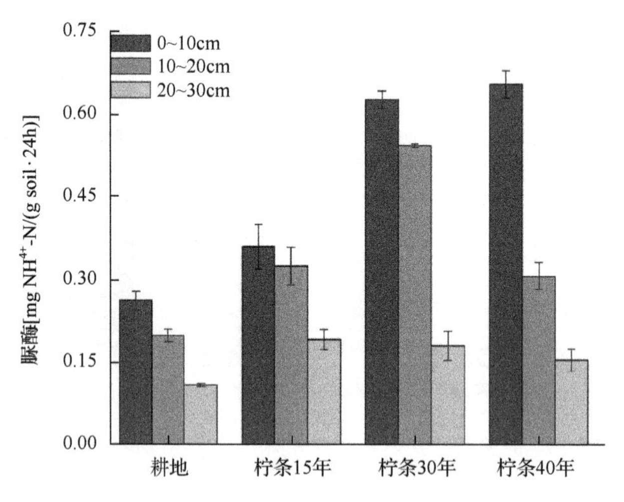

图 6-26　柠条林下不同恢复演替阶段土壤脲酶的变化特征

4. 不同恢复演替阶段土壤碱性磷酸酶活性特征变化

土壤碱性磷酸酶的活性受退耕年限和土壤层次的显著影响(图 6-27 和图 6-28)。在刺槐林恢复序列中，不同土层中均表现为递增趋势，其中 0～10cm 的增幅最大，较耕地增加 336.1%～596.6%。此外，随着土层的增加刺槐林的土壤碱性磷酸酶活性降低，不同恢复年限之间差异不显著，说明凋落物对表层(0～10cm)碱性磷酸酶的影响较大。同样地，柠条林下土壤碱性磷酸酶的变化趋势与刺槐林基本上一致，在10～20cm和20～30cm土壤中，柠条15年、30年及40年之间的土壤碱性磷酸酶的差异不显著，且土壤碱性磷酸酶的活性分别在2.2和1.2之间浮动。综上，在退耕还林过程中，人工植被可有效地改善土壤碱性磷酸酶的活性，进而影响土壤磷活化和供应。另外，与磷素变化的趋势一致，林地之间尤其是下层次土壤，涉及磷的转化的碱性磷酸酶的差异较小，说明土壤碱性磷酸酶的活性影响土壤磷素的转化和植被的恢复状况。

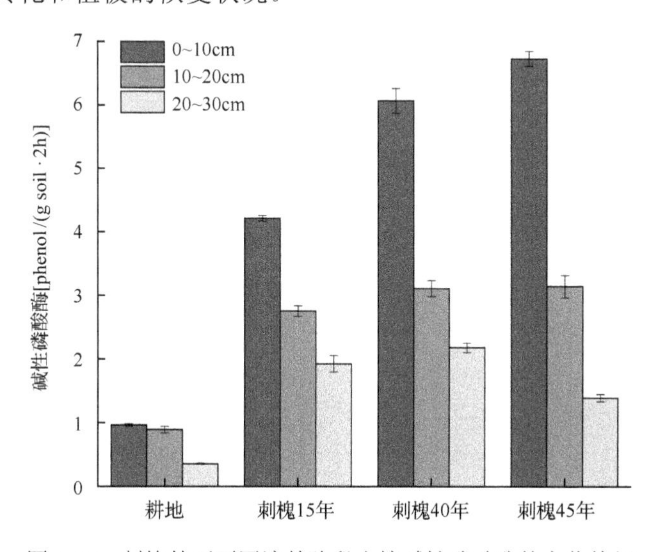

图6-27　刺槐林下不同演替阶段土壤碱性磷酸酶的变化特征

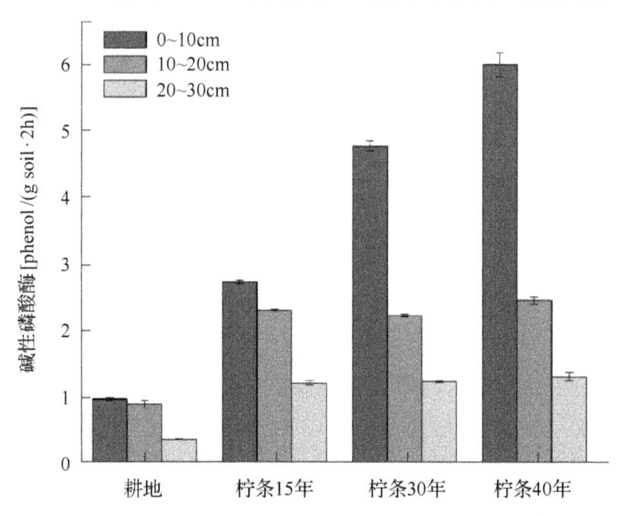

图6-28　柠条林下不同演替阶段土壤碱性磷酸酶的变化特征

总之，不管是植被类型差异还是植被恢复时间序列差异，土壤中涉及有机质转化、碳氮及磷素转化的酶活性都发生了显著的变化。且与耕地相比，均显著增加。结合几种酶活性的本身特性和其他元素的变化趋势，可以得出在植被恢复过程中土壤养分的变化和酶活性均得到了改善，土壤的肥力状况得到了很大的改善。此外，植被演替恢复过程中，由于物种的竞争，林下草本对土地资源出现竞争性，从而影响了酶活性代谢差异，本研究证实：土壤酶活性的变化与植被演替阶段密切相关，很可能是植被复杂程度导致的土壤特性发生变化。在恢复初期，由于农业活动的影响，外源物的输入相对较少，导致酶活性所得到的代谢养分少而出现较低的活性。但随着恢复演替的进行，植被生产力占主导，再加之植被之间的竞争，使各种酶的活性代谢增强。另外，植被组成结构发生了变化，使地上生物量增加，从而为酶活性提供了很好的能源，使得恢复时间越长酶活性提高越明显。

二、不同退耕植被土壤微生物生物量变化特性

土壤微生物作为微生物生态的一个重要的分支，研究土壤微生物对研究生态服务功能具有重要的意义，尤其在森林生态系统中，土壤微生物在物质循环和能量转化中占有特别重要的地位(Wagg et al.，2014)。但是，在不同的生境环境下，由于微生物数量巨大、种类繁多，差异性较大，难以测定微环境下微生物群落的大小。但土壤微生物生物量(土壤微生物的生物总质量)可以用作表征微生物群落大小的整体概念(Van Der Heijden et al.，2008)。土壤微生物是土壤体积小于105μm^3、具有生命活性特征的微生物总量，是土壤中有机质中最活跃和最易变化的部分，被认为是土壤养分的储存库和植物生长可利用养分的重要来源，用作反映微生物在土壤中的实际含量和作用潜力(Horner-Devine et al.，2004)。同时，微生物易受外界环境的影响，周转速率快，可以很好地反映外界环境的变化，如植树造林、封山育林等多种土地管理模式下的生物服务功能的变化(Zhang et al.，2016)。因此，微生物生物量的大小，是可以用来评价土壤质量及反映微生物群落状态和功能的重要指标之一。历经几十年的研究，目前已经形成了一套完整的微生物生物量的测定方法体系——氯仿熏蒸培养法和氯仿熏蒸浸提法，其中以氯仿熏蒸浸提法测定土壤微生物生物量备受国内外的一致认可，该方法通过测定土壤微生物生物量碳、氮、磷等指标，用于指示微生物的群落大小，进一步反映土壤中微生物活性及土壤各个养分如碳、氮、磷的周转大小和周转速率(Vance et al.，1987)。

植被生态恢复以后，土壤微环境得到了极大的改善，进而影响了土壤的微生物群落。因此，本研究选取陕北黄土丘陵沟壑区的不同植被类型和不同的演替植被作为研究对象，其中不同植被类型包括刺槐、侧柏、乔木混交林(刺槐侧柏混交林)、灌木混交林(山杏柠条混交林)、柠条，上述几种植被类型退耕年限

均为 15 年；不同的恢复演替阶段分别为刺槐 15 年，刺槐 40 年及刺槐 45 年；柠条 15 年、柠条 30 年及柠条 40 年，用于评价分析不同退耕植被类型恢复对土壤微生物的影响。

(一)不同退耕植被类型土壤微生物生物量特征

1. 土壤微生物碳量的变化特征

从图 6-29 看出：坡耕地退耕后，土壤微生物碳量发生显著的变化，总体趋势为灌木混交林>刺槐>乔木混交林>侧柏>柠条>耕地。以耕地为对照，增幅范围为 68.5%～349.3%。可见乔木林(刺槐)的土壤微生物碳量高于灌木纯林(柠条)，但灌木混交林(山杏柠条混交林)大于乔木混交林(刺槐侧柏混交林)和灌木纯林(柠条)，说明刺槐作为该地区的主要树种，可以有效地增加土壤活性炭组分的含量；其次，灌木混交林因为物种养分的搭配，可以有效地增加植物的代谢，增加微生物的活性，提高微生物碳的活性。但是灌木混交林和刺槐林之间差异不显著；但显著高于乔木混交林，一方面可能是因为灌木混交林的凋落物的输入大于乔木混交林，另一方面可能是灌木混交林的根际分布较乔木混交林浅，代谢旺盛，可有效地增加土壤的微生物碳量。同时，不同退耕林地随着土层的增加，土壤微生物碳量呈现显著的降低趋势，即 10～20cm 和 20～30cm 土层比 0～10cm 分别降低 46.7%～88.7%和 33.9%～77.7%。这在于植被恢复过程中，大量的地上生物量的分解，其为微生物的生存提供有效的碳源，从而促进了微生物的生长，随着土层的增加，代谢分解得较少，对微生物的影响也相对较少。

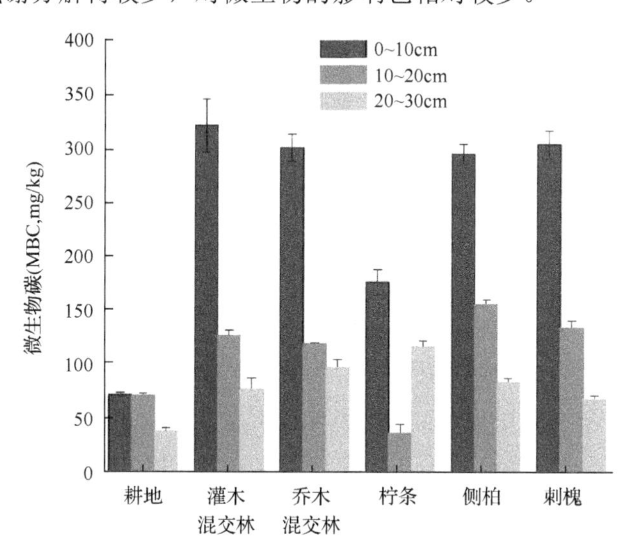

图 6-29 不同植被类型土壤微生物碳量的变化特征

2. 土壤微生物氮量的变化特征

土壤微生物氮在植被恢复过程中差异显著(图 6-30)。土壤微生物氮量表现为灌木混交林最大，尤其是表层微生物氮量最高。与耕地相比，增幅达 225.2%～462.5%，其次是柠条林，平均含量为 18.8mg/kg，均高于刺槐林。因此，不管是柠条的混交林还是柠条的纯林相较于刺槐纯林，微生物氮量相对较高，说明柠条作为优势种具有很强的固氮功能。此外，造林树种的土壤微生物氮量都显著高于耕地，在表层 0～10cm 土层，平均增幅为 359.4%；在 10～20cm 土层中，平均增幅为 259.6%；在 20～30cm 土层中，增幅为 404.2%。说明微生物氮与微生物碳具有很强的相似性，都是表层大于底层，且对退耕林地植被恢复有积极的响应。

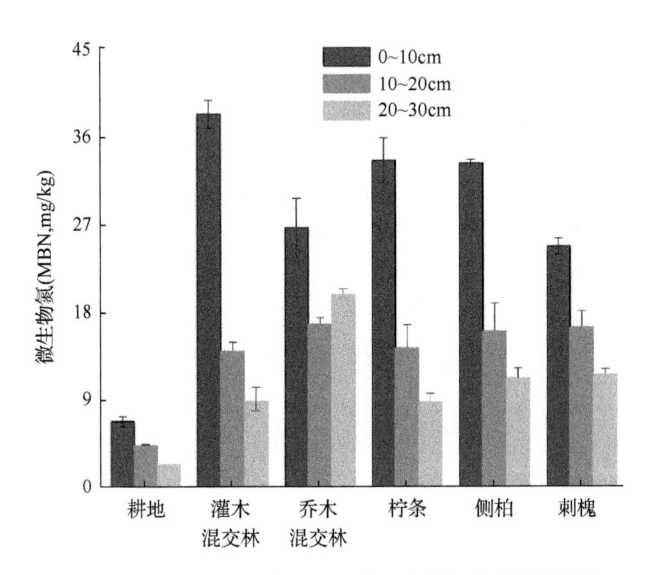

图 6-30　不同退耕植被类型土壤微生物氮量的变化特征

3. 不同退耕植被类型土壤微生物磷量的变化特征

微生物磷的变化趋势与微生物氮相似，灌木混交林微生物磷量最大，平均含量为 9.86mg/kg，与耕地相比，平均增加了 121.1%，其次是侧柏，平均含量为 8.75mg/kg(图 6-31)。随着土层的增加，不同退耕林地土壤微生物磷量均呈现递减的趋势，表层 0～10cm 土层、到 10～20cm 土层，再到 20～30cm 土层的微生物磷量平均依次为 7.79m/kg、6.35mg/kg、5.45mg/kg。与土壤磷量变化不同，即不同植被类型间全磷的变化不显著，但是在微生物磷量之间变化差异较大，说明微生物磷容易受植被类型的影响。此外，还有研究显示微生物磷在植被生长过程中，影响植被的代谢和生产力水平，因此，植被恢复后微生物磷量增加能在一定程度上指示植被的代谢水平和生产力水平提高了。

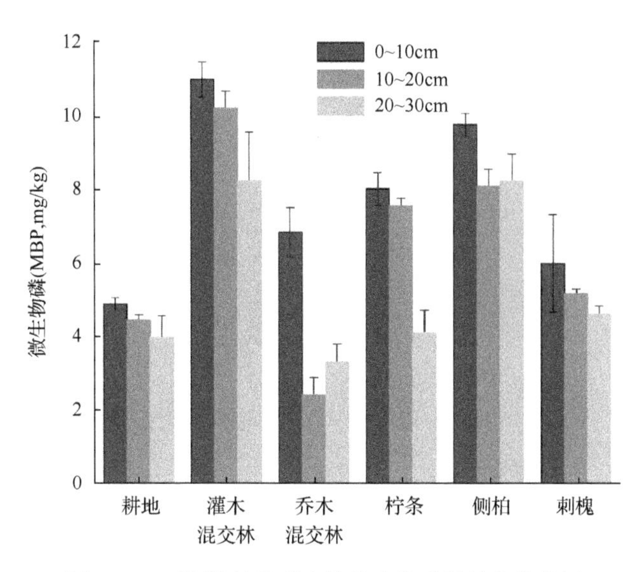

图 6-31 不同植被类型土壤微生物磷量的变化特征

(二)退耕林不同恢复演替阶段土壤微生物生物量演变特征

植被的恢复演替是以植被群落演替演变为基础，是在整个生态系统长期复杂的过程中，物种多样性和生物多样性发生了极大的变化，本研究探究植被恢复演替对微生物生物量的影响。

1. 土壤微生物碳量演变特征

微生物碳量在刺槐(图 6-32)和柠条林(图 6-33)恢复演替序列均呈现出单调递增的趋势。在刺槐林地土壤微生物碳量表现为刺槐 45 年＞刺槐 40 年＞刺槐 15 年＞耕地，相对耕地增幅为 163.7%～322.2%。在柠条林地恢复时间序列中，土壤的微生物碳量呈现极显著的差异。在 0～10cm 土层中，微生物碳量整体趋势为柠条 40 年＞柠条 30 年＞柠条 15 年，与耕地相比，增幅为 146.6%～496.0%；在 10～20cm，从耕地到柠条 40 年过程中，在柠条 15 年出现降低的趋势，降幅为 48.7%，但之后显著增加，在柠条 30 年和 40 年趋于平稳。20～30cm 土壤中，微生物碳量的变化趋势与表层趋势一致，但是除柠条 40 年外，其他植被类型差异不显著。总体而言，微生物碳量在刺槐和柠条的演替序列中，均呈现递增的趋势，尤其是在表层的土壤中。

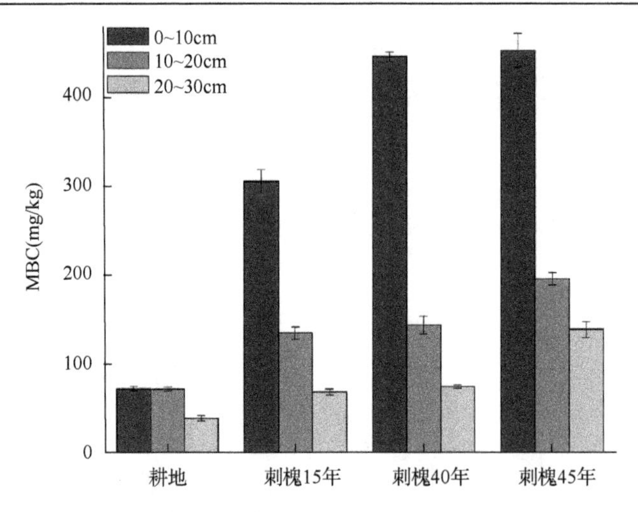

图 6-32　刺槐林下不同演替阶段土壤微生物碳量的变化特征

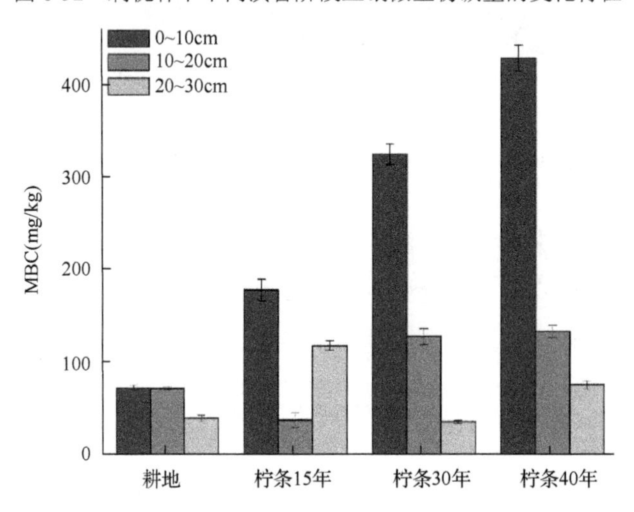

图 6-33　柠条林下不同演替阶段土壤微生物碳量的变化特征

2. 土壤微生物氮量演变特征

随植被演替恢复时间延长，两种退耕林地土壤微生物氮量(图 6-34 和图 6-35)总体呈现出单调递增的趋势，且0～10cm土层的微生物氮量大于10～20cm和20～30cm 土层。在刺槐林地，微生物氮量表现为刺槐 45 年＞刺槐 40 年＞刺槐 15 年＞耕地。与耕地相比，增幅为 308.9%～561.2%。在柠条林，0～10cm 和 10～20cm 土层土壤微生物氮量亦表现为柠条 40 年＞柠条 30 年＞柠条 15 年＞耕地，在 0～10cm、10～20cm 及 20～30cm 土壤中增幅分别为 392.1%～657.1%、232.2%～386.9%及 83.1%～448.2%。因此，微生物氮量在生态恢复过程中表现为极强的正向演变趋势。

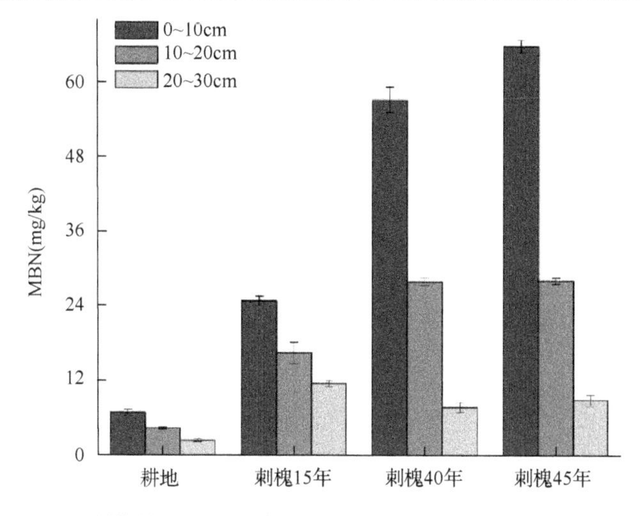

图 6-34　刺槐林下不同恢复演替阶段土壤微生物氮量的变化特征

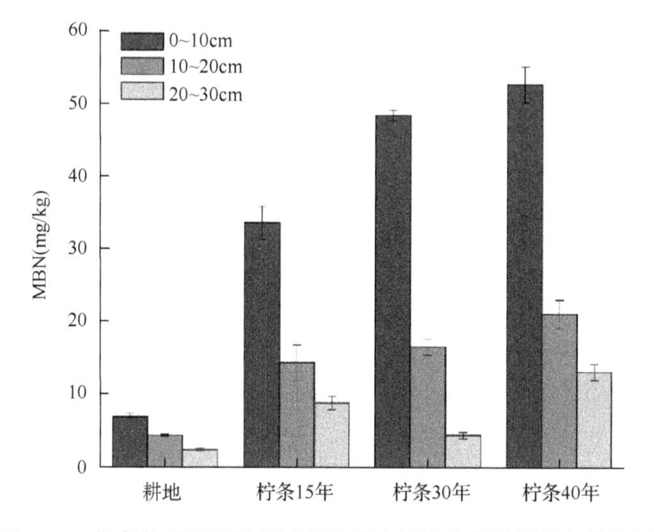

图 6-35　柠条林下不同恢复演替阶段土壤微生物氮量的变化特征

3. 土壤微生物磷量的演变特征

在植被恢复中，刺槐和柠条林土壤微生物磷量(图 6-36 和图 6-37)总体表现为持续增加的趋势，说明土壤微生物磷量对退耕植被恢复有显著的响应。对比耕地，从刺槐林恢复 15 年到 45 年，0～10cm 土层的微生物磷量增幅为 22.8%～204.9%，10～20cm 的增幅为 15.9%～70.9%，20～30cm 的增幅为 15.8%～69.5%；相对地，从柠条林恢复 15 年到 40 年的演替过程中，仅在 0～10cm 土壤中微生物磷量整体趋势为柠条 40 年＞柠条 30 年＞柠条 15 年＞耕地，增幅为 64.1%～117.1%。在 10～20cm 和 20～30cm 的土壤中，都出现先增加后减低的趋势，在柠条 15 年 10～

20cm 土层中表现最大，说明植被在生长过程中，随着植被恢复演替变化，其对土壤磷素的利用效率增加，使得土壤的微生物磷量出现波折变化。

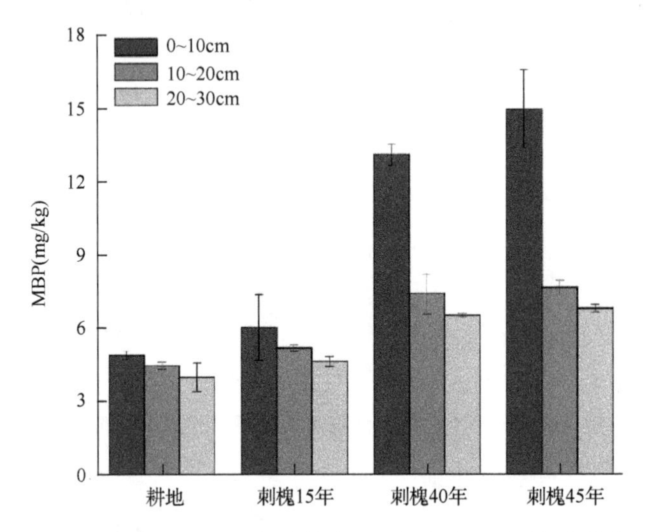

图 6-36　刺槐林下不同恢复演替阶段土壤微生物磷量的变化特征

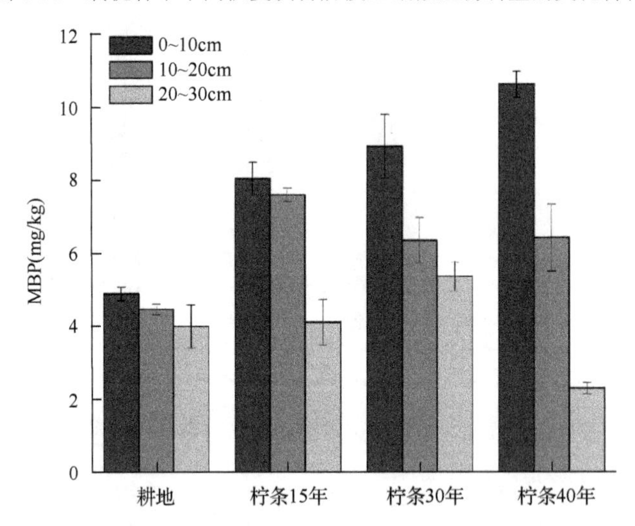

图 6-37　柠条林下不同恢复演替阶段土壤微生物磷量的变化特征

综上，在陕北黄土丘陵沟壑区大规模的植树造林以后，土壤微生物碳、氮、磷含量整体表现出递增的趋势，主要体现在地上部分和地下部分的差异，地上部分的凋落物的输入为微生物生物量的变化提供碳氮源，促进微生物的生长；地下部分的细根等的代谢，为微生物的生长提供条件。同时退耕植被恢复中土壤微生物碳、氮和磷含量的显著提高也促进了土壤有机质的转化和分解，使得土壤的肥力状况明显改善。

三、退耕林植被恢复土壤微生物群落多样性特征

微生物作为土壤重要的组成部分，参与养分的循环和有机物的合成积累，是链接植被和土壤的重要纽带(Wagg et al.，2014；Deng et al.，2016)。它们对生态环境的变化十分敏感，当土壤微环境发生了变化，如植树造林、生态退化、施肥等措施，微生物的群落多样性、结构和组成将发生很大的变化。其余周围环境(如pH、有机碳、水分、温度及土壤物理机械组成等)也会对土壤微生物群落产生显著影响(Sul et al.，2013；Zechmeister- Boltenstern et al.，2015)。同时，土壤微生物是土壤营养元素如碳、氮、磷循环和累积的动力，通过参与生态系统的碳、氮循环，改变了土壤碳、氮的平衡关系(Zechmeister-Boltenstern et al.，2015)。此外，土壤微生物多样性是用于表征生物有机体在不同尺度上的复杂性和变异性，主要包括以微生物分类的遗传多样性；以描述微生物群落代谢的种类、丰度及其在不同环境条件下的更替的结构多样性及描述群落行为、底物代谢过程、与环境因子的相互关系的功能多样性(Fierer et al.，2007)。

因此，在近二三十年来，以核酸分析技术为主的分子生物学技术的广泛应用，开拓了分子生物学与生态学的交叉领域，为从更精细水平上揭示生物多样性提供了可能。常见的分析方法包括16S rDNA文库建立、测序，末端限制性片段长度多态性(T-RFLP)，变性/温度梯度凝胶电泳(DGGE/TGGE)，单链构象多态性(SSCP)，自动化核糖体基因间隙分析(ARISA)等。其中以qPCR技术和PCR-DGGE技术最为常见，但从客观因素考虑，这两种技术有不同侧重点，对于qPCR而言，由于引物的不确定性，侧重于描述群落大小，无法确定群落内的丰富度等指标，目前较多的是运用qPCR手段确定群落的固氮菌的种类和数量，从而得出森林微生物的氮的转化机制(Davidet al.，2013；Smith and Osborn，2009)。而对于PCR-DGGE，是在PCR扩增以后，通过DGGE技术，揭示自然界微生物区系的遗传多样性和种群差异方面，该技术广泛用于微生物多样性检测、微生物鉴定、微生物变异及种群演替等方面(宫曼丽等，2004)。截至2013年，随着宏基因组学的发展，第二代测序技术相继出现，其克服了微生物难以培养的困难，而且还可以结合生物信息学的方法，揭示微生物之间、微生物与环境之间相互作用的规律，大大拓展了微生物学的研究思路与方法，为从群落结构水平上全面认识微生物的生态特征和功能开辟了新的途径，为微生物种群鉴定提供了有效的手段，同时极大地促进了微生物生态的发展(孙欣等，2013)。因此，本节运用高通量测序(Illumina MiSeq Platform)和实时荧光定量技术，通过选择4种土地利用方式，包括耕地(对照)和3种退耕植被(乔木林刺槐、灌木林柠条、撂荒地)，研究林下土壤微生物中16S rRNA片段(细菌)的分子多态性及时空动态变化特征。探明退耕植被下土壤细菌的主要类群及其进化关系，比较不同植被类型下土壤细菌群落结构的差异及其动态变化规律，探明退耕还林对微

生物群落多样性、组成和结构的影响。

（一）土样微生物测定和方法

1. 土壤样品采集和 DNA 提取

在上述的每一种植被类型，设置 3 个 25m×50m 的样方，在每个样方布设两个 25m×25m 的小样方，每个小样方采用对角线梅花法五点采样法采集土样，并混匀。采样时，除去表层约 2cm 的土壤，用土壤采样器（洛阳铲）采集 0～10cm 深的土壤，采集每个区域中 5 个点的土壤样品并混合均匀，除去根系、石块等杂物，约 200g 的土样放入携带的冰盒中尽快带回实验室，在实验室进一步混匀样品后，分别置于–20℃冰箱冷藏，并尽快应用 OMEGA 小量土壤 DNA 提取试剂盒提取土壤微生物总 DNA，提取方法参照操作说明。每份土样 3 个重复，然后混合为一个土样，消除由于实验提取带来的误差。最后，所提取的 DNA 溶液经 Nanodrop 2000 分光光度计（Thermo Fisher Scientific, USA）和 0.8%琼脂糖凝胶电泳检测，分析所提取 DNA 的质量、浓度和片段长度。

2. 土壤细菌群落多样性测定和分析方法

土壤细菌群落多样性采用高通量测序（Illumina MiSeq Platform）的方法检测，应用标记有 barcode 的引物序列：515F（5′-GTGCCAGCMGCCGCGG-3′）和 907R（5′-CCGTC AATTCMTTTRAGTTT-3′），以及 FastPfu 高保真聚合酶扩增相应的基因片段及土壤细菌 16 S rRNA V4～V5 区片段。每个样品 3 个重复，带有 barcode 的扩增产物应用 Qubit®2.0 荧光计进行定量分析，用 2%琼脂糖凝胶电泳检测产物片段长度。根据定量检测结果，将扩增产物混合为一个样本，然后参考操作指南应用 TruSeq DNA HT Sample Preparation Kit（Illumina，USA）构建克隆文库。应用安捷伦 2100 生物分析仪（Agilent, USA）和 KAPA QPCR 定量试剂盒进行文库库检。然后根据库检结果计算每个文库的上样量，最后基于 Illumina MiSeq 平台利用双末端测序方法（Paired-End）进行高通量测序（图 6-38）。

对于高通量测定的基因序列（细菌的序列）进行整理，应用 QIIME 软件对测序数据进行过滤，去除低质量的序列。通过 Flash 软件对所得序列进行拼接。应用 Uparse 软件对序列进行聚类，依据 97%相似度将序列聚集为 OTUs（操作分类单元：operational taxonomic unit）。属于同一 OUT 的一组序列是相关的，从中选取代表性序列用于下游的物种注释分析，应用 RDP Classifier 程序将序列与 UNITE+INSD（International Nucleotide Sequence Databases：NCBI, EMBL, DDBJ）数据库进行比对，对代表性序列进行物种注释，统计每个样品在各分类水平上的构成（phylum，class，order，family，genus），用柱状图进行可视化分析。通过绘制稀释曲线（rarefaction curve）来评价测序量是否足以覆盖所有类群，并间接分析

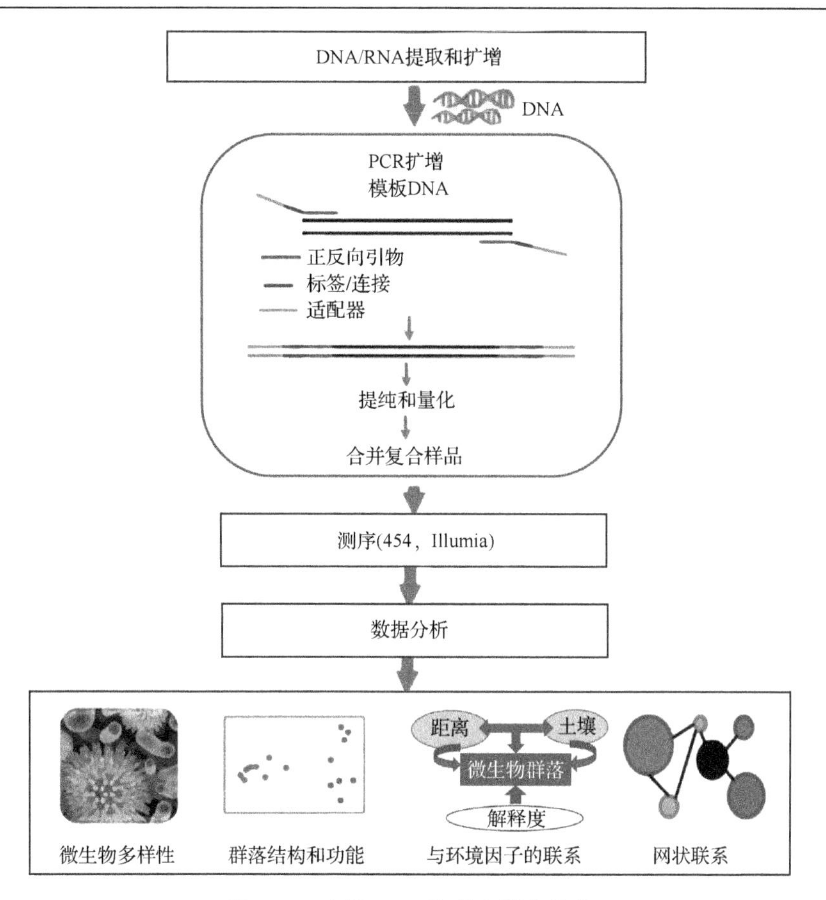

图 6-38　土壤 DNA 取样和测定流程

样品中物种的丰富度。将不同样品中属于同一物种的 Reads 数量汇总在同一表格中，生成物种 profiling 表，用于进一步计算 Bray-Curtis 距离系数进行 PcoA 分析(principal coordinate analysis)和聚类分析(unweighted pairgroup method with arithmetic mean, UPGMA)。

(二)退耕还林对土壤细菌多样性的影响

土壤细菌的 alpha 多样性受林地的影响差异显著(图 6-39)，分别用 Shannon 指数和 Simpson 指数表述。其中 Shannon 指数，与耕地相比，刺槐和柠条分别增加了 1.4%和 1.5%。相对地，Simpson 指数趋势变化相反，与耕地相比，刺槐林地降低 11.8%，柠条林地降低了 12.9%，撂荒地降低了 9.9%。即退耕还林显著增加了小生境内部(样地内部)的多样性，结合理化指标，可以推断出：退耕还林通过增加外源物的输入，改变了细菌繁殖和生长所需要的碳氮源，反过来，微生物的代谢更加促进了土壤养分转化和累积。

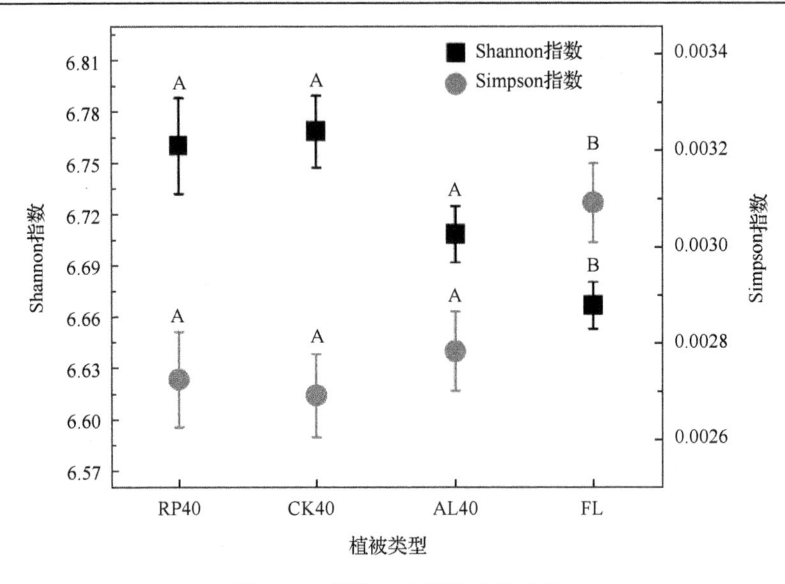

图 6-39　细菌 α 多样性变化特征

此外，在植被恢复过程中，由于植被占主导的小生境发生改变，引起了 pH、有机质、水分、温度及其他速效养分的变化，从而导致微生物的种群结构发生了显著变化。在本研究中(图 6-40)，细菌群落多样性受林地影响显著(PERMDISP,

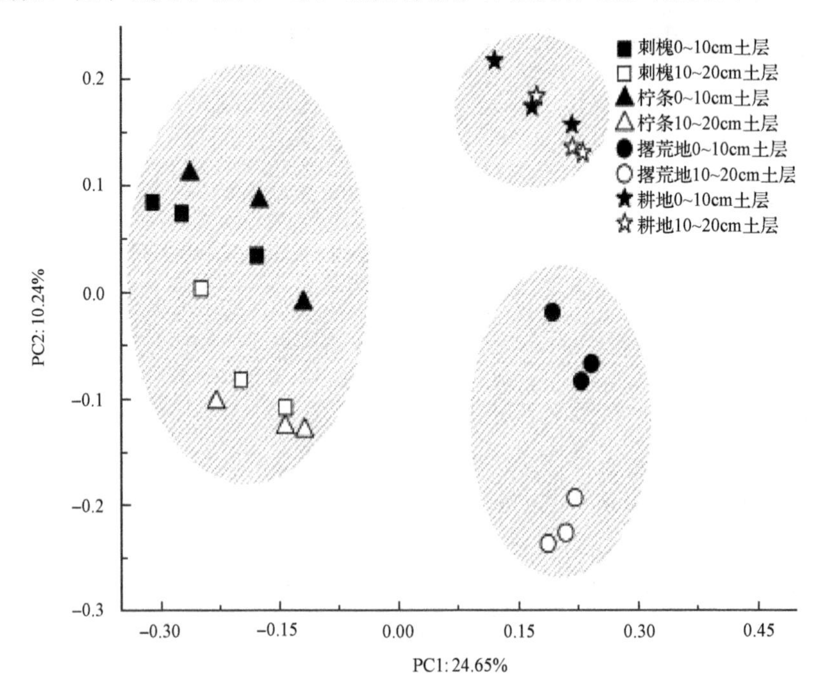

图 6-40　基于 PcoA 下微生物群落多样性的变化

$F_{3,20}$=5.1125, P=0.013)。另外，刺槐和柠条具有很强的相似性，聚集在一块，但是与撂荒地、耕地差距很远，说明植被恢复引起了微生物的种群发生了变化，从而引起了微生物的多样性的改变。

(三)不同退耕植被类型细菌结构的变化

土壤微生物在进化的过程中，所有核苷酸/氨基酸的变异率相同，因此，通过UPGMA构建系统发育树(图6-41)，进行层次聚类分析，研究表明刺槐和柠条的微生物群落结构在系统发育过程中具有很强的相似性，而且与撂荒地、草地差距较大，说明植被类型对微生物的系统发育结构产生了显著的影响(Adonis: R^2=0.286, P<0.001)。此外，从最小的分类单元OTU到门类水平，微生物群落结构差异显著，如表6-4显示：除门类水平外，其他水平的微生物(纲、目、科、属及种类水平)均受林地处理的影响，尤其是最小分类单元OTU所受影响最大。

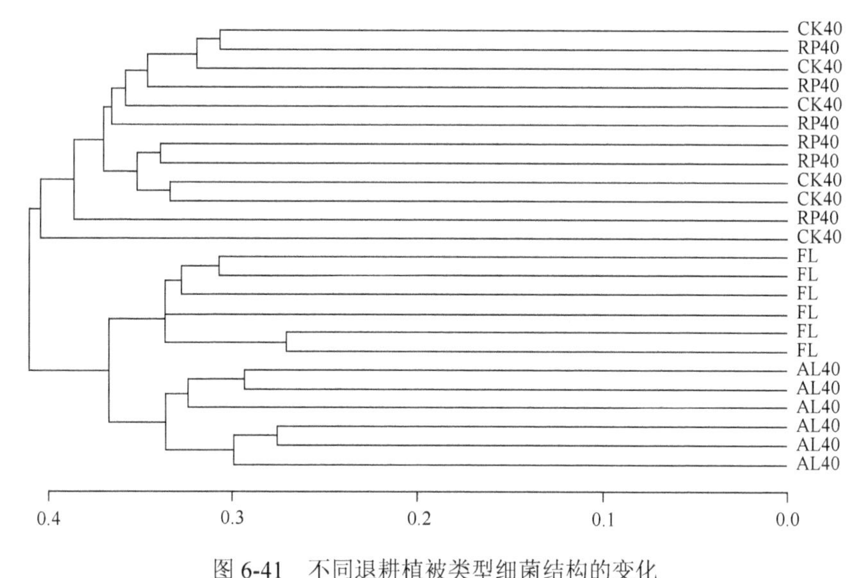

图6-41　不同退耕植被类型细菌结构的变化

表6-4　不同植被类型对不同水平微生物群落结构的影响(Adonis差异性分析)

分类学水平	R^2	P
门类水平	0.229 29	0.103
纲类水平	0.236 17	0.099
目类水平	0.245 3	0.045*
科类水平	0.258 2	0.042*
属类水平	0.274 91	0.018*
OTU水平	0.286 23	0.001***

*代表达到显著水平；**代表达到极显著水平

（四）不同退耕植被类型细菌群落组成的变化

通过第二代测序技术，对不同退耕植被下的微生物群落结构进行了分析，得到从耕地向林地(乔木、灌木、草地)恢复过程中，微生物在门类水平上的比重发生了较大的变化，如图 6-42 显示：变形菌门的变化在 24.4%～32.3%、酸杆菌门为 13.3%～15.7%、浮霉菌门为 6.5%～8.3%、拟杆菌门为 1.5%～3.5%，这些变化说明退耕林地恢复过程中对微生物某一类群具有促进作用，即呈现出正相关；相反，也有随着耕地向林地恢复过程中呈递减状态的菌门，具体如下：绿弯菌门为 8.9%～6.4%，厚壁菌门为 0.6%～1.3%，蓝细菌为 0.5%～2.3%，即与林地恢复负相关；其中，芽单胞菌门基本上保持不变，通过进一步分析得出，变形菌门、放线菌、酸杆菌门 3 种菌门是本研究中退耕林地的优势菌群，其中，变形菌在林地中的含量高于在耕地中的含量，深入分析得出，变形菌中的 α 变形菌的固碳效益，和 β 变形菌的固氮效益，再次证明了乔木林的土壤肥力状况高于草地，高于耕地，其次，放线菌作为农田措施的特征菌门，从农田向林地为降低趋势，反映出进行人工植被(刺槐、柠条林)种植以后，环境生境发生变化，干扰减少，土壤肥力增加。

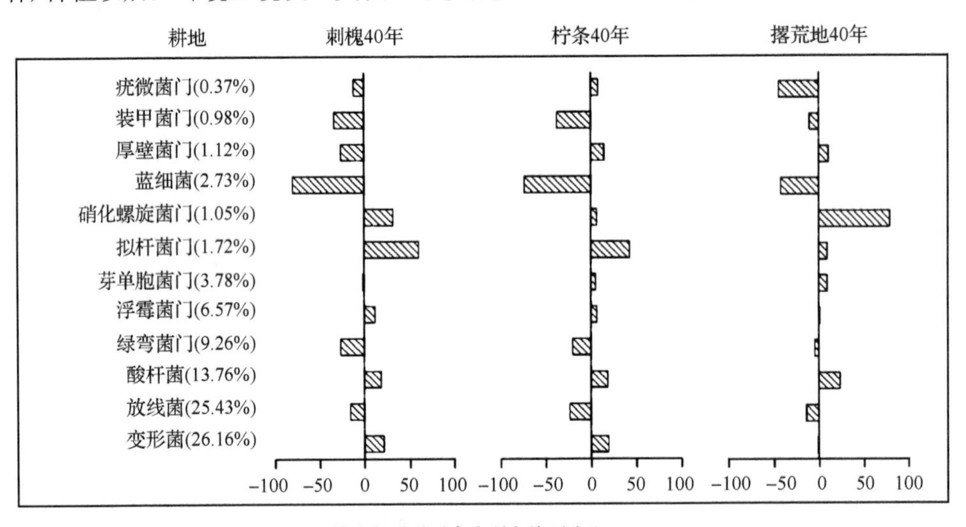

图 6-42　植被恢复过程中的微生物的群落变化

四、植被恢复土壤生物学特性的研究趋势和展望

（一）分子生物学的发展

目前分子生物学技术在微生物多样性研究上较为热门，因其克服了微生物培养技术的限制，能对样品进行客观的分析，更精确地揭示微生物种类和遗传的多

样性，从而受到研究者青睐。尤其是以 Illumina sequencing Miseq 平台为主的高通量测序技术和以特异性基因芯片为主的功能基因芯片技术在研究微生物方面得到了广泛的运用，这两者都是将生物学、物理学、化学及计算机科学汇集于一体的新型高通量测序技术。其中 Illumina sequencing 主要是研究微生物群落组成和结构，研究多集中在 16S rRNA 层面上，即对总的细菌和真菌研究较多，但是对功能方面，如针对固碳、固氮等的研究较少。

（二）缺乏对植被-土壤-微生物的协同研究

在森林生态中，植被、土壤和微生物作为 3 个重要的组成部分，微生物主导着土壤有机质降解和养分循环，进而影响植被产量和群落动态及土壤结构、功能的形成。通过植被恢复，可以有效地增强土壤酶活性，不同程度地增加微生物生物量，改变微生物群落多样性；并且不同植被恢复模式的改善作用不同。目前大多数研究只是针对植被类型、林地变化、施肥及植被演替对微生物的研究，但是关于微生物是如何影响植被生长和生产力水平的研究相对较少，有文献综述表明：微生物在驱动植被生产力变化过程中起着重要的作用。因此，今后的研究还要结合土壤养分的变化，分析微生物是如何影响植被的变化，运用系统方法论及相关模型实现对植被-土壤-微生物的协同解析，以揭示植被恢复与土壤质量提升的协同效应与耦合机制，并研究建立二者协同恢复模式生态效应的量化评价体系。

（三）从机理上探究涉及碳、氮循环的土壤生物学特性

由于现在大多数研究都是针对微生物群落组成及结构的分析，但是关于微生物如何参与土壤碳、氮的循环的研究相对较少，如在森林生态系统中，碳、氮固定的作用机理，碳的流失和来源问题，以及氮的循环、氨化作用、硝化作用及反硝化作用等。其次，我们可以借助室内的控制实验，分析微生物驱动下的碳、氮的转化和矿化速率，从而达到模拟野外试验的目的，更好地分析微生物在养分转化中的作用。

（四）从生物学角度分析生态系统多功能的变化

自 20 世纪 90 年代，生物多样性与生态系统功能的关系研究就开始成为生态学界研究的热点问题，如微生物的固碳、固氮功能，微生物分解代谢功能，大多数的研究都是只针对单一生态的服务功能，但是单个生态系统功能的研究往往会忽略不同功能之间的权衡（trade-off）关系，因此，有专家学者开始提出生态系统多样性（BEMF）的观点，通过多种数理统计的方法，实现对生态系统多种功能进行测算，但是由于很多测算方法没有一个清楚的定论，因此，关于生态服务功能的研究目前还存在争议，如公认的多功能性测度标准、生态系统不同功能之间的权

衡问题等。同时，有文献证明：微生物在整个生态系统中扮演着重要的角色，它参与调控生态系统多功能服务，但是目前的研究大多数都是样点尺度或者是样地尺度，对流域尺度及区域尺度的研究相对较少。因此，在以后的研究中，通过大幅度采样，实现土壤微生物群落结构的地带性特征，同时结合生态系统多功能服务，期望从机理上探讨微生物的驱动机制。

参 考 文 献

曹慧, 崔中利, 李顺鹏. 2008. 中国土壤生物学研究的回顾与展望. 土壤学报, 45(5): 830-836.

宫曼丽, 任南琪, 邢德峰. 2004. DGGEPTGGE 技术及其在微生物分子生态学中的应用. 微生物学报, 44(6): 845-848.

侯庆春, 韩蕊莲, 韩仕锋. 1999. 黄土高原人工林草地"土壤干层"问题初探. 中国水土保持, 5: 11-14.

胡斌, 张世彪. 2002. 植被恢复措施对退化生态系统土壤酶活性及肥力的影响. 土壤学报, 39(4): 604-608.

李忠, 孙波, 林心雄. 2001. 我国东部土壤有机碳的密度及转化的控制因素. 地理科学, 21(4): 301-307.

林先贵, 胡君利. 2008. 土壤微生物多样性的科学内涵及其生态服务功能. 土壤学报, 45(5): 892-900.

孙欣, 高莹, 杨云锋. 2013. 环境微生物的宏基因组学研究新进展. 生物多样性, 21(4): 393-400.

沈宏, 曹志洪, 徐志红. 2000. 施肥对土壤不同碳形态及碳库管理指数的影响. 土壤学报, 37(2): 166-173.

宋长青, 吴金水, 陆雅海, 等. 2013. 中国土壤微生物学研究 10 年回顾. 地球科学进展, 28(10): 1087-1105.

佟小刚, 韩新辉, 吴发启, 等. 2012. 黄土丘陵区三种典型退耕还林地土壤固碳效应差异分析. 生态学报, 32(20): 6396-6403.

王绍强, 于贵瑞. 2008. 生态系统碳氮磷元素的生态化学计量学特征. 生态学报, 28(8): 3937-3947.

宇万太, 马强, 赵鑫, 等. 2007. 不同土地利用类型下土壤活性有机碳库的变化. 生态学杂志, 26(12): 2013-2016.

Adamczyk B, Kilpeläinen P, Kitunen V, et al. 2014. Potential activities of enzymes involved in N, C, P and S cycling in boreal forest soil under different tree species. Pedobiologia, 57(2), 97-102.

Blair G J, Lefroy R, Lisle L. 1995. Soil carbon fractions based on their degree of oxidation, and the development of a carbon management index for agricultural systems. Australian Journal of Agricultural Research, 46(7): 393-406.

Bowles T M, Acosta-Martínez V, Caldern F, et al. 2014. Soil enzyme activities, microbial communities, and carbon and nitrogen availability in organic agroecosystems across an intensively-managed agricultural landscape. Soil Biology and Biochemistry, 68, 252-262.

Bui E N, Henderson B L. 2013. C∶N∶P stoichiometry in Australian soils with respect to vegetation and environmental factors. Plant & Soil, 373(1-2): 553-568.

Cleveland C C, Liptzin D. 2007. C∶N∶P stoichiometry in soil: is there a "Redfield ratio" for the microbial biomass? Biogeochemistry, 85: 235-252.

David C G, Germán T, David B, et al. 2013. Spatial distribution of N-cycling microbial communities showed complex patterns in constructed wetland sediments. FEMS Microbiology Ecology, 83(2): 340-351.

Deng Q, Cheng X, Hui D, et al. 2016. Soil microbial community and its interaction with soil carbon and nitrogen dynamics following afforestation in central China. Science of the Total Environment, 541: 230-237.

Dixon R K, Brown S, Houghton R A, et al. 1991. Carbon pools and flux of global forest ecosystems. Science, 263(5144): 185-190.

da Silva D K A, de Oliveira Freitas N, de Souza R G, et al. 2012. Soil microbial biomass and activity under natural and regenerated forests and conventional sugarcane plantations in Brazil. Geoderma, 189: 257-261.

Fierer N, Bradford M A, Jackson R B. 2007. Toward an ecological classification of soil bacteria. Ecology, 88(6): 1354-1364.

Fu X L, Shao M G, Wei X R, et al. 2010. Soil organic carbon and total nitrogen as affected by vegetation types in Northern Loess Plateau of China. Geoderma, 155(1-2): 31-35.

Ghazi A. 1994. The role of the European Union in global change research. Ambio, 23(1): 101-103.

Guo L B, Gifford R M. 2002. Soil carbon stocks and land use change: a meta-analysis. Global Change Biology, 8(4): 345-360.

Guo S L, Ma Y H, Che S G, et al. 2009. Effects of artificial and natural vegetations on litter production and soil organic carbon change in loess hilly areas. Scientia Silvae Sinicae, 45(10): 14-18.

Henderson G S, Mcfee W W, Kelly J M. 1995. Soil organic matter: a link between forest management and productivity. *In*: McFee W, Kelly J M. Carbon Forms and Functions in Forest Soils. Soil Science Society America, Madison, WI 419-435.

Horner-Devine M C, Carney K M, Bohannan B J M. 2004. An ecological perspective on bacterial biodiversity. Proceedings of the Royal Society of London B: Biological Sciences, 271: 113-122.

Jin-Sheng H E. 2010. Ecological stoichiometry: searching for unifying principles from individuals to ecosystems. Chinese Journal of Plant Ecology, 34(1): 2-6.

Lal R. 2004. Soil C sequestration impacts on global climatic change and food security. Science, 304: 1623-1627.

Lefroy R D B, Blair G J M, Strong W. 1993. Changes in soil organic matter with cropping as measured by organic carbon fractions and ^{13}C natural isotope abundance. Plant and Soil, 155-156(1): 399-402.

Li Y, Wu J, Liu S, et al. 2012. Is the C：N：P stoichiometry in soil and soil microbial biomass related to the landscape and land use in southern subtropical China?. Global Biogeochemical Cycles, 26(4): 840.

Lin H, Liu J, Shao Q, et al. 2012. Carbon sequestration by forestation across China: past, present, and future. Renewable & Sustainable Energy Reviews, 16(2): 1291-1299.

Liang C, Balser T C. 2008. Preferential sequestration of microbial carbon in subsoils of a glacial-landscape toposequence, Dane County, WI, USA.Geoderma, 148(1): 113-119.

Lützow M V, Kögel-Knabner I, Ekschmittb K, et al. 2007. SOM fractionation methods: relevance to functional pools and to stabilization mechanisms. Soil Biology and Biochemistry, 39(9): 2183- 2207.

Petersen B M，Olesen J E, Heidmann T. 2002. A flexible tool for simulation of soil carbon turnover. Ecological Modelling, 151(1): 1-14.

Post W M, Emanuel W R, Zinke P J, et al. 1982. Soil carbon pools & world life zones. Nature, 298(5870): 156-159.

Post W M, Kwon K C. 2000. Soil carbon sequestration and land-use change: processes and potential. Global Change Biology, 6: 317-327.

Prietzel J, Bachmann S. 2012. Changes in soil organic C and N stocks after forest transformation from Norway spruce and Scots pine into Douglas fir, Douglas fir/spruce, or European beech stands at different sites in Southern Germany. Forest Ecology & Management, 269: 134-148.

Rao D L N. 2013. Soil biological health and its management. *In*: Tandon H L S. Soil Health Management: Productivity Sustainability Resource Management. FDCO, New Delhi: 55-83.

Rumpel C, Kögel-Knabner I. 2011. Deep soil organic matter—a key but poorly understood component of terrestrial C cycle. Plant & Soil, 338(1-2): 143-158.

Rumpel C, Kögel-Knabner I, Bruhn F. 2002. Vertical distribution, age, and chemical composition of organic carbon in two forest soils of different pedogenesis. Organic Geochemistry, 33(10): 1131-1142.

Sardans J, Rivas-Ubach A, Peñuelas J. 2012. The C∶N∶P stoichiometry of organisms and ecosystems in a changing world: A review and perspectives. Perspectives in Plant Ecology, Evolution and Systematics, 14 (1) : 33-47.

Smith C J, Osborn A M. 2009. Advantages and limitations of quantitative PCR (Q-PCR) -based approaches in microbial ecology. FEMS Microbiology Ecology, 67 (1) : 6-20.

Strahm B D, Harrison R B, Terry T A, et al. 2009. Changes in dissolved organic matter with depth suggest the potential for postharvest organic matter retention to increase subsurface soil carbon pools. Forest Ecology & Management, 258 (10) : 2347-2352.

Sul W J, Asuming-Brempong S, Wang Q, et al. 2013. Tropical agricultural land management influences on soil microbial communities through its effect on soil organic carbon. Soil Biology and Biochemistry, 65: 33-38.

Vandenbygaart A J, Bremer E, Mcconkey B G, et al. 2011. Impact of sampling depth on differences in soil carbon stocks in long–term agroecosystem experiments. Soil Science Society of America Journal, 75 (1) : 226-234.

Vance E D, Brookes P C, Jenkinson D S. 1987. An extraction method for measuring soil microbial biomass C. Soil Biology & Biochemistry, 19: 703-707.

Van Der Heijden M G A, Bardgett R D, Van Straalen N M. 2008. The unseen majority: soil microbes as drivers of plant diversity and productivity in terrestrial ecosystems. Ecology Letters, 11: 296-310.

Wagg C, Bender S F, Widmer F, et al. 2014. Soil biodiversity and soil community composition determine ecosystem multifunctionality. Proceedings of the National Academy of Sciences, 111 (14) : 5266-5270.

Wang Y, Fu B, Lü Y, et al. 2010. Local-scale spatial variability of soil organic carbon and its stock in the hilly area of the Loess Plateau, China. Quaternary Research, 73 (1) : 70-76.

Wang S L, Liao L P, Yu X J. 2011. Accumulation of organic carbon and changes of soil structure in ecological restoration of degraded Cunninghamia lanceolata plantation soil. Chinese Journal of Applied Ecology, 11: 191-196.

Wei X, Shao M, Fu X, et al. 2009. Distribution of soil organic C, N and P in three adjacent land use patterns in the northern Loess Plateau, China. Biogeochemistry, 96 (1) : 149-162.

Zechmeister-Boltenstern S, Keiblinger K M, Mooshammer M, et al. 2015. The application of ecological stoichiometry to plant-microbial-soil organic matter transformations. Ecological Monographs, 85 (2) : 133-155.

Zeng D, Chen G. 2005. Ecological stoichiometry: a science to explore the complexity of living systems. Acta Phytoecologica Sinica, 29 (6) : 1007-1019.

Zhang Z S, Lu X G, Song X L, et al. 2012. Soil C, N and P stoichiometry of *Deyeuxia angustifolia* and *Carex lasiocarpa* wetlands in Sanjiang plain, Northeast China. Journal of Soils and Sediments, 12 (9) : 1309-1315.

Zhang C, Liu G, Xue S, et al. 2016. Soil bacterial community dynamics reflect changes in plant community and soil properties during the secondary succession of abandoned farmland in the Loess Plateau. Soil Biology and Biochemistry, 97: 40-49.

Zhao F Z, Chen S F, Han X H, et al. 2013. Policy-guided nationwide ecological recovery: soil carbon sequestration changes associated with the Grain-to-Green Program in China. Soil Science, 10: 550-555.

Zhang Z S, Song X L, Lu X G, et al. 2013. Ecological stoichiometry of carbon, nitrogen, and phosphorus in estuarine wetland soils: influences of vegetation coverage, plant communities, geomorphology, and seawalls. Journal of Soils & Sediments, 13 (6) : 1043-1051.

第七章　退耕还林(草)工程社会经济效应

第一节　退耕还林(草)工封程社会效应

退耕还林(草)工程实施过程中，大量的耕地被转换成为植被用地，必然引起工程实施区域土地利用结构的变化，而对于长期主要依靠农业生产的农民，土地利用结构的变化，尤其是耕地资源的减少会进一步引起农村劳动力转移、农产品产量变化、粮食安全等一系列问题。同时，退耕还林(草)工程实施之后对农户家庭生活的影响如何？农民对退耕还林(草)工程产生的效果持什么态度？退耕还林(草)工程停止补助以后农户是否会继续保护生态环境？明确这些问题对于维持退耕还林(草)工程的可持续性和后续政策的制定都具有重要指导意义。

研究利用调查问卷和半结构化访谈相结合的方法，于 2014 年 11～12 月，对陕北黄土丘陵区 817 个农民及其家庭基本情况和退耕还林前(1998 年)和退耕还林后(2014 年)家庭社会经济状况，农业生产投入产出，对退耕还林(草)工程效果的感知、态度和相关行为进行了调查。本节主要基于调查资料与数据，研究退耕还林前后农户家庭劳动力转移、土地利用结构变化、农业生产和粮食安全问题等社会效应，同时分析了农户退耕成果维护意愿、态度和影响农户行为的因素，为开展陕北黄土丘陵沟壑区退耕流域社会经济效益评价和模式优化提供依据。

一、农户调查

退耕还林农户家庭和被调查者个人基础资料是研究社会经济效应及其影响因素的基础信息，研究利用问卷调查资料，采用常规统计方法，分析了被调查对象年龄和教育程度，同时分析了农户家庭人口和组成、距离城镇距离、参与退耕还林年限、土地结构和破碎情况等，重点利用频率分析的方法对调查的 817 个农户资料进行了研究，总结了研究区内上述资料的基本特点。

(一)个人和家庭基本信息

调查主要收集了被调查者年龄、教育、性别等个人信息和家庭是否有干部、到乡镇距离和参与退耕还林年限等家庭基本信息(图 7-1)。被调查者中男性有 562 人，女性 255 人，其中 85.56%(699 人)为所调查家庭的户主。农户平均年龄为(43.58 ±11.94)岁，其中年龄最大为 78 岁，最小为 15 岁。农户年龄结构分析显示在 41～50 岁的被调查对象最多，这一年龄段也是农村家庭户主年龄的主要构成阶段，因此调查结果能够反映整个家庭对退耕还林政策的态度和意见。被调查者受教育年限平均为 7.69 年，略高于小学教育年限(6 年)，其中文盲占 7.10%(58 人)；大部分被调查者(71.11%)受教育年限 1～9 年，即接受教育但未完成或者只完成义务教育阶段；受教育年限超过 12 年(高中)的人数仅占 5.26%，说明研究区域农户整体受教育水平较低，高学历层次人数极少。农户家庭是否有村级及以上干部的调查结果显示仅有 51 户(6.24%)家庭有干部，有研究表明家庭是否有干部对于农户参与退耕还林政策有显著影响(虎陈霞等，2007)。农户家庭距离乡镇的距离可能也会影响其对生态恢复工程的看法和社会经济效益。本研究调查的农户家庭距离乡镇的平均距离是(7.24±6.36) km，主要位于距离乡镇 10km 以内(79.31%)，其中距离为 1～5km 的农户最多，占总调查数量的 45.78%。农户参与退耕还林(草)工程的年限不同，可能导致工程实施对其家庭的影响也不同。本研究中农户参加退耕还林(草)工程的平均年限为 12.27 年，小于退耕还林实施年限，超过 90%的农户参与退耕还林(草)工程年限在 9～17 年，仅有 6.12%的农户参与工程年限较短，这与工程实施的重点阶段是 2000～2007 年有关，2007 年以后工程重点转向成果维护，新参与的农户家庭比较少。

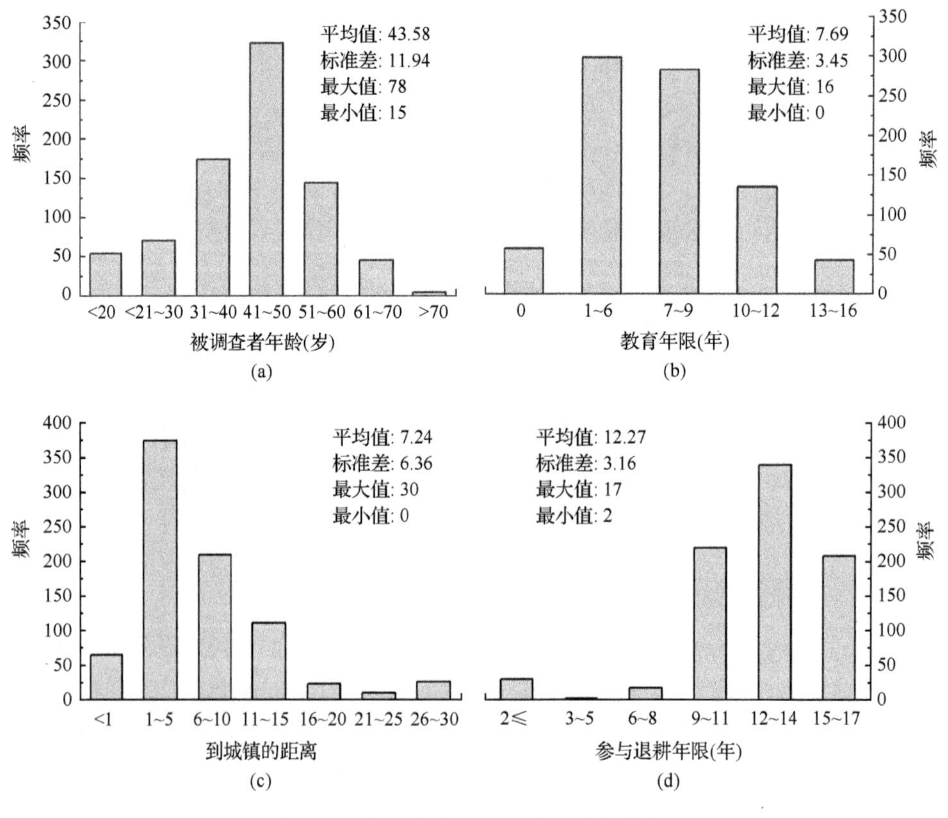

图 7-1　调查农户个人和家庭基本信息

(二) 家庭人口组成

农户家庭人口数量和人口构成情况对家庭经济收入和参与生态恢复政策可能产生影响。研究对被调查家庭总人口、年龄结构和学生数量进行了分析，如图 7-2 所示。结果说明被调查家庭平均人口数量为(4.72±1.25)人，最多为 13 人，最少为 2 人，超过 90%的家庭人口数量为 3～6 人；调查农户户均在校学生数量为(1.33±0.93)人，大部分家庭有 1～2 个在读学生，有 18.60%的农户家庭没有学生；16～60 岁是农户家庭中最主要的劳动力年龄阶段，被调查农户家庭一般有 2～5 个成员位于该年龄段，其中有 3 个和 4 个人的最多，分别占 30.97%和 31.33%，该年龄段人口数量占家庭总人口的 75.85%，说明调查区域农村劳动力比较充裕；大于 60 岁的人口数量反映了区域人口结构老龄化的程度，调查结果显示户均超过 60 岁的人口数量仅(0.45±0.74)人，其中 69.28%的家庭没有超过 60 岁的成员，结合其他年龄段的数据，说明调查区域农户家庭基本结构处于中青年阶段，年龄结构比较稳定，老龄化现象不突出。

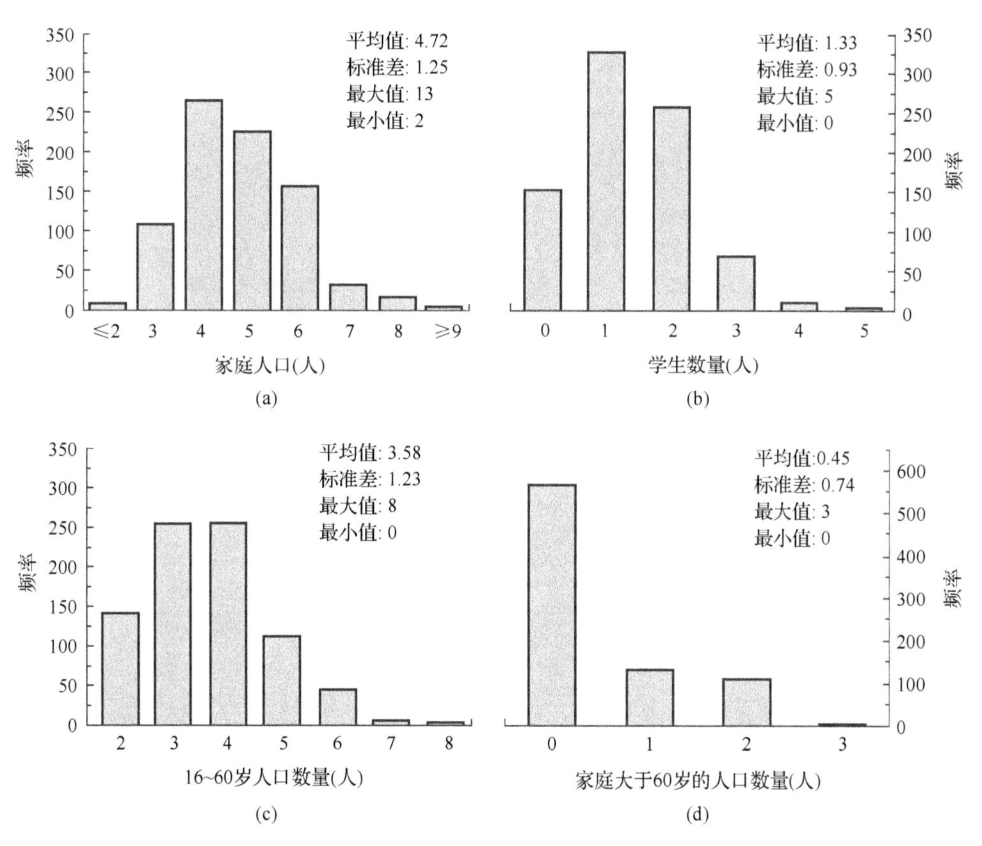

图 7-2　调查农户家庭人口构成频率分布

（三）土地基本情况

土地是农户农业生产的基础资料，在退耕还林（草）工程实施过程中，土地的转换对农户家庭经济状况、对工程实施的态度及其他方面都可能有重要影响，因此了解农户家庭土地基本情况对分析退耕还林带来的社会经济影响十分必要。调查结果显示，研究区农户平均拥有土地面积为 1.45hm^2，其中，耕地平均为 0.73hm^2，林草地平均为 0.58hm^2，林草地中林地面积为 0.47hm^2，草地面积为 0.17hm^2。同时对农户耕地和林草地破碎程度进行了调研，结果发现调查农户平均耕地块数为 5.92 块，最多的达到 20 块；林地块数平均为 3.67 块，最多为 38 块。从每块地的平均面积分布图（图 7-3）可以看出，超过 70%的农户平均每块耕地和林草地面积小于 0.20hm^2，说明研究区域农户耕地和林草地均较为分散，而且破碎程度很高，这与黄土高原地区本身的地貌类型有很大关系。

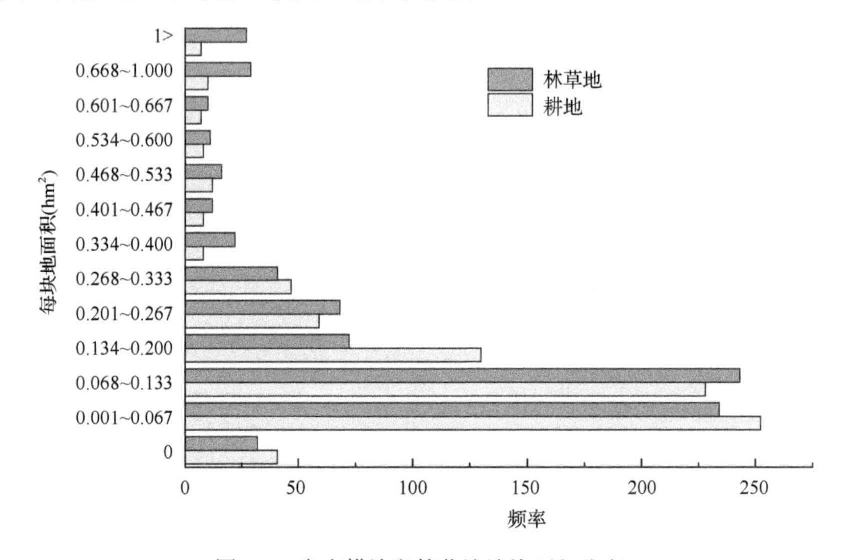

图 7-3　农户耕地和林草地地块面积分布

二、土地利用结构变化

退耕还林（草）工程实施最直接的影响是将低产耕地转换为植被用地，造成耕地面积下降；同时由于政府农业产业结构和发展布局的宏观调整，剩余土地的利用方式也会发生转变。图 7-4 所示为被调查农户退耕还林前后土地利用方式的变化。调查区域农户土地利用最主要的方式包含耕地、林草用地[包括退耕还林（草）工程恢复]和果园 3 种类型，从退耕前（1998 年）到退耕后（2014 年）农户土地总面积从 1.53hm^2 减少到 1.47hm^2，减少了 3.92%。其中，户均耕地面积从 1.22hm^2 减少到 0.74hm^2，减少了 39.34%，而林草地和果园均有显著增加，分别增加了 120.26%

和 247.46%。耕地的坡度构成调查结果显示，退耕还林显著减少了 25° 以上的陡坡地比例，相对来说小于 10° 的平坦耕地和 10°～25° 的缓坡耕地比例有所增加，但是所有坡度下实际耕地面积均显著减小，尤其是退耕后农户陡坡耕地平均仅为 0.08hm^2。以上结果表明退耕还林在保持农户土地总面积稳定的基础上，显著影响了农户土地利用方式，主要表现为①耕地面积显著下降，主要转向林草等植被用地和果园；②耕地质量有所好转，陡坡地比例显著下降，而相对平坦的耕地比例上升。

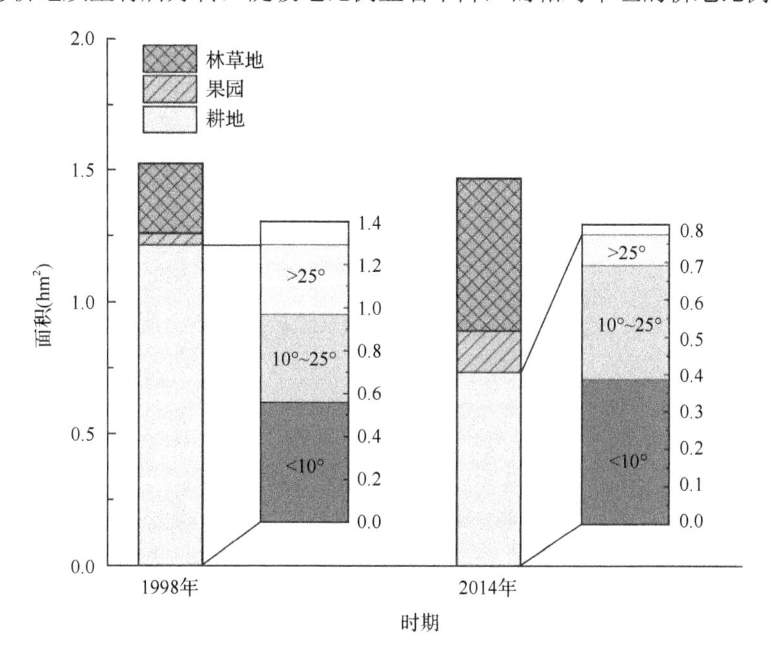

图 7-4 退耕前(1998 年)、后(2014 年)农户土地结构变化

三、农业生产和粮食安全

退耕还林导致土地利用方式变化，耕地面积的下降会对农业生产产生显著影响，尤其是可能导致区域粮食生产能力下降。此外，耕地转向果园等经济作物，区域农产品生产和投入结构也会发生变化。通过调查数据分析了退耕前后调查区域农户粮食和其他农产品生产情况及农业生产资料的投入情况，同时分析了农户对粮食安全问题的看法。

(一)粮食和农产品产出

表 7-1 所示为调查区域户均农产品产量变化情况。结果显示退耕还林(草)工程实施后，研究区农户玉米、小麦等粮食作物生产能力均有不同程度下降，其中户均生产玉米、小麦产量分别下降了 37.38%和 22.47%；谷子和豆类在原有产量

较少的基础上下降了 41.36%和 19.09%，主要原因可能是当地人们饮食结构从杂粮转向细粮，造成杂粮作物需求下降。薯类一直是黄土高原地区人们最主要的辅粮，因此退耕前后薯类产量变化较小，仅仅下降了 6.10%。虽然各类粮食作物产量变化有差异，但是粮食作物构成结构变化较小。在粮食作物产量减少的同时，蔬菜和苹果产量均有大幅度增加，增加比率分别达到 197.60%和 100.61%，一方面，由于耕地面积的减少导致了农户从农业生产获得的经济收入减少，相对来说种植蔬菜和水果所获得的经济收入远高于种植粮食，因此农户种植开始从传统的粮食作物转向蔬菜和水果；另一方面，黄土高原地区丰富的光照资源和昼夜温差大等特点有利于糖分积累，当地政府近年来大力推广山地苹果等特色水果生产，引导农民种植业结构从传统粮食生产转向特色的蔬菜、水果种植，由此造成了粮食产量下降但蔬菜和水果产量上升。

表 7-1　退耕前后户均农产品产量变化

农产品	单位	1998 年	2014 年	变化值	变化率(%)
玉米	kg	967.38	605.79	–361.59	–37.38
小麦	kg	724.39	561.66	–162.74	–22.47
谷子	kg	166.23	97.48	–68.74	–41.36
豆类	kg	201.08	162.70	–38.38	–19.09
薯类	kg	1858.85	1745.55	–113.30	–6.10
蔬菜	kg	118.95	353.99	235.04	197.60
牲畜	头	5.25	3.89	–1.36	–25.90
家禽	只	3.96	4.33	0.37	9.34
苹果	kg	316.56	635.07	318.51	100.61

对于养殖业的研究结果显示，退耕前后大牲畜(主要是牛、羊、驴和骡)的户均养殖数量从 5.25 头减少到 3.89 头，减少了大约 1/4，主要是退耕还林之后封山育林政策禁止散养放牧，尤其是羊作为陕北黄土高原地区最主要的大牲畜养殖，退耕后从多户散养逐渐转向少量集中圈养，一定程度上减少了养殖数量。家禽(主要包括鸡、鸭、鹅等)养殖数量有所增加(9.34%)，但增加程度较小。

苹果是黄土高原地区最主要的水果和经济果树，因此重点对退耕前后农户苹果种植情况进行了分析。对农户苹果种植的分析结果如图 7-5 所示，调查的 817 户农户中退耕前后种植苹果的农户数量分别占 15.18%和 17.14%，变化较小；但是分析了苹果种植农户的苹果产量发现，1998 年产量在 2000kg 以上的农户仅占总种植户的 19.35%，而到 2014 年达到 72.86%。说明在退耕前由于果树产量低，农户的苹果生产水平较低，而且农户种植主要是粮食作物，而退耕后由于水果种植的比较经济效益上升，更多农户从小规模种植转向大规模种植苹果。产量在

5000kg 以上的农户占到种植户的约 1/3，许多农户将苹果种植作为家庭最主要的经济来源。

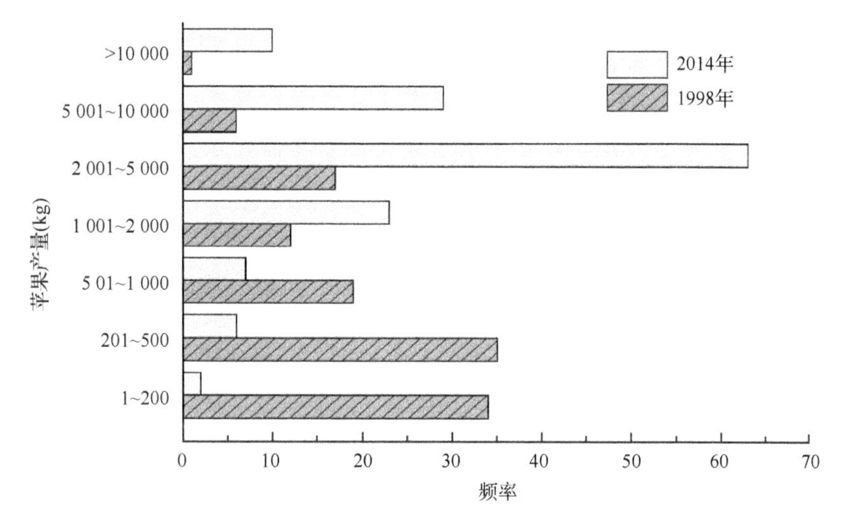

图 7-5　农户退耕前(1998 年)、后(2014 年)苹果产量频度分析

（二）农业生产资料投入

农业生产资料的投入能够反映一个区域农业生产的技术水平和生产能力。从图 7-6 可以看出，从 1998 年到 2014 年农业劳动力和畜力投入分别下降了 41.10% 和 8.22%，其他主要的农业生产资料均有不同程度的增加。其中增加幅度最大的

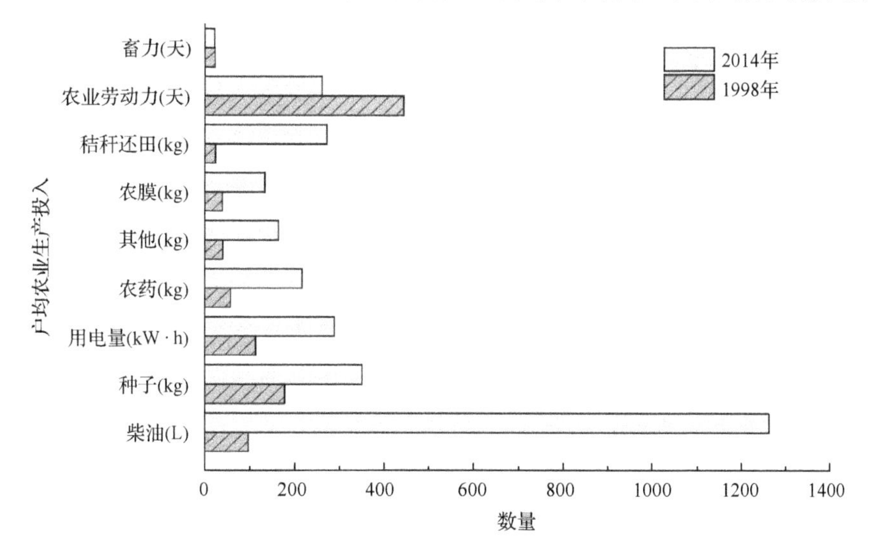

图 7-6　农户退耕前(1998 年)、后(2014 年)生产资料投入变化

是柴油消耗，2014 年消耗量是 1998 年的 13 倍，说明农业机械化程度在调查区域显著提高，一定程度上代替了原有的人力和畜力。此外，2014 年秸秆还田的数量也增加到 1998 年的 11 倍，可能由于调查区域家庭散养牲畜的减少，对饲料用秸秆的消耗减少，另外，大型农用机械可以直接将秸秆粉碎还田，增加了秸秆还田的比例。种子、农药和农膜的投入分别增加 97.43%、271.12%和 238.18%，说明在退耕还林后，虽然耕地面积有所减少，但是农业主要生产资料的投入不断增加，农药的增加很大程度上来源于果园面积的增加。

肥料投入是农业生产中最主要的生产资料，化肥在提高农产品产量的同时还会对环境产生较大影响，因此分析了 1998 年到 2014 年调查区域不同类型化肥的投入变化情况。如图 7-7 所示，除了有机肥投入减少以外，其他主要肥料的投入均有不同程度的增加。尿素、复合肥、磷酸二铵、碳铵和磷肥(过磷酸钙)5 种主要化肥的投入分别增加了 100.61%、189.69%、128.06%、22.74%和 81.56%，而有机肥投入下降了 45.13%，说明退耕还林以来，农户耕地面积下降，但是化肥投入依然大幅度增加，尤其是复合肥、磷酸二铵等复合型肥料，同时农业生产中有机肥的投入量减少。这种变化一方面说明当地农业生产水平有所提高，但另一方面，大量化肥的投入对当地农业生产环境也造成了较大的影响。

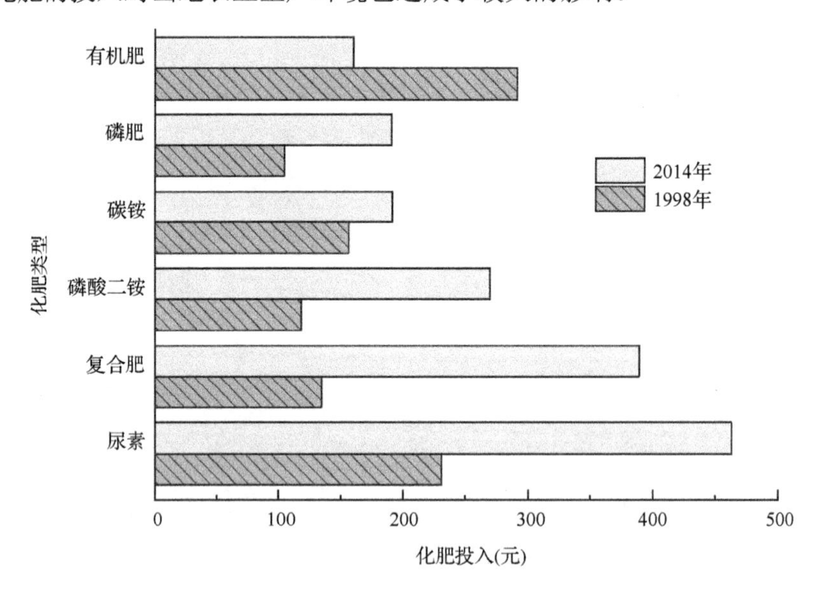

图 7-7 农户退耕前(1998 年)、后(2014 年)农业化肥投入变化

(三)农户粮食安全策略

研究通过两个问题了解被调查退耕农户对粮食安全的看法和策略，在对问题“您对国家粮食储备是否充足的看法？”的回答中，有 48.35%的被调查者认为国

家粮食储备很充足，有 24.36%认为粮食储备刚好够粮食需求；而还有 20.93%的农户认为国家粮食储备略有不足，有 6.36%的农户认为国家粮食储备情况为严重缺乏。对于家庭未来粮食供应的调查结果显示，“担心”和“不担心”家庭未来短期内口粮供应的被调查者分别占 54.59%和 45.41%，尽管对家庭未来口粮的供应比较担心的农户超过 50%，但是目前仅有 31.58%的农户采取了各种措施来应对这一问题(图 7-8)。在采取措施的农户中，约 70%的农户都采取了少量屯粮的方式，约 45%的农户采取了保留少量耕地种植粮食，其他采取的措施还包括增加经济收入提高购买能力、家庭年轻人在外地或者城市定居，等等。总体来看，被调查区域退耕还林农户对国家层面粮食安全态势总体看好，但对家庭层面有超过 50%的农户存在担心，尽管如此，仅有少量农户采取了各种措施应对可能存在的粮食供应不足的问题。

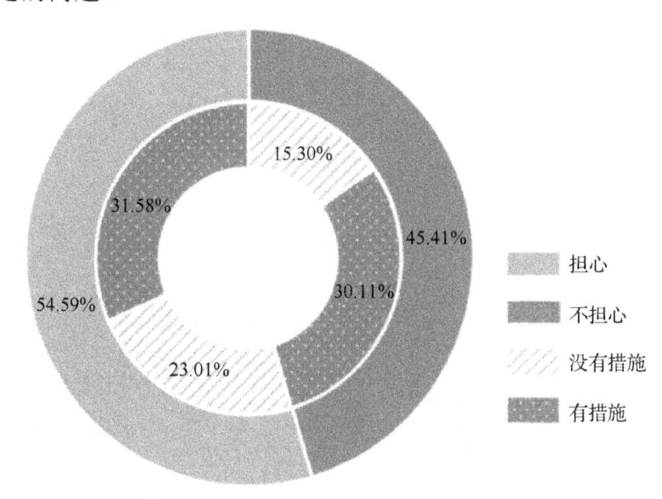

图 7-8　农户对粮食安全的态度和对策

四、劳动力转移

退耕还林(草)工程实施后大量的土地被转换为植被用地，劳动力在种植业生产中的投入有所降低，在研究区域开展的农户调查结果显示，1998 年和 2014 年被调查区域农户户均劳动力数量分别为 2.75 人和 2.85 人，差异并不显著；然而对劳动力去向进行分析发现，从 1998 年到 2014 年，外出务工的劳动力户均增加了 0.80 人，而从事农业生产的劳动力户均减少了 0.69 人。从农户劳动力去向变化频率分析图(图 7-9)可以看出，从 1998 年到 2014 年，有 55.81%的农户外出务工的劳动力数量增加了 1～2 人，而仅有 6.73%的农户外出务工劳动力减少；有 57.41%的农户农业劳动力减少了 1～2 人，仅有 8.81%的农户农业劳动力有所增加。综合来看，退耕还林(草)工程实施后，研究区农户劳动力逐渐由农业生产转向外出务工，主要原因：①耕地大量转换为植被用地和农业生产机械化程度的提高使得农业对人工劳动力的需求减少；②农业相对于外出务工的经济收入低，使得农户更愿意外出务工增加家庭经济收入。

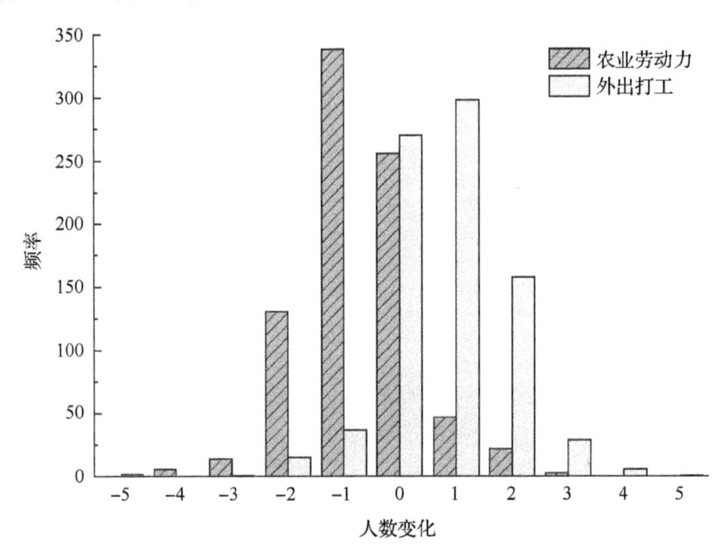

图 7-9　1998 年到 2014 年农户劳动力去向变化频率分析

五、农户成果维护意愿

国家在退耕还林(草)工程实施过程中投入了大量人力和财力，近年来取得了显著的成果。然而，退耕还林(草)工程的成功与否不能仅考虑现阶段取得的成果，还应该考虑已经取得的成果是否具有可持续性，这一方面取决于植被自然生长和生态系统的可持续能力；另一方面，当地农户对成果的态度和行为对生态恢复工程效应的可持续能力具有直接的作用。因此，本研究调查了农户对退耕还林的态度、对退耕还林效应的感知和针对退耕成果的行为，并结合农户和家庭基本资料分析了影响农户行为的因素，为退耕流域综合效益评价中涉及农户意愿等社会效益提供依据。

(一) 对退耕还林的态度和行为

农户对退耕还林是否支持对于其在工程开展过程中和工程补贴结束后的行为具有十分重要的影响。对退耕还林(草)工程支持程度的调查结果分析显示(图 7-10)，有 55.32%的农户表示支持退耕还林(草)工程，但是需要国家提供补贴，有 38.92%的农户表示非常支持退耕还林(草)工程；其他农户中有 5.02%的农户对退耕还林(草)工程没有表示明确支持，只是根据政府的政策实施就行，仅有不足 1%的农户表示不支持退耕还林(草)工程。调查结果分析也可以看出，有 65.73%

的农户对退耕还林(草)工程的总体评价为“很好”或“比较好”，仅有 2.82%的农户对退耕还林(草)工程的评价为“不好”或“很差”，其余 31.46%的被调查者回答为“一般”。综合以上两个总体评价的问题结果来看，被调查区域农户对退耕还林(草)工程的总体评价比较好，仅有极少数农户对工程持负面态度。

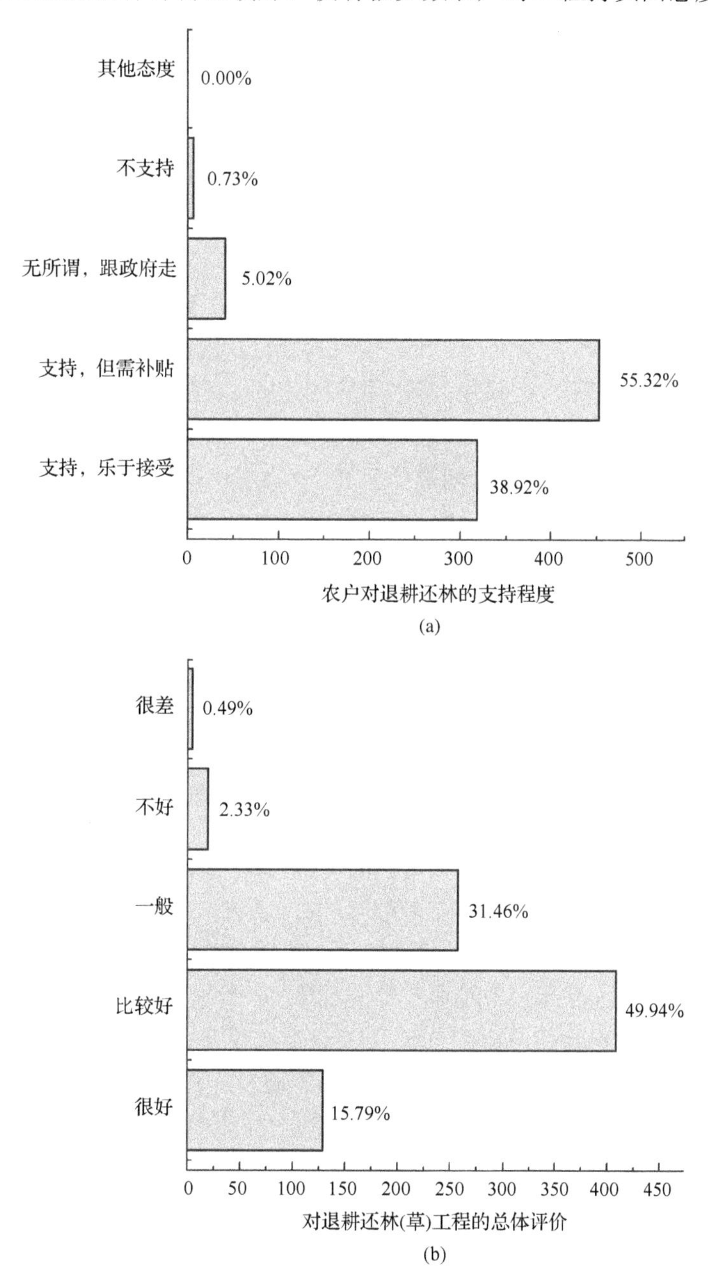

图 7-10　农户对退耕还林(草)工程总体态度分析

在分析农户对退耕还林(草)工程总体态度的基础上，进一步分析了农户对退耕还林(草)工程实施情况不同方面的评价(表 7-2)。在退耕还林(草)工程补助发放方面，大部分(64.87%)农户退耕补助完全兑现，有 31.58%的农户退耕还林补助仅部分兑现，还有 3.55%的农户反映未兑现退耕补助。提供林地管理基础可以一定程度上改善农民维护退耕成果的能力，调查中仅有 18.24%的农户受到了充分的林地管理技术培训，有 53.73%的农户接受了林地管理技术服务，但是并不充分，其余 28.03%的农户表示没有接受任何林地管理方面的技术支持。国家政策要求在发放农户退耕还林补贴的时候采取公开透明的方式，以便加强监督，调查结果中有 50.55%的农户表示补助等相关信息是完全公开的，而有 37.82%的农户表示仅有少量信息公开，还有 11.63%的农户表示当地政府未公开任何补助等信息，调查中也发现，表示未公开信息的农户对政府的信任度有所下降，回答问题的时候对政府的抱怨等消极情绪高于完全公开的地区，说明信息公开的程度对农户的态度可能有较大影响。在对退耕还林(草)工程实施后农户生活环境改善方面，有 53.49%的农户认为区域生活环境明显好转，39.90%的农户认为有一定程度的好转，但还有 6.61%的农户认为生活环境没有明显的好转，说明退耕还林总体上改善了农户所在区域的生活环境，但也有少量地区未改善或者农户未感受到明显改善。

表 7-2 农户对退耕还林工程的态度分析

问题	回答(比例)		
补助兑现情况	1)完全兑现 64.87%	2)部分兑现 31.58%	3)没有兑现 3.55%
林地管理技术支持	1)充分 18.24%	2)有，较少 53.73%	3)没有 28.03%
补助等信息公开情况	1)完全公开 50.55%	2)少量公开 37.82%	3)未公开 11.63%
生活环境明显好转	1)完全认可 53.49%	2)勉强认可 39.90%	3)不认可 6.61%

农户对退耕还林林地的破坏行为会对工程的成果可持续性产生严重威胁。研究结果显示(表 7-3)，大约有 75%的农户认为当地有人对退耕还林林地进行破坏，其中认为破坏较为严重的农户有 25.09%，破坏较小的有 50.31%；其余 24.60%的农户认为其所在地区没有人为破坏林地的现象；在已经(或可能)发现破坏现象后，大部分(70.99%)农户表示愿意出面制止或举报，仅有 29.01%的农户表示不会制止，反映出调查区域虽然存在一定程度的林地破坏问题，但是大部分农户都会出面制止。对农户家庭当前退耕还林地的复耕情况调查结果显示，有 28.89%的农户家庭有不同程度的林地复耕现象，大部分(71.11%)农户没有复耕。然而，在对农户停止补贴后对待退耕林地的行为调查显示，有 46.63%的农户选择在补贴停止后可能采取不同程度的复耕行为，这一比例远远高于当前已经复耕的农户比例，此外还有 6.12%的农户行为不确定。对农户选择复耕最主要原因的调查结果显示，

保证口粮是最主要的原因(24.72%)，没有其他经济来源次之(20.03%)，其他主要原因还包括没有政策约束(16.77%)、其他人都复耕(16.03%)和退耕林地没有经济收入(11.26%)等。

表 7-3 农户退耕还林成果保护行为调查分析

是否有人破坏林地？		发现后是否举报或制止？	
很多	25.09%	是	70.99%
很少	50.31%	否	29.01%
没有	24.60%		
农户当前复耕情况？		**停止补贴后采取方式？**	
全部	2.57%	不复耕	47.25%
大量	5.75%	少量复耕	28.15%
少量	8.08%	大量复耕	10.40%
很少	12.48%	全部复耕	8.08%
没有	71.11%	不确定	6.12%

综合来看，农户对退耕还林政策的态度总体比较支持，且对退耕还林(草)工程的效果评价较好；然而对农户实际行为的调查结果表明有较大比例的农户已经在退耕地上复耕或者停止补贴后可能复耕，这对退耕还林(草)工程的可持续性有较大威胁。因此，在评价工程综合效益的时候，应该将农户对工程的态度也纳入指标评价范围，才能更具有科学性。

(二)对退耕还林效果的感知

农户对退耕还林(草)工程效果的感知可能会影响其对退耕还林(草)工程的态度和在工程实施过程中的行为。研究调查了农户对退耕还林以来气候、家庭经济、农业生产、生活环境及灾害天气等的直观感受(图 7-11)。结果显示有 56.30%的农户表示气候变化非常明显；家庭经济收入方面，有 67.69%的农户认为退耕还林(草)工程的实施增加了其家庭收入，仅有 3.67%的农户表示减少了经济收入；约有一半的农户认为退耕还林通过改善区域气候、优化土地结构等途径，增加了农产品单位面积产量，有 15.91%的农户认为退耕还林减少了其农产品单产；大部分农户认为退耕还林(草)工程的实施明显改善了当地的生活条件(67.07%)和居住环境(72.95%)，仅有不超过 5%的农户认为退耕还林使得生活条件和居住环境恶化，其他农户没有感受到明显变化。

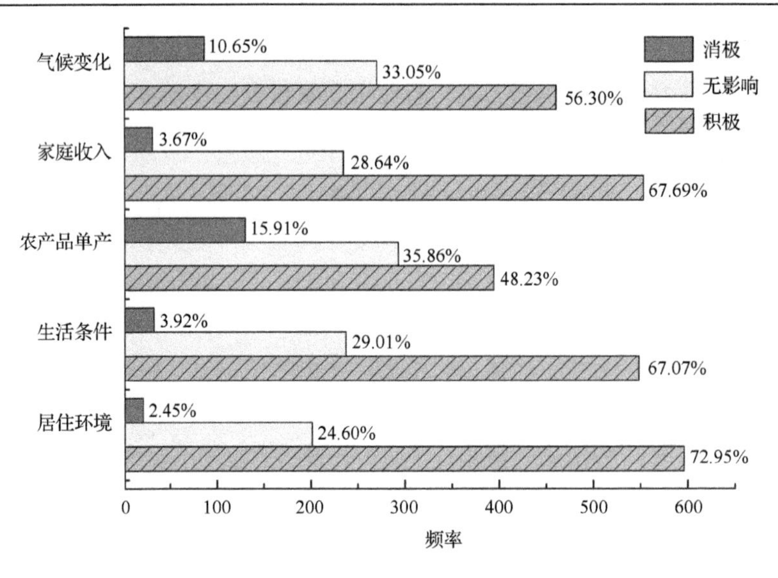

图 7-11　农户对退耕还林(草)工程影响的感知

退耕还林(草)工程在黄土高原地区最主要的目的是防止水土流失，减少风沙天气。除了通过观测数据统计水土流失情况和风沙天气出现的情况以外，生活在退耕还林(草)工程实施区域农户的直观感受也可以明确反映工程取得的效果。因此针对退耕还林前后研究区域水土流失、风沙天气和农业灾害的农户直观感知进行了研究，采用 1(严重或恶劣)～10(没有或很好)分级打分的方法调查农户对 3 种效果的感受，分别计算 3 种效果 2014 年和 1998 年的差值作为改善情况，结果如图 7-12 所示。

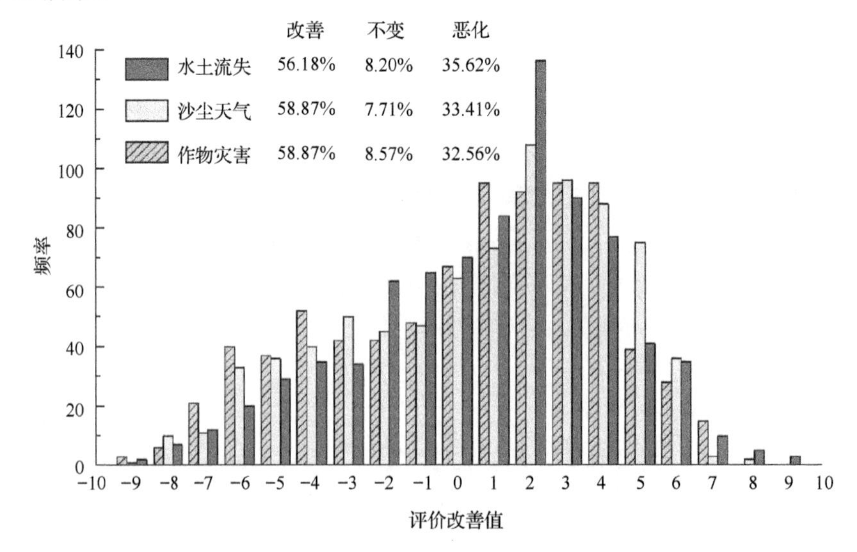

图 7-12　农户对退耕还林(草)工程治理效果的感知

分析显示，被调查农户 1998 年和 2014 年自家土地整体水土流失情况平均值分别为 5.61±1.42 和 6.59±1.98，退耕后有显著的改善，而且从农户评价的频率分布图可以看出农户拥有土地水土流失明显有所改善。1998 年和 2014 年风沙天气出现次数和程度的农户感知平均值分别为 5.80±2.01 和 6.50±2.33，农业灾害天气的农户感知平均值分别为 5.91±2.02 和 6.63±2.21，说明退耕还林之后调查区域风沙天气和农业灾害情况均有所改善，感受到较严重风沙天气和农业灾害的农户在退耕还林(草)工程实施以后明显减少。综合来看，退耕还林在工程实施区域产生了较显著的控制水土流失、减少风沙天气和减轻农作物灾害等环境改善效应，而且农民对这些效应的感受较为明显。

(三)影响农户复耕行为的因素分析

大量已有研究和本研究都证明，退耕还林(草)工程的实施已经产生了非常巨大的生态恢复效益，包括植被覆盖增加、土壤改良、水土流失减少、生物多样性增加等(Peng et al., 2007; Song et al., 2014; Zhao et al., 2013)。农户作为退耕还林(草)工程的直接参与者和实施者，其在停止补贴后对退耕还林(草)工程成果采取的行为会直接影响工程的可持续性，尤其是在林草地上复耕会直接破坏工程产生的效益。为了更清楚了解影响农户在退耕还林(草)工程实施过程中和停止补贴后是否会破坏工程成果重新复耕，同时弄清影响农户复耕行为的影响因素，研究利用计划行为理论(TPB)和 Logistic 模型两种方法，首先探索了农户复耕行为的社会心理学结构，明确意向是影响其行为的重要原因，然后分析了社会经济指标对农户复耕行为意向的影响，为在社会经济效益评价中将农户态度纳入评价提供理论支持，也为提出退耕还林(草)工程可持续性建议和途径提供依据。

1. 农户复耕行为的社会心理结构

一般来说，直接研究农户在停止补贴后的措施或者行为比较困难，当前大量针对农户停止补贴后的行为研究都是利用农户的意向或者计划来代替农户在生态恢复中的实际行为，但是这种代替是否合理？与实际行为存在多大的偏差？相关研究仍然比较少(Chen et al., 2009; Deng et al., 2016a)。因此本研究结合影响农户复耕行为的影响因素，利用计划行为理论(TPB)分析农户复耕行为，由于 TPB 理论对调查问卷有具体要求和格式，在开展农户社会经济调查的基础上，进一步设计了针对农户行为和态度分析的调查问卷，在黄土丘陵区选取 1100 户农民，通过问卷调查和半结构化访谈的方式进行调查，最终获得 1004 份有效的调查问卷(91.3%)。

对调查得到的结果首先进行了探索性因子分析(EFA)和信度检验，以确定调查结果的因子可分解性和有效性，结果见表 7-4。结果显示，对每一个影响因子项目，其 PCA 分析的标准因子载荷都超过了 0.700 而且 Cronbac's α 值都大于 0.600，表明每个项目(潜变量)都能够较好地被对应的可观测变量解释和表达。整体假设模型的Cronbach's α值达到0.929,表明数据整体可信度较高而且模型可以用于分析。此外,K-M-O值为0.935和Bartlett's球形检验结果 $P<0.001$ 表明获得的调查数据可以使用因子分析。总体来看，调查获得的数据在使用TPB理论分析时具有较高可信度，可以进行分析，同时，探索性因子分析结果表明各项目对应的观测变量得分符合预期假设。

表 7-4　数据可信度分析和探索性因子分析结果

项目	变量	均值	标准差	标准因子载荷	项目的 Cronbach's α 值
行为态度	A1 我愿意主动维护退耕还林工程取得的成果	1.603	0.967	0.848	0.805
AB	A2 维护退耕成果会为我们提供更好的生活环境	1.591	0.963	0.809	
	A3 我支持维护退耕还林成果的行为	1.521	0.890	0.807	
	A4 如果破坏退耕成果将会造成严重的后果	1.628	0.891	0.711	
主观规范	S1 邻居的建议会对我是否维护退耕成果有很大影响	1.816	1.054	0.891	0.786
SN	S2 政府的政策会对我是否维护退耕成果有很大影响	1.909	1.150	0.832	
	S3 家庭成员的意见会对我是否维护退耕成果有很大影响	2.087	1.233	0.796	
行为感知能力	P1 由于退耕还林的实施,我们的生活环境明显改善了	1.510	0.774	0.898	0.826
PBC	P2 我的家庭有足够的时间和劳动力来维护退耕成果	1.611	0.878	0.837	
	P3 即使不复耕，我也有信心获得更好的收入和生活条件	1.776	1.046	0.771	
	P4 退耕还林是我的家庭收入有所增加	1.605	0.949	0.770	
行为意向	I1 管理和维护退耕还林林草地	1.807	1.167	0.834	0.806
IN	I2 在退耕林草地上复耕	1.762	0.999	0.895	
	I3 学习更多的林地管理技术	1.753	1.012	0.826	
行为	B1 你是否主动学习过退耕林草地的管理技术?	1.585	0.977	0.787	0.825
B	B2 你是否主动举报或制止过破坏退耕林地的行为?	1.610	0.910	0.823	
	B3 你是否主动管护家里的退耕林地?	1.647	0.954	0.773	
	B4 目前已经复耕的退耕林地程度?	1.459	0.863	0.864	
	整体 Cronbach's α 值			0.929	
	K-M-O(Kaiser-Meyer-Olkin)检验			0.935	
	Bartlett's 球形检验			<0.001	

注：表中AB、SN、PBC、IN、B分别代表行为态度、主管规范、行为感知能力、行为意向和行为

在信度检验和探索新因子分析的基础上，通过假设模型对获得数据利用 SEM 方法进行了分析，标准化的通径系数和检验结果如图 7-13 所示。结果表明，行为态度(AB)、主观规范(SN)和行为感知能力(PBC)均对农户的复耕打算有显著的影响，其中影响最大的是行为感知能力(通径系数 = 0.50，$P<0.01$)，其次是主观规范(通径系数 = 0.42，$P<0.01$)，行为态度的影响是三者中最小的(通径系数 = 0.33，$P<0.01$)。此外，农户对行为态度还与主观规范和其行为感知能力具有显著的正相关，通径系数分别达到 0.54 和 0.46($P<0.01$)，但主观规范和行为感知能力两者之间没有显著关系，说明农户的态度可能会一定程度上受到周围人或政府政策的影响，以及对退耕还林效果和自身能力感知的影响。最能反映农户的态度、主观规范和行为感知能力的指标分别为农户态度、邻居的意见和对退耕还林(草)工程效果的感知能力。另外，模型验证结果表明农户的行为极显著地受到其行为意向的影响，通径系数达到 0.88($P<0.01$)。

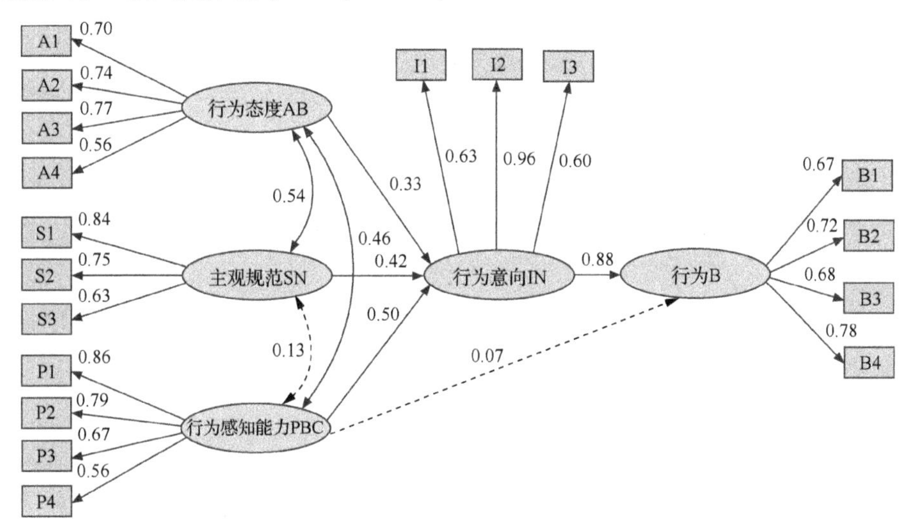

图 7-13 通径系数和 TPB 模型结构

实线表示关系显著，虚线表示不显著

综合来看，对农户复耕行为利用 TPB 理论分析表明，农户在退耕还林(草)工程中的复耕意愿会显著影响其在退耕还林成果保护中的行为，即农户有强烈复耕意愿的可能更倾向于采取实际行动；同时其复耕意愿也受到其他因素的显著影响，降低农户在退耕还林补贴停止后的复耕意愿可以通过综合措施改善农户针对工程的态度、通过宣传营造保护生态的舆论和改善生活环境以提高农民对工程实施效果的感知来实现。

2. 影响农户复耕行为的社会经济因素

TPB 分析的结果表明农户复耕意向对其复耕行为有决定性的作用，因此本节利用调查数据分析了影响农户复耕意向的社会经济因素。将调查得到的结果中，农户对问题“您在停止退耕补贴后是否会在退耕林地上复耕？”的回答分为“复耕”和“不复耕”两种，分别赋值为“1”和“0”，即将农户复耕意向作为两项分组资料进行统计，分析现有研究资料收集可能影响农户行为和意向的因素(陈儒等，2016；郭轲等，2015；任林静和黎洁，2013)；结合调查得到的实际数据情况，选取覆盖农户个人特征(年龄、教育程度等)、家庭情况(人口、劳动力、土地、经济收支等)和社会政策因素(补助发放、信息公开等)等方面的18个指标进行二元Logistic回归分析。分析结果表明，农户性别、年龄、家庭在外打工人数、参与退耕还林年限、对退耕还林支持程度、退耕还林补助和政策相关信息公开程度都对农户的复耕意向具有显著的影响($P<0.05$)(表7-5)。其中，年龄的影响最大，年龄越大的农户更加不愿意复耕，主要是因为其进行农业生产劳动的能力下降；此外，男性更倾向于不复耕；在外打工人数较多、获得退耕补助较多的家庭更倾向于不复耕；同时，农户对退耕还林(草)工程的支持程度和退耕还林政策的公开程度都对农户复耕的意向有显著的影响。结果说明农户是否会复耕是由多种原因导致的，因此在政策制定和工程管理的时候也要综合考虑农户个人、家庭和政策等方面的因素。

表7-5　影响农户复耕因素的Logistic回归分析结果

自变量	回归系数	标准误	Wald 估计值	显著性	幂系数
性别	0.314	0.167	3.545	0.060	1.369
年龄	2.137	0.735	18.235	0.003	23.027
家庭在外打工人数	0.147	0.096	2.338	0.026	1.159
参与退耕还林年限	0.968	0.51	33.82	0.000	2.554
对退耕还林支持程度	–0.473	0.133	12.651	0.002	0.623
退耕还林补助	0.972	0.504	3.719	0.034	2.643
政策相关信息公开程度	–0.27	0.12	5.05	0.025	0.763
样本量			817		
对数似然比检验-2			25.646 ($P<0.01$)		
拟合优度检验			0.399 ($P>0.1$)		

注：因变量为“复耕意愿”：0表示不打算复耕，1表示打算复耕

第二节　退耕还林(草)工程经济效应

退耕还林(草)工程大面积实施后，耕地减少和土地利用方式调整使得农业产业结构发生变化，如农民农业生产投入减少的同时从耕地获取的农产品可能会减少，农户家庭经济收入和支出结构会随之发生变化。此外，劳动力从耕地的释放使得越来越多的农业劳动力开始转向从事外出务工、个体经营等其他方式，也会

影响农民经济收支结构发生变化。由于恶劣的生态环境和社会经济发展条件，长期依靠农业生产为主的陕北黄土丘陵区开展退耕还林(草)工程对农村经济的影响尤为显著。本节利用在黄土丘陵区开展的817户农民社会经济调查资料，分析了退耕还林(草)工程实施前后研究区内农户经济收入支出数量和结构变化、农业产值变化和劳动力生产效率变化，为开展研究区农林复合系统综合效益评价提供理论支持。

一、农民经济收入和支出

(一)农户经济收入和构成变化

对调查结果的分析表明，研究区域内农户2014年户均收入为43 239.58元，人均收入9160.93元；1998年户均收入为12 241.46元，人均收入3146.91元；2014年研究区农户平均收入是1998年的2.9倍，表明退耕还林(草)工程实施区域农户经济收入情况近年来有较大的改善。

从经济收入构成结构来看(图7-14)，1998年农户最主要的收入来源是农业收入，占总收入的57%，其次是打工收入，约占总收入的31%；而2014年打工收入成为农户最主要的经济收入来源，比例达到56%，农业收入的比例下降到32%，这与农户劳动力从农业转向外出打工的结果一致。另外，值得关注的是，1998年到2014年退耕还林补助占总收入比例从8%下降到3%，实际上农户户均退耕补助从1998年的961.71元增加到2014年的1217.68元，比例下降主要是由于农户总收入明显上升，然而即使所占收入比例下降，之前分析表明退耕补助仍然会显著影响农户对退耕还林成果维护的意愿。除此之外，农户经营收入和转移性收入比例也有所增加，主要是一部分农户开始从事个体经营和整体社会福利水平有所增加导致。

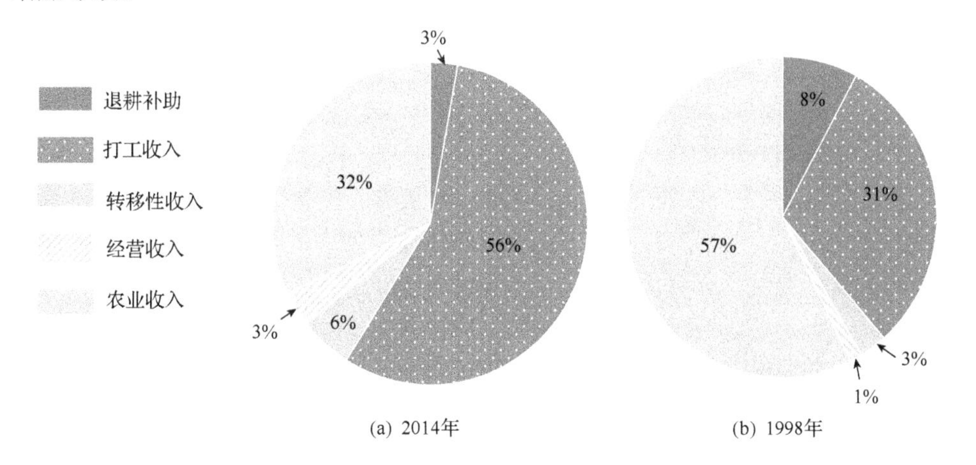

图7-14　1998年和2014年农户经济收入结构

(二)农户经济支出和构成变化

从1998年到2014年，被调查农户户均经济支出从6253.69元增长到28 733.69元，增长了359%，高于农户经济收入增长比例。其中资产支出和食品支出两项增长量最大，分别为7948.95元和4536.69元；增长比例来看，资产支出和教育文化支出增长最大，分别为754.16%和317.92%。

从支出结构来看(图7-15)，1998年农户经济支出中比例最大的是食品支出，占24%，其次为农业支出和教育文化支出分别占21%和17%；而到2014年农户最主要的支出为资产支出，占31%，其次为食品支出和教育文化支出，分别为21%和16%。说明农户在购置和建设固定资产如房屋、汽车等方面的消耗增加，而相对的其他方面的支出有所减少。虽然农业支出的绝对值增加了533.34元，但农业支出比例减少了7%，说明农业支出在农户经济支出中的重要程度有所下降。农户经营性支出、保险医疗支出和其他支出的比例变化较小。

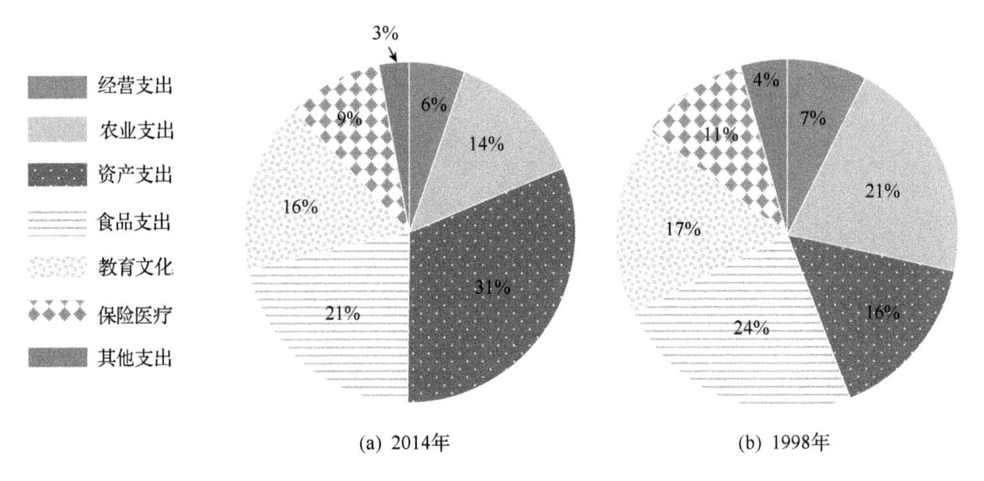

图7-15 1998年和2014年农户经济支出结构

二、农村恩格尔系数和基尼系数

恩格尔系数(Engel's coefficient)是指该区域居民在食品消费上的支出占总支出的比重。这一指标所反映的是食品消费在居民消费中的重要程度，一般认为一个区域或国家居民用于食品消费的支出比例越大，那么其生活水平就越低(朝统宣，2011)。这与马斯洛的需求层次理论(Maslow's hierarchy of needs)所反映的类似。人的基本生存中对食品的需求就是生理需求的一部分，只有满足了温饱的需求，才会有更高的需求，生活水平也才能够上升。图7-15中显示1998年和2014年被调查农户食品支出分别占总支出的24%和21%，支出比例明显下降。根据联合国按照恩格尔系数对国家生活水平划分的层次，30%属于相对富裕，而 23%属于富足水平。虽然两个划分层次与实际可能存在差异，但是从食品消费所占比例下降来看，恩格尔系数能够反映出退耕还林(草)工程开展的十多年来，研究区农户生活水平呈现明显的上升趋势。

基尼系数(Gini coefficient)是经济学家 Albert Otto Hirschman 根据劳伦茨曲线(Lorenz curve)所定义的判断收入分配公平程度的指标。根据调查得到 817 户农户经济收入，按照 5 户为一组(排除两户收入为 0 的农户)进行计算收入比例和累计收入比例，获得被调查农户经济收入的劳伦茨曲线如图 7-16 所示。根据张建华(2007)提出的基尼系数简化计算公式，计算得到 1998 年和 2014 年调查区农户收入基尼系数分别为 0.40 和 0.33。联合国有关组织对基尼系数分级的认定，0.3～0.4 属于收入相对合理的阶段。基尼系数越低说明收入分配越平均，结果表明退耕还林以来研究区域农户经济收入分配情况趋于更加合理。

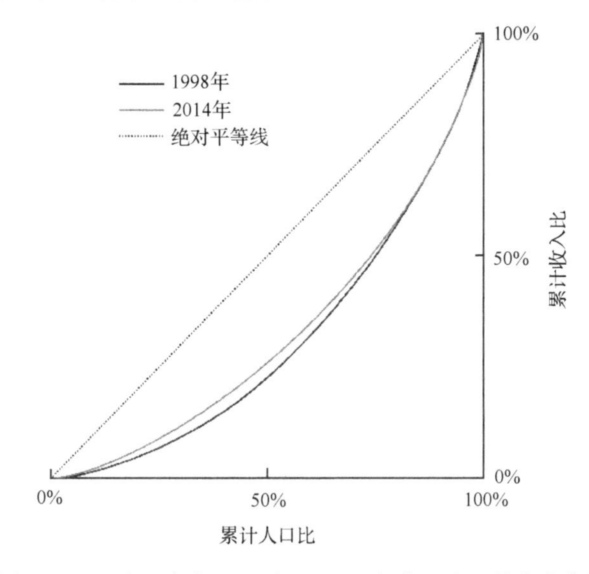

图 7-16　调查区农户 1998 年和 2014 年收入分配劳伦茨曲线

三、农业产值

调查区农户 1998 年和 2014 年户均农业产值分别为 7010.40 元和 13 883.79 元，增长了 98%。图 7-17 为被调查农户不同农业产值，从图中可以看出玉米、谷子的产值分别下降了 23.46%和 11.52%，其他农林牧业产品产值都有不同程度上升；其中薯类产值增加最多，为 2300.29 元，这主要是由于马铃薯、红薯等作物是黄土高原地区的传统优势作物，长期在其食物结构中占比较大，而近年来薯类的价格不断上涨但产量并没有显著下降，造成产值显著增加。其次增加幅度较大的为蔬菜和苹果，分别增加了 1817.78 元和 1562.62 元，这得益于近年来研究区域设施蔬菜种植和山地苹果的大力推广，同时蔬菜和水果价格上涨也有很大影响。这三类的产值增长对农业总产值增长的贡献达到 82.65%，而户均畜牧业产值虽然有所增加但是变化较小。

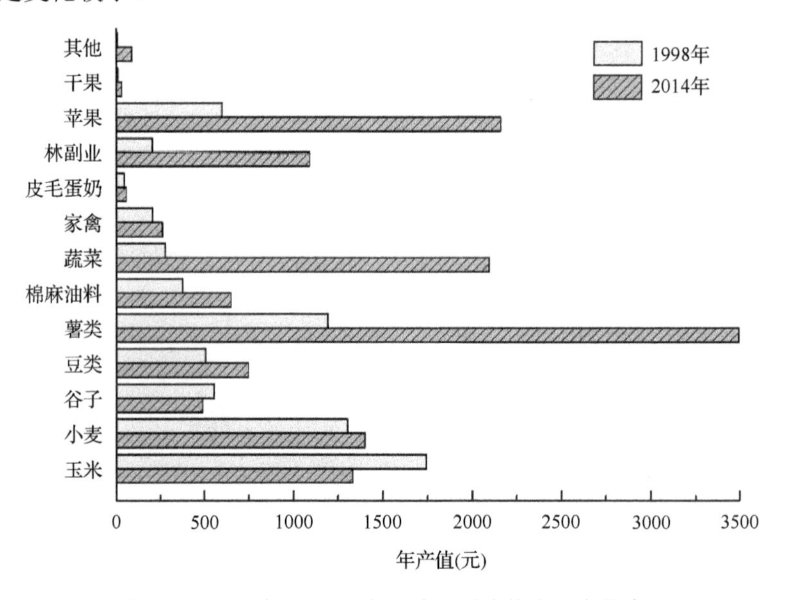

图 7-17 1998 年和 2014 年调查区域户均农业产值来源

四、劳动力生产效率

利用人均纯收入和人均产值来反映被调查区域劳动力的生产效率。如表 7-6 所示，结果表明 1998 年到 2014 年被调查农户年户均纯收入从 5987.77 元增加到 14 505.88 元，增加了 142.26%；年人均纯收入增加了 136.90%，说明退耕还林以来农户家庭经济富余情况有明显改善。农业纯收入从 5608.46 元增长到 10 025.14 元，增加了 78.75%。从人均生产效率来看，每个农业劳动力年生产效率从 1998 年的 2560.94 元增加到 2014 年的 6683.42 元，增长了 160.98%；农业劳动力投入每天的生产效率从 1998 年的 21.54 元增长到 2014 年的 62.14 元，表明虽然退耕区域农户劳动力数量和农业收入比例有所下降，但是农业劳动力生产效率有较大幅度的提升。外出打工的劳动力生产效率增长了 168.07%，不论是 1998 年还是 2014 年都显著高于农业劳动力年生产效率，分别高出 161.92%和 169.04%，表明外出打工获得的收入报酬显著高于从事农业生产获得的收入，这也是退耕还林(草)工程实施之后农户劳动力从农业转向外出打工的一个重要原因。

表 7-6　1998 年和 2014 年农户经济纯收入和劳动力生产效率

项目	2014 年	1998 年
年户均纯收入(元)	14 505.88	5 987.77
年人均纯收入(元/人)	3 564.10	1 504.47
年农业纯收入(元)	10 025.14	5 608.46
农业劳动力效率[(元/(人·年)]	6 683.42	2 560.94
农业生产效率[(元/(人·天)]	62.14	21.54
打工劳动力效率[(元/(人·年)]	17 981.06	6 707.60

综合来看，退耕还林(草)工程实施之后区域内农户的劳动力生产效率有较大幅度的提高，在退耕还林导致耕地减少农业劳动力释放之外，较高的收入回报可能是导致退耕区农户大量外出打工的另外一个因素。

参考文献

朝统宣. 2011. 恩格尔系数. 数据, 10(3): 80.

陈儒, 姜志德, 谢晨. 2016. 后退耕时代退耕区农户的复耕意愿及影响因素分析——基于 17 省 1757 个农户的调查. 农村经济, 404(06): 38-44.

郭轲, 王立群, 张璇, 等. 2015. 京津风沙源区退耕还林农户复耕决策影响因素分析——基于补贴结束假设下的实证检验. 世界林业研究, 28(04): 90-96.

虎陈霞, 傅伯杰, 陈利顶,等. 2007. 黄土丘陵区农户环境意识和退耕还林(草)政策的态度分析. 农业经济, 1(05): 31-33.

任林静, 黎洁. 2013. 陕西安康山区退耕户的复耕意愿及影响因素分析. 资源科学, 35(12): 2426-2433.

张建华. 2007. 一种简便易用的基尼系数计算方法. 山西农业大学学报(社会科学版), 6(3): 275-278.

Chen X, Lupi F, He G, et al. 2009. Factors affecting land reconversion plans following a payment for ecosystem service program. Biological Conservation, 142(8): 1740-1747.

Deng J, Sun P, Zhao F, et al. 2016a. Soil C, N, P and its stratification ratio affected by artificial vegetation in subsoil, Loess Plateau China. PLoS One, 11(3): e151446.

Deng J, Sun P, Zhao F, et al. 2016b. Analysis of the ecological conservation behavior of farmers in payment for ecosystem service programs in eco-environmentally fragile areas using social psychology models. Science of the Total Environment, 550: 382-390.

Peng H, Cheng G, Xu Z, et al. 2007. Social, economic, and ecological impacts of the Grain for Green project in China: a preliminary case in Zhangye, Northwest China. Journal of Environmental Management, 85(3): 774-784.

Song X, Peng C, Zhou G, et al. 2014. Chinese Grain for Green Program led to highly increased soil organic carbon levels: a meta-analysis. Scientific Reports, 4(4460).

Zhao F, Chen S, Han X, et al. 2013. Policy-guided nationwide ecological recovery: soil carbon sequestration changes associated with the Grain-to-Green Program in China. Soil Science, 178(10): 550-555.

第八章　陕北黄土丘陵沟壑区退耕还林(草)工程效应评价

退耕还林(草)工程是迄今为止我国政策性最强、投资最大、涉及面最广、群众参与程度最高的生态工程。毋庸置疑，退耕还林(草)工程不仅对西部地区生态环境产生了巨大的影响，也同时改变了退耕区人民的生活环境和生活方式。特别是在社会经济发展相对落后、自然资源有限的陕北黄土高原，退耕还林(草)工程的实施使得退耕区人民失去了长久以来赖以生存的土地，进而可能会影响到农民经济收入和劳动力转移等社会经济问题。而调整农村产业结构、发展农村经济是退耕还林(草)工程开展的重要目标之一，所以退耕还林所带来的社会经济效益是一个与生态效益同样不容忽视的问题。当下，退耕还林(草)工程已经基本结束，进入了成果巩固期。退耕还林(草)工程到底进行得怎么样？对生态的改善到底有没有达到人们所预期的效果？退耕还林又对退耕区的人民的生活产生了多大的影响？为了回答这些问题，因地制宜地构建一套退耕还林(草)工程综合效益评价体系并对退耕还林(草)工程进行综合评价，以期为后续政策的制定及后来的类似工程提供决策依据。

第一节　评价的基本步骤和方法

一、综合评价方法

(一)退耕还林(草)工程综合评价方法概述

目前国内对退耕还林(草)工程综合评价中常用的评价方法主要有熵值法、综合指数法、BP人工神经网络法、模糊综合评价法、灰色系统评价方法、层次分析法等(党晶晶，2014；张楠等，2013；成六三，2011；宋志伟，2010；宋富强等，2007)。这些评价方法对数据样本的要求不同，计算过程难易程度不同。

熵信息构权法，又被称为熵值法，在确定指标权重时属于客观赋值法，但其评价结果与变量不是线性函数关系。采用熵值法进行综合评价，可以对原始指标提供的信息最大限度地利用，消除各因素权值的主观性，其评价效果具有较高的信度和效度。但是熵值法也有不足之处，同一个因素对于不同的评价方案会有不同的权值，且忽略了决策者的经验判断能力，再者熵值法只能评估出每个指标的权重值，对于多层次、多目标的决策还需要与其他方法结合使用。另外，熵值法在应用中需要完整的样本数据，而对于陕北退耕区而言，很多指标较难获取，且不够完整，因而使用熵值法较难完成陕北黄土丘陵沟壑区退耕还林综合效益的评价。

综合指数法是利用综合指数定量对研究对象进行评价的方法。将研究对象的多个性质不同、计量单位各异的指标实测值综合成一个无计量单位，反映其相对平均变化水平的综合指标称为综合指数(synthetic index)(朱国宇和熊伟，2011)。其应用时，根据评价目标涉及的要素和因子，以各因子对评价目标的贡献大小进行综合评价，全面评价并定量化。在反映评价目标各个侧面指标的基础上产生综合指标。但综合指数法在使用时也需要较为全面的数据进行分析，而且在分析过程中延伸性不强，多用于评估固定的目标。

BP 人工神经网络法(BP neural network model)是基于 B-P 算法的人工神经网络模型，其主要原理是模拟生物神经元系统之间的复杂激励过程(赵玉杰等, 2006)。人工神经网络可以充分利用积累的各种信息以非线性系统来表示输入、输出之间的近似关系，通常由输入层、输出层及若干隐含层组成，但此方法要求有大量的数据构成性能简单的神经元，并且其结构较复杂，系统误差较大。由于目前研究数据量的限制，无法使用此方法完成整个退耕还林(草)工程综合效益评价。

模糊综合评价法适用于模糊指数的重要程度分类，特别适用于同一层次有多项指标，但该方法只能给出指标分类的权重，而不能确定单项指标的权重。如果样本中含有大量的模糊数据，且同一层次指标个数较多，则优先采用模糊聚类分析法进行分类，但陕北黄土丘陵沟壑区退耕还林(草)工程综合效益评价不只是有同一层次的指标，还有分层次的指标。

灰色系统评价法的计算相对简单且可靠性高。此方法具有系统、整体把握的特点，过程简化成直接应用环境因子值进行环境影响评价，但是这种方法需要以环境质量的标准为基础，并且要有评价因子的实测值才能进行灰色关联分析。另外，该方法与数据统计的相关分析在计算结果上常有一定的差异，且无量纲化后一般不满足数据的保存性能和规范性能，这与本研究评价体系的目标有些差异。

层次分析法是一种实用的多准则决策方法，是一种定性与定量相结合的分析评价方法。该方法自 1982 年引入我国以来，以其定性与定量相结合处理各种决策因素的特点及其系统、灵活和简洁的优点，迅速在众领域内广泛应用(路永亮, 2010)。其基本原理是把复杂问题分解成各个组成因素，又将这些因素按支配关系分组形成递阶的层次结构。通过两两比较的方法确定层次中诸因素的相对重要性，然后综合决策者的判断，确定决策方案相对重要性的总排序。层次分析法克服了以往决策方法过分依赖数学模型的缺点，充分重视决策者的判断和选择，整个过程体现了决策思维的基本特征，即分析、判断和综合(何强，2001)。这种方法思路简单、需要定量数据较少及实用性较强，被广泛应用于退耕还林(草)工程综合效益评价。

（二）综合评价方法的选择

各类综合评价方法在使用中各有优缺点，综合分析来看，层次分析法在退耕还林（草）工程的综合评价中使用比较广泛，同时由于陕北退耕还林地区面积广袤、地形复杂，要获取大量详细的指标数据比较困难，而层次分析法不需要大量数据建立数学模型，充分依靠决策者的判断和选择，是一种适用性较强的评价方法。综上所述，本节选择层次分析法来建立综合评价模型。

（三）建立综合评价模型的基本步骤

采用层次分析法对退耕还林（草）工程综合效应进行评价，为了使得评价方法更加科学合理，而且具有可推广性，需要构建综合评价模型，具体步骤如下所述。

1）指标筛选：通过科学合理的方法筛选出能够综合反映陕北黄土丘陵沟壑区退耕还林（草）工程综合效应的各类指标。具体的指标筛选原则和方法见下文。

2）指标体系的构建：层次分析法进行综合评价是基于包含目标层、因素层、指标层的综合评价体系。因此要对筛选的指标进行科学合理分类，确定因素层，然后建立合理的评价指标体系。

3）指标权重的确定：利用专家咨询法等方法，确定指标体系中各项指标的权重。

4）建立综合评价模型：根据筛选的各项指标和建立的指标体系，按照综合评价的目的，建立综合评价的数学模型。

二、综合评价指标体系的构建

（一）构建综合评价指标体系的必要性

国内外关于对退耕还林（草）工程进行综合评价的研究已经非常多，主要的评价方法都是基于建立评价指标体系，确立指标权重，计算综合评价指数进行评价（成六三，2011；宋富强等，2007）。这些研究所建立的评价指标体系大部分都将综合评价指标分为生态类、经济类和社会类三大类指标。而对于具体的指标和指标的权重不同学者和研究方法之间差异很大，目前还没有建立起一套规范、统一而且认可度比较高的评价指标体系。不同学者均按照各自研究的重点进行选择指标，因此选择的指标设置上不全面、代表性不够。

从理论上讲，研究退耕还林（草）工程并对其进行综合评估，筛选的指标应该尽可能涵盖工程的各个方面，而且是越详细越全面越好。但是，指标数量越多，需要的具体数据就越多，而对应的实际工作量也就越大，消耗的人力物力都会相应地大大增加。结合区域实际和评价对象的具体情况，也就是退耕还林（草）工程的目的，筛选出既能全面综合反映陕北黄土丘陵沟壑区退耕还林(草)工程实施效果和产生的效应，又具有切实可操作性的综合指标体系是十分必要的。

2004年国家林业局印发《退耕还林工程效益监测实施方案(试行)》，方案中针对退耕还林(草)工程效益监测的具体内容进行了规定，成为后期许多研究和政策出台的依据。2013年国家林业局印发《退耕还林工程生态效益监测评估技术标准与管理规范》，对生态监测站建设技术标准、监测指标、监测方法、评估方法、组织运行等分别做出了详细规定，管理规范更加明细。2016年国家林业局发布林业行业标准《退耕还林工程生态效益监测与评估规范》，对退耕还林(草)工程的生态效益监测与评估工作做出了更加明确的界定和规范。这些标准和规范中都展示了大量关于退耕还林(草)工程评估的指标。但是作为国家或者行业标准，这些标准和规范在制定的时候考虑到了全国退耕还林(草)工程的广泛适应性，却缺乏对地区特点的针对性。例如，同样是退耕还林(草)工程，在湖南、湖北、四川、江西等南方省份产生的效益和所需要的评估指标与陕西、山西、内蒙古、甘肃等北方省份的评估指标侧重点是不一样的。因此，立足于国家退耕还林(草)工程评价指标体系基础上，建立具有区域针对性的评价指标体系对于合理界定和评估特定地区退耕还林(草)工程、指导后续政策实施都具有非常重要的指导意义。因此，按照现有研究，综合分析各项指标的优劣，结合研究区域的实际情况，构建科学合理的评价指标体系是十分必要的。

(二)评价指标筛选的原则、来源和方法

1. 指标筛选的原则

退耕还林(草)工程的实施，是党中央、国务院结合我国实际生态状况而做出的一项改善我国生态环境的战略部署，是实现我国社会、经济与生态环境协调发展的根本大计。退耕还林(草)工程综合效益包括了生态效益、经济效益和社会效益，其评价指标的选择应当紧紧围绕退耕还林(草)工程实施的目的这一核心点，并充分考虑工程实施地区的各方面基础条件。且在构建指标体系时，一定要明确指标体系是建立在某些原则下的，指标合集是一个有机整体，而不是一些指标的简单集合。退耕还林(草)工程综合效益评价体系的指标选取是否恰当，将直接影响到对工程效益的评价的准确性和科学性。因此在众多的指标中筛选出一套科学、合理并符合当地实际情况的指标体系，必须根据以下原则。

科学性原则：退耕还林(草)工程效益评价指标体系要建立在科学的基础上，选取最能反映退耕区退耕还林(草)工程综合效益的因子。评价资料的获取具有广泛性，统计报表资料与农户抽样调查资料相互印证，并且评价指标尽量能反映退耕还林(草)工程的本质内涵。定性指标的选取，要注重理论分析，尽可能排除主观因素，力求指标描述客观合理；定量指标的选取应选择简单明了、数据易于准

确获得、计算方法准确科学的指标。每个指标都应该有准确的含义，简便易算，评价方法易于掌握。

客观性原则：退耕还林(草)工程综合效益评价所反映的是工程对退耕区生态、经济、社会产生的现实影响，并通过其评价结果为工程后续政策的制定提供参考，以及为后续的相关工程实施提供依据。所以在退耕还林(草)工程综合效益的评价中，必须要坚持客观性，在指标的选取中，既要选取产生正面影响的指标来体现退耕还林(草)工程的正面效益，同时也要选取产生负面影响的指标来揭示工程的不足，为后续政策的制定提供更好的依据。

综合性原则：退耕还林(草)工程评价指标体系是一个多层次、多属性、涉及面广、多变化的体系。因此，评价标准和评价体系不仅要反映生态工程的特点，同时也要反映退耕还林(草)工程后生态恢复与社会经济发展的整体性和协调性。在构建指标体系时，要广泛地收集退耕还林(草)工程可能产生的效益，并对其进行综合分析，尽可能使各指标既有其单独的一点，又可以与其他指标综合分析，使其互相之间形成有机、有序的联系，互相之间既不重叠又可相互补充。

因地制宜原则：能够筛选和建立针对总体退耕还林(草)工程的综合评价指标体系固然很好，但是根据当前已经开展的大量评价指标筛选、评价体系建立及评价模型的建立研究来看，想要直接筛选针对退耕还林(草)工程全面进行评价的指标势必会忽略地区间的差异，这将会导致筛选的指标在评价区域性退耕还林(草)工程的时候不一定完全适用。因此，陕北退耕还林(草)工程综合评价指标的筛选，一定要在综合考虑生态、社会和经济效益的基础上，充分立足于当地实际条件，参考陕北黄土高原地区的资源条件和社会经济发展情况，因地制宜地制定出符合当地实际情况的综合评价指标体系。

可操作性原则：所选取的指标必须是可以获取较准确数据的指标，指标内容应简洁明了，概念明确，而不能片面地为了评价体系理论层次的完美而追求一些难以获取准确数据的指标。许多指标在科学研究中常常用到，而且在单独的生态学或者社会经济学研究中很常见，但是作为一项生态恢复工程，也是一项政府政策，退耕还林(草)工程的评价和评估往往是由政府部门实施，并指导政府后续政策的出台和执行。因此，要筛选具有较强可操作性的指标用于评价体系，从而使构建的评价体系和模型能够切实解决实际问题。

简便性原则：退耕还林(草)工程综合效益的评价涉及对国家、地方、农民三方面主体的具体影响，主要是通过对研究区工程所产生的现实影响来揭示工程的实际效益，并进一步为后续的发展提供依据。所以在指标的选取中，应尽可能选取通俗易懂，且便于操作改善的指标，同时，为了使指标的准确度、可靠度尽可能高，应适当地多选择现有统计资料中已有的具有代表性的综合指标或者在实际开展研究时易于获取的指标。

主导性原则：退耕还林(草)工程综合效益受退耕区的自然、社会、经济、人文等多种影响因素的制约，在众多影响因子中，各种因子的作用方式及影响程度是不同的。因此，在选择指标中，应深入分析各指标发生变化的主要影响因素，并将退耕还林(草)工程作为主导因子的代表性指标筛选出来作为评价指标。这样既能提高指标选取与应用的有效性，又能提高工程效益评价的科学性。

2. 指标筛选的范围

国内学者已经构建的评价体系一般仅针对其所研究的特定区域，也有学者尝试为全国的退耕还林(草)工程构建一套评价指标体系。但由于退耕还林(草)工程的复杂性，及其地域性，要想建立一套全国都适用的评价指标体系并不容易，所以目前国内还没有学者能够构建一套能适用于全国范围退耕还林(草)工程综合效益评价的指标体系。因此，要想对陕北黄土丘陵沟壑区退耕还林(草)工程做出准确科学的评价，必须重新建立评价指标体系并且从退耕区植被质量、土壤质量、环境质量、农业结构和生产力、农户收益及社会效益等不同方面分析来确定科学合理的指标体系。

通过收集已发表的研究论文中对退耕还林综合效益评价或者生态、社会经济等某方面效益评价的指标体系，从中提取指标并记录出现频度；同时参考本研究相关的评价指标体系和技术规范，如《森林生态系统服务功能评估规范》《生态环境质量评价技术规范》《中国森林可持续经营标准与指标》等，从中初步提取出退耕还林区农林复合系统综合效益评价指标，综合成为陕北退耕还林区农林复合系统综合效益评价的初步指标。

其中，生态效益指标主要包括植被恢复、保水培肥、释氧减排、环境保护、抵抗力、气候因素等类别的指标，具体包括群落特征、景观布局、植被生产力、植被覆盖率、物种多样性、物种丰富度、水源涵养、径流量、侵蚀量、土壤养分、土壤微生物多样性、土壤微生物生物量、土壤质地改善、土壤碳排放、植物生物量、植被氧气释放量、蓄水防洪、降噪降温增湿、防风防沙、净化大气、病虫危害等级、火险等级、抗寒抗旱能力、温度、湿度、干燥系数、自然灾害等指标。

经济效益主要包括经济收入与支出、生产效率改善类的指标，具体包括农民收入、产值、补偿力度、农业生产投产比、劳动力生产效率、农业中间消耗生产率、每亩耕地平均农机总动力、农用耕地生产力、第一产业比重、第三产业比重、农村基尼系数、国民生产总值、种植业产值、种植业比重等指标。

社会效益主要包括粮食安全、社会影响、社会价值、产业结构类别的指标，具体包括粮食生产、耕地压力、劳动力、农户态度、生活质量、人口数量、人口密度、人均受教育年限、社会结构、人口素质、景观效益、森林旅游效益、建设与投资价值、人文与科教价值、农业收入比重、粮食作物面积、耕地面积比例、经济作物面积、林果面积、坡耕地比例、儿童入学率、农业比较优势系数、非农业产值比重、农林牧渔业产品商品率、转移劳动力能力、第一和第三产业从业人数指标。

3. 指标来源

1) 参考公认的研究方向评价指标体系。例如，《森林生态系统服务功能评估规范》《生态环境质量评价技术规范》《中国森林可持续经营标准与指标》等。

2) 收集现有研究指标体系。收集已发表的研究论文和博士、硕士学位论文中关于退耕还林及其他生态恢复工程生态、社会经济服务功能评价指标体系。

3) 参考千年生态系统评估(MA)及其他国家生态经济系统评估的指标体系，如美国 EBI 环境效益指数、日本森林生态服务功能价值评价指标体系。

4) 中国农村可持续发展评价指标，解决“三农”问题具体对策文献、小康社会发展目标。

5) 借鉴其他项目评价指标体系。

4. 指标筛选的方法

指标体系的筛选是一项复杂的系统工程，筛选指标的方法常见的有系统分析法、频度分析法和专家咨询法、SMART 原则等。指标体系的筛选是一项复杂的系统工程，要求评价者对评价系统有充分的认识及多方面的知识及全面的知识。为了更加科学合理地筛选出陕北黄土丘陵沟壑区退耕还林(草)工程综合评价的指标，本研究综合多个方法进行筛选。

(1) 系统分析法

退耕还林(草)工程自身涵盖范围比较广泛，包括生态、社会和经济等各个方面，因此需要系统地考虑退耕还林(草)工程所涉及的各个方面，结合退耕还林(草)工程的背景特征、实施状况及退耕区当地的实际自然地理状况对该区域的生态、社会经济等条件进行分析比较，综合选择一些针对性较强的指标。

(2) 频度分析法

从有关退耕还林农业系统服务功能和生态环境质量评价指标及社会效益评价指标的研究文献、森林可持续经营的标准与指标及有关植被恢复、土壤健康指标的参考文献中，对其中出现的指标进行综合和整理，从中选取一些使用频度较高的指标，这一类指标往往都是容易获取而且具有广泛代表性的指标。

(3) SMART 原则

SMART 原则具体是指绩效指标必须是具体的(specific)、可以衡量的(measurable)、可以达到的(attainable)、要与其他目标具有一定的相关性(relevant)及具有明确的截止期限(time-bound)。在频度分析法的基础上，结合 SMART 原则，根据陕北退耕区的实际情况选择容易获取的具有衡量性的具体指标，且指标要与项目实施目标有一定的相关性。

(4) 实际研究验证

基于杨改河教授团队在陕北地区十余年的研究基础和获得的成果，结合陕北退耕还林区的资源、环境、社会、经济现状和存在的主要问题，针对使用频度较高且符合 SMART 原则的指标，进行分析、比较、综合，筛选出有利于陕北退耕区生态效益、社会效益和经济效益均衡发展且在实际中可以获取的指标。

(5) 专家咨询法

在实际研究验证的基础上，进一步采用专家咨询法，对指标进行调整，制作成专家咨询表发放给本领域专家进行指标筛选咨询，提取专家认可超过 80%的指标作为初步筛选的评价指标，最后整合得到陕北退耕还林区林分配置模式评价指标体系。

(三) 评价指标权重的确定

本节采用层次分析法确定指标权重。过去研究自然和社会现象主要有机理分析法和统计分析法两种方法，前者用经典的数学工具分析现象的因果关系，后者以随机数学为工具，通过大量的观察数据寻求统计规律。近年发展的系统分析是一种新的方法，而层次分析法是系统分析的数学工具之一。层次分析法(AHP)是美国运筹学家 T. L. Saaty 于 20 世纪 70 年代提出的，是一种解决多目标复杂问题的定性与定量相结合的系统化、层次化的决策分析方法(龚蛟腾, 2003)。具有高度的逻辑性、系统性、简洁性和实用性，适用于多准则、多目标的复杂问题的评价、分析。AHP 的基本原理是：首先将复杂问题分为若干个层次；然后以同一层次的各要素按照上一层要素为准则进行两两判断，比较其重要性，此法计算各层要素的权重；最后根据组合权重按最大权重原则确定最优方案。AHP 的基本特点是：分析思路清楚，可将系统分析人员的思路系统化、数学化和最优化；分析时需要的定量数据不多，但要求对问题所包含的因素及其关系具体而明确。

参考现有研究，将层次分析法的基本步骤总结如下。

1) 建立层次结构模型。在深入分析要解决的问题之后，将问题中所包含的因素划分为不同层次，如目标层、准则层、指标层、方案层、措施层等，并用框图形式说明层次的递阶结构与因素的从属关系，如图 8-1 所示。

2) 构造判断矩阵。针对上一层次某元素，对每一层次各个元素的相对重要性进行两两比较，并给出判断。这些判断用数值表示出来，写成矩阵形式，即所谓的判断矩阵，见表 8-1。

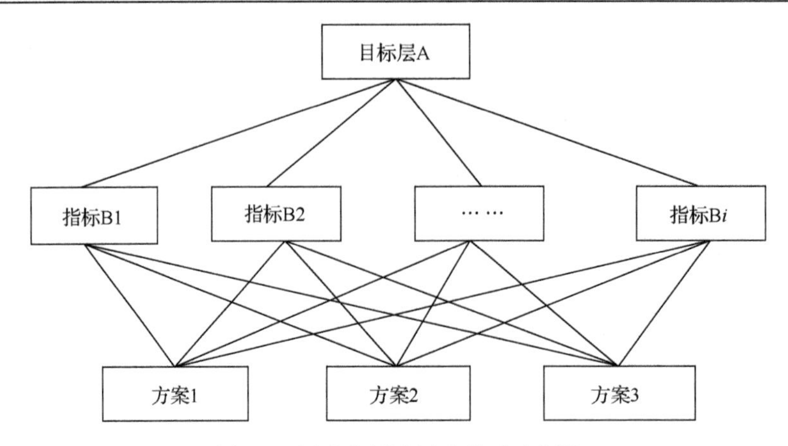

图 8-1　层次分析法层次体系示意图

表 8-1　层次分析法判断矩阵

A	B1	B2	B3	…	Bi
B1	b_{11}	b_{12}	b_{13}	…	b_{1i}
B2	b_{21}	b_{22}	b_{23}	…	b_{2i}
B3	b_{31}	b_{32}	b_{33}	…	b_{3i}
…	…	…	…	…	…
Bi	b_{i1}	b_{i2}	b_{i3}	…	b_{ii}

判断矩阵元素的值反映了人们对各因素相对重要性的认识，一般采用 1～9 及其倒数的标度方法，见表 8-2。

表 8-2　1～9 标度法含义

甲指标评价值	甲指标与乙指标比	甲指标评价值	甲指标与乙指标比
9	极重要	1/3	略不相等
7	很重要	1/5	不重要
5	重要	1/7	很不重要
3	略重要	1/9	极不重要
1	相等		

注：甲指标评价值取 8、6、4、2、1/2、1/4、1/6、1/8 时为上述评价值的中间值

3）层次单排序及其一致性检验。层次单排序是指根据判断矩阵计算对于上一层某元素而言本层次与之联系的元素重要性次序的权值。对应于判断矩阵最大特征根 λ_{max} 的特征向量，经归一化（使向量中各元素之和等于 1）后记为 W，计算满足 $AW=\lambda_{max}W$ 的特征根和特征向量，W 的元素 W_i 为同一层次因素对于上一层次

因素某因素相对重要性的排序权值，这一过程被称为层次单排序(邹佳瑶，2011)。

能否确认层次单排序，需要进行一致性检验，所谓一致性检验是指对 A 确定不一致的允许范围。

当$(i, j, k=1, 2, 3, \cdots, n)$完全成立时，称判断矩阵为完全一致矩阵，此时最大特征根为 $\lambda_{max}=n$，其余特征根均为零，当判断矩阵具有满意的一致性时，λ_{max}稍大于 n，其余特征根接近零，此时基于层次分析法得出的结论才基本合理。但是由于客观事物的复杂性和认识的多样性，要求完全一致的矩阵是几乎不可能的，我们只能要求一定程度上的一致性。为检验矩阵的一致性，需要计算其一致性指标 CI，CI 定义为

$$\mathrm{CI}=\frac{\lambda_{max}-n}{n-1} \tag{8-1}$$

显然，当 CI=0，有完全的一致性；当 CI 接近 0，有满意的一致性；CI 越大，不一致越严重。为衡量 CI 的大小，引入随机一致性指标 RI，表 8-3 为 T.L.Saaty 给出的 1～9 阶平均随机一致性指标。

表 8-3　1～9 阶平均随机一致性指标和相应特征临界值

n	2	3	4	5	6	7	8	9	10
RI	0.00	0.58	0.90	1.12	1.24	1.32	1.41	1.45	1.49
λ_{max}		3.116	4.270	5.450	6.620	7.790	8.990	10.16	11.34

定义一致性比率 CR 为

$$\mathrm{CR}=\frac{\mathrm{CI}}{\mathrm{RI}} \tag{8-2}$$

当 CR＜0.10 时，认为 $\boldsymbol{A}$ 的不一致程度在允许范围之内，有满意的一致性，否则，需要重新构造判断矩阵 $\boldsymbol{A}$。

4)层次总排序及其一致性检验

层次总排序是指利用各层次单排序的结果和上层次所有元素的权重，计算针对总目标，本层次所有因素的权重值的过程，层次总排序由下而上逐层进行。

层次总排序的一致性检验与层次单排序的一致性检验过程相似，不再赘述。

第二节　陕北黄土丘陵沟壑区退耕还林(草)工程效应评价

一、数据来源

由于退耕还林(草)工程效应评价涉及内容多，陕北黄土丘陵沟壑区覆盖面积

广，仅通过实际开展试验研究难以获得广泛的代表性数据，因此本研究中的数据来源于多个方面，主要包括以下几个方面。

(一) 试验研究测定

杨改河教授课题组在陕北黄土丘陵沟壑区已经开展十余年的野外观测试验，积累了广泛的研究数据，主要涉及各类土地利用类型下土壤理化性质(水分、容重、pH、有机碳、全氮、全磷、微生物碳、微生物氮、微生物磷、碱解氮、速效磷、速效钾等)和不同恢复类型植被现状及物种多样性(植被生物量、盖度、高度、丰富度、多样性等)，同时在陕北地区建立了 30 个不同植被类型的水土流失定位观测坡面径流场用于监测不同植被下水蚀防控效应。试验研究数据为评估陕北黄土丘陵沟壑区退耕还林(草)工程效应提供了有力的数据支持。

(二) 研究区实地调研

杨改河教授课题组分别于 2013 年和 2014 年 11～12 月开展了关于退耕还林农户社会经济效益和农户意愿调查，主要数据内容包括农户家庭基本情况(人口、劳动力、教育程度等)、退耕还林对农户家庭生活和环境的影响，农户对退耕还林(草)工程的认识和态度、参与及后续退耕还林的意愿，对退耕还林(草)工程的评价等共 87 个相关指标和问题；同时调查了退耕前(1998 年)后(2014 年)农户家庭经济收入和支出情况、农业投入和产出、土地利用类型等共 72 项指标。实地调查数据为评估退耕还林综合效应，尤其是社会经济效应评价提供了充足的数据。

(三) 统计和研究数据查询和收集

为了收集陕北地区退耕还林(草)工程实施以来区域社会经济发展状况，并为评估提供更可靠的数据支持和参照，查阅了 1998～2014 年《陕西省统计年鉴》《中国统计年鉴》《延安市统计年鉴》等年鉴统计资料；并通过数据库检索，查询了近年来发表的有关陕北地区退耕还林(草)工程研究文献，重点检索了生态效益各项指标在不同地区开展研究的结果，作为对研究试验数据的补充，同时检索了有关退耕还林(草)工程和不同生态系统进行综合评价的相关研究论文，涉及黄土高原区内陕甘晋高原和山西高原的 66 个样点。并对这些样点的研究方法、采用指标、评价体系等进行了分析，为本研究开展综合评价提供了参考依据。

（四）植被覆盖资料数据

植被覆盖资料数据使用国家基础地理信息中心研制出的全球 30m 地表覆盖(GlobeLand30)2010 年陕北延安、榆林两个市的植被覆盖数据。该数据分类利用的影像为 30m 多光谱影像。GlobeLand30 数据共包括 10 个类型，分别是：耕地、森林、草地、灌丛地、水体、湿地、苔原、人造地表、裸地、冰川和永久积雪。在本研究领域共涉及耕地、森林、草地、灌丛地、水体、湿地、人造覆盖和裸地 8 种类型。各类植被覆盖面积采用 GlobeLand30 数据网站 http://www.globallandcover.com 提供的分析统计功能统计的数据。

根据全球 30m 地表覆盖数据(GlobeLand30)介绍，具体各个类型的数据分类定义如下。

1)耕地。用于种植农作物的土地，包括水田、灌溉旱地、雨养旱地、菜地、牧草种植地、大棚用地、以种植农作物为主间有果树及其他经济乔木的土地，以及茶园、咖啡园等灌木类经济作物种植地。

2)森林。乔木覆盖且树冠盖度超过 30%的土地，包括落叶阔叶林、常绿阔叶林、落叶针叶林、常绿针叶林、混交林，以及树冠盖度为 10%～30%的疏林地。

3)草地。天然草本植被覆盖，且盖度大于 10%的土地，包括草原、草甸、稀树草原、荒漠草原，以及城市人工草地等。

4)灌丛地。灌木覆盖且灌丛覆盖度高于 30%的土地，包括山地灌丛、落叶和常绿灌丛，以及荒漠地区覆盖度高于 10%的荒漠灌丛。

5)湿地。位于陆地和水域的交界带，有浅层积水或土壤过湿的土地，多生长有沼生或湿生植物。包括内陆沼泽、湖泊沼泽、河流洪泛湿地、森林/灌木湿地、泥炭沼泽、红树林、盐沼等。

6)水体。陆地范围液态水覆盖的区域，包括江河、湖泊、水库、坑塘等。

7)苔原。寒带及高山环境下由地衣、苔藓、多年生耐寒草本和灌木植被覆盖的土地，包括灌丛苔原、禾本苔原、湿苔原、高寒苔原、裸地苔原等。

8)人造地表。由人工建造活动形成的地表，包括城镇等各类居民地、工矿、交通设施等，不包括建设用地内部连片绿地和水体。

9)裸地。植被覆盖度低于 10%的自然覆盖土地，包括荒漠、沙地、砾石地、裸岩、盐碱地等。

10)冰川和永久积雪。由永久积雪、冰川和冰盖覆盖的土地，包括高山地区永久积雪、冰川，以及极地冰盖等。

二、综合评价指标体系

(一) 评价指标

如前文所述指标筛选方法，结合对退耕还林(草)工程综合效益评价的现有文献进行分析，以及杨改河教授课题组在陕北地区开展了多年的观测试验，根据指标筛选的各项原则和依据，同时结合陕北黄土丘陵沟壑区退耕还林(草)工程开展的实际情况，对现有数据资料和文献收集资料进行查询后，从生态效应、经济效应和社会效应 3 个方面确定了能够系统反映陕北黄土高原退耕还林(草)工程综合效应的 16 项指标，见表 8-4。

表 8-4　陕北黄土高原退耕还林工程综合效应评价指标及内涵

指标分类	具体指标	指标内涵
生态效应 B1	侵蚀减少率 C1	防治水土流失效果
	土壤蓄水量增加率 C2	水源涵养能力提升
	地上生物量增加率 C3	植被生产力改善
	植被覆盖率增加率 C4	植被覆盖率
	土壤质量改善指标 C5	土壤恢复情况
	造林地物种丰富度指数 C6	物种多样性保育
	生态系统固碳量增加率 C7	增加碳汇效益
经济效应 B2	农户净收入增长率 C8	农户收入增加
经济效应 B2	农村基尼系数改善量 C9	农村社会经济格局调整
	农村第一产业比重变化率 C10	经济发展和产业结构
	农业劳动生产率增长率 C11	劳动效率改善
社会效应 B3	农村劳动力转移率变化率 C12	农村劳动力就业情况
	农村恩格尔系数 C13	农民生活水平
	陡坡耕地面积减少率 C14	陡坡耕地减少效果
	主动维护成果农户比重 C15	农户退耕成果维护意愿
	人均耕地面积 C16	土地资源配置和粮食安全

(二) 指标说明及计算方法

1. 生态效应指标

(1) 侵蚀减少率

退耕还林(草)工程最主要的目的是防治水土流失，尤其是在陕北黄土丘陵沟壑区地区，由于土壤质地等多种原因导致该区域土壤极易受到侵蚀。计算退耕还林后的侵蚀减少率能够直接反映工程实施后的治理效果。利用杨改河教授课题组在陕北地区修建坡面径流场观测径流量的实测数据和发表文献中的研究数据，综合整理后进行计算。计算公式如下：

$$\mathrm{C1}=\frac{\sum_{i=1}^{n} A_i\left(\dfrac{Q_{耕地}-Q_i}{Q_{耕地}}\right)}{A_{总}} \tag{8-3}$$

式中，C1 为侵蚀减少率；A_i 为 i 类土地类型面积，下同；$Q_{耕地}$ 和 Q_i 分别为耕地和 i 类土地类型径流场观测侵蚀量(t)；$A_{总}$ 为植被恢复地和耕地总面积，下同。

(2) 土壤蓄水量增加率

植被恢复能够通过改善土壤质地、增加地表覆盖和减少蒸发从而影响土壤水分和蓄水能力，而土壤中蓄水量的大小又反过来会影响地上植被的生长情况。因此，退耕还林实施后土壤蓄水量的变化能够很大程度上反映植被恢复的效果。基于杨改河教授课题组多年在陕北地区开展的试验和查阅相关的研究文献数据，选取土壤蓄水量增加率为反映退耕还林水源涵养能力提升的指标，计算公式如下：

$$\mathrm{C2}=\frac{\sum_{i=1}^{n} A_i(W_i-W_{耕地})}{W_{耕地}A_{总}} \tag{8-4}$$

式中，C2 为蓄水量增加率；$W_{耕地}$ 和 W_i 分别为耕地和 i 类土地类型单位面积蓄水量(t/hm^2)。

(3) 地上生物量增加率

地上生物量能够反映植被恢复之后植被的生产力，是对一个地区自然资源条件的综合体现，尤其是乔木、灌木等多年生植被，具有一定的时间积累效应；同时不同植被在不同区域表现出的生物量差异也能够反映植被对不同区域的适应能力。通过进行植被调查和地上生物量采集，结合已发表的文献资料和数据整合，选取退耕还林后地上生物量增加率来反映退耕还林后地区植被生产力改善情况，计算公式如下：

$$\mathrm{C3}=\frac{\sum_{i=1}^{n} A_i(M_i-M_{耕地})}{M_{耕地}A_{总}} \tag{8-5}$$

式中，C3 为地上生物量增加率；$M_{耕地}$ 和 M_i 分别为耕地和 i 类土地类型单位面积生物量(t/hm^2)。

(4) 植被覆盖率增加率

植被覆盖度的增加是对一个地区退耕还林后植被恢复效果最直观的体现，植被所产生的诸多生态效益都是基于植被覆盖面积的变化而变化的。绝对的植被覆盖面积或者还林还草面积在区域间进行比较时不具有可比性，因此选取植被覆盖率增加率作为反映退耕还林之后植被恢复效应的指标，计算公式如下：

$$C4=\frac{\sum_{i=1}^{n}A_{i\text{退耕后}}}{\sum_{i=1}^{n}A_{i\text{退耕前}}}-1 \tag{8-6}$$

式中，C4 为植被覆盖率增加率；$A_{i\text{退耕后}}$ 为 i 类土地类型退耕后面积；$A_{i\text{退耕前}}$ 为 i 类土地类型退耕前面积。

(5) 土壤质量改善指标

退耕还林以后，植被带来的大量凋落物归还能够为土壤提供丰富的养分来源，由此造成了土壤中碳、氮、磷等养分的积累；同时，由于植被对降水、温度、光照的调控及植被根系生长和其分泌物的影响，使得植被恢复后土壤理化性质都发生了重要变化。在现有研究中，土壤理化性质被作为反映植被恢复效果的重要指标。此外，土壤质量的恢复对于提升土壤抗侵蚀能力和其他特性有重要作用。因此，选取土壤质量指标作为反映退耕还林后对区域土壤改良作用的指标。由于土壤指标涵盖范围广，指标繁杂，难以通过某一个指标代替土壤质量，因此选取土壤物理性质指标容重、pH，化学性质指标有机碳、全氮、全磷、碱解氮、速效磷、速效钾和微生物性质指标微生物碳、微生物氮、微生物磷 11 个指标，通过标准分数 (standard score) 对所有指标数据进行标准化，每个样地的各类指标数据求和得到反映该样地土壤质量的综合指标，对同一类植被类型获得的土壤质量指标进行平均，减去耕地土壤质量指标，求得陕北黄土丘陵沟壑区该类植被土壤质量改善指标。以该类土地面积作为权重，计算退耕还林综合土壤质量改善指标。

标准分数 (standard score) 也被称为 z 分数 (z，z-score)，是一个分数与平均数的差再除以标准差的过程。z 值的量代表着原始分数和母体平均值之间的距离，是以标准差为单位计算。在原始分数低于平均值时 z 为负数，反之则为正数。计算公式如下：

$$z=\frac{x-\mu}{\sigma} \tag{8-7}$$

式中，x 为该指标的实际值；μ 为平均数；σ 为标准差。对每个指标标准化后的 z 值求和，得到该样地土壤质量的综合指标 Z_s，同一植被类型所有样点的 Z_s 进行平均，减去耕地土壤质量指标，得到该类植被土壤质量改善指标 ΔZ_i。

退耕还林综合土壤质量改善指标计算公式如下：

$$C5=\frac{\sum_{i=1}^{n}A_i\Delta Z_i}{A_{总}} \tag{8-8}$$

式中，C5 为退耕还林后综合土壤质量改善指标；ΔZ_i 为 i 类土地利用类型土壤质量改善指标。

(6) 造林地物种丰富度指数

物种保育和恢复是进行生态恢复工程的一个重要目的。陕北黄土丘陵沟壑区由于破碎地形和人类活动的干扰，引起物种生活环境的恶化从而导致大量的生物难以生存，生物多样性下降。人工植被恢复在原有的耕地和裸地上重新建立起森林或草地生态系统，为其他物种(包括动物和植物)的生活提供了良好的环境和资源条件。在先前的研究中，大量指标被用来评估植被恢复后物种多样性的增加，然而不同的指数之间往往都具有极强的相关关系，即多个指标反映的趋势可能一样。因此，选取能够直接反映区域物种恢复的指标 Gleason 丰富度指数作为造林地物种恢复的指标，以每一种土地类型所占面积为权重，线性加和计算退耕后物种丰富度指数。计算公式如下：

$$C6=\frac{\sum_{i=1}^{n}A_iG_i}{A_{植被}} \tag{8-9}$$

式中，C6 为退耕还林后植被恢复地物种丰富度指数；$A_{植被}$ 为植被恢复地的总面积；G_i 为 i 类植被类型下物种的 Gleason 丰富度指数，$G_i=S/\ln A$，式中，A 为单位面积，S 为群落中的物种数目。

(7) 生态系统固碳量增加率

植被恢复会从土壤、植被和凋落物等多个层面进行碳的固定。而植物体固碳主要是通过光合作用固定空气中的 CO_2 从而形成有机物，植物枯死凋落后在地表形成凋落物层，通过微生物分解进入土壤。而 CO_2 是一种典型的温室气体，通过固定空气中的 CO_2 能够一定程度上影响到大气成分从而影响全球气候变化。已有研究表明，中国通过大面积的人工植被恢复引起的固碳效应对全球温室气体减少具有重要作用。而生态系统的碳固定涵盖从植被到土壤多个层次，是对长期恢复植被固碳情况最全面地反映。因此，选取生态系统的固碳量增加率来反映植被恢复后土壤的碳汇效应。计算公式如下：

$$C7=\frac{\sum_{i=1}^{n}A_i(C_i-C_{耕地})}{C_{耕地}A_{总}} \tag{8-10}$$

式中，C7 为生态系统固碳量增加率；$C_{耕地}$ 和 C_i 分别为耕地和 i 类土地类型生态系统固碳密度(t/hm^2)。

2. 经济效应指标

(1) 农户净收入增长率

陕北地区生产力水平相对比较落后，尤其是在农村地区。退耕还林(草)工程在这一区域开展，不仅要通过植被恢复提高生态效益，同时还面临着增加农民收入、提高农户生活质量的任务。而农户的净收入是最能够直接反映农户家庭经济收入情况的意向指标，以退耕还林前(1998 年)的农户家庭净收入为基准值，通过在研究区域开展社会经济调查，收集当前(2014 年)农户社会经济情况，计算农户净收入增长率，能够很大程度上反映退耕还林所带来的农户经济收入改善情况，具体计算公式如下：

$$C8 = \frac{I_{退耕后}}{I_{退耕前}} - 1 \tag{8-11}$$

式中，C8 为农户退耕还林后净收入增长率；$I_{退耕后}$ 和 $I_{退耕前}$ 分别为所调查农户退耕后和退耕前家庭净收入实际值(元)。

(2) 农村基尼系数改善量

基尼系数是意大利经济学家基尼(Corrado Gini，1884～1965 年)于 1912 年提出的一个用来综合衡量居民内部收入分配差异状况的重要分析指标。它是一个数值在 0 和 1 之间的比值。基尼指数的数值越低，表明财富在社会成员之间的分配越均匀。退耕还林前由于生产力条件及社会经济发展状况的限制，陕北农村地区经济分配呈现出严重的两极分化。退耕还林，推动了资源的更合理利用和重新分配，使得农村产业结构发生重大变革，从而引起农村经济分配情况的变化。而区域财富分配是否合理，对于一个区域的社会经济发展具有重要影响。因此，选择陕北黄土高原地区农村基尼系数改善量作为指标，用来衡量退耕还林(草)工程以来农村居民人均收入差异的改善情况，也能够在一定程度上反映农村居民的生活改善情况。具体计算公式如下：

$$C9 = Gn_{退耕前} - Gn_{退耕后} \tag{8-12}$$

式中，C9 为农村基尼系数改善量；$Gn_{退耕前}$ 和 $Gn_{退耕后}$ 分别为退耕前后研究区域农村基尼系数。

针对一个区域或调查获得的所有农户数据，将所有调查的对象按照收入从低到高排序并平均分为 n 组(本研究中 $n = 5$)。分别计算每一组人口总收入占全部人口总收入的比例。按收入由低到高的顺序，计算从第 1 组直到第 i 组的累计人口总收入占全部人口总收入的比例 W_i。那么以各组累计人口比例为横轴，累计收入比例为纵轴，作出表示每一组的累计人口总收入占全部人口总收入的比例随累计人口比例变化而变化的曲线，这就是劳伦茨曲线(Lorenz curve)，为了能够定量地精确反映社会收入分配不平等程度，意大利统计学家基尼在劳伦茨曲线的基础上，进一步提出了基尼系数(Gini coefficient)的概念，其含义是指实际劳伦茨曲线与绝对公平线所包围的面积 A 占绝对公平线与绝对不公平线之间的面积($A+B$)的比重。用公式表示：

$$\text{Gn} = \frac{A}{A+B} \tag{8-13}$$

山西农业大学张建华(2007)进一步对公式进行推导，得到了一种简便易用的基尼系数计算方法，具体计算公式如下：

$$\text{Gn} = 1 - \frac{1}{n}\left(2\sum_{i=1}^{n-1} W_i + 1\right) \tag{8-14}$$

式中，n 表示分组数量；W_i 表示从第 1 组累计到第 i 组的人口总收入占全部人口总收入的比例。本研究中的基尼系数采用这一公式，基于对陕北黄土高原退耕还林(草)工程区域的社会经济调查数据进行计算得到。

(3) 农村第一产业比重变化率

区域发展中，产业结构的布局是否合理，决定了一个区域社会经济发展时的水平和可持续性。退耕还林(草)工程通过在坡耕地上进行人工植被恢复，减少了土地面积，势必会导致农村资源利用的重新分配，从而引起农村产业结构的变革。而农村第一产业比重能够直接反映区域经济发展结构和经济发展的均衡情况。因此，选用研究区域农村第一产业比重变化率作为评估农村产业结构变化的指标。计算公式如下：

$$\text{C10} = 1 - \frac{F_{\text{退耕前}}}{F_{\text{退耕后}}} \tag{8-15}$$

式中，C10 为农村第一产业比重变化率；$F_{\text{退耕前}}$ 和 $F_{\text{退耕后}}$ 分别为退耕前(1998 年)和退耕后(2014 年)调查农户总体农业产值占总产值的比例。

(4) 农业劳动生产率增长率

退耕还林在陕北黄土丘陵沟壑区实施以后，由于耕地面积的下降，单位面积上的劳动力发生变化。同时随着社会经济的不断发展，农村劳动生产效率也在不断变化。这一变化能够揭示随着工程的实施和社会进步，农户投入单位数量的劳动力所得到的产出成果变化情况。因此，选用农业劳动生产率增长率来反映研究区域劳动生产效率的变化情况。本研究采用耕地粮食单位面积产量作为反映劳动生产效率的指标。因此，农业劳动生产率变化率计算公式如下：

$$C11 = \frac{p_{退耕后}}{p_{退耕前}} - 1 \tag{8-16}$$

式中，C11 为农业劳动生产率增长率；$p_{退耕前}$ 和 $p_{退耕后}$ 分别为退耕前（1998 年）和退耕后（2014 年）调查区域农户的农业劳动生产率，采用退耕前后耕地单位面积粮食产量表示。

3. 社会效应指标

（1）农村劳动力转移率变化率

退耕还林导致的耕地面积下降使得农村劳动力剩余。在以农业发展为主的陕北黄土丘陵沟壑区，解决剩余农村劳动力的就业问题是衡量退耕还林（草）工程后续工作的重要指标。农村就业劳动力占总劳动力数量的比例被称为农村劳动力转移比例。在本研究区域，由于农村劳动力的释放，农民开始转向前往城市等地方打工获取收入，这对于提升农户经济情况具有重要意义。因此，本研究采用退耕前后在外打工的劳动力占农村劳动力总人口的比重变化率作为反映区域农村劳动力转移率变化率的指标。计算公式如下：

$$C12 = \frac{PW_{退耕后}}{PW_{退耕前}} - 1 \tag{8-17}$$

式中，C12 为农村劳动力转移率变化率；$PW_{退耕前}$ 和 $PW_{退耕后}$ 分别为退耕前（1998 年）和退耕后（2014 年）调查区域农户的农村劳动力转移比例，采用退耕前后在外打工劳动力除以对应的农村劳动力总人数计算。

（2）农村恩格尔系数

德国统计学家恩格尔（Engel）根据统计资料，对消费结构的变化得出一个规律：一个家庭收入越少，家庭收入中（或总支出中）用来购买食物的支出所占的比例就越大，随着家庭收入的增加，家庭收入中（或总支出中）用来购买食物的支出比例则会下降。这一规律被称为恩格尔定律。根据恩格尔定律推出恩格尔系数（Engel's coefficient）是食品支出总额占个人消费支出总额的比重，是一项国际通用的衡量居民生活水平的指标。根据联合国粮食及农业组织提出的标准，恩格尔系数达 59%以上为贫困，50%～59%为温饱，40%～50%为小康，30%～40%为相对富裕，低于30%为富裕。陕北黄土丘陵沟壑区退耕还林后农村恩格尔系数能够很大程度上反映农村居民在退耕还林前后其生活水平的变化。

(3)陡坡耕地面积减少率

退耕还林采取的最主要措施是在原有陡坡(>25°)和低产的耕地上进行植被恢复以提升经济效益，减少水土流失。因此陡坡耕地面积的比例能够直接反映一个地区退耕还林实施情况，也能够反映对水土流失的治理情况。因此，本研究选用陡坡耕地面积减少率来反映退耕还林对耕地结构调整的效果。数据使用杨改河教授课题组在陕北地区开展的实际调查数据计算，具体计算公式如下：

$$C14=\frac{SL_{退耕前}}{SL_{退耕后}}-1 \tag{8-18}$$

式中，C14为退耕还林以来陡坡耕地面积减少率；$SL_{退耕前}$和$SL_{退耕后}$分别为退耕前(1998年)和退耕后(2014年)调查农户坡耕地(>25°)面积总和。

(4)主动维护成果农户比重

经过十余年的项目实施，退耕还林(草)工程在陕北黄土高原地区产生了显著的生态和社会经济效益，但随着政府补助的调整和工程期限的结束，农户对退耕还林所取得的成果维护意愿成为决定退耕还林各类效益的关键因素。若农户不主动维护退耕还林成果，甚至对其加以破坏，那么工程成果的可持续性将受到严重威胁。因此本研究选取参与项目的农户中愿意主动维护项目成果的农户比重来反映农户对后续成果的态度，指标通过调查数据计算，计算调查农户中愿意主动维护退耕还林成果的农户数量除以被调查的总农户数量。

(5)人均耕地面积

退耕还林作为我国覆盖范围最大的生态治理工程，将大量的坡耕地和低产农田改造成为林地和草地以产生生态效益。但同时，工程实施区农户家庭的粮食安全问题也同样应该受到重视，如果因为工程的实施导致区域农户口粮问题受到威胁，那么工程实施的效果必将受到影响。因此，选用人均耕地面积作为指标来反映区域土地资源配置和粮食安全情况。具体计算采用被调查区域农户耕种土地总面积除以被调查区域总人口数量。

(三)指标水平测算和指标量化

由于上述指标涉及生态、社会和经济多个方面，同时不同指标之间由于量纲和数量级的差异，若采用指标原始数据直接进行运算和分析会造成指标间的不均衡，影响评价结果。因此，需要采用适当的方法对原始数据进行处理转换以消除量纲、量级和变化幅度不同所带来的差异。常用的方法有0～1标准化法、z-score

标准化法、离差标准化法(或称为最大最小值标准化法)等。这些方法都需要 3 个以上的样本进行比较，从而通过标准差或相对值进行标准化。但在本研究中，由于每个指标只有单独的陕北黄土高原地区一个数值，难以通过以上方法进行标准化。考虑到退耕还林(草)工程无论是生态还是社会经济方面的效益都有一定的最优质的或目标值，本研究针对不同指标选取参考标准(或理想值)，利用原始数据和参考标准值之比，或利用参考标准参与计算，计算原始数据相对于参考标准的实现程度作为每个指标的水平。这样各个指标之间可以进行同等比较，从而可以在同一个指标体系和评价模型里进行计算。

由于涵盖指标范围较广，涉及不同的方面，指标存在正向指标和反向指标，如侵蚀减少率、农民收入增长率等为正向指标，指标水平越高越好；而基尼系数、恩格尔系数等均为反向指标，需要指标水平越低越好。对不同指标相对参考值采用不同的计算方法，具体如下所述。

正向指标：

$$Y_i = \frac{X_i}{R_i} \times 100\% \tag{8-19}$$

反向指标：

$$Y_i = \frac{R_i}{X_i} \times 100\% \tag{8-20}$$

式中，Y_i 为指标 i 计算后的指标水平；X_i 为指标 i 的实际值；R_i 为指标 i 的参考值。对于不同的指标，根据退耕还林(草)工程实施之后要达到的目标不同，设定的参照标准也不同。目前来看，还没有一套确定的和公认的针对退耕还林(草)工程效益评价指标的参照值。西南林业大学宋志伟 (2010) 在研究四川朝天区退耕还林(草)工程综合效益评价时采用了类似的方法，其生态效应指标参照值主要来源是王进等(2008)等在贵州天保工程区天然林林地开展的研究，社会经济效益参照值的主要来源是退耕还林(草)工程相关政策或政府任务规定。本研究涉及的陕北黄土高原退耕还林(草)工程区虽然开展了大量的关于退耕还林(草)工程植被演替、土壤恢复、物种多样性、社会经济等方面的研究，但均没有明确提出各个指标的参照标准。根据以上情况，结合课题组近年来在区域开展的实际研究和文献资料，确定出研究涉及的综合评价指标参照值见表 8-5。

表 8-5　陕北黄土丘陵沟壑区退耕还林综合效应评价指标参照值计算来源

指标分类	评价指标	参照值来源
生态效应 B1	侵蚀减少率 C1	100%
	土壤蓄水量增加率 C2	子午岭天然林
	地上生物量增加率 C3	子午岭天然林
	植被覆盖率增加率 C4	陕西省标准
	土壤质量改善指标 C5	子午岭天然林
	造林地物种丰富度指数 C6	子午岭天然林
	生态系统固碳量增加率 C7	子午岭天然林
经济效应 B2	农户净收入增长率 C8	陕西省同期标准
	农村基尼系数改善量 C9	联合国标准
	农村第一产业比重变化率 C10	钱纳里标准
	农业劳动生产率增长率 C11	陕西省同期标准
社会效应 B3	农村劳动力转移率变化率 C12	小康标准
	农村恩格尔系数 C13	小康标准
	陡坡耕地面积减少率 C14	100%
	主动维护成果农户比重 C15	100%
	人均耕地面积 C16	全国标准

其中生态效应中植被恢复地侵蚀减少率按照完全控制土壤水土流失，即耕地变为林地侵蚀量减少 100%为标准；土壤蓄水量、地上生物量、土壤质量指标、造林地物种丰富度指数、生态系统固碳量等指标采用陕北黄土高原最南缘子午岭天然次生林中的对应植被类型的各类指标数据作为参考标准，计算该指标相对于天然次生林指标改善情况作为指标水平；植被覆盖率由于工程实施区域没有明确的恢复目标，而陕北地区在陕西省全省属于植被覆盖率最低的区域，因此采用 2014 年陕西省植被覆盖率作为参考标准，参考值为 69%。陕北地区，尤其是陕北黄土高原农村在陕西省属于经济相对落后的区域，其经济增长速度较为缓慢，因此经济指标中农户净收入增长率、农业劳动生产率均采用陕西省同期标准作为参照标准；农村基尼系数采用联合国规定的收入相对合理下限值 0.3 作为标准；农村第一产业比重采用钱纳里标准 21.18%作为参照。

社会效应中的农村劳动力转移率以劳动力输出占总劳动力的一半为标准，即 50%；农村恩格尔系数以联合国粮食及农业组织确定的小康标准 40%～50%，选择 40%作为参照标准；陡坡耕地面积减少率按照退耕还林目标应该是所有＞25°的坡耕地都要退耕，即以 100%为标准；主动维护成果农户比重以退耕还林(草)

工程实施最好效果，所有农户均愿意主动维护退耕还林成果即100%为标准；人均耕地面积以至少达到全国人均耕地面积0.089hm^{2}为标准。

(四) 评价指标体系

根据筛选出的指标，按照层次分析法综合评价指标体系结构中的目标层、因素层和指标层，构建陕北黄土丘陵沟壑区退耕还林(草)工程综合效应评价指标体系，见图8-2。

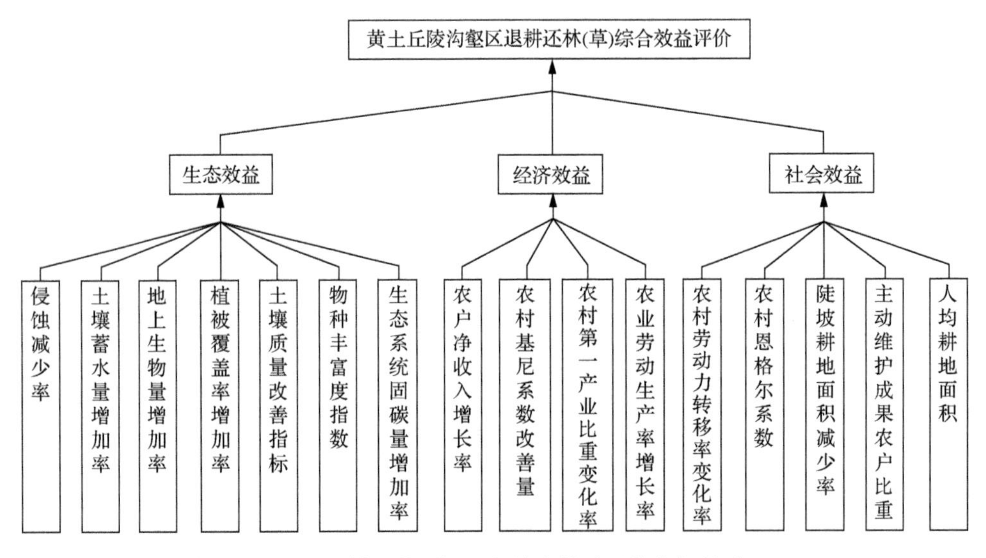

图8-2　退耕还林(草)工程综合效益评价指标体系

三、退耕还林(草)工程效应评价模型的构建

(一) 陕北黄土丘陵沟壑区退耕还林(草)工程效应评价指标的权重

依据已经建立的评价指标体系，按照层次分析法的要求设计专家打分表，邀请从事生态恢复、荒漠化治理、农业区域发展等领域研究的专家为各个指标打分以确定指标权重。打分标准依据层次分析法1～9级打分标准。

收到专家反馈的打分表后，首先对每个专家的打分进行一致性检验，不能通过一致性检验的需要退还后重新打分。考虑到各个专家研究领域不同和认识偏差等，会出现部分异常数据，因此当所有的打分表均通过一致性检验后，利用Grubbs方法通过DPS数据分析系统，在0.01水平上进行检验，并舍去异常值，然后利用算数平均数的方法求得综合打分值，最后通过层次排序得到了陕北黄土高原退耕还林(草)工程综合效益评价指标体系中各指标的权重值(表8-6)。

表 8-6　退耕还林(草)工程综合效应评价权重

指标分类	具体指标	分项权重	总权重
生态效应 B1 0.532	侵蚀减少率 C1	0.377	0.201
	土壤蓄水量增加率 C2	0.103	0.055
	地上生物量增加率 C3	0.118	0.063
	植被覆盖率增加率 C4	0.158	0.084
	土壤质量改善指标 C5	0.120	0.064
	造林地物种丰富度指数 C6	0.051	0.027
	生态系统固碳量增加率 C7	0.072	0.038
经济效应 B2 0.256	农户净收入增长率 C8	0.502	0.128
	农村基尼系数改善量 C9	0.202	0.052
	农村第一产业比重变化率 C10	0.141	0.036
	农业劳动生产率增长率 C11	0.155	0.040
社会效应 B3 0.212	农村劳动力转移率变化率 C12	0.108	0.023
	农村恩格尔系数 C13	0.410	0.087
	陡坡耕地面积减少率 C14	0.137	0.029
	主动维护成果农户比重 C15	0.166	0.035
	人均耕地面积 C16	0.180	0.038

其中分项权重是指，该指标在其分类(生态效应、社会效应和经济效应)中的权重值。总权重为考虑 3 个大类指标的权重，经计算之后得到的每项指标相对于总体目标的权重值。

(二)陕北黄土丘陵沟壑区退耕还林(草)工程效应评价模型

在本研究使用的层次分析法中，各指标之间经过标准化能够实现直接计算，而考虑到每个指标都以相应的参照标准为对照进行标准化，因此直接使用标准化值作为指标的水平值，建立陕北黄土丘陵沟壑区退耕还林(草)工程综合效应评价模型如下：

$$F\left(X_j, R_j\right)=\sum_{j=1}^{n} w_j D_j \tag{8-21}$$

式中，F 为各个指标实际值相对指标参照值实现情况，即综合评价指数，反映退耕还林后综合效应水平；X_j 为指标 j 的实际值；R_j 为指标 j 的参照标准值；D_j 为指标 j 的标准化值，也就是指标的水平值；w_j 为指标 j 在指标体系中相对于总目标的权重，所有指标权重总和为 1。在实际计算中，若需要计算某一类指标的效应水平，则将公式中的 w_j 换为该指标的分项权重进行计算即可。

（三）综合评价的等级标准

根据建立的综合效应评价体系和评价模型对退耕还林（草）工程进行评价，得到的综合评价指数结果为一个固定值，需要设定评价指数的不同等级才能更加明确被评价区域工程实施的优劣水平。由于设定的指标参照值均为退耕还林（草）工程实施效果所能达到正向理想值，那么所评价的指标值越接近参照值，说明退耕还林综合效应越好，反之则越不好。根据在陕北黄土丘陵沟壑区开展的相关研究经验，同时查阅国内外关于退耕还林评价的相关研究成果，结合专家意见和陕北黄土高原地区的实际情况，制定了1～5 级陕北黄土丘陵沟壑区退耕还林（草）工程综合效应评价标准，用来衡量综合评价指数的等级，具体见表 8-7。

表 8-7　退耕还林（草）工程综合效应评价标准

评价等级	综合评价指标范围	综合效应情况
1	$F>0.80$	很好
2	$0.6<F\leqslant 0.80$	良好
3	$0.35<F\leqslant 0.60$	一般
4	$0.20<F\leqslant 0.35$	较差
5	$F\leqslant 0.20$	很差

四、退耕还林（草）工程效应综合评价

利用前文中构建的综合评价指标体系和评价指标模型，结合通过专家打分法得到的各项指标权重，对陕北黄土丘陵沟壑区退耕还林（草）工程效应进行综合评价，以确定工程的实施水平，以期为后续的工程实施和改造提供依据。按照本章第二节中提到的指标计算方法，对陕北黄土丘陵沟壑区退耕还林（草）工程的各项指标进行了计算，见表 8-8。

根据前文确定的各个指标权重值，按照层次总排序对所有指标进行计算并求和，得到陕北黄土丘陵沟壑区退耕还林（草）工程综合效益评价结果，见表 8-9。

表 8-8　退耕还林工程综合评价指标水平

指标分类	具体指标	实际值	参照值	指标水平
生态效应 B1	侵蚀减少率 C1	0.510	1.000	0.510
	土壤蓄水量增加率 C2	0.198	0.247	0.800
	地上生物量增加率 C3	0.161	0.274	0.586
	植被覆盖率增加率 C4	0.516	0.692	0.746
	土壤质量改善指标 C5	0.294	1.098	0.268
	造林地物种丰富度指数 C6	5.767	8.112	0.711
	生态系统固碳量增加率 C7	1.795	2.470	0.727
经济效应 B2	农户净收入增长率 C8	1.138	3.466	0.328
	农村基尼系数改善量 C9	0.282	0.337	0.838
	农村第一产业比重变化率 C10	0.310	0.212	0.683
	农业劳动生产率增长率 C11	0.319	0.275	1.000
社会效应 B3	农村劳动力转移率变化率 C12	0.402	0.500	0.803
	农村恩格尔系数 C13	0.596	0.400	0.671
	陡坡耕地面积减少率 C14	0.525	1.000	0.525
	主动维护成果农户比重 C15	0.898	1.000	0.898
	人均耕地面积 C16	0.143	0.089	1.000

注：农业劳动生产率增长率和人均耕地面积指标水平计算值分别为 1.158 和 1.596，由于指标水平取值范围为 0～1，故取最大值 1.000

表 8-9　退耕还林(草)工程综合评价结果

综合评价	指标分类	具体指标	评价结果
陕北黄土高原退耕还林工程综合评价指数 0.622	生态效应 B1	侵蚀减少率 C1	0.103
		土壤蓄水量增加率 C2	0.044
		地上生物量增加率 C3	0.037
		植被覆盖率增加率 C4	0.063
		土壤质量改善指标 C5	0.017
		造林地物种丰富度指数 C6	0.019
		生态系统固碳量增加率 C7	0.028
	经济效应 B2	农户净收入增长率 C8	0.042
		农村基尼系数改善量 C9	0.043
		农村第一产业比重变化率 C10	0.025
	经济效应 B2	农业劳动生产率增长率 C11	0.040
陕北黄土高原退耕还林工程综合评价指数 0.622	社会效应 B3	农村劳动力转移率变化率 C12	0.018
		农村恩格尔系数 C13	0.058
		陡坡耕地面积减少率 C14	0.015
		主动维护成果农户比重 C15	0.032
		人均耕地面积 C16	0.038

从评价结果看出，陕北黄土高原退耕还林（草）工程综合评价指数为 0.622，属于评价等级的“良好”。说明退耕还林（草）工程在陕北黄土高原实施以来，表现出较好的生态效益和社会经济效益，基本达到了退耕还林水土流失治理、区域生态恢复和推动农村社会经济发展的目的。根据 3 类指标的分类权重计算每一类指标水平，分别对陕北黄土高原退耕还林（草）工程的生态效应、经济效应和社会效应进行评价，评价结果见表 8-10。

表 8-10　陕北黄土丘陵沟壑区退耕还林工程分类效应评价结果

分类评价	具体指标	评价结果
生态效应 B1 0.583	侵蚀减少率 C1	0.193
	土壤蓄水量增加率 C2	0.083
	地上生物量增加率 C3	0.069
	植被覆盖率增加率 C4	0.118
	土壤质量改善指标 C5	0.032
	造林地物种丰富度指数 C6	0.036
	生态系统固碳量增加率 C7	0.052
经济效应 B2 0.586	农户净收入增长率 C8	0.165
	农村基尼系数改善量 C9	0.169
	农村第一产业比重变化率 C10	0.097
	农业劳动生产率增长率 C11	0.155
社会效应 B3 0.762	农村劳动力转移率变化率 C12	0.086
	农村恩格尔系数 C13	0.275
	陡坡耕地面积减少率 C14	0.072
	主动维护成果农户比重 C15	0.149
	人均耕地面积 C16	0.180

从评价结果中可以看出，生态效应、经济效应和社会效应的综合评价指数分别为 0.583、0.586 和 0.762。分别属于“一般”、“一般”和“良好”。说明陕北黄土高原实施退耕还林（草）工程以后，取得了一定的生态效应，但是与参照标准，主要是子午岭天然林区比较还有一定差距，生态效应中贡献最大的是侵蚀减少率，其次是植被覆盖的增加，而土壤质量改善、物种丰富度增加等对于生态效应的贡献相对较小。社会效应达到“良好”的水平，说明退耕还林工程明显推动了陕北黄土高原地区的社会发展，而且取得了较好的成效。经济效应中贡献比较大的是农户净收入增长和农村基尼系数的改善，说明退耕还林以后农户经济收入明显增加，而且农村财富分配趋于合理。社会效应中贡献最大的是农村恩格尔系数改善，

说明食品消费在日常消费中的比例下降，退耕还林之后农村居民生活水平有了明显的提升。其次是人均耕地面积，陕北黄土高原地区土地面积广阔，但相对的人口稀少，尤其是农村地区人口更是相对中部和东部地区少，因此人均耕地面积比较大。

五、评价结果分析

基于层次分析法，通过实际开展试验研究、社会经济调查和查阅已发表文献，运用科学合理的方法确定了陕北黄土高原退耕还林(草)工程效应综合评价指标体系。在此基础上，通过专家打分法确定了各项指标的权重，采用理想值参照法确定了各个指标的水平值并对陕北黄土高原退耕还林(草)工程综合效应进行了评价。评价结果显示陕北黄土高原退耕还林(草)工程综合评价指数为0.622，属于评价等级的“良好”。生态效应、经济效应和社会效应的综合评价指数分别为0.583、0.586和0.762，分别属于“一般”、“一般”和“良好”。说明退耕还林实施以来在陕北地区综合表现较好，对经济、社会方面改善效果显著，在生态效益上取得了一定效果，但是相对于可能达到的最好水平(子午岭地区)还有一定差距。

从分项指标评价结果来看，退耕还林(草)工程生态效应中占主导的是侵蚀减少率(0.193)和植被覆盖率增加率(0.118)，说明退耕还林(草)工程的实施在这两方面对陕北黄土高原地区影响比较大，而土壤质量改善(0.032)和造林地物种丰富度指数改善(0.036)比较小，由于当地原本相对贫瘠的土壤，其原始养分状况较差，而且黄绵土土质本身容易侵蚀，不易固定养分，加之当地相对较低的降水量，综合导致在植被覆盖显著增加的情况下，土壤质量改善状况依然有限，而且林下物种多样性恢复程度低于子午岭地区。

经济效应中，退耕还林(草)工程实施后陕北地区农村基尼系数改善较大(0.169)，说明工程实施后农村经济分配状况进一步平衡，这主要是由于退耕还林(草)工程实施之后当地农民大多从农业种植转向城市打工或者经营生意等，同时还有政府多项帮扶政策的支持，使得区域社会发展趋向平衡。同时，农户净收入增长率也有较大变化(0.165)，说明农民收入水平在上升的时候贫富差异进一步缩小。

社会效应中，农村恩格尔系数变化情况最为明显(0.275)，显示退耕还林之后陕北地区农村整体生活水平明显改善，退耕还林(草)工程在产生巨大生态效应的同时还带来了区域社会经济的改善。

参考文献

成六三. 2011. 陕北黄土高原退耕还林(草)工程综合效益评价研究. 中国科学院研究生院(教育部水土保持与生态环境研究中心)博士学位论文.

党晶晶. 2014. 黄土丘陵区生态修复的生态-经济-社会协调发展评价研究. 西北农林科技大学博士学位论文.

樊彦芳, 刘凌, 陈星, 等. 2004. 层次分析法在水环境安全综合评价中的应用. 河海大学学报(自然科学版), 32(5): 512-514.

龚蛟腾. 2003. 高校图书馆绩效评估方案设计. 图书情报工作, (12): 98-101.

郭旭文. 2005. 长株潭地区生态构架调控决策支持系统的研制. 中南林学院中南林业科技大学硕士学位论文.

何强. 2001. 基于地理信息系统(Gis)的水污染控制规划研究. 重庆大学博士学位论文.

路永亮. 2010. 代建单位企业实力综合评价研究. 郑州大学硕士学位论文.

宋富强, 杨改河, 冯永忠. 2007. 黄土高原不同生态类型区退耕还林(草)综合效益评价指标体系构建研究. 干旱地区农业研究, 25(03): 169-174.

宋志伟. 2010. 退耕还林工程综合效益评价研究. 西南林业大学硕士学位论文.

田富华. 2012. 云南芒市土地利用效益评价研究. 云南财经大学硕士学位论文.

王进, 石志玲, 黄鑫, 等. 2008. 贵州天保工程区森林生态效益初步评价. 贵州林业科技, 36(4): 7-13.

张建华. 2007. 一种简便易用的基尼系数计算方法. 山西农业大学学报(社会科学版), 6(3): 275-278.

张楠, 王继军, 崔绍芳, 等. 2013. 黄土丘陵沟壑区退耕林生态系统服务价值评估——以陕西省安塞县为例. 水土保持研究, 20(02): 176-180.

赵玉杰, 师荣光, 高怀友, 等. 2006. 基于 MATLAB6.X 的 BP 人工神经网络的土壤环境质量评价方法研究. 农业环境科学学报, 25(01): 186-189.

钟玮. 2010. 珠三角城市循环经济综合评价及发展策略研究.中央财经大学硕士学位论文.

朱国宇, 熊伟. 2011. 模糊评价法与综合指数法在生态影响后评价中的应用比较研究. 东北农业大学学报, 42(02): 54-59.

邹佳瑶. 2011. 上市证券公司核心竞争力评价实证研究. 南京农业大学硕士学位论文.

第九章　典型退耕流域农林景观配置模式综合效益评价

退耕还林(草)工程的实施不仅改变陕北黄土丘陵沟壑区典型小流域的植被覆盖和土地利用状况，同时也影响着当地农民的生活环境和经济收入等。因此，对小流域退耕还林(草)工程效益的评估应该全面考虑其生态、社会和经济效益。综合典型流域内退耕还林的生态、社会和经济效益评估和前人研究的成果，研究构建了陕北黄土丘陵区典型退耕流域农林景观配置模式综合效益评价体系，利用专家打分法得到指标权重，利用层次分析法构建评价模型，明确单项评估指标和综合评价指标计算方法，在此基础上对研究的5个典型流域综合效益进行评估，并分析评价结果，为退耕流域农林景观配置模式的优化提供基础。

第一节　综合评价指标体系

一、构建流域综合评价指标体系的必要性

1. 系统评估退耕流域生态系统综合效益的需要

退耕还林(草)工程自1998年试点实施以来，已经在全国25个省份广泛实施，项目投资巨大。现有的大量研究表明，工程实施后退耕区内植被状况、土壤质量、区域产业结构、劳动力分配、农户经济收入水平及农民的生活水平等方面都发生了巨大变化(Deng et al.，2016；Peng et al.，2007；Song et al.，2014)。流域作为黄土丘陵区典型的生态经济单元，该区域退耕还林(草)工程的各项效益均能在典型流域中得到体现，而且陕北黄土丘陵区各个小流域之间土地利用方式和农林景观配置模式具有较高的相似性，对典型退耕流域综合效益的评估具有较强的可拓展性，能够为系统评估区域退耕还林(草)工程提供重要依据。然而，当前针对退耕流域生态系统综合效益评估的研究仍然较少，认可度较高的退耕流域综合效益评价体系依然缺乏。而评价指标的选择和体系的建立是流域综合效益评价的首要和关键步骤，直接关系到评价的科学性和准确程度。因此，建立一套能够系统评估退耕流域生态、社会和经济综合效益的评价体系十分必要。

2. 简化评价方法，增加流域评价可行性的需要

小流域农林复合系统的评价涵盖生态、社会、经济等多个方面，且每个方面又涉及大量的指标和要素。从理论上讲，涉及的指标越多、越细、越全面，就越

能准确地反映流域农林复合系统的客观现状。但指标数量越多，难免导致工作量越大、费用越高；指标划分过细还可能导致交叉领域指标之间的重叠和对立，这反而会影响系统评价的可信度和科学性。因此，实际评估中往往需要一套科学合理但又简单易行的评价指标和方法。陕北黄土丘陵区典型流域农林复合系统的评价涵盖指标太多，无法将所有指标全都纳入，因此只能通过选择典型流域进行研究，综合现有资料和文献，筛选科学合理又有代表性和可操作性的指标构建评价体系，简化评价方法，增加退耕流域评价的可行性。

3. 制定针对性综合发展措施，增强区域退耕还林(草)工程可持续性的需要

退耕还林(草)工程的主要目的是恢复破坏的生态系统，但同时也有发展区域社会经济水平的重要作用。大量研究针对不同地区的退耕还林(草)工程从不同角度开展了评估和分析，如周红等(2007)利用抽样调查的方法对贵州省 10 个典型县的退耕还林(草)工程的社会经济效益进行了评价；饶日光等(2013)利用资源面积数据和市场价值的方法，对陕西省退耕还林的固碳释氧生态经济效益进行了评价；尹少华等(2008)构建了包含 26 项指标的综合评价体系对湖南省退耕还林综合效益进行了评价；其他研究也都结合当地资源特色，针对省、市、县、地区等尺度开展了退耕还林效果评价(侯军岐和张社梅，2002；雷敏等，2007；肖庆业等，2014；姚盼盼和温亚利，2013)。然而这些研究所构建的评价指标体系具有较强的地区特点和区域局限性，不适用于陕北黄土丘陵沟壑区流域尺度的退耕还林(草)工程评价。尤其是不同于其他地区，黄土丘陵区区位和历史原因导致的区域自然资源和社会经济发展水平均具有显著的特征，且退耕区面积广袤、地形复杂，获取大量详细的指标数据比较困难。因此必须针对陕北黄土丘陵区的实际情况建立一套科学实用的流域退耕还林(草)工程评价指标体系。通过其开展科学评估，不仅为制定研究区退耕还林(草)工程后续政策提供依据，还可以通过评价，发现工程实施中的问题，对现有配置模式进行优化，提高流域退耕还林(草)工程和农林复合系统的可持续性。

二、评价指标筛选的原则、来源和方法

(一)指标筛选的原则

陕北黄土丘陵沟壑区典型退耕流域农林景观配置模式综合效益包括生态效益、经济效益和社会效益，其评价指标的选择应当紧紧围绕退耕还林(草)工程和流域发展的目的这一核心点，并充分考虑研究区域的基础条件。且在构建指标体系时，要明确指标体系是建立在某些原则下的指标合集，是一个有机整体，而不是一些指标的简单集合。退耕还林(草)工程综合效益评价体系的指标选取是否恰当，将直接影响到对流域综合效益的评价的准确性和科学性。因此在众多的指标中筛选出一套科学、合理并符合当地实际情况的指标体系，必须遵循以下原则。

1）科学性原则。评价指标的选择应具有切实的科学依据，不论是当地实际调研、取样测定和分析，还是总结前人研究成果，或者依照现有标准规范，所选指标和选择指标的方法都应该具有科学性。同时构建评价指标体系时也应该科学合理，在科学准确的基础上，选取最能反映陕北黄土丘陵区农林景观配置模式的主要方面、变化特点及后果的要素和因子作为评价指标。

2）客观性原则。退耕流域农林复合系统评价所反映的是退耕还林（草）工程对退耕区生态、经济、社会产生的现实影响，并通过评价结果为工程后续政策的制定提供参考，为后续的相关工程实施提供依据。所以在流域配置模式评价中，必须要坚持客观性，在指标的选取中，既要选取产生正面影响的指标来体现退耕还林（草）工程的正面效益，如植被恢复、收入增加等，同时也要选取产生负面影响的指标来揭示工程的不足以为后续政策的制定提供更好的指向，如碳排放增加、口粮减少等。

3）主导性原则。陕北黄土丘陵沟壑区农林复合系统景观配置综合效益受自然、社会、经济等影响因素的制约，指标体系是一个多层次、多属性、涉及面广、多变化的体系；在众多的因子中，各种因子的作用过程、作用方式和影响程度是不同的。虽然退耕还林产生的效益多种多样，但是各项效益均有主次之分，不能将所有效益同等看待，如通过生态恢复减少水土流失是黄土丘陵区最主要的目的之一，因而水土流失指标在评估中应受到重视。因此，应选择具有代表性的，能直接反映陕北黄土高原流域农林景观配置模式综合效益主要特征的主导性指标。此外，在指标权重确定的时候也应该充分考虑区域发展特点和工程实施的目的，通过权重调节各项指标的重要程度。

4）可操作性原则。流域是黄土丘陵区典型的地貌单元，然而单独评估某一个流域的退耕还林综合效益是没有意义的，研究的目的在于通过典型流域的深入研究和对现有研究的总结概括，提出能够在各个流域中进行评估的评价指标体系和方法。因此，要充分考虑评价指标体系推广使用中的可行性，将所选择指标数据的易获性和可采集性纳入考虑范围，而不能片面地为了评价体系理论层次的完美而追求一些难以获取准确数据的指标。许多指标在科学研究中常常用到，而且在单独的生态学或者社会经济学研究中很常见，但是作为一项生态恢复工程，也是一项政府政策，退耕还林（草）工程和流域系统的评价和评估往往是由政府部门实施，并指导政府后续政策的出台和执行。因此，要筛选具有较强可操作性的指标用于评价体系，从而使构建的评价体系和模型能够切实解决实际问题。

5）综合性原则。评估一个流域的退耕还林综合效益，单独获得一个数值或者指标是难以为后续治理措施提供指导的，要认识到综合评价指标体系是一个多层次、多属性、涉及面广、多变化的体系。在筛选评价指标和构建评价指标体系的时候，要充分考虑指标设计方面，要涵盖生态治理效果、社会发展状况和经济效益改善等多个方面的因子，而且对每部分的因子要能够有具体的评估结果反映。最后综合各个单项评估结果反映流域农林复合系统退耕还林(草)工程的综合发展状况，进行分析和评价，做到既能单项分析又便于综合分析，为流域治理和后续政策提供指导意见。

6)简便性原则。为方便构建的指标体系和方法能够得到公认和有效推广，研究构建的评价指标体系应该简单明了，易于理解；选择的指标应该精炼简化，便于获得；评价方法应该容易理解，便于计算，且每项指标和评价体系表达的方式和方法应该通俗易懂，指标数据应该容易获得；应适当地多选择现有统计资料中已有的具有代表性的综合指标或者在实际开展研究时易于获取的指标。

7)因地制宜原则。能够筛选和建立适应各个地区和尺度的退耕还林(草)工程综合评价指标体系固然很好，但是根据当前已经开展的大量评价指标筛选、评价体系建立及评价模型的建立研究来看，想要直接筛选针对退耕还林(草)工程全面进行评价的指标势必会忽略地区间的差异和尺度的差异，这将会导致筛选的指标在评价区域性退耕还林(草)工程的时候不一定完全适用。因此，陕北黄土丘陵区退耕流域农林复合系统综合效益评价指标的筛选，一定要在综合考虑生态、社会和经济效益的基础上，充分立足于当地实际条件，参考陕北黄土丘陵沟壑区的资源条件和社会经济发展情况，因地制宜地制定出符合研究实际情况的综合评价指标体系。

(二)指标来源

现有研究和评估规范为退耕还林(草)工程综合效益和各单项效益的评估奠定了基础，几乎都提出了各自的评估指标体系。本研究通过在陕北黄土丘陵沟壑区开展生态和社会经济效益监测，也获得了大量的具体指标数据，并进行了分析。因此，综合以上两点，本研究筛选评估指标主要有以下来源。

1)参考已经公布和公认的生态恢复、退耕还林及森林管理等方向评价的指标体系。主要包括《退耕还林工程建设效益监测评价》(GB/T 23233—2009)、《森林生态系统服务功能评估规范》(LY/T 1721—2008)、《生态环境质量评价技术规范》(HJ 192—2015)、《中国森林可持续经营标准与指标》(LY/T 1594—2002)等。

2)收集现有研究指标体系。收集已发表的研究论文中关于退耕还林及其他生态恢复工程生态、社会经济服务功能评价指标体系。

3)参考千年生态系统评估(The Millennium Ecosystem Assessment，MA)，以及其他国家生态经济系统评估的指标体系。

4)借鉴其他项目评价指标体系。

（三）指标筛选的范围

目前国内学者已经构建的评价体系一般仅针对其所研究的特定区域，也有学者尝试为全国的退耕还林(草)工程构建一套评价指标体系。但由于退耕还林(草)工程的复杂性及其地域性，目前国内还没有学者能够构建一套公认的能适用于全国范围退耕还林(草)工程综合效益评价的指标体系。因此，要想对黄土丘陵沟壑区退耕流域农林复合系统做出准确科学的评价，必须重新建立评价指标体系，从流域植被恢复、土壤质量、环境质量、农业结构和生产力、农户收益及社会效益等不同方面分析来确定科学合理的指标体系。

通过收集已发表的研究论文中对退耕还林(草)工程、农林复合系统等综合效益评价或者生态、社会经济等某方面效益评价的指标体系，从中提取指标并记录出现频度；同时参考本研究相关的评价指标体系和技术规范，如《森林生态系统服务功能评估规范》《生态环境质量评价技术规范》《中国森林可持续经营标准与指标》等，从中初步提取出黄土丘陵沟壑区退耕流域农林复合系统综合效益评价指标，作为筛选评价指标体系的基础指标库，依据大多数研究中的分类方法，将所有指标分为生态效益指标、社会效益指标和经济效益指标三大类，见表 9-1。

表 9-1 常用退耕还林(草)工程评价指标及分类

指标大类	指标要素	常用指标	主要文献
生态效益	植被恢复	群落特征、景观布局、植被覆盖率、物种多样性、物种丰富度	Lin and Yao, 2014; Yao et al., 2009; 何家理和支晓娟，2008; 孔忠东等，2007; 赖亚飞和朱清科，2009; 李敏和姚顺波，2016; 刘二伟和赵艺学，2011; 马海芸等，2012; 宋大刚和潘开文，2015; 肖庆业等，2014; 尹少华等，2008; 张晓等，2010
	系统生产力	初级生产力、地上生物量、草本生物量、木材蓄积量	
	固碳释氧	生态系统固碳能力、土壤呼吸速率、土壤固碳速率、土壤碳排放、植被氧气释放量	
	水土保持	水源涵养、地表径流量、地表侵蚀量、水土流失治理率、年输沙模数、土壤侵蚀综合指数、蓄水防洪	
	土壤保育	土壤微生物多样性、土壤微生物生物量、土壤酶活性、土壤质地改善、土壤养分(碳、氮、磷)、土壤有机质、平均土层厚度、林下枯落物厚度、土壤孔隙度、土壤团聚体比重、颗粒组成	
	环境保护	负离子浓度、滞尘能力、降低风速、防止沙尘、净化大气	
	抵抗力	病虫危害等级、火险等级、自然灾害、抗寒抗旱能力	
	气候改善	干燥系数、林地空气湿度、林地温度、降噪降温增湿	
	其他	流域形状系数、治理度	
经济效益	经济收支	农民人均纯收入、户均收入、人均经济支出、户均经济支出、收入结构、区域财政收入、工程补助、农民文化教育支出比重	
	经济水平	国民生产总值、种植业产值、农村基尼系数	
	产业发展	人均牲畜占有量、生态补偿力度、农产品商品率、林副业收入、种植业产值、农业生产总值	
	生产效率	劳动力生产效率、农业中间消耗生产率、单位面积产值、农业生产投产比	

续表

指标大类	指标要素	常用指标	主要文献
社会效益	粮食安全	粮食产量、人均粮食产量、粮食自给能力	Lin and Yao, 2014; Yao et al., 2009; 何家理和支晓娟, 2008; 孔忠东等, 2007; 赖亚飞和朱清科, 2009; 李敏和姚顺波, 2016; 刘二伟和赵艺学, 2011; 马海芸等, 2012; 宋大刚和潘开文, 2015; 肖庆业等, 2014; 尹少华等, 2008; 张晓等, 2010
	资源压力	耕地压力指数、旱涝保收面积比例、人均水资源占有量、农药化肥施用量	
	社会影响	农户政策支持度、农户政策评价、农户生态保护行为、生活质量、景观效益、景观破碎度	
	社会发展	人口数量、人口密度、人均受教育年限、社会结构、人口素质、农林牧渔业产品商品率、转移劳动力能力、第一和第三产业从业人数、恩格尔系数、劳动力数量、外出务工人员比例、每亩耕地平均农机总动力、农用耕地生产力、农村就业率	
	社会价值	建设与投资价值、人文与科教价值、森林旅游效益、旅游休憩价值	
	产业结构	粮食作物面积、耕地面积比例、经济作物面积、林果面积、坡耕地比例、农业比较优势系数、非农业产值比重、农业收入比重、第一产业比重、第三产业比重、种植业比重	
	服务保障	儿童入学率、医疗保障水平、初中教育普及率	

（四）指标筛选的方法

为了简化评价步骤和方法，需要对初步获得的指标数据库进行筛选。筛选指标的方法常见的有系统分析法、频度分析法、专家咨询法和 SMART 方法等。黄土丘陵区典型退耕流域农林复合系统评价的指标体系要求有较强的针对性和实际操作性，因此在以上 4 种方法的基础上，在研究区域内选择了 5 个典型流域，对流域内生态、社会和经济 3 个方面的主要指标进行了实际研究和测定，结合测定的难易程度、数据的可靠程度、指标的敏感程度等，对评价系统有更加充分的认识及多方面的知识。最后，本研究结合以上 5 种方法对初步获得的评价指标进行了筛选，具体方法如下。

(1) 系统分析法

退耕还林（草）工程自身效益涵盖范围比较广泛，而小流域又是一个完整而复杂的生态经济和农林复合系统，因此需要综合地考虑农林复合系统内各个要素的分类和识别、要素之间的关联及系统的功能。首先在研究中识别系统内的主要构成要素并对其进行分类；其次研究每一类要素能够提供的系统服务功能，如植被恢复地所能够提供的固碳释氧、保持水土、增加覆盖等功能；然后明确退耕还林（草）工程和小流域系统治理的目的，辨识流域农林复合系统的服务功能；最后结合要素之间的关系和要素的功能及系统的综合服务功能筛选出评价各类要素的指标。

(2) 频度分析法

从有关退耕还林（草）工程评价、小流域治理流域评价、农林复合系统评价、生态环境质量评价、生态工程综合效益评价等方面的研究文献，森林可持续经营的标准与规范及有关植被恢复、土壤健康指标的参考文献中，对其中出现的指标进行综合和整理，从中选取使用频度较高的指标，根据出现频度进行排序，并根据指标作用和对应的系统要素进行分类。

(3) SMART 原则

SMART 原则实际为指标筛选的一个综合原则，是指筛选的指标必须是具体的(specific)、可以衡量的(measurable)、可以达到的(attainable)、要与其他目标具有一定的相关性(relevant)及具有明确的截止期限(time-bound)。在频度分析法和系统分析法的基础上，结合 SMART 原则，对不符合条件的指标进行剔除，从而增加所筛选指标的可操作性。

(4) 实际研究验证

结合陕北黄土丘陵沟壑区退耕还林小流域农林复合系统的资源、环境、社会、经济现状和存在的主要问题，针对使用频度较高且符合 SMART 原则的指标，进行分析、比较、综合，通过实际采样测定、社会经济调查分析、走访勘察等实际研究，进一步筛选出有利于陕北退耕区生态效益、社会效益和经济效益均衡发展且在实际中可以获取的指标，通过测定和调查获得的数据验证指标的可操作性、科学性和敏感性。

(5) 专家咨询法

通过实际研究后获得的指标已经在初始指标库的基础上大范围简化，但是仅用现有研究和客观的评价对指标的筛选还可能存在偏倚。在相关研究领域具有丰富经验的专家结合自己的研究领域对各项指标的看法能够很好地解决这一问题。在实际研究验证的基础上，进一步采用专家咨询法，将筛选出的指标制作成专家调查问卷和咨询表，发放给本领域专家进行指标筛选咨询，采用指标排序的方式，将排序顺序看作专家对各项指标的打分，进行综合计算，提取专家认可超过 80% 的指标作为筛选的评价指标，最后整合得到黄土丘陵沟壑区典型退耕流域农林景观配置模式综合评价指标体系。

三、构建综合评价指标体系

(一) 评价指标和指标体系

根据上述指标筛选方法，对初始指标数据库中的指标进行了筛选，最终获得植被覆盖程度等 8 个生态类指标，农民收入等 4 个经济类指标和粮食生产能力等 7 个社会发展指标，共计 19 个指标纳入评价指标范围。同时根据上述 19 个指标所指示的意义，为了方便在评价后对评价对象从不同角度进行分析，将所有指标归为 8 类，最终构建包括 1 个目标层即“陕北黄土丘陵沟壑区典型退耕流域农林景观配置模式综合效益评价”和 2 个准则要素层和 1 个指标层的综合评价指标体系，如图 9-1 所示。

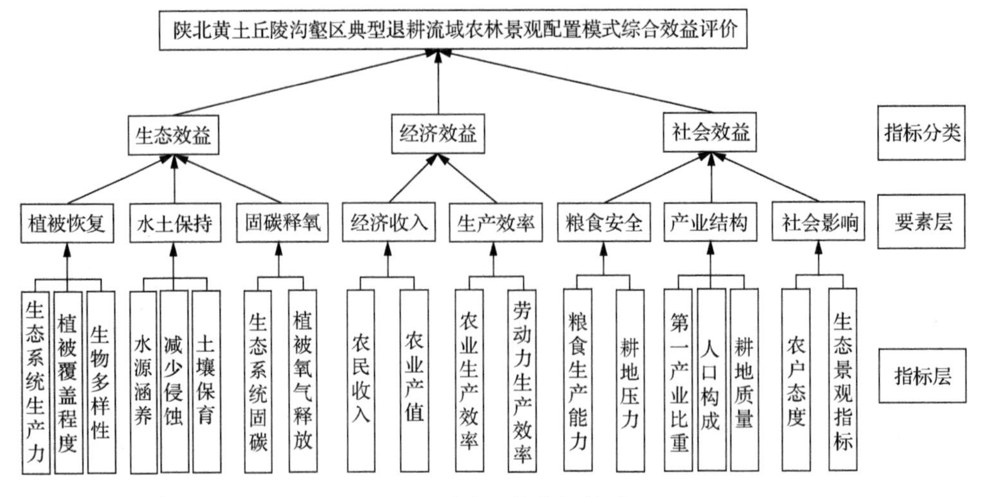

图 9-1 综合评价指标体系

(二) 指标说明及计算方法

1. 生态效益类指标

(1) 生态系统生产力

植被恢复后形成的农林复合系统对太阳能的固定和自我生长维持很大程度上反映了系统的可持续性，而地上生物量能够反映植被恢复之后植被的生产力，是对一个地区自然资源条件的综合体现，尤其是乔木、灌木等多年生植被，具有一定的时间积累效应，而且不同的植被恢复类型生产力具有显著的差异。通过实际植被调查和地上生物量采集，结合已发表的文献资料和数据整合，计算出不同植被类型的地上生物量，并以其面积为权重计算出流域生态系统的生产力指标，具体计算公式如下：

$$\mathrm{C}_1 = \frac{\sum_{i=1}^{n} A_i N_i}{A} \tag{9-1}$$

式中，C_1 为地上生物量指标；A_i 为 i 类土地利用类型的面积 (hm^2)，下同；N_i 为第 i 种土地利用类型的单位面积平均地上生物量 ($\mathrm{t/hm}^2$)；A 为流域总面积 (hm^2)，下同。

(2) 植被覆盖程度

植被覆盖程度的增加是一个地区退耕还林后植被恢复效果最直观的体现，植被所产生的诸多生态效益都是基于植被覆盖面积的变化而变化的。因此选取植被覆盖率作为反映退耕还林之后植被恢复效应的指标，在流域农林景观配置模式评价时，为了综合考虑乔灌草每种植被不同的植被覆盖能力，依据研究实际测定和现有研究数据整合，计算出陕北黄土丘陵区典型乔灌草恢复地的盖度平均值，以此为基础，将每个流域的该类土地面积作为权重，计算流域内植被覆盖的综合指标，计算公式如下：

$$C_2 = \frac{\sum_{i=1}^{n} A_i c_i}{A} \tag{9-2}$$

式中，C_2 为植被盖度指数；c_i 为 i 类土地利用类型的平均覆盖度(%)。

(3)生物多样性

生物多样性指标计算公式如下：

$$C_3 = \frac{\sum_{i=1}^{n} A_i G_i}{A} \tag{9-3}$$

式中，C_3 为生物多样性指标；G_i 为第 i 种土地利用类型的物种 Gleason 丰富度指数。

(4)水源涵养

植被恢复能够通过改善土壤质地、增加地表覆盖和减少蒸发从而影响土壤水分和蓄水能力，而土壤中蓄水量的大小又会反过来影响地上植被的生长情况(焦峰等，2006；刘江华等，2008)。黄土丘陵沟壑区大部分地区都是水分相对缺乏的地区，植被生长甚至农业栽培都对水分具有很强的依赖，土壤水分的积蓄对区域植被恢复具有至关重要的作用(马祥华等，2004；王力和邵明安，2004)。因此，退耕还林实施后土壤蓄水量的变化很大程度上能够反映植被恢复的效果。基于杨改河教授课题组多年在陕北地区开展的实验并查阅相关的研究文献数据，选取土壤蓄水量变化率为反映退耕还林水源涵养能力提升的指标，将不同土地利用类型与耕地对照的吸水量变化以其所占面积为权重加和计算，计算公式如下：

$$C_4 = \frac{\sum_{i=1}^{n} A_i (W_i - W_{耕地})}{AW_{耕地}} \tag{9-4}$$

式中，C_4 为土壤蓄水量指标；W_i 为第 i 种土地利用类型的 0～100cm 土壤蓄水量(t/hm^2)；$W_{耕地}$ 为对应流域耕地 0～100cm 土壤蓄水量(t/hm^2)。

(5)减少侵蚀

陕北黄土丘陵沟壑区生态治理工程最主要的目的是防治水土流失，尤其是在陕北黄土丘陵区，土壤质地等多种原因导致该区域土壤极易受到侵蚀。计算退耕还林后的侵蚀减少率能够直接反映工程实施后的治理效果。利用本研究陕北地区坡面径流场观测径流量的实测数据和发表文献中的研究数据，综合整理后进行计算。计算公式如下：

$$C_5 = \frac{\sum_{i=1}^{n} A_i \left(\frac{Q_{耕地} - Q_i}{Q_{耕地}} \right)}{A} \tag{9-5}$$

式中，C_5为土壤侵蚀指标；$Q_{耕地}$和Q_i分别为耕地和i类土地类型的土壤侵蚀量[t/(hm^2·a)]。

(6)土壤保育

植被恢复后，大量凋落物归还能够为土壤提供丰富的养分来源，促进了土壤中碳、氮、磷等养分的积累；同时，由于植被对降水、温度、光照的调控及植被根系生长和其分泌物的影响，使得植被恢复后土壤理化性质都发生了重要变化(An et al., 2013；Gong et al., 2006；巩杰等，2004；张超等，2011)。在现有研究中，土壤理化性质被作为反映植被恢复效果的重要指标(Zhao et al., 2015)。此外，土壤质量的恢复对提升土壤抗侵蚀能力和其他特性有重要作用。因此，选取土壤改良作为反映退耕还林流域农林景观配置中生态效益的重要指标。由于土壤恢复涉及诸多具体指标的变化，如土壤养分积累、土壤容重和颗粒组成变化、土壤 pH 变化、土壤酶活性、土壤微生物群落构成和微生物量变化等，而将所有土壤指标均纳入评价范畴显然不符合前文所说的各项原则。根据本研究之前的结果分析和前人的研究结果显示，土壤有机质与大多数土壤指标具有显著的正相关性，即土壤有机质含量越高，土壤质量越好(Deng et al., 2016；Fu et al., 2000)，因此本研究将土壤有机质相对于耕地的增加量作为反映土壤保育和恢复程度的指标，具体评价中指标计算公式如下：

$$C_6 = \frac{\sum_{i=1}^{n} A_i \left(\frac{\mathrm{SOM}_i - \mathrm{SOM}_{耕地}}{\mathrm{SOM}_{耕地}} \right)}{A} \tag{9-6}$$

式中，C_6为土壤保育指标；$\mathrm{SOM}_{耕地}$和SOM_i分别为耕地和i类土地类型的土壤表层(0～10cm)有机质含量(g/kg)。

(7)生态系统固碳

已有研究表明，中国通过大面积的人工植被恢复引起的固碳效应对全球温室气体减少具有重要作用(Zhao et al., 2013；张肖林等，2016)。生态系统的碳固定涵盖从植被到土壤多个层次，是对长期恢复植被固碳情况最全面地反映。因此，选取生态系统的固碳量来反映流域治理后农林复合系统的碳汇效应。计算公式如下：

$$C_7 = \frac{\sum_{i=1}^{n} A_i C_i}{A} \tag{9-7}$$

式中，C_7为生态系统碳汇指标；C_i为第i种土地利用类型的单位面积固碳量(土壤计算0～20cm)(t/hm^2)。

(8)植被释氧

植被生长过程中释放氧气作为其重要的生态系统支持功能，具有非常重要的意义，尤其是在包括多种土地利用类型和人类居住的生态-社会经济系统中，植被的氧气供应作用显得更加重要，而且大多数评估森林或植被恢复效果的研究中都将其作为评价指标，因此将植被的释氧能力纳入指标体系，其计算公式如下：

$$C_8 = \frac{\sum_{i=1}^{n} A_i O_i}{A} \tag{9-8}$$

式中，C_8为单位面积氧气释放指数；O_i为第i种土地利用类型的单位面积释氧量(t/hm^2)。考虑到氧气释放的测定方法尚不统一，计算时借鉴现有研究中，利用植被生产力计算氧气排放的方法进行估算，具体参照《森林生态系统服务功能评估规范》(LY/T 1721—2008)。

2. 经济效益类指标

(1)农民收入

黄土丘陵沟壑区生产力水平相对比较落后，尤其是在农村地区。生态治理工程在这一区域开展，不仅要通过植被恢复提高生态效益，同时还面临着增加农民收入、提高农户生活质量的任务。而农户的纯收入是最能够直接反映农户家庭经济收入情况的意向指标，因此以农民人均纯收入作为评价农民收入情况和农民生活水平的经济指标，即C_9=农民人均纯收入。

(2)农业产值

农林复合系统整体的发展来源于整个农业系统的发展，从经济角度，农业系统的发展最简洁和便于评估的指标就是流域内农业年产值，主要来源于种植业、养殖业、林副业等，而由于流域面积的不同会严重影响农业产值，因此将单位面积农业产值作为评估指标，计算公式如下：

$$C_{10} = \frac{\mathrm{GDP}_{农业}}{A} \tag{9-9}$$

式中，C_{10}为农业产值指标；$\mathrm{GDP}_{农业}$为流域内农业生产总值(元/a)。

(3)农业生产效率

农林复合系统的可持续性依赖于充分利用自身资源实现发展，大量的外部投入一方面会给区域生态造成严重压力，另一方面说明生产成本过高，不利于系统可持续发展，因此将农业投入产出比作为农业生产效率指标，来反映系统内资源利用效率情况，其计算公式如下：

$$C_{11} = \frac{I_{农业}}{O_{农业}} \tag{9-10}$$

式中，C_{11}为农业生产效率；$I_{农业}$和$O_{农业}$分别为流域内农业年投入和年产出价值，为了统计和评估简化，统一采用种植业投入和产出价值(元/a)。

(4)劳动力生产效率

退耕还林实施以后，由于耕地面积的下降，单位面积的劳动力投入发生变化。加之社会经济和技术的不断发展，农村劳动生产效率也在不断变化。这一变化能够揭示随着工程的实施和社会进步，农户投入单位数量的劳动力所得到的产出成果变化情况，反映农林复合系统劳动力利用程度。因此，单位劳动力年生产总值作为评估系统生产效率的意向指标，其计算公式如下：

$$C_{12} = \frac{GDP_{总}}{L} \tag{9-11}$$

式中，C_{12}为劳动力生产效率；$GDP_{总}$为流域内国民生产总值(元)；L为流域内劳动力数量。在实际计算过程中，由于流域国民生产总值统计比较困难，故可以使用流域所有农民家庭年总收入代替。

3. 社会效益类指标

(1)粮食生产能力和耕地压力

退耕还林(草)工程将大量的坡耕地和低产农田改造成为林地和草地以产生生态效益。但同时，工程实施区农户家庭的粮食安全问题也同样应该受到重视，如果因为工程的实施导致区域农户口粮问题受到威胁，那么工程实施的效果必将受到影响。因此，选用人均粮食产量和人均耕地面积反映农林复合系统粮食生产能力和耕地资源情况，具体计算公式如下：

$$C_{13} = \frac{P_{粮食}}{Po} \tag{9-12}$$

式中，C_{13}为粮食生产能力指标；$P_{粮食}$为系统内粮食年产量(kg)；Po为流域内总人口数量，下同。

$$C_{14} = \frac{A_{耕地}}{Po} \tag{9-13}$$

式中，C_{14}为耕地压力指数；$A_{耕地}$为流域耕地总面积。

(2)农户态度

经过十余年的项目实施，退耕还林(草)工程产生了显著的生态和社会经济效益，但随着政府补助的调整和工程期限的结束，农户对退耕还林所取得的成果维护意愿成为决定退耕还林各类效益的关键因素。若农户不主动维护退耕还林成果，甚至对其加以破坏，那么工程成果的可持续性将受到严重威胁。因此研究选取参与项目的农户中愿意主动维护项目成果的农户比重来反映农户对后续成果的态度，即 C_{15}。农户态度指标来源于社会调查中农户愿意主动维护退耕还林成果的农户数量除以被调查的总农户数量。

(3)生态景观指标

不同土地利用类型所构成的农林景观配置不仅每个斑块内部具有不同的效益，斑块之间的通道和斑块的数量也会影响系统内能量和物质的流通，如生物的迁徙和传播等，已有研究显示破碎程度过高的景观不利于系统的稳定和生态恢复(巩杰等, 2014; 李正国等，2005)，因此研究将系统的农林景观破碎程度纳入评价指标体系，计算公式如下：

$$C_{16}=\frac{\mathrm{Ns}}{A} \tag{9-14}$$

式中，C_{16} 为景观破碎指数；Ns 为系统内农林景观斑块数量。

(4)第一产业比重

区域发展中，产业结构的比重是否合理，决定了一个区域社会经济发展水平和可持续性。退耕还林(草)工程通过在坡耕地上进行人工植被恢复，减少了土地面积，势必会导致农村资源利用的重新分配，从而引起农村产业结构的变革。而农村第一产业比重能够直接反映区域经济发展结构和经济发展的均衡情况。因此，选用农业产值比例作为评估农村产业结构变化的指标。计算公式如下：

$$C_{17}=\frac{\mathrm{GDP}_{农业}}{\mathrm{GDP}_{总}} \tag{9-15}$$

式中，C_{17} 为第一产业比重；$\mathrm{GDP}_{农业}$ 为农业产值；$\mathrm{GDP}_{总}$ 为流域内国民生产总值(元)；在实际计算过程中，由于流域国民生产总值统计比较困难，故可以使用流域所有农民家庭年总收入代替。

(5)人口构成

退耕还林(草)工程实施后对区域产业结构的影响会引起劳动力的迁移，研究表明退耕还林后流域内农业劳动力开始转向外出打工，许多家庭从原本依靠农业收入转向自主经营和外出务工获得收入，家庭收入结构发生变化。为了反映退耕还林对流域内人口构成的影响，将农业劳动力占劳动力总数的比重作为评估退耕还林效益的指标，具体计算公式如下：

$$C_{18}=\frac{L_{农业}}{L} \tag{9-16}$$

式中，C_{18}为人口构成指标；$L_{农业}$为农业劳动力数量；L为系统内劳动力总人数。

(6)耕地质量

通过退耕还林(草)工程的实施，大于 25°以上的陡坡地和低产、不适宜耕作的土地被要求进行植被恢复，剩余的耕地应该是产量水平相对较高、灌溉和设施条件较好的耕地，退耕流域内耕地的质量和水平对反映农林复合系统综合效益具有重要意义。因此选择旱涝保收耕地面积占总耕地面积的比例来反映退耕流域的耕地质量 C_{19}，其中旱涝保收耕地是指具有较好的水利设施或者靠近道路易于灌溉、生产条件较好、产量较高的农田，在陕北黄土丘陵区一般位于沟谷或者塬顶。

(三)评价数据来源和指标水平测算

1. 评价数据来源

针对陕北黄土丘陵区典型退耕流域农林景观配置模式的综合效益评价包含 19 项具体指标，需要观测的数据量比较复杂，尤其是生态效益中涉及的指标难以通过简单的调查获得，因此研究希望通过多种方法获取广泛数据，对不同土地利用类型各项效益表现进行综合分析，获得其变化规律，可以作为未来采用相似方法进行评估的参考，也为本研究综合评价系统提供数据支持。因此，对典型流域进行评价时采用的数据主要的来源有 3 个方面。

(1)试验研究测定

本研究在陕北黄土丘陵沟壑区选择不同植被和年限的固定样地，结合杨改河教授课题组研究选择的样地，共 40 余个样地，进行不同土地利用方式下的不同农林景观和土地利用方式生态效益指标，包括土壤理化性质(水分、容重、pH、有机碳、全氮、全磷、微生物碳、微生物氮、微生物磷、碱解氮、速效磷、速效钾等)、土壤呼吸、植被群落结构和物种多样性(植被生物量、盖度、高度、丰富度、多样性等)。同时在陕北黄土丘陵沟壑区建立了 30 个不同植被类型、不同立地类型的水土流失定位观测坡面径流场，用于监测不同植被下水蚀防控效应。试验研究数据为评估陕北黄土高原退耕还林(草)工程效应提供了有力的数据支持。

(2)研究区实地调研

本研究分别于 2014 年 1～2 月和 2014 年 11 月～2015 年 1 月在陕北黄土丘陵区典型退耕流域进行实地调研，同时培训家庭位于黄土高原地区的 40 余名农学专业学生在其所在地开展了关于退耕还林农户社会经济效益和农户意愿调查，主要数据内容包括农户家庭基本情况(人口、劳动力、教育程度等)、退耕还林对农户家庭生活和环境的影响、农户对退耕还林(草)工程的认识和态度、参与及后续退耕还林的意愿、对退耕还林(草)工程的评价等共 87 个相关指标和问题；同时调查了退耕前(1998 年)、后(2014 年)农户家庭经济收入和支出情况、农业投入和产出、土地利用类型等共 72 项指标。实地调查数据为评估退耕还林实施后流域农林复合系统社会经济效益提供了充足的数据和支持。

(3)统计和研究数据查询和收集

在实际研究和调研之外，为了使获得的数据具有更好的代表性和科学性，研究通过 CNKI 和 Webof Science 数据库检索，查询了 2010～2016 年发表的有关黄土高原地区退耕还林(草)工程研究文献，从中筛选出测定植被恢复后地上生物量、植被群落盖度、生物多样性、水土流失、土壤有机质或有机碳(0～20cm)、土壤容重、土壤水分或储水量、生态系统固碳等方面的文献。

在筛选中遵循以下原则：研究对象必须是退耕还林人工植被或自然恢复的植被，不属于林场管护区域；研究的试验设计必须包含重复；样地类型和基础条件描述清楚；研究水土流失、土壤理化性质方面的文献必须包含耕地对照，水分需至少包含 0～100cm 土层；同一研究学者或同一课题组发表的相近样地和数据文献选择较全面的采用，其余舍弃。根据以上原则，研究共筛选出 64 篇中文期刊文献和 20 篇英文期刊文献，涉及黄土高原区内陕甘晋高原和山西高原的 66 个样点。

对检索获得的文献进行整理，制定数据收集表格，对文献中的研究数据进行提取，不详尽的数据通过联系作者进行完善。通过图片形式展示的数据利用 GetData Graph Digitizer (version 2.24, Russian Federation)软件进行提取。对研究条件接近但不完全统一的进行适当调整，借鉴赵发珠(2015)的研究，土壤层次 0～15cm 的视为等同于 0～20cm；利用 0 ～10cm 和 10～20cm 土层指标平均值作为 0～20cm 土层指标；对数据单位进行统一，整理形成数据库，结合实际研究得到的指标数据，计算各个典型流域评估所需指标，保证了获得的数据在黄土丘陵区典型流域评估中具有良好的科学性和合理性。

2. 指标水平测算

通过文献搜集、实地调研和试验研究获取的各指标原始数据均为含有对应单位的量纲数据，无法直接进行比较，需要通过数据变化进行标准化获得可以计算的指标水平；此外，指标数据存在正向和反向问题，如植物多样性、经济效益都是越大越好，而土壤侵蚀量、景观破碎指数却是越小越好，需要在计算时对数据进行正向化处理。因此，研究采用隶属度函数的方法对各类指标进行计算，得到各项指标的水平用于评价计算。对于正向(越大越好)的数据采取升半梯形分布函数进行标准化；对于反向(越小越好)的数据采取降半梯形函数进行标准化。在 19 项评价指标中反向指标包括土壤侵蚀模数、农业投入产出比例、景观破碎度指数、农业收入比重、农业劳动力比例 5 项，其他均为正向指标。

根据对现有研究资料的整理和实际进行的调研(涉及 21 个小流域或行政村)，确定研究指标体系中各项指标范围，并对小流域指标进行了计算，得到陕北黄土丘陵区小流域评价指标的参照值，见表 9-2。

表 9-2 各项评价指标参照值

指标类别	评价指标	最优	最差	参照来源
生态效益	生态系统生产力 C1	98.44	4.19	按照流域内全部恢复为乔木林地(生态表现最优)计算得到
	植被覆盖程度 C2	65.00	39.78	
	生物多样性 C3	4.90	0.00	
	水源涵养 C4	1 339.16	998.84	
	减少侵蚀 C5	1.12	23.13	
	土壤保育 C6	9.35	3.08	
	生态系统固碳 C7	102.37	13.44	
	植被氧气释放 C8	1 440.00	862.24	
经济效益	农民收入 C9	10 000	3 000	陕西省水平和实际调研
	农业产值 C10	150 000	30 000	实际调研
	农业生产效率 C11	0.20	0.50	实际调研
	劳动力生产效率 C12	10 000	3 000	实际调研
社会效益	粮食生产能力 C13	600	200	联合国粮食及农业组织标准
	耕地压力 C14	0.70	0.00	实际调研
	农户态度 C15	0.80	0.10	退耕还林目标
	生态景观指标 C16	10.00	80.00	实际调研
	第一产业比重 C17	0.20	0.60	实际调研和钱纳里标准
	人口构成 C18	0.40	0.80	实际调研
	耕地质量 C19	1.00	0.00	实际调研

为了使计算得到的指标水平更加符合陕北黄土丘陵区实际情况，研究根据研究区条件和研究区社会调研数据中不同流域的最优和最差水平作为指标的主要参照值，根据现有资料进行适当调整后使用。其中，生态效益指标最优值参照值按照将退耕流域内的所有土地全部恢复为乔木林地得到，根据第四章研究和现有研究资料，乔木林地恢复后在大多数指标上表现优于灌木和草地等其他土地利用方式；最差指标按照研究流域实际测定中得到的不同生态恢复类型和耕地中最差的指标计算得到。陕北地区，尤其是陕北黄土高原农村在陕西省属于经济相对落后的区域，其经济增长速度较为缓慢，因此经济指标中农民收入、农业产值、农业生产效率、劳动力生产效率等经济指标均按照陕西省标准和实际调研得到的结果适当调整后取整数得到，粮食生产能力中人均粮食产量以联合国粮食及农业组织确定的人均 400kg 粮食供应量上下浮动 50%作为最优和最差值。社会效益中农户态度根据调研实际，以 80%的农户表示非常支持退耕还林作为最优，而支持度小

于10%作为最差值。生态景观指标最优值以景观破碎度最低，考虑到景观类型的多样化，取10作为最优值。第一产业比重采用钱纳里标准21.18%作为参照，取20%为最优值，最差值取调研最高值的120%。人口构成以在陕北地区实际调研的不同地区流域最高和最低值取整作为标准。耕地质量以全部耕地均为旱涝保收耕地为最优即100%，没有旱涝保收田为最差，取值为0。

第二节　评价模型

一、评价指标的权重

本研究选择层次分析法构建评价模型。依据已经建立的评价指标体系，按照层次分析法的要求设计专家打分表，邀请从事生态恢复、荒漠化治理、退耕还林服务功能评价、流域治理、农业区域发展等领域研究的12名专家为各个指标打分以确定指标权重，打分标准依据层次分析法1～9级打分标准，采用指标两两比较相对重要性打分的方法。

考虑到退耕还林(草)工程在实施过程中，最主要的任务是开展生态治理，但是同时也需要与调整农村产业结构、发展农村经济相结合，不同发展水平和基础条件的小流域农林复合系统在发展方向上可能存在差异，研究要求专家在打分的时候针对系统发展侧重系统内农户经济效益提高和侧重生态环境治理两个方向分别进行打分，因而产生两套权重因子打分表。

收到专家反馈的打分表后，首先对每个专家的打分进行一致性检验，不能通过一致性检验的需要退还后重新打分或作为无效调查问卷处理，最终得到9份有效问卷。考虑到各个专家研究领域不同和认识偏差等，会出现部分异常数据，因此当所有的打分表均通过一致性检验后，采用Grubbs方法检查异常值，在$P=0.01$下进行显著性检验，并舍去异常值；然后利用算数平均数的方法，求得所有问卷的综合打分值；最后通过层次排序得到了陕北黄土丘陵区典型退耕流域农林景观配置模式综合评价指标体系中各指标的权重值，具体计算方法参照相关文献(冯永忠等，2014；孙艳红，2011)，最终获得的指标权重见表9-3和表9-4。

表9-3　以生态恢复为目标的综合评价指标权重

指标类别	权重	指标因素	权重	评价指标	权重	实际观测项目
生态效益	0.5977	植被恢复B1	0.2014	生态系统生产力C1	0.0344	地上生物量
				植被覆盖程度C2	0.1007	植被盖度指数
				生物多样性C3	0.0664	物种丰富度指数
		水土保持B2	0.3156	水源涵养C4	0.0536	土壤蓄水量
				减少侵蚀C5	0.1755	土壤侵蚀模数
				土壤保育C6	0.0865	土壤有机质含量

续表

指标类别	权重	指标因素	权重	评价指标	权重	实际观测项目
生态效益	0.5977	固碳释氧 B3	0.0807	生态系统固碳 C7	0.039	生态系统碳固定指数
				植被氧气释放 C8	0.0418	单位面积氧气释放量
经济效益	0.2063	经济收入 B4	0.1632	农民收入 C9	0.0995	年人均纯收入
				农业产值 C10	0.0638	单位面积农业总产值
		生产效率 B5	0.0431	农业生产效率 C11	0.0153	农业投入产出比例
				劳动力生产效率 C12	0.0278	单位劳动力年产值
社会效益	0.196	粮食安全 B6	0.1262	粮食生产能力 C13	0.0871	人均粮食产量
				耕地压力 C14	0.0391	人均耕地面积
		社会影响 B7	0.0228	农户态度 C15	0.0178	农户项目支持度
				生态景观指标 C16	0.0050	景观破碎度指数
		产业结构 B8	0.0469	第一产业比重 C17	0.0209	农业收入比重
				人口构成 C18	0.0057	农业劳动力比例
				耕地质量 C19	0.0203	旱涝保收耕地面积比例

表 9-4　以社会经济发展为目标的典型退耕流域农林景观配置模式综合评价指标权重

指标类别	权重	指标因素	权重	评价指标	权重	实际观测项目
生态效益	0.2028	植被恢复 B1	0.0499	生态系统生产力 C1	0.0071	地上生物量
				植被覆盖程度 C2	0.0255	植被盖度指数
				生物多样性 C3	0.0172	物种丰富度指数
		水土保持 B2	0.1260	水源涵养 C4	0.0167	土壤蓄水量
				减少侵蚀 C5	0.0772	土壤侵蚀模数
				土壤保育 C6	0.0321	土壤有机质含量
		固碳释氧 B3	0.0270	生态系统固碳 C7	0.0133	生态系统碳固定指数
				植被氧气释放 C8	0.0136	单位面积氧气释放量
经济效益	0.4411	经济收入 B4	0.2590	农民收入 C9	0.1685	年人均纯收入
				农业产值 C10	0.0905	单位面积农业总产值
		生产效率 B5	0.1821	农业生产效率 C11	0.0945	农业投入产出比例
				劳动力生产效率 C12	0.0876	单位劳动力年产值
社会效益	0.3561	粮食安全 B6	0.2127	粮食生产能力 C13	0.1408	人均粮食产量
				耕地压力 C14	0.0719	人均耕地面积
		社会影响 B7	0.0451	农户态度 C15	0.0242	农户项目支持度
				生态景观指标 C16	0.0210	景观破碎度指数
		产业结构 B8	0.0982	第一产业比重 C17	0.0284	农业收入比重
				人口构成 C18	0.0180	农业劳动力比例
				耕地质量 C19	0.0519	旱涝保收耕地面积比例

二、综合效益评价模型

为简化评价的结果和过程，本研究模型评价通过综合评价指数来对各配置模式方案进行评估，同时对各个因素分类也采取计算因素分指数来评估方案在各因素层面的优劣。综合评价指数 Q 的计算公式为

$$Q = \sum_{i=1}^{n} W_i P_i \tag{9-17}$$

式中，W_i 为第 i 个因素相对于总目标 A 的权重；P_i 为第 i 个因素因子标准化计算后的数值，即因素分指数，P_i 计算方法如下：

$$P_i = \sum_{i=1}^{n} w_i p_i \tag{9-18}$$

式中，w_i 为该因素层下第 i 个指标的权重值；p_i 为该因素层下第 i 个指标的标准化值。

计算综合评价指数 Q 和各因子分指数 P_i 后，利用 Q 对比各典型流域配置模式的综合评价结果，Q 越大，配置模式越好；利用 P_i 评价各配置模式下不同效益分项的评价结果，P_i 值越大，该项指标表现越好。

三、综合评价的等级标准

根据建立的综合效应评价体系和评价模型对流域农林景观配置模式进行评价，得到综合评价指数，为了更加直观和明确地显示出不同景观配置模式的优劣水平，需要将评价得到的综合评价指数进行等级划分。根据构建的评价体系和评价模型，综合评价指数越高说明效果越好，反之则越差。

已有研究针对评价结果等级划分多使用几何等级、分位数或经验划分的方法（孔忠东等，2007；赖亚飞等，2006；王丹丹等，2010），但缺乏对研究得到结果的针对性等级划分。本研究根据对 5 个典型流域综合评价和各项要素分别评价的评价指数，获得包括 120 个数据的评价结果数据库，为了等级划分能够更加科学合理，而且符合研究实际，利用自然间断点分级法（Jenks natural breaks classification）对获得的数据进行 1～7 级等级划分（Jenks，1967；North，2009），数据序列见图 9-2，划分结果见表 9-5。该方法基于对数据进行聚类，获得的分组组间方差最大、组内方差最小，符合本研究的需要。

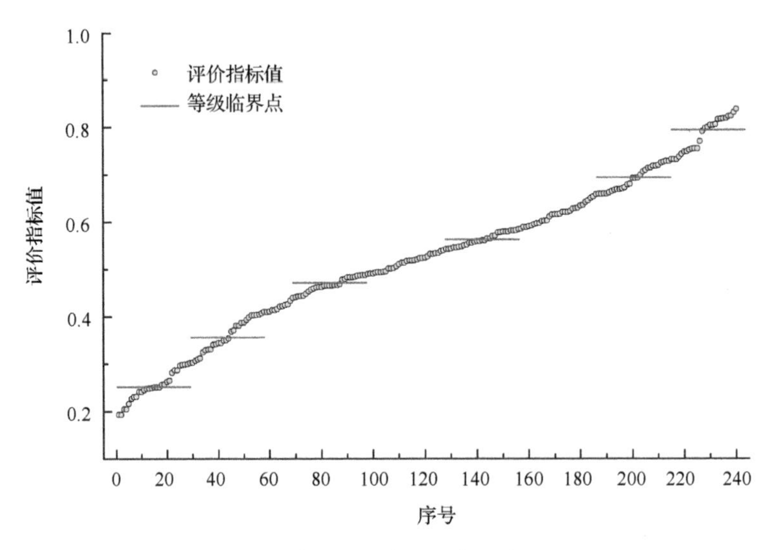

图 9-2　等级划分序列和等级临界值

表 9-5　评价等级划分标准

评价等级	综合评价指标范围	综合效应情况
1	$F>0.79$	非常好
2	$0.69<F\leqslant 0.79$	很好
3	$0.56<F\leqslant 0.79$	较好
4	$0.47<F\leqslant 0.56$	一般
5	$0.36<F\leqslant 0.47$	较差
6	$0.25<F\leqslant 0.36$	很差
7	$F\leqslant 0.25$	极差

第三节　陕北黄土丘陵沟壑区典型退耕流域农林景观配置模式评价

利用构建的评价指标体系和评价模型，基于实际研究测定和社会经济效益调查数据，对研究涉及的 5 个典型退耕流域农林景观配置模式进行了评价，通过评价结果的分析，发现当前典型流域配置模式存在的问题，为后续进行优化和改善提供依据。

一、评价结果及分析

研究选取安塞县五里湾流域、米脂县高西沟流域、宝塔区庙咀沟流域、宜川县交子沟流域和吴起县金佛坪流域作为典型流域。通过观测点试验测定、典型流域农户社会经济调查、现有文献整理分析等方式，获得了5个典型流域生态和社会经济发展现状数据，按照前文所述的指标计算公式计算得到各项指标值，见表9-6；然后按照指标数据标准化方法对数据进行标准化，各项指标标准化结果见表9-7。

表9-6　典型退耕流域评价指标数据

指标类别	指标因素	指标	五里湾	高西沟	庙咀沟	交子沟	金佛坪
生态效益	植被恢复B1	C1	38.56	43.00	40.65	44.51	26.56
		C2	50.53	46.96	48.60	48.80	49.68
		C3	3.90	2.83	3.53	3.15	4.23
	水土保持B2	C4	1 197.89	1 096.19	1 123.21	1 125.45	1 209.25
		C5	5.78	7.38	4.88	5.70	5.16
		C6	7.09	6.19	6.96	6.65	7.18
	固碳释氧B3	C7	59.16	53.69	59.98	58.33	55.21
		C8	1 011.10	996.19	992.17	1 024.55	944.69
经济效益	经济收入B4	C9	6 394.46	7 865.47	5 667.98	4 658.89	5 116.58
		C10	96 980.03	131 926.61	46 725.65	56 395.14	32 699.30
	生产效率B5	C11	0.21	0.25	0.33	0.38	0.25
		C12	4 045.06	6 904.35	3 904.73	4 905.84	3 394.79
社会效益	粮食安全B6	C13	504.33	603.18	336.63	536.45	344.85
		C14	0.72	0.15	0.05	0.10	0.01
	社会影响B7	C15	0.35	0.46	0.35	0.40	0.30
		C16	20.27	35.23	62.27	32.14	20.41
	产业结构B8	C17	0.20	0.32	0.35	0.24	0.16
		C18	0.43	0.63	0.49	0.56	0.56
		C19	0.24	0.68	0.28	0.43	0.18

表 9-7　典型退耕流域评价指标标准化数据

指标类别	指标因素	指标	五里湾	高西沟	庙咀沟	交子沟	金佛坪
生态效益	植被恢复 B1	C1	0.37	0.41	0.39	0.43	0.25
		C2	0.43	0.28	0.35	0.36	0.39
		C3	0.80	0.58	0.72	0.64	0.86
	水土保持 B2	C4	0.58	0.29	0.37	0.37	0.62
		C5	0.79	0.72	0.83	0.79	0.82
		C6	0.75	0.49	0.62	0.57	0.65
	固碳释氧 B3	C7	0.51	0.45	0.52	0.50	0.47
		C8	0.31	0.25	0.26	0.31	0.22
经济效益	经济收入 B4	C9	0.48	0.70	0.38	0.24	0.30
		C10	0.56	0.85	0.14	0.22	0.02
	生产效率 B5	C11	0.88	0.74	0.51	0.35	0.75
		C12	0.15	0.56	0.13	0.27	0.06
社会效益	粮食安全 B6	C13	0.75	1.00	0.34	0.83	0.36
		C14	1.00	0.21	0.07	0.13	0.01
	社会影响 B7	C15	0.36	0.51	0.35	0.44	0.29
		C16	0.85	0.64	0.25	0.68	0.85
	产业结构 B8	C17	0.87	0.61	0.55	0.77	0.96
		C18	0.74	0.34	0.63	0.49	0.49
		C19	0.24	0.68	0.28	0.43	0.18

利用构建的指标评价体系和评价指标模型，计算 5 个流域不同指标要素、不同指标类别及综合评价指数，并根据评价等级划分对其评价，根据发展方向不同，评价结果分为以生态恢复为主(表 9-8)和以社会经济发展为主(表 9-9)。

表 9-8　侧重生态恢复的典型流域综合评价结果

	项目	五里湾	高西沟	庙咀沟	交子沟	金佛坪
指标类别	生态效益	0.630	0.490	0.579	0.559	0.612
	经济效益	0.491	0.727	0.281	0.245	0.216
	社会效益	0.729	0.693	0.310	0.595	0.344
指标要素	植被恢复	0.539	0.403	0.479	0.465	0.523
	水土保持	0.744	0.582	0.692	0.659	0.738
	固碳释氧	0.410	0.350	0.387	0.404	0.341
	经济收入	0.514	0.755	0.287	0.230	0.193
	生产效率	0.407	0.621	0.262	0.299	0.302

续表

	项目	五里湾	高西沟	庙咀沟	交子沟	金佛坪
指标要素	粮食安全	0.831	0.754	0.257	0.617	0.250
	社会影响	0.469	0.538	0.329	0.490	0.410
	产业结构	0.582	0.604	0.443	0.589	0.565
综合评价		0.621	0.579	0.465	0.502	0.478
评价等级		较好	一般	较差	一般	一般

表 9-9 侧重社会经济发展的典型流域综合评价结果

	项目	五里湾	高西沟	庙咀沟	交子沟	金佛坪
指标类别	生态效益	0.636	0.501	0.592	0.570	0.621
	经济效益	0.514	0.728	0.302	0.248	0.249
	社会效益	0.732	0.681	0.298	0.579	0.330
指标要素	植被恢复	0.545	0.403	0.483	0.466	0.533
	水土保持	0.752	0.602	0.714	0.679	0.748
	固碳释氧	0.410	0.351	0.388	0.404	0.342
	经济收入	0.511	0.749	0.297	0.231	0.205
	生产效率	0.527	0.651	0.324	0.312	0.416
	粮食安全	0.838	0.732	0.249	0.597	0.241
	社会影响	0.591	0.571	0.306	0.552	0.550
	产业结构	0.518	0.597	0.425	0.543	0.466
综合评价		0.617	0.658	0.369	0.442	0.381
评价等级		较好	较好	较差	较差	较差

结果显示 5 个典型退耕流域农林景观配置模式效益评价综合指数和各类指标要素指数差异均较大，从侧重生态恢复同时兼顾社会经济发展的角度，5 个流域发展模式总体评价的综合评价指数依次为五里湾＞高西沟＞交子沟＞金佛坪＞庙咀沟，其中仅五里湾流域评价等级为“较好”，庙咀沟为“较差”，其他 3 个流域均为“一般”。从三大指标类别评价指数看，生态、社会和经济类指标评价指数最高的分别为五里湾、高西沟和五里湾；虽然金佛坪流域生态恢复程度最高，但是由于较低的社会经济效益导致该流域综合评价结果较差。

从侧重社会经济均衡发展同时兼顾生态恢复的角度，5 个流域发展模式的综合评价指数依次为高西沟＞五里湾＞交子沟＞金佛坪＞庙咀沟，其中，高西沟和五里湾评价等级为“较好”，其他 3 个流域发展评价等级为“较差”，但交子沟和庙咀沟综合评价指数差异较大；生态、社会和经济类指标评价指数最高分别为五里湾、高西沟和五里湾。

为了更加充分地利用评价结果揭示 5 个典型退耕流域农林景观配置模式发展现状，结合流域土地利用类型对其单独进行分析。

1) 五里湾流域：该流域在从生态恢复和社会经济发展角度评价中综合评价指数均较高，说明整体发展较为良好。流域内植被面积比例达到 87.81%，仅次于金佛坪流域，但是植被地中草地面积仅占 35.65%，远远小于金佛坪流域(45.62%)，这也是导致其生态效益评价优于金佛坪流域的原因。虽然流域内耕地和果园面积仅占 8.28%且主要为耕地，但是由于该流域人口较少，资源人均占有量大，而且耕地相对集中，具有相对较好的社会经济效益。因此该流域综合评价指数较高。

2) 高西沟流域：该流域治理时间较长，已经形成基本固定的农林景观配置，耕地和果园面积所占比例较大(占 28.08%)，因此该流域社会经济类指标发展均优于其他流域。然而较小的流域面积和植被覆盖度(65.57%)导致该流域生态效益低于其他流域，尤其是农田的严重侵蚀导致该流域水土流失评价指数极低，影响了生态效益评价结果，说明社会经济发展的同时还伴随着较严重的生态问题。但流域在流域出口处修建有一座水库，该水库对流域内的径流予以汇集，泥沙得以沉积，因而实际上流域内泥沙输出量不大，这一点在评价中未予以考虑。

3) 庙咀沟流域：该流域在 5 个流域评价中综合评价指数均较低，分析各类评价指标要素看出，该流域生态类指标要素得分在 5 个流域中位于第三，但是社会经济指标严重低于其他流域。虽然该流域拥有较大比例的果园和耕地，但因该流域人口密度较大(31 人/km^2)，仅次于高西沟，人均资源占有量有限，流域整体发展水平低于高西沟。此外，人口中农业劳动力比重较大，过度依赖农业生产导致该流域内农民经济收入并不高，因此社会经济效益较低，从而导致该流域综合评价指数最低。

4) 交子沟流域：该流域是 5 个评价流域中面积最大的流域，但从生态和社会经济发展角度综合评价指数均较低。该流域果园面积较大，占流域面积的 20%～30%，但由于流域内人口较多，人均资源面积有限，此外调查发现由于流域平坦耕地较多，农户更倾向于农业生产，因此农业收入比重较大，但农民纯收入和单位面积产值远远低于其他流域，导致评价中经济收入和产业结构指标均低于其他流域。虽然流域内有较大面积的恢复植被，但是其形成的生态效益被耕地和果园中和后降低，导致整体评价指数较低。

5) 金佛坪流域：该流域植被恢复比例最大，达到 97.23%，植被恢复带来植被覆盖、水土保持效益的显著增加，但是由于该流域植被恢复地中草地面积比较大，占植被面积的 45.62%，因此其固碳释氧效益远远低于森林为主的其他流域，从而导致整体生态效益低于五里湾，尽管如此其生态效益也远远高于其他流域。然而大量植被恢复导致流域内耕地面积严重减少，尤其影响到流域粮食安全、产业结构等，实际上该流域农业生产规模已经很小，且现有人口都已经转向其他行业，农业用地面积不足 1%。由于较低的社会经济效益降低了该流域综合评价指数。

二、典型退耕流域农林景观配置模式存在的问题

通过对 5 个典型退耕流域农林景观配置模式进行综合效益评价，并结合基于调查资料的土地利用和发展状况进行分析，发现虽然个别流域综合表现在 5 个流域评价中较为突出，或在某一方面较为突出，但是整体来看不同流域发展还存在一些问题。结合流域土地利用类型状况和发展特征，对存在的问题进行分析，为提出更加具有针对性的优化措施和途径提供依据和基础。

1) 典型流域土地利用类型均为自然形成，缺乏科学合理的整体规划和治理方案。虽然 5 个流域都按照退耕还林(草)工程的要求，将大多数陡坡耕地和低产耕地进行了植被恢复，但是恢复过程中均为农户根据家庭土地状况进行上报和退耕，而且恢复方式和树种并不统一，因而形成的植被恢复地破碎化严重，斑块面积很小，影响恢复植被的生态效益发挥。

2) 流域生态和社会经济发展水平不协调，单方面发展严重。金佛坪和高西沟两个流域的治理分别在生态效益和社会效益发展方面产生了远远高于其他流域的效益，但是金佛坪流域的社会经济发展却十分有限，而高西沟流域由于大量农田和果园导致的水土流失严重影响了其生态效益，虽然综合来看这两个流域的评价指数较高，但在实际发展中存在严重的不均衡。因此对于类似于金佛坪流域这类农业发展十分有限的完全生态恢复流域，可以适当考虑通过流域内农户搬迁，全部进行植被恢复以提高区域整体生态恢复效果。

3) 高水平农田比例小，影响农业产业发展。以五里湾流域为例，现有农田面积占流域面积的 7.58%，但受地形条件约束，该流域沟道很窄，主要耕地均位于山上，坡度依然较大，甚至还有陡坡耕地，76%的耕地没有灌溉条件只能依靠自然降水。这些耕地在带来严重水土流失影响生态治理效果的同时，却并没有带来很好的经济效益带动农民发展，仅仅是农户为保存自家口粮而留，产量十分有限。

4) 人口压力导致区域资源压力巨大，影响流域整体恢复效果。研究的 5 个流域所在县(区)平均人口密度达到 74.95 人/km^2，但实际上在生态治理的小流域内，超过 30 人/km^2 已经表现出资源压力较大的情况。例如，庙咀沟流域耕地面积有限，其人口密度 31 人/km^2，但是人均耕地面积仅 0.05hm^2，人均粮食产量不足 400kg，远远低于其他流域，严重影响了区域发展。

5) 低效的传统农业影响了农林复合系统发展。研究的 5 个流域中大部分农户耕地所种植的作物主要为传统的玉米、谷子、糜子、荞麦等，所产粮食主要用于供给自家口粮，产品的商品化程度较低，因而从土地获得的经济收入也有限。研究流域中除金佛坪流域外其他流域均有较大面积的果园，主要种植苹果，但是由

于缺乏科学的管护技术，许多果园的苹果品质和产量并不好，市场价格较低，影响了单位面积农田产出效益，也不利于流域社会经济发展。

6) 树种布局不合理，管护技术不到位，低效林地影响恢复效益。当前系统内建成林地缺乏有效的管护，虽然政府给予了管护费用，但是大多数建成林地依然没有管理措施，甚至遭到破坏，低效林地比例较大。造林往往从方便的地方开始，靠近公路的地方植被往往较好；相对较远处适宜栽植乔灌树种，但是撂荒农田面积比例较大，影响了整体的生态效益提升。部分流域树种布局不合理，如侧柏、油松等常青树种栽植在苹果园附近，导致果园病虫害容易越冬而造成果园毁园，影响了系统内的整体治理效果。

7) 劳动力转移程度有限，对系统社会经济发展带动不够。研究的 5 个流域（五里湾、高西沟、庙咀沟、交子沟、金佛坪）中农业劳动力占总劳动力比例分别为 43%、63%、29%、56%、56%，农业劳动力比例除庙咀沟外都超过了 40%。黄土丘陵地区农业产业的投入产出效益有限，严重影响劳动力生产效率，而由于退耕还林导致农田面积减小后，大量劳动力剩余。尽管调查结果显示家庭劳动力外出务工可以显著增加家庭经济收入但退耕流域内仍有大量劳动力留守农村，劳动力转移程度不够降低系统内社会经济发展水平，从而影响农林复合系统整体治理效果。

参考文献

冯永忠, 邓健, 廖允成. 2014.埃及尼罗河三角洲农作制调查研究. 北京：中国农业出版社.

巩杰, 陈利顶, 傅伯杰, 等. 2004. 黄土丘陵区小流域土地利用和植被恢复对土壤质量的影响. 应用生态学报, (12): 2292-2296.

巩杰, 赵彩霞, 谢余初, 等. 2014. 基于景观格局的甘肃白龙江流域生态风险评价与管理. 应用生态学报, (07): 2041-2048.

何家理, 支晓娟. 2008. 秦巴山区退耕还林效益评价研究——以陕南三市为例. 生态经济(学术版), (02): 22-27.

侯军岐, 张社梅. 2002. 黄土高原地区退耕还林还草效果评价. 水土保持通报, (06): 29-31.

焦峰, 温仲明, 焦菊英, 等. 2006. 黄丘区退耕地植被与土壤水分养分的互动效应. 草业学报, (02): 79-84.

孔忠东, 徐程扬, 杜纪山. 2007. 退耕还林工程效益评价研究综述. 西北林学院学报, (06): 165-168.

赖亚飞, 朱清科, 张宇清, 等. 2006. 吴旗县退耕还林生态效益价值评估. 水土保持学报, (03): 83-87.

赖亚飞, 朱清科. 2009. 黄土高原丘陵沟壑区退耕还林(草)工程实施综合效益评价——以陕西省吴起县为例. 西北林学院学报, (03): 219-223.

雷敏, 曹明明, 郗静. 2007. 米脂县退耕还林的综合效益评价与政策取向. 水土保持通报, (03): 151-156.

李敏, 姚顺波. 2016. 退耕还林工程综合效益评价. 西北农林科技大学学报(社会科学版), (03): 118-124.

李正国, 王仰麟, 张小飞. 2005. 陕北黄土高原景观破碎化及其土壤裸露效应. 生态学报, 25(3): 421-427.

刘二伟, 赵艺学. 2011. 山西省西山地区退耕还林效益评价. 水土保持通报, (03): 185-189.

刘江华, 刘国彬, 侯禧禄, 等. 2008. 刺槐林地土壤水分与林下植物群落生物量的关系. 水土保持学报, (03): 43-46.

刘军利, 秦富仓, 岳永杰, 等. 2013. 内蒙古伊金霍洛旗风沙区退耕还林还草生态效益评价. 水土保持研究, 20(05):104-107.

马海芸, 雍雅明, 刘宗盛. 2012. 干旱半干旱区退耕还林还草工程效益综合评价——以榆中县为例. 草业科学, (09): 1359-1367.
马祥华, 白文娟, 焦菊英, 等. 2004. 黄土丘陵沟壑区退耕地植被恢复中的土壤水分变化研究. 水土保持通报, (05): 19-23.
饶日光, 张琳, 王照利,等. 2013. 陕西省退耕还林工程固碳释氧服务功能评价. 西北林学院学报, (04): 249-254.
宋大刚, 潘开文. 2015. 我国退耕还林工程生态效益评价的研究进展. 四川林业科技, (03): 45-49.
孙艳红. 2011.延庆县小流域综合治理模式及效益评价研究. 北京林业大学硕士学位论文.
王丹丹, 吴普特, 赵西宁. 2010. 黄土高原退耕还林(草)效益评价研究进展. 西北林学院学报, (03): 223-228.
王力, 邵明安. 2004. 黄土高原退耕还林条件下的土壤干化问题. 世界林业研究, (04): 57-60.
肖庆业, 陈建成, 张贞. 2014. 退耕还林工程综合效益评价——以我国 10 个典型县为例. 江西社会科学, (02): 220-224.
杨改河, 王得祥, 冯永忠. 2008. 江河源区生态环境演变与质量评价研究. 北京: 科学出版社.
姚盼盼, 温亚利. 2013. 河北省承德市退耕还林工程综合效益评价研究. 干旱区资源与环境, (04): 47-53.
尹少华, 朱玉雯, 尹峰. 2008. 退耕还林工程综合效益评价指标体系研究——湖南省案例. 林业经济, (05): 29-32.
张超, 刘国彬, 薛萐, 等. 2011. 黄土丘陵区不同植被类型根际土壤微团聚体及颗粒分形特征. 中国农业科学, (03): 507-515.
张晓, 高海清, 郭东敏, 等. 2010. 层次分析法在陕北退耕还林可持续发展影响因子评价中的应用. 水土保持通报, (05): 147-151.
张肖林, 李勇, 于寒青, 等. 2016. 黄土区退耕草地合理放牧可减少土壤 CO_2 排放和土壤侵蚀. 植物营养与肥料学报, (04): 988-997.
赵发珠. 2015.黄土丘陵区退耕植被土壤C、N、P化学计量学特征与土壤有机碳库及组分的响应机制. 西北农林科技大学博士学位论文.
周红, 周军, 张晓珊, 等. 2007. 贵州省退耕还林工程社会经济效益阶段评价研究. 贵州林业科技, (02): 1-6.
An S, Darboux F, Cheng M. 2013. Revegetation as an efficient means of increasing soil aggregate stability on the Loess Plateau (China). Geoderma, 209–210(0): 75-85.
Deng J, Sun P, Zhao F, et al. 2016. Analysis of the ecological conservation behavior of farmers in payment for ecosystem service programs in eco-environmentally fragile areas using social psychology models. Science of the Total Environment, 550:382-390.
Fu B, Chen L, Ma K, et al. 2000. The relationships between land use and soil conditions in the hilly area of the loess plateau in northern Shaanxi, China. Catena, 39(1): 69-78.
Gong J, Chen L, Fu B, et al. 2006. Effect of land use on soil nutrients in the loess hilly area of the Loess Plateau, China. Land Degradation & Development, 17(5): 453-465.
Jenks G. 1967. The data model concept in statistical mapping. International Yearbook of Cartography, 7: 186-190.
Jian D, Sun P, Zhao F, et al. 2016. Soil C, N, P and its stratification ratio affected by artificial vegetation in subsoil, Loess Plateau China. PLos One, 11(3): e151446.
Lin Y, Yao S. 2014. Impact of the sloping land conversion program on rural household income: an integrated estimation. Land Use Policy, 40(1): 56-63.
North M A. 2009. A method for implementing a statistically significant number of data classes in the Jenks algorithm,. 2009. IEEE, 2009.
Peng H, Cheng G, Xu Z, et al. 2007. Social, economic, and ecological impacts of the Grain for Green project in China: A preliminary case in Zhangye, Northwest China. Journal of Environmental Management, 85(3): 774-784.

Ren C, Zhao F, Kang D, etal. 2016. Linkages of C:N:P stoichiometry and bacterial community in soil following afforestation of former farmland. Forest Ecology & Management, 376:59-66.

Ren Y, Lü Y, Fu B, et al. 2017. Biodiversity and Ecosystem Functional Enhancement by Forest Restoration: A Meta-Analysis in China: Restoration of Biodiversity and Functions in China's Forests. Land Degradation & Development, 28(7):2728.

Song X, Peng C, Zhou G, et al. 2014. Chinese Grain for Green Program led to highly increased soil organic carbon levels: A meta-analysis. Scientific Reports, 4: 4460.

Yao S, Guo Y, Huo X. 2009. An Empirical Analysis of the Effects of China's Land Conversion Program on Farmers' Income Growth and Labor Transfer. Berlin: Springer Netherlands.

Zhao F, Chen S, Han X, et al. 2013. Policy-guided nationwide ecological recovery: soil carbon sequestration changes associated with the Grain-to-Green Program in China. Soil Science, 178(10): 550-555.

Zhao F, Kang D, Han X, et al. 2015. Soil stoichiometry and carbon storage in long-term afforestation soil affected by understory vegetation diversity. Ecological Engineering, 74: 415-422.

第十章　陕北黄土丘陵沟壑区农林景观配置模式优化

在农林复合系统发展中，如何优化资源配置是个重要的问题。生态系统结构是指生态系统的构成要素，以及这些要素在空间和时间上的配置、物质和能量在各要素之间的转移循环途径。生态系统的结构决定着生态系统的功能和效应。农林复合生态系统的配置结构可分为物种结构、空间结构、时间结构和营养结构。农林复合模式的优化就是通过这 4 种结构的合理性、协调性调控完成的，是优化农林复合系统和提高生态经济社会功能及效应的关键。本章基于对 5 个典型退耕流域农林景观配置模式综合效益的评价结果，指出陕北黄土丘陵沟壑区流域景观配置模式存在的问题。根据对现有小流域治理和水蚀防控等措施研究的总结，结合研究调研中对相关措施实施效果和可行性的调查，提出陕北黄土丘陵区退耕流域农林景观配置模式整体优化途径和农林复合系统要素配置与综合服务功能提升途径；并利用提出的两类途径，对研究的 5 个流域农林景观配置现状进行优化，将优化前后的配置模式进行综合评价，验证了两类优化途径的可行性和合理性。

第一节　退耕流域农林景观配置模式整体优化途径

一、构建多层水土流失防控工程体系

减少水土流失是陕北黄土高原小流域农林景观布局优化最主要的目的之一，通过构建合理的水蚀防控工程体系，能够有效减少流域土壤侵蚀和向外输出泥沙。陕北黄土高原典型退耕流域农林景观配置模式中水土流失防控工程体系包含 3 个层次：梁峁塬面治理工程措施；坡面防控工程措施和沟坝拦蓄工程措施。

梁峁塬面是流域水土流失最上游的来源，位于小流域分水线顶部或流域坡面中部，一般分布有果园、农田等景观，部分流域内还有住宅生活区和道路景观。在景观配置模式优化过程和小流域综合治理过程中，主要通过建设水平沟垄、水平梯田、水平阶梯等工程设施防控农田和果园水土流失，有条件的地方可以建设蓄水窖、集水池等设施拦蓄径流和降水；同时在梁峁边建设林草防护带，加强径流就地下渗，泥沙就地沉积，减少对边坡的冲蚀。

坡面防控工程措施主要是在缓坡修建水平沟、水平阶、高垄窄幅梯田等，通过种植灌草，增加地表覆盖。黄土丘陵区小流域破碎沟谷边坡坡度一般较大，不适宜种植乔木和经济作物，可以通过修建鱼鳞坑等工程措施种植当地耐旱耐贫瘠的小灌木，如柠条、沙棘、狼牙刺等，也可以通过人工种草，辅助自然演替，增

加地表植被，提高坡面覆盖和抗侵蚀能力。

小流域支沟和主沟道是水土流失治理和拦蓄的最后一道屏障，不仅承担着流域内水土流失拦蓄和沉积的作用，还起到拦蓄和疏导洪水的作用。沟道又是流域内资源条件较好的区域，流域的基本农田大部分分布在沟道坝地。在治理过程强调防控和利用结合，在主沟道和支沟修建淤地坝，拦蓄和沉积泥沙，构造坝地，增加基本农田面积；有条件的地区可以修建水库和排洪沟拦蓄和疏导洪水；在基本农田、水库、坝地上游可采取生物措施，栽植防冲林草带，减小坡面径流对沟道产生的冲击。例如，高西沟流域通过在主沟道修建水库，在支沟修建淤地坝，取得了较好的拦截泥沙和构造坝地的效果。

二、优化农业产业结构

农业是提供农林复合系统内社会经济资源的基础产业，陕北黄土高原小流域农业产业主要包括种植业(粮食作物、蔬菜和果园)和畜牧养殖业(养羊和养牛为主)。种植业中耕地种植主要是当地传统粮食作物，如谷子、糜子、高粱、玉米、薯类、豆类等，南部地区还有小麦种植，农产品主要作为农户口粮，少量产品被用于销售，因而实际产生的经济效益较低；果园种植苹果、梨、红枣等，进入市场销售，但销售价格和规模受市场波动影响较大；畜牧业产品主要作为商品销售。整体来看，研究区域粮食种植业商品化程度较低，产品品质不高；果树种植效益高于粮食产业，但是特色和高端产品较少，产品和规模缺少合理规划，对当地资源潜力开发不够；养殖业规模有限，不具备大规模发展的条件。在农林景观配置模式优化过程中，需要对当地种植业根据区域资源条件进行调整，如米脂的高西沟流域，该区域小米在全国杂粮市场具有较好的口碑和知名度，可以结合区域产业发展，适当扩大小米种植规模增加产品商品化程度，提高经济收入；庙咀沟流域靠近延安市区，由于延安市区对蔬菜和新鲜水果需求量较大，可以考虑种植一定面积的蔬菜，提高农田产出。

三、林草布局优化

乔灌林地和草地是流域内最主要的景观要素，构成了流域内的生态防护网络，在陕北黄土丘陵沟壑区流域水土流失治理中发挥着重要的作用。不同的林草种类对不同立地条件的适应性并不相同，如乔木树种往往由于较大的蒸腾和耗散量，需要生长在具有一定水分条件的位置，干旱条件可能导致乔木林地生长状态不佳形成低效林地甚至林木死亡，也会导致土壤水分亏缺(王力和邵明安，2004)。草地在流域治理中适应性最强，适合生长在不同坡向、坡度和立地条件下，但是草地生态恢复效益往往低于乔灌林地。在实际流域生态治理过程中，由于缺乏科学合理的规划，形成的林草分布格局具有一定的随意性，研究区域内 5 个流域的林草布局结构中，部分流域草地比例过大，或者乔木林地位于干旱的阳坡，水分条件较差，林地生长状态不好。在农林景观配置模式优化过程中，需要对系统内林草布局进行优化和调整，本节根据观测得到的基础资料，结合张富(2008)、董彦丽(2013)关于黄土丘陵区恢复植被对位配置研究的成果，梳理出黄土丘陵区农林景观配置工程和植被对位配置图，见图10-1。

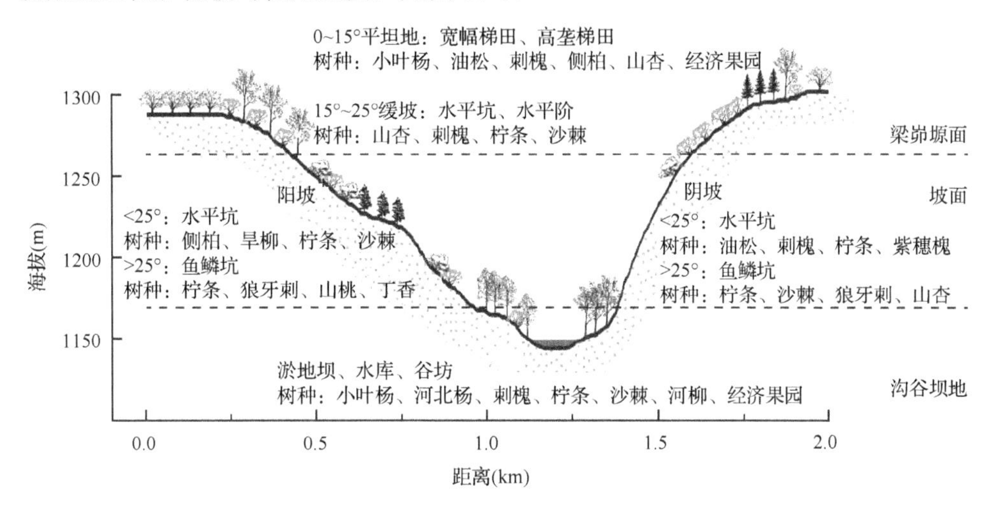

图10-1 黄土丘陵沟壑区退耕流域农林景观配置乔灌树种对位配置图

四、适度开发、提升社会经济效益

流域农林复合系统发展优劣的衡量不仅要看生态效益，还要兼顾农户经济收入、生活条件等社会经济效益。除了通过调整农业产业结构增加农民农业经济收入外，每个小流域根据其独特的区域位置、资源禀赋、人文特色、产业发展特色等都具有一定的开发潜力，在小流域农林复合系统优化过程中，要充分重视这些特色资源的开发。例如，高西沟流域通过开发乡村旅游和农家乐，利用流域内水库发展游览和垂钓等特色项目，在水资源相对匮乏的黄土高原地区很受欢迎，给当地农民带来了较高的经济收入，同时解决了当地一部分闲余的农业劳动力。在小流域治理和系统优化过程中，可以适当通过乡村旅游、地域文化产业、农家乐、特色产品开发等途径，充分利用当地自然和社会资源，带动区域农户社会经济发展。在开发过程中，要注意发展和保护相结合，不能因为资源开发而给当地生态环境带来较大压力或破坏。

五、加强管护措施，保障治理效果

农林复合系统中人为干扰是系统演变的主要驱动力。因此，通常可通过修建工程设施、植树造林辅助植被恢复等方式减少水土流失，但是人类不合理的干扰和活动会对农林复合系统生态效益造成严重破坏。对黄土丘陵区开展的社会经济调查结果显示，有 28.89%的农户有不同程度的林地复耕现象，林草植被的复耕破坏了已经建造的生态防护网络，对系统内的生态效益有严重影响。因此，在农林复合系统综合治理中，应该通过政府主导和政策宣传，增强农户对系统生态环境保护的认可程度，减少对系统的破坏；通过监督和监管手段，防止农户在建成林草地内散养放牧、乱砍滥伐、破坏林草植被。此外，已建成乔灌林地的管护是维持系统良好发展的重要举措，通过给系统内农民提供林地管护技术培训、病虫害防治宣传等手段，增强农民管护林地的技术，对提高系统内建成植被的可持续性具有重要作用。针对人口密度较大、资源条件有限的小流域，适当采取生态移民，减少人口对当地资源的压力，改善区域社会经济发展条件。

第二节　农林复合生态系统配置结构与功能提升途径

农林复合系统综合服务功能的提升，实际上就是对物种结构、空间结构、时间结构和营养结构的调控，从而使构成农林复合生态系统的诸多要素综合效益的提升。针对不同构成要素，其所承担的系统服务功能不同，因而提升途径和手段也有所不同。

一、生态林地

本节将典型流域的生态林地分为乔木林地、稀疏林地和灌木林地，3 种林地最主要的系统服务功能都是提供农林复合系统的生态服务功能，生态效益表现上乔木林地优于稀疏林地，稀疏林地优于灌木林地。因而在流域景观布局规划中，生态林地主要的优化途径有以下 3 种。

1. 低效林地改造

不同树种在不同立地条件下的生长状况不同，由于栽植时没有采取科学合理的布局，导致流域内许多林地不能很好地发挥生态保护的作用，或者由于人为破坏导致林地生长状况不良，实际上许多现存的林地在生态恢复的过程中发挥着有限的作用。在对农林复合系统内的景观配置进行优化时，对低效林地可通过抚育、补植等途径进行改造，以提高其生态恢复的效果，从而改善整个农林复合系统的效益。低效林地改造过程中要注意区分林地形成的原因，对于由于人为破坏或者栽植不合理导致林地密度不够或分布不合理，可以采取上述方式补植；对于立地条件较差、水分缺乏造成的林地退化不宜使用补植的方式。

2. 林地综合抚育经营

主要对象是生长状况良好的林地，为了促进其更好地生长，需要通过间伐长势弱、病虫害严重、受人为破坏严重的单株；对生长过于茂盛的枝条进行剪除，砍掉下层枝条等多种措施进行抚育，改善林内通风、透光条件，从而促进林下灌草层的生长。尤其是在陕北黄土丘陵区，适当地改良乔木林地的密度，能够有效促进林下灌草生长和演替(高阳等，2013)，而林下灌草的生长对于提高林地水蚀防控效果具有巨大作用。同时，灌木林地是陕北黄土丘陵区小流域治理的主要植被，当地本土树种如柠条、沙棘等在防治水土流失、促进植被恢复中都有较好表现，且较外来树种更容易适应本地条件(吕海波，2013)，对于灌丛可以进行适当刈割和砍伐，有助于促进灌丛萌发新枝条，改善植被生长状况。

3. 混交林营造

黄土高原地区现有生态林大部分都是纯林，如刺槐、油松、山杏、柠条、沙棘等，研究的 5 个典型流域林地面积中有 80%为纯林，混交林地面积不足 20%。但是研究发现，与纯林相比，混交林具有更充分利用营养空间、明显改善立地条件、增强林地防护效益、强化抵抗外界干扰和病虫害等方面的优势(韩恩贤等, 2007)。尤其是在自然资源(主要是水分)相对贫乏的黄土高原地区，纯林生长容易在一定时间之后出现衰退和老化的现象，而混交林则充分发挥了不同林种的生长优势，甚至相互促进，增强了林地的生态效益(董建辉等, 2005)。混交林树种选择的时候应该充分考虑树种之间的生长特性和竞争关系，乔灌混交时要考虑下层灌木具有耐阴性，同时对于引入栽培的主要树种，如刺槐、侧柏、油松等要合理搭配当地本土树种，如柠条、山桃、山杏、榆树、沙棘等。混交的方式一般通过株间混交、行间混交、带状混交或者块状混交来实现(南红梅等，2007)。以营造混交林为目标造林，在栽植的时候要充分考虑株行距和混交比例及混交类型，如果是在已经形成的林地内继续补种树种，则需要考虑上层植被对新栽入树种的遮阴影响及水分竞争等问题，同时在栽植前对林地适当采取间伐措施。

二、经济林

研究区域内经济林主要是苹果园，也有部分梨树、枣树等果园，部分流域仁用杏也作为生态经济林管理，但经济效益低于上述其他果园。经济林在农林景观配置模式中主要承担提高流域农户经济收入的作用，同时较耕地具有更好的生态防护效益，如高西沟流域和交子沟流域果园面积分别占流域总面积的 11.19%和 20.30%，农户农业收入主要来源于果园。因而生态经济林的优化建设对农林复合系统社会经济效益具有重要影响。在陕北黄土丘陵区典型退耕流域农林景观配置模式优化过程中，生态经济林的优化途径主要有以下两种。

1. 陡坡低产经济林地退耕

经济林建设受到市场需求和政府政策引导的影响，近年来快速发展的山地苹果等产业使得流域内经济林建设规模不断扩大，但是扩大过程中许多农户在没有科学技术指导的情况下盲目建设经济林地以期获得较好的经济效益，许多果园坡度较大、缺乏灌溉条件，且果园管护过程中往往大量施用除草剂、杀虫剂等，造成一部分果园水土流失严重、产量相对较低、对环境压力较大，大量劳动力的投入没有获得高收入，降低了系统劳动力生产效率。此外，部分流域由于不合理的树种配置，果园病虫害严重，近乎毁园，能产生的经济效益很小。对于上述陡坡低产果园，在流域景观配置模式优化过程中应该进行退耕，在平坦或缓坡地(0°～15°)种植乔木或山杏、山桃等有一定经济效益的灌木，在坡度较大的缓坡地(15°～35°)种植灌木或草本，在陡坡(35°以上)种植草本辅助自然恢复。

2. 低效林地改造

对于管理技术不合理、果园年限较长等原因导致林地产量下降，经济效益较低，但地势较好，具有灌溉条件和良好的基础设施的经济林地，采取提供果园管理技术支持和培训的方式，提高农户对果园的管理能力，加强林地水肥管理，提高生产能力和经济效益。对于老龄化果园，通过高枝换头等嫁接技术改良果树生长状态，增加其生产年限和生产能力。对于实在无法进行改造的果园，可以直接将原有果树砍伐，重新栽植新的果树或其他果树品种，并加强果园管理，增加经济效益。同时，针对果园水土流失相对较严重且大量施肥喷药导致面源污染问题这一情况，应加强果园沟垄建设，在水肥条件较好的地块适当保留林下草本或种植饲草作物，从而增加地表覆盖，减少水土流失。

三、草地

陕北黄土丘陵沟壑区小流域植被中草地可以分为人工草地和撂荒草地两大类，其中撂荒草地所占比例较大，多为条件较差的耕地弃耕或未开垦土地自然演替而来，主要位于坡度较大的边坡；人工草地中一部分为人工种植草地，以苜蓿、沙打旺等豆科为主，作为圈养牲畜的饲料，另一部分为人工辅助恢复的草地，其生长状况和植被构成与撂荒草地接近。在流域农林景观配置模式服务功能提升过程中，对草地的优化途径主要有以下两种。

1. 荒山荒地改造

陕北黄土丘陵区现有的退耕还林流域多为长期以来逐步退耕形成，少有进行科学合理的规划和布局安排，在长期种植过程中往往选择容易到达和条件相对较好的地块进行退耕，而较远和条件不好的地块被弃耕成为荒山荒地，或者栽植乔灌树种之后由于缺少管理而死亡。本书涉及的 5 个流域荒草地面积占流域面积 12.52%～44.35%不等，在现有农林景观配置模式里占有较大比例。在对农林复合系统进行配置模式的优化，要充分考虑这部分土地的可用性，根据荒草地所处位置不同进行合理改造。具体来说，将较为平坦(0°～15°)、资源条件较好的地方可以通过水平阶梯等整地措施，人工栽植低密度乔木，营造乔-草复合系统；缓坡(15°～35°)地和水分条件较差的地块，通过鱼鳞坑等整地措施，人工栽植柠条、沙棘等灌木，营造灌-草复合系统；边坡、陡坡(＞35°地段)可以通过人工辅助恢复，种植苜蓿、冰草、草木犀、沙打旺等当地耐旱、耐贫瘠的草种，促进植被恢复，从而提高生态恢复效果。

2. 封育经营

陕北黄土丘陵地区许多地方植被破坏最主要的原因是人为干扰太严重，如放牧对区域草地的生长会造成严重的破坏，散养放牧对植被破坏不仅来自于牲畜对草、树叶、树皮等的食用，还来自于其对脆弱地表的踩踏，破坏了形成的地表结皮等。同时，一些立地条件比较差的草地由于土层薄、养分低、坡度大、水分少等原因，对人为干扰的抵抗力很弱，受到轻微的人为破坏就可能造成草地生态系统的崩溃。因此，对于这一类地区和植被类型应该考虑采用封育经营的方式进行改造，对已经恢复良好、集中面积较大的草地禁止放牧；对长势良好，连片生长的乔、灌、草地通过围栏封育减少和禁止人工采伐、干扰等，以保证恢复植被的生态效益。

四、农田

农田是退耕流域农林复合系统内最主要的农业要素，其主要的作用是供给系统内农产品生产，如粮食供应，主要产生社会经济效益；同时种植的作物生长过程中也可以产生一定的生态效益，但是远远低于生态林地和草地。农林景观配置模式优化过程中，农田的主要优化途径包括以下两类。

1. 低产低效农田退耕

退耕还林政策要求坡度 25°以上的农田必须退耕恢复为植被，黄土丘陵区由于其容易侵蚀的土质类型，25°以上的农田水土流失量更大，根据研究的 5 个典型退耕流域土地利用类型图绘制和实地勘察走访过程中发现，还有一部分陡坡农田没有退耕，严重影响了农林复合系统的综合效益。在农林景观配置模式优化过程中，要严格执行 25°以上坡度的农田退耕。此外，由于黄土丘陵区农田多为农户长期自行开垦过程中形成，许多农田位置相对分散，距离水源、道路和居住地比较远，而且农田产量水平较低，造成了生产和管理过程中劳动力的大量消耗，且不能保证产量，这一类农田在优化过程中也应进行退耕，根据流域农业产业发展状况，可以适当种植苜蓿、沙打旺等豆科草本植物，为养殖业提供饲草，也可直接栽植乔灌树木造林。

2. 高产农田建设

农田是流域内最主要的经济生产型景观，为流域内农户提供了粮食、秸秆等多种生产和生活基础资料。根据研究的 5 个典型退耕流域和对研究区域实际走访勘察来看，区域内还存在很大一部分具有较好灌溉条件、地势平坦、土质优良的农田，这一部分农田主要位于流域沟谷底部或者宽塬面顶部(如交子沟流域)，也有一小部分位于缓坡中部的人造梯田。这些农田往往承担了流域内主要的粮食生产功能。位于塬顶或缓坡的梯田，虽然也造成了一定的水土流失，但远远小于陡坡耕地，因而具有较好的社会经济效益。在对流域农林景观配置优化过程中，要根据流域发展需求和实际地块条件，对距离水源、道路和居住地近，单产较高的缓坡或塬面基本农田通过修建梯田、高垄等工程设施加以改造，增加其固土保肥保水能力，提高基本农田生产能力；对于沟谷、坝地的基本农田要进一步通过加固或修建小型淤地坝，加强水利设施建设和农田基础设施建设等提高农田质量和生产力水平，保障系统内粮食生产。

五、其他要素

在农林景观配置模式优化过程中，除了对以上 4 种典型的生态防护性景观和经济生产性景观优化外，对其他生活服务型景观也应该采取措施增加其生态效益。对 5 个典型退耕流域土地利用类型绘制显示，流域中还存在一定数量的裸露地表，多因油井、气井开发或者建筑取土造成，虽然面积较小(0.11%～1.43%)，但是由于地表完全没有覆盖物，造成了非常严重的水土流失，而且裸露剖面的崩塌极易造成滑坡等灾害，因而在流域景观优化过程中需要对裸地进行辅助植被恢复，通过在缓坡栽植乔灌树木、陡坡和悬崖种植草本等措施增加地表覆盖，减少水土流失。此外，未硬化的农村道路也是水土流失的重要来源之一，而且道路修建过程中的残渣和土方堆积，也会严重影响地表抗侵蚀能力(郑世清等，2004)。研究的 5 个典型流域道路面积占流域总面积的 0.93%～2.68%(主要为农村运输公路)，在流域景观配置模式优化过程中，需要对道路沿线采取人工辅助灌草恢复减少水土流失，道路硬化减少地表侵蚀，路边修建泄洪引流沟汇集路面降水等措施，减少道路和道路边坡造成的水土流失。

第三节　典型退耕流域农林景观配置模式优化

一、配置模式优化的原则

根据典型退耕流域农林景观配置模式综合效益评价结果，结合上述流域农林景观配置模式整体优化途径和农林复合系统构成要素配置与功能提升途径，在 5 个典型流域农林景观配置土地利用类型现状的基础上，对土地利用状况进行布局调整和优化，形成了不同流域优化后的农林景观配置模式方案，配置模式优化遵循以下原则。

1. 立足流域发展现状，因地制宜进行优化

根据综合效益评价结果可以看出，5 个典型流域农林景观配置模式发展现状具有各自的特点，这些特点是在长期的流域治理和流域发展过程中形成的，是在农户和政策对当地自然资源和社会经济发展条件不断适应中演化而来。因此在对土地利用类型进行布局优化的时候要充分依靠现有的流域发展状况，因地制宜，在现有基础上进行适当规模的调整和优化，依据流域土地立地类型，如坡度、坡向等分布图作为参照进行调整。例如，金佛坪流域虽然在社会经济发展方面的评价指数落后于其他流域，但是该流域所代表的流域类型已经几乎没有农业生产活动(农业用地不足 1%)，农户数量很少，在优化中不宜增加其农业用地面积，而应该侧重于对其现有的生态恢复地综合服务功能的提升，如草地转林地、稀疏林地改良等。

2. 优化兼顾生态、社会和经济效益综合提升

陕北黄土丘陵区小流域农林景观配置模式优化的目的是提升流域整体功能，而不是仅仅使其某一类效益最大化，除金佛坪流域所代表的目前发展中农业比重已经极小的流域外，其他流域配置模式优化均应该考虑生态、社会和经济效益整体提升。例如，高西沟流域社会经济发展水平较高，但是相对较低的植被覆盖程度(65.57%)导致其生态评价指标较差，优化中应该考虑提升生态效益，同时考虑到该流域大量的果园是其农业收入主要来源，因此应该兼顾低产果园退耕或改造、陡坡耕地退耕和生态恢复地功能提升等进行优化，而不能盲目将果园改变为植被恢复地以提高生态效益。

3. 理论与实际结合，充分考虑优化模式的可行性和可操作性

典型退耕流域农林景观配置模式优化不仅是在土地利用图上进行改变，而应该是切实可行的优化方案。因而在操作中不仅要依据综合效益评价结果、流域土地利用类型图、流域土地坡度坡向图等理论基础，还应该通过走访调研了解当地实际情况和优化途径的可行性，本研究在操作中，选择了典型优化途径如现有陡坡地退耕、多年撂荒草地植树、低产果园退耕或改造、稀疏林地密植改良等，结合社会经济调查在多个流域开展了调研走访和可行性分析，具有较强的实用性和可操作性。

4. 遵守退耕还林(草)工程要求和相关制度，25°以上土地全部退耕

按照国家退耕还林(草)工程政策要求，25°以上的低产耕地要全部退耕。黄土丘陵区土质均属于容易侵蚀土质，陡坡耕地侵蚀更为严重，因此应严格执行这一要求，在配置模式优化中对现有的 25°以上坡耕地、果园等要采取植被恢复措施，根据所处位置规划为乔灌地或草地。

5. 农业用地要向阳，靠近水源、道路和居住地

水资源是黄土丘陵区农业生产面临的严重制约资源，因此在规划中其农业用地尤其是耕地应该靠近水源，如沟谷底部的坝地。在山顶平坦向阳的地方果园应该尽可能靠近道路，方便抗旱灌溉水运输和产品往外运输。同时为了降低管理成本，果园和耕地应该尽可能靠近农户居住地，而且尽可能保留连片面积较大的农田或者果园，将零散分布的果园和耕地进行退耕，以减少管理难度和成本。

二、流域农林景观配置模式优化

根据本节提出的典型退耕流域农林景观配置模式整体优化途径和农林复合系统构成要素配置与功能提升途径，依据配置模式优化的各项原则，对 5 个典型退耕流域农林景观配置模式进行了优化和调整，利用 ArcGIS10.2 平台绘制了各个配置模式优化方案的土地利用类型图，见图 10-2。

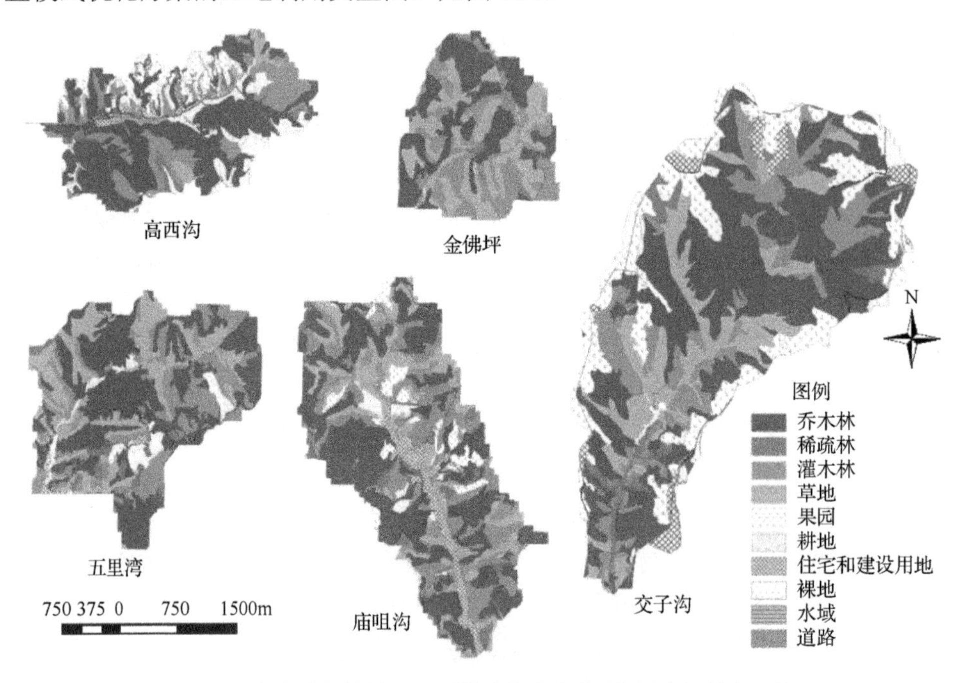

图 10-2 研究流域农林景观配置模式优化方案（彩图请扫封底二维码）

三、优化前后土地利用类型比较

根据优化后的配置模式方案，对优化后各流域土地利用类型进行统计并与优化前土地利用类型进行对比，见表 10-1。

表 10-1　优化前后典型流域土地利用类型　（单位：hm^2）

土地类型	优化前					优化后				
	五里湾	高西沟	庙咀沟	交子沟	金佛坪	五里湾	高西沟	庙咀沟	交子沟	金佛坪
乔木林	158.11	97.54	196.27	359.96	48.32	258.57	210.89	299.34	590.12	127.65
稀疏林地	58.88	85.69	81.21	198.27	43.59	17.16	13.64	23.36	41.79	2.82
灌木林	115.36	65.53	164.31	212.72	92.33	130.89	91.99	175.63	209.76	101.52
草地	184.18	58.73	141.98	226.64	154.54	129.56	17.25	115.78	192.66	111.22
果园	4.08	52.48	69.80	282.44	0.00	4.08	48.19	46.33	260.20	0.00
耕地	44.60	79.17	11.03	42.15	0.30	30.25	57.71	14.55	34.34	0.30
住宅和建设地	7.26	12.37	42.64	48.02	0.65	7.26	12.37	42.64	49.42	0.65
裸地	5.30	0.54	10.39	8.09	4.43	0.00	0.00	0.00	0.00	0.00
水域	0.00	4.33	0.54	0.00	0.00	0.00	4.33	0.54	0.00	0.00
道路	10.50	12.55	9.46	12.88	4.28	10.50	12.55	9.46	12.88	4.28
合计	588.26	468.92	727.63	1391.17	348.44	588.26	468.92	727.63	1391.17	348.44

从表 10-1 中可以看出，配置模式优化后各个流域的土地利用类型都发生了变化，总体变化趋势为植被恢复地面积增加，5 个流域植被比例在原有基础上平均增加了 4.51%，其中高西沟增加比例最大为 8.55%；农业用地面积减少，平均减少了 16.60%，其中五里湾流域减少比例最大；植被恢复地中撂荒草地所占比例均有所下降，从原来的平均 29.48%下降到了 19.84%，使得植被恢复地生态效益显著提高。

5 个典型退耕流域在优化模式中，五里湾流域耕地面积下降比例最大，耕地减少约 1/3，将其发展模式向林草+耕果兼作型模式调整；果园面积因现有果园较少，且生产状况比较好，因此未作调整；对于 15°～25°坡度范围内的草地将其优化为乔木或灌木林地，以增加生态效益，同时对流域内稀疏林地进行了优化改造。

高西沟流域重点优化措施是陡坡耕地向植被地恢复，优化后流域植被地比例从原来的 65.57%上升到 71.18%；同时将流域内现有撂荒地大面积转变为乔灌林地，植被地中草地比例从原来的 12.52%下降到 3.67%，考虑到该流域所在区域降雨量较低，水资源的植被承载力较低，因此重点将草地改造为灌木林地，使得该流域生态效益指标有所改善；流域内耕地和果园比例相对变化较小，仍然保持原有的林草+耕果兼作型模式。

庙咀沟流域在综合评价中表现较差，模式优化时候侧重于整体效益提升，由于流域内现有果园许多已进入衰退期，且受到病害干扰严重，因此将该流域 33.63%的果园转换为植被用地；为了保证社会经济效益，将部分阳坡靠近道路、有灌溉条件的 0°～5°平坦地改造为耕地，考虑该流域离延安市区较近，可以通过种植特色蔬菜和粮食提高农民收入，因此优化后其耕地增加了约 0.5%；此外，该流域也通过撂荒地转林地的措施增加了生态效益，乔木林地比例从原来的 26.97%增加到优化后的 41.14%。

交子沟内农业用地比例比较大，主要是果园，占总土地面积的 20.30%，优化过程中对其条件较差、零散的果园进行了退耕措施，转换为林地；同时对部分陡坡耕地改造为植被用地，以提高其生态效益；考虑到交子沟流域顶部塬面较宽而且平坦，重点保留了塬面上的果园和耕地，对处于半坡的农业用地面积进行了压缩。此外，由于该流域可进一步退耕农业用地有限，重点对其稀疏林地和草地进行优化，改造为乔木林地，优化后该流域乔木林地比例增加 16.54%。

金佛坪流域内农业用地比例很小，因此可以进一步改造为植被用地的土地有限，重点对其低效稀疏林地进行优化，稀疏林地面积比例从 12.51%下降到 0.81%；由于该流域退耕林地中草地面积比例较大，因此对其部分草地进行改造成为灌木林地，草地面积比例从 44.35%下降到 31.92%，提升了系统整体固碳能力，从而增强了生态效益。

四、优化后配置模式景观特征

根据优化后的 5 个典型退耕流域农林景观配置模式方案，对其景观特征进行了分析，计算了流域内景观和斑块尺度的主要景观特征指标，结果见表 10-2。

表 10-2　优化后流域景观格局指数

项目		五里湾	庙咀沟	高西沟	金佛坪	交子沟
总面积 A (hm^2)		588.26	727.63	468.92	348.44	1391.17
总周长 Tp (km)		180.75	229.66	178.86	94.36	276.74
斑块数量 PN		131	189	191	67	199
景观多样性指数 DI		1.45	1.59	1.63	1.20	1.59
平均斑块面积 MPS (hm^2)		449.06	384.99	245.51	520.06	699.08
斑块密度 PD (个/km^2)		22.27	25.97	40.73	19.23	14.30
分维数 FRAC		1.14	1.12	1.13	1.10	1.04
斑块构成比例 (%)	微型	30.53	35.45	56.54	20.90	29.15
	小型	51.15	42.86	33.51	49.25	38.69
	中型	8.40	14.29	6.28	13.43	13.57
	大型	9.92	7.41	3.66	16.42	18.59

对比优化前(表 2-9)的分析结果显示，对流域景观配置模式进行优化后(表 10-2)，其总周长、斑块数量、景观多样性指数和斑块密度分别比优化前下降了 11.77%～19.14%、13.85%～27.62%、12.23%～16.79%和 13.83%～27.63%，说明流域整体斑块减少，但是斑块变大。从不同面积斑块构成比例也可以看出，5 个流域微型和小型斑块数量和比例均显著下降，五里湾和高西沟流域的中型斑块比例分别下降了 10.54%和 28.64%，与此同时 5 个流域的大型斑块数量和比例均大量增加，高西沟流域大型斑块比例增加率达到 83.00%，增加率最小的交子沟流域也达到 19.32%。流域斑块分形维数比较结果显示，金佛坪和交子沟流域分形维数有所下降，但其他 3 个流域斑块分形维数均有所上升。总体来看，对 5 个典型退耕流域农林景观配置模式的优化对其景观格局具有显著影响，主要是促进了微小型斑块向中、大型斑块转化，减少了斑块数量，增加了景观的整体连接性。

五、优化前后农户经济收入比较

本节采用土地和劳动力投入分配比例计算农户经济收入，在计算中假设优化前后研究流域总人口、劳动力总数和单位土地面积投入的劳动力数量固定。结果显示通过农林景观布局优化，5 个典型流域农民年人均收入均不同程度增加，平均增加 11.89%(表 10-3)。其中，高西沟流域增加程度最大，达到 20.05%，而金佛坪流域最小，为 6.25%。主要是高西沟等流域劳动力数量较多，土地利用过程中劳动力转移量大，而金佛坪流域耕地和农业劳动力数量很少，景观布局优化对农民经济收入结构影响较小。总体来看，通过农林景观布局优化，能够有效增加农民经济收入。

表 10-3　优化前后典型流域年人均收入对比

年人均收入		五里湾	庙咀沟	高西沟	金佛坪	交子沟
优化前	农业收入(元)	1 152.28	2 420.62	1 837.34	1 124.71	799.72
	其他收入(元)	7 127.84	6 983.58	5 229.91	3 965.54	4 316.86
	总收入(元)	8 280.12	9 404.20	7 067.25	5 090.25	5 116.58
优化后	农业收入(元)	812.48	1 947.07	1 383.75	1 020.58	639.78
	其他收入(元)	8 713.51	9 343.04	6 466.92	4 426.64	4 796.51
	总收入(元)	9 525.99	11 290.12	7 850.67	5 447.21	5 436.28
变化量(元)		1 245.87	1 885.92	783.43	356.96	319.71
变化率(%)		15.05	20.05	11.09	7.01	6.25

第四节　优化后配置模式评价

为了明确了解采取的优化途径效果，同时对比优化前后典型退耕流域农林景观配置模式，利用本书构建的综合评价指标体系和模型，对研究的 5 个流域配置模式进行了综合效益评价。各项指标数据中，生态效益指标根据优化后土地利用类型面积进行计算得到；社会经济效益指标中年人均纯收入、农业投入产出比例、单位劳动力年产值和农户项目支持度因无法根据优化方案进行估计(假设其不发生变化)；单位面积农业总产值、农业收入比重和农业劳动力比例在实际生产中均会随着农业生产改变发生变化，因此根据农业用地(果园和耕地)面积比例在原有基础上进行计算；人均粮食产量和人均耕地面积在假设人口不变的前提下，随着耕地面积的变化发生变化，本节根据优化模式中耕地面积的变化比例在原有基础上进行计算；旱涝保收耕地面积比例为假设优化前后旱涝保收耕地面积不变，利用优化后耕地面积进行计算得到；景观破碎度指数根据优化后实际景观破碎度计算得到。

利用计算得到的优化后典型流域综合评价指标值和优化前的指标值一起进行标准化和权重计算，得到优化前后典型退耕流域农林景观配置模式综合效益评价结果，见表 10-4 和表 10-5。

表 10-4　侧重生态恢复的典型退耕流域优化前后综合效益评价

指标	优化前					优化后				
	五里湾	高西沟	庙咀沟	交子沟	金佛坪	五里湾	高西沟	庙咀沟	交子沟	金佛坪
生态效益	0.630	0.490	0.579	0.559	0.612	0.710	0.660	0.624	0.720	0.635
经济效益	0.491	0.727	0.281	0.245	0.216	0.579	0.804	0.381	0.286	0.227
社会效益	0.729	0.693	0.310	0.595	0.344	0.518	0.547	0.466	0.506	0.345
植被恢复	0.539	0.403	0.479	0.465	0.523	0.654	0.581	0.556	0.660	0.559
水土保持	0.744	0.582	0.692	0.659	0.738	0.791	0.755	0.694	0.819	0.719
固碳释氧	0.410	0.350	0.387	0.404	0.341	0.532	0.483	0.519	0.487	0.495
经济收入	0.514	0.755	0.287	0.230	0.193	0.584	0.805	0.371	0.251	0.193
生产效率	0.407	0.621	0.262	0.299	0.302	0.561	0.800	0.421	0.422	0.355
粮食安全	0.831	0.754	0.257	0.617	0.250	0.453	0.457	0.448	0.440	0.250
社会影响	0.469	0.538	0.329	0.490	0.410	0.463	0.521	0.443	0.546	0.414
产业结构	0.582	0.604	0.443	0.589	0.565	0.719	0.804	0.525	0.666	0.565
综合评价	0.621	0.579	0.465	0.502	0.478	0.645	0.668	0.543	0.589	0.494
评价等级	较好	一般	较差	一般	一般	较好	较好	一般	较好	一般

表 10-5　侧重社会经济的典型退耕流域优化前后综合效益评价

指标	优化前					优化后				
	五里湾	高西沟	庙咀沟	交子沟	金佛坪	五里湾	高西沟	庙咀沟	交子沟	金佛坪
生态效益	0.636	0.501	0.592	0.570	0.621	0.715	0.669	0.630	0.726	0.643
经济效益	0.514	0.728	0.302	0.248	0.249	0.617	0.818	0.414	0.299	0.265
社会效益	0.732	0.681	0.298	0.579	0.330	0.523	0.544	0.459	0.503	0.331
植被恢复	0.545	0.403	0.483	0.466	0.533	0.659	0.585	0.556	0.669	0.561
水土保持	0.752	0.602	0.714	0.679	0.748	0.797	0.771	0.706	0.823	0.733
固碳释氧	0.410	0.351	0.388	0.404	0.342	0.532	0.484	0.518	0.488	0.495
经济收入	0.511	0.749	0.297	0.231	0.205	0.602	0.817	0.393	0.256	0.205
生产效率	0.527	0.651	0.324	0.312	0.416	0.673	0.822	0.493	0.462	0.494
粮食安全	0.838	0.732	0.249	0.597	0.241	0.462	0.445	0.434	0.426	0.241
社会影响	0.591	0.571	0.306	0.552	0.550	0.578	0.534	0.548	0.671	0.558
产业结构	0.518	0.597	0.425	0.543	0.466	0.662	0.816	0.486	0.628	0.466
综合评价	0.617	0.658	0.369	0.442	0.381	0.616	0.699	0.487	0.483	0.399
评价等级	较好	较好	较差	较差	较差	较好	很好	一般	一般	较差

分析优化前后典型退耕流域农林景观配置模式综合评价结果可以看出，无论是侧重生态效益还是社会经济效益的角度，优化后的景观配置模式较优化前的模式综合评价指数均有较大的改善，说明研究中涉及的优化途径和技术能够提升流域农林景观的整体效益。

从侧重生态效益的角度，优化前的 5 个流域综合评价指数平均值为 0.529，处于“一般”水平，而优化后为 0.588，处于“较好”水平，综合评价指数提高了 11.15%。其中金佛坪流域和交子沟流域从“一般”变为优化后的“较好”，而金佛坪流域评价等级虽然没有发生变化，但是综合评价指数从 0.478 上升到优化后的 0.494，有一定程度的改善，说明对流域的优化取得了非常显著的效果。生态、经济和社会三大类评价指数中，生态类评价指数改善效果最明显，生态效益评价指标平均值从优化前的 0.574 增加到优化后的 0.670，改善效果显著；与此同时，经济也从 0.392 增加到 0.455，主要原因是优化后农业劳动力转向打工、经营等，能够获得更好的经济收入；虽然社会效益评价指标受到耕地和果园面积下降影响，优化后减小，但是减小幅度不大。

从侧重社会经济效益的角度，优化前 5 个流域综合评价指数平均值为 0.493，优化后为 0.537，提高了 8.79%；变化幅度小于侧重生态效益角度出发的评价结果，但是也有所增加，主要是受到耕地面积减小，人均粮食产量、人均耕地面积等社会类指标降低幅度较大。5 个流域中高西沟流域从“较好”层次上升到“很好”

层次，说明高西沟流域当前的发展模式仍然还有进一步优化和改善的空间；而庙咀沟和交子沟流域均从“较差”水平上升到优化后的“一般”，综合评价指数也有显著提高。虽然优化后金佛坪流域配置模式评价结果等级依然为“较差”，但流域综合评价指数均有所增加，说明从社会经济角度，优化途径能够增加流域系统的整体服务功能。

综合来看，无论是从生态还是社会经济角度，对典型退耕流域农林景观配置模式进行优化后均促进了流域综合评价指标的提升，也就是改善了流域整体系统服务功能，尤其是促进了农林复合系统的生态服务功能。虽然一些社会经济指标有所降低，但是通过生态服务功能的提升起到了补偿作用。综上，通过采取低效林地改造、陡坡低产耕地和果园退耕、撂荒草地造林等措施能够有效增加黄土丘陵区退耕流域农林复合系统的整体服务功能，而且上述优化措施在不同流域发展模式中均能起到促进流域治理效果的作用。

参考文献

董建辉，薛泉宏，张建昌，等. 2005. 黄土高原人工混交林土壤肥力及混交效应研究. 西北林学院学报，20(3)：31-35.

高阳，程积民，赵钰，等. 2013. 黄土区典型人工林草本层生态恢复效应. 草地学报，(01)：79-86.

韩恩贤，韩刚，薄颖生. 2007. 黄土高原油松、侧柏与沙棘人工混交林生长及土壤特性研究. 西北林学院学报，22(3)：100-104.

吕海波. 2013. 黄土高原退耕柠条林对土壤理化性质的影响研究. 生态环境学报，(1)：47-49.

南红梅，强世军，南红红，等. 2007. 陕北黄土高原丘陵沟壑区植被恢复中的障碍分析与应对策略——以子长县为例. 干旱地区农业研究，(04)：47-50.

王力，邵明安. 2004. 黄土高原退耕还林条件下的土壤干化问题. 世界林业研究，(04)：57-60.

郑世清，霍建林，李英. 2004. 黄土高原山坡道路侵蚀与防治. 水土保持通报，(01)：46-48.

张富. 2008.黄土高原丘陵沟壑区小流域水土保持措施对位配置研究. 北京林业大学硕士学位论文.

董彦丽. 2013.黄土丘三区水土保持经济林对位配置模式及其效益研究. 甘肃农业大学硕士学位论文.

附　　录

研究样地所涉及的植物种类

植物种类	植物种类
木贼 *Equisetum hyemale*	野艾蒿 *Artemisia lavandulaefolia*
草麻黄 *Ephedra sinica*	白苞蒿 *Artemisia lactiflora*
硬皮葱 *Allium ledebourianum*	草地风毛菊 *Saussurea amara*
无芒隐子草 *Cleistogenes songorica*	风毛菊 *Saussurea japonica*
中华隐子草 *Cleistogenes chinensis*	中华小苦荬 *Lactuca chinense*
糙隐子草 *Cleistogenes squarrosa*	抱茎苦荬菜 *Ixeridium sonchifolia*
大针茅 *Stipa grandis*	刺儿菜 *Cirsium setosum*
长芒草 *Stipa bungeana*	苦荬菜 *Ixeris polycephala*
狗尾草 *Setaria viridis*	苦苣菜 *Sonchus oleraceus*
草地早熟禾 *Poa pratensis*	阿尔泰狗娃花 *Heteropappus altaicus*
硬质早熟禾 *Poa sphondylodes*	蒲公英 *Taraxacum mongolicum*
鹅观草 *Roegneria kamoji*	祁州漏芦 *Stemmacantha uniflora*
冰草 *Agropyron cristatum*	火绒草 *Leontopodium leontopodioides*
披碱草 *Elymus dahuricus*	鸦葱 *Scorzonera austriaca*
芦苇 *Phragmites australis*	香青兰 *Dracocephalum moldavica*
稗 *Echinochloa crusgalli*	黄芩 *Scutellaria baicalensis*
白草 *Pennisetum flaccidum*	老鹳草 *Geranium wilfordii*
白羊草 *Bothriochloa ischaemum*	秦岭沙参 *Adenophora petiolata*
毛苕子 *Vicia villosa*	远志 *Polygala tenuifolia*
确山野豌豆 *Vicia kioshanica*	早开堇菜 *Viola prionantha*
米口袋 *Gueldenstaedtia verna* subsp. *multiflora*	紫花地丁 *Viola philippica*
狭叶米口袋 *Gueldenstaedtia stenophylla*	茜草 *Rubia cordifolia*
野大豆 *Glycine soja*	三花拉拉藤 *Galium triflorum*
小花棘豆 *Oxytropis glabra*	异叶败酱 *Patrinia heterophylla*
胶黄耆状棘豆 *Oxytropis tragacanthoides*	獐牙菜 *Swertia bimaculata*
披针叶黄华 *Thermopsis lanceolata*	小秦艽 *Gentiana dahurica*
红花岩黄芪 *Hedysarum multijugum*	淫羊藿 *Epimedium brevicornu*
甘草 *Glycyrrhiza uralensis*	柴胡 *Bupleurum chinense*

续表

植物种类	植物种类
草木樨状黄耆 *Astragalus melilotoides*	小柴胡 *Bupleurum tenue*
鸡峰黄芪 *Astragalus kifonsanicus*	小果葡萄 *Vitis balanseana*
斜茎黄耆 *Astragalus adsurgens*	地锦草 *Euphorbia humifusa*
多花胡枝子 *Lespedeza floribunda*	地构叶 *Speranskia tuberculata*
达乌里胡枝子 *Lespedeza dahurica*	田旋花 *Convolvulus arvensis*
尖叶胡枝子 *Lespedeza juncea*	杠柳 *Periploca sepium*
狼牙刺 *Sophora davidii*	黑果枸杞 *Lycium ruthenicum*
白花草木犀 *Melilotus alba*	野亚麻 *Linum stelleroides*
多茎委陵菜 *Potentilla multicaulis*	灌木铁线莲 *Clematis fruticosa*
二裂委陵菜 *Potentilla bifurca*	毛茛 *Ranunculus japonicus*
委陵菜 *Potentilla chinensis*	细叶白头翁 *Pulsatilla turczaninovii*
扁核木 *Prinsepia uniflora*	沙棘 *Hippophae rhamnoides*
猪毛蒿 *Artemisia scoparia*	兴山榆 *Ulmus bergmanniana*
南牡蒿 *Artemisia eriopoda*	狼尾花 *Lysimachia barystachys*
铁杆蒿 *Artemisia sacrorum*	阴行草 *Siphonostegia chinensis*
茭蒿 *Artemisia giraldii*